AF663724

भारत की फल सम्पदा

भारत की
फल सम्पदा

प्रो. के. आर. मौर्य
एम.एस.सी.एजी., पी.एच. डी., एफ.एच.एस.आई.
पूर्व कुलपति एवम् अधिष्ठाता कृषि
राजेन्द्र कृषि विश्वविद्यालय, बिहार, पूसा (समस्तीपूर)

2010

सतीश सिरियल पब्लिशिंग हाउस
दिल्ली—110033

Published by :

SATISH SERIAL PUBLISHING HOUSE
403, Express Tower, Commercial Complex, Azadpur, Delhi-110033 (INDIA)
Phone : 011-27672852 Fax : 91-11-27672046
E-mail : info@satishserial.com, hkjain1975@yahoo.com

ISBN 81-89304-86-0

Typeset at: **Harminder** *for* **Laxmi Art Creations** # 98 11 48 23 28
Printed at: Salasar Imaging Systems, Delhi-35

सुनहु मातु मोहि अतिसय भूखा।
लागि देखि सुंदर फल रुखा।।

सुनु सुत करहिं बिपिन रखवारी।
परम सुभट रजनीचर भारी।।

तिन्ह कर भय माता मोहि नाही।
जौं तुम्ह सुख मानहु मन माही।

देखि बुद्धि बल निपुन कपि कहेउ जानकी जाहु।
रघुपति चरण हदय धरि तात मधुर फल खाहु।।

राजेन्द्र कृषि विश्वविद्यालय, बिहार
Rajendra Agricultural University, Bihar

Dr. M.L. Chaudhary
डा0 एल.एल. चौधरी
Vice-Chancellor
कुलपति

पूसा - 848125
समस्तीपुर (बिहार)

प्राक्कथन

प्राचीन काल से ही खेती–बारी,दो शब्द साथ–साथ इस्तेमाल किये जाते है। खेती का मतलब फसलोत्पादन तथा बारी का मतलब है फलोत्पादन। इसका अर्थ यह हुआ कि दोनों शब्दों को बराबरी दर्जा दिया गया है। यह बटँवारा पोषण सुरक्षा को मद्‌देनजर रख कर किया गया है। भारतीय चिकित्सा अनुंसधान परिषद, नई दिल्ली के अनुसार स्वस्थ रहने के लिए प्रति व्यक्ति को प्रति दिन 110 ग्राम फल खाना चाहिए। परन्तु वर्तमान समय में फलों की प्राप्ति का औसत भारत में प्रति व्यक्ति प्रति दिन 60 ग्राम ही है जो बहुत कम है।

विश्व में फलोत्पादन के क्षेत्र में चीन के बाद भारत दूसरे स्थान पर है। इस विशाल देश में भिन्न –भिन्न प्रकार की जलवायु के कारण दुनिया के सभी प्रकार के फल यहाँ सरलता पूर्वक पैदा होते है परन्तु भारत में फलो की उत्पादकता विश्व औसत मे कम है। इस कमी के मुख्य कारण देशी तथा कम उपज देने वाली फलों की किस्मों की पुराने तौर–तरीके से बागवानी करना मुख्य है। फलों की वैज्ञानिक बागवानी विषय पर सरल हिन्दी भाषा में प्रायः पुस्तकों का अभाव है। इसी कमी को पूरा करने के लिए डा.के.आर.मौर्य ने ''भारत की फल सम्पदा''नामक पुस्तक की रचना की है जो एक सराहनीय कार्य है। इसके लिए डा. मौर्य को मैं बधाई देता हूँ।

भारत की फल सम्पदा नामक पुस्तक में डा. मौर्य ने मुख्य फलों के अतिरिक्त भारत के देशी फलों जैसे शरीफा, कटहल, कैंथ, जामुन, ताड, इमली, बेल, आवँला,रसभरी, गूलर, महुआ, मौलश्री, कमरख, करौंदा, खजूर, तथा शहतूत की बागवानी की वैज्ञानिक विधि की चर्चा किया है जो अन्यत्र कहीं उपलब्ध नहीं है। विभिन्न फलों के रंगीन चित्र इस पुस्तक

को और अधिक आकर्षक बना देते है। सभी फलों के औषधीय गुण पुस्तक की उपयोगिता में चार चाँद लगा देता है। हिन्दी भाषा में फलों के वैज्ञानिक बागवानी पर यह एक उपयोगी ग्रन्थ है।

मुझे आशा ही नहीं बल्कि पूर्ण विश्वास है कि यह पुस्तक उद्यान विज्ञान के छात्र–छात्राओं, उद्यान अधिकारियों, बागवानों, किसानों, प्रसार कार्यकर्त्ताओं एवम् गृहणियों के लिए उपयोगी तथा मार्गदर्शक सिद्ध होगी।

पूसा, बिहार
दिनांकः मार्च 5,2009

डा. एम. एल. चौधरी
कुलपति

राजेन्द्र कृषि विश्वविद्यालय, बिहार
Rajendra Agricultural University, Bihar

Dr. K. R. Maurya
डा0 के.आर. मौर्य
Dean (Agriculture)
अधिष्ठाता कृषि

पूसा - 848125
समस्तीपुर (बिहार)

प्रस्तावना

अब यह बात किसी से छिपी नहीं है कि देश के बागवानों की खुशहाली का रास्ता बाग–बगीचों से होकर गुजरता है। इस कथन की सम्पुष्टि एक चीनी लोकोक्ति से हो जाती है जिसमें कहा गया है कि 'यदि कोई व्यक्ति कुछ घण्टे ही सुखी रहना चाहता है तो उसे शराब पीना चाहिए, कुछ वर्षो तक सुखी रहने के लिए उसे शादी करनी चाहिए परन्तु जीवन पर्यन्त सुखी रहने के लिए फलों की बाग लगानी चाहिए।

फल धरती पर कुदरत का एक अद्भूत करिश्मा है। फलों को विधाता ने मनुष्य को स्वस्थ, सुन्दर तथा प्रसन्नचित रखने हेतु सृजित किया है। भारत में कन्याकुमारी से कश्मीर तक तथा गुजरात से गुवाहटी तक विभिन्न प्रकार की जलवायु भिन्न–भिन्न प्रकार के फलों के उत्पादन को सफल बनाती है यही कारण है कि विश्व में फलोत्पादन के क्षेत्र में चीन के बाद भरत दूसरे स्थान पर है। परन्तु जनसंख्या के अधिकता के कारण भारत में प्रति व्यक्ति प्रति दिन फलों की औसत उपलब्धता 60 ग्राम है जो आई. सी.एम.आर, नई दिल्ली के अनुसार 50 ग्राम कम है।

फलों की उपलब्धता के कमी को पूरा करने के लिए हमें फलों के पुराने बागों का जीर्णोधार करना होगा, उनकी देख–भाल वैज्ञानिक तौर–तरीके से करना होगा। फलों के उन्नत किस्मों की नई बाग लगानी होगी। हमें उसर में, रेगिस्तान में, तेजाबी मिट्टी में तथा पानी भरे ताल–पोखरों में फलों की बागवानी करनी होगी। भारत के मुक्ष्य फलों कें अतिरिक्त देशी फलों जैसें कटहल, बेर, बेल, आँवला, ताड, खजूर, शरीफा, गूलर, अमरुद, इमली, कैंथ, मौलश्री, शहतूत तथा जामुन की व्यावसायिक बाग लगाने होंगें तभी ग्रामीण

भारत के 78 प्रतिशत लोंगो को पौष्टिक फल मिल सकेगा। परन्तु फलों की वैज्ञानिक बागवानी पर अभी भी हिन्दी भाषा में पुस्तकों का अभाव है। इस कमी को पूरा करने के लिए मैने 'भारत की फल सम्पदा' नामक पुस्तक की रचना की है जो फलों की बागवानी पर हिन्दी भाषा की अद्वितीय पुस्तक है।

'भारत की फल सम्पदा' पुस्तक में देश–विदेश के विभिन्न फल अनुसंधान परिणामों को सरल तथा साधारण बोलचाल की भाषा में प्रस्तुत किया गया है। विभिन्न पत्र–पत्रिकाओं मे प्रकााशित आलेंखों तथा पुस्तकों से जो सूचनायें तथा चित्र इस पुस्तक की विषय–वस्तु संवारने में स्वच्छन्द रुप से उपयोग किया है उसके लिए मै सभी विद्वान लेखकों का सदैव ऋणी रहूँगा। यह पुस्तक बागवानों, फल विकास में संलग्न अधिकारियों, कृषिं स्नातकों, उद्यान प्रेमियों विशेषकर पोषण बाटिका में रुचि रखने वाली महिलाओं तथा फल–व्यापरियों के लिए अत्यन्त उपयोगी सिद्व होगी। पाठकों से अनुरोध है कि इस पुस्तक में यदि कोई त्रुटि रह गई हो तो हमें अवश्य सूचित करें ताकि अगले संस्करण में उसे सुधारा जा सके।

अपनी पत्नी श्रीमती निर्मल, पुत्र आशुतोष, पुत्रियां इरा, इला, डा0 इमा तथा नतिनि दीया के प्रेम तथा सहयोग के कारण ही इस पुस्तक को लिखने में मैं सफल रहा।

के. आर. मौर्य
9.3.09

शिवरात्री, 2009
पूसा, समस्तीपूर

डा. के. आर. मौर्य

विषय सूचि

1

फल तथा उनका वर्गीकरण

निषेचन की क्रिया के बाद फूल का अंडाशय विकसित होकर फल बन जाता है और भीतर के ओब्यूल्स बीज में बदल जाते हैं इस प्रकार के फलों को सत्य फल या सच्चा फल या वास्तविक फल की संज्ञा दी जाती है। परन्तु कुछ खास फूल के अन्य भागों जैसे थैलमस, कैलिक्स आदि से भी फलों का निर्माण हो जाता है जैसे सेव, नासपाती, शहतूत, अंजीर इत्यादि। इन्हें हम कूट फल या आभसी फल या झुठा फल कहते हैं।

फल की दिवार को पेरीकार्प कहते हैं। यह पतली और सूखी या मोटी और गूदेदार होती है। गूदेदार होने पर इसकी तीन परतें हो जाती है।

वर्हिभित्ति (एपीकार्प)

यह फल के दिवार का सबसे बाहर वाला भाग होता है। यह एपीडर्मिस के एक परत का बना होता है। एपीकार्प पतला और चिकना होता है। कभी–कभी यह रोयेदार भी हो सकता है। इस परत पर स्टोमेटा भी पाये जाते हैं।

मध्यभित्ति (मिजोकार्प)

यह पेरीकार्प का बीच वाला भाग है जो एपीकार्प के बाद भीतर की ओर पाया जाता है। प्रायः यह मोटा और गूदेदार होता है। अधिकतर फलों में यह बहुत विकसित और रसदार होता है।

अर्न्तभित्ति (एन्डोकार्प)

यह फल की दिवार का सबसे अन्दर वाला भाग होता है। यह कठोर होकर बीजों की रक्षा करता है तथा कोशाओं की एक या अनेक स्तरों से बना होता है। एपीकार्प मिजोकार्प तथा एन्डोकार्प कभी–कभी आपस में एक दूसरे से इतने मिले रहते हैं कि इन्हे सरलता से नहीं पहचाना जा सकता है।

फल तथा सब्जी में अन्तर

फल	सब्जी
1. फलों का निर्माण फूलों के अंडाशय या थैलमस या कैलिक्स से ही होता है।	1. पौंधों के किसी भी भाग को जब हम पकाकर खाते हैं, उसे सब्जी कहते हैं।
2. फलों को, मुख्य भोजन करने के बाद खाते हैं जिसे डेजर्ट कहते हैं।	2. सब्जियों को सदैव मुख्य भोजन के साथ ही खाते हैं।
3. फलों में सूगर तथा एसिड की अधिकता होती है।	3. सब्जियों मे प्रोटीन तथा विटामिन्स की अधिकता होती है।
4. फलों को सदैव ताजी अवस्था में खाते हैं।	4. सब्जियों को (सलाद छोड़कर) आग पर पकाकर खाते हैं।

फलों के प्रकार

फलों को तीन वर्गों में वर्गीकृत किया गया है :–

1. एकिफल (सिम्पुल फ्रुट)

एकिफल एक पुष्प से विकसित होता है। फूल का अंडाशय एकांडप या मोनो कार्पेलरी या बहुअंडप या मल्टी कार्पेलरी युत्तांडप या सिनकार्पस प्रकार का होता है। अंडाशय के अतिरिक्त पुष्प के दूसरे भाग भी फल के विकास में सहायक होते हैं।

2. समूह फल (एग्रीगेट फ्रुट)

समूह फल भी एक ही पुष्प से पैदा होते हैं परन्तु पुष्प की गाइनीशियम मल्टीकार्पेलरी और पृथक अंडप या एपोकार्पस होता है। अर्थात एक पुष्प में कई अंडाश पाये जाते हैं। प्रत्येक अंडाशय से एक फ्रुटलेट (लघुफल) बनता है इस तरह अनेक लघु–फलों का समूह पुष्प के थैलमस पर जुड़ा रहता है।

3. संग्रथित फल (मल्टिपल फ्रुट)

इस प्रकार के फल पूरे इनफ्लोरेसेन्स से उत्पन्न होते हैं अर्थात फल अनेक पुष्पों के अंडाशय और पुष्प के दूसरे भागों से मिलकर बने होते हैं।

एकिफल का वर्गीकरण

एकिफल को दो वर्गो में बांटा गया है–

1. एकिसरस फल
2. एकिशुष्क फल

एकिसरस फल

ये गूदेदार, रसदार और अस्फुटनशील होते हैं। इनके भीतर एक या एक से अधिक बीज होते हैं। पेरीकार्प मोटी होती है। एकिसरस फल छः प्रकार के होते हैं –

अष्ठिफल (ड्रुप) – यह फल एकअण्डपी या बहुअण्डपी युक्ताण्डपी अंडाशय से उत्पन्न होता है। अष्ठिफल में एक बीजी होता है। फल की दिवार तीन स्तरों में विभक्त रहती है। आम, आड़ू, अखरोट, खुबानी, बेर, बादाम, नारियल, सुपाड़ी तथा चिरौंजी अष्ठि फलों के चुनिन्दा उदाहरण हैं।

बेरी – यह फल सरल या संयुक्त अण्डाशय से उत्पन्न होता है। बेरी में इण्डोकार्प कठोर और लकड़ी की तरह कड़ा नहीं होता है। फल की पूरी दिवार गूदेदार हो जाती है। इसका बाहरी भाग छिल्के के रूप में पाया जाता है। फल में एक या अनेक बीजी हो सकता है जैसे – टमाटर, पपीता, अंगूर, केला, अमरूद, खजूर, इत्यादि। बेरी फल सुपीरियर या इनफिरियर दोनों प्रकार के अण्डाशय से उत्पन्न हो सकते हैं।

पेपो – यह इनफिरियर अंडाशय से उत्पनन होता है। अंडाशय मल्टीकार्पेलरी सिनकार्पस यूनीलाक्यूलर तथा पेराटल प्लेसेन्टेशन वाला होता है। फल के थैलमस का बाहरी भाग भी फल बनने में भाग लेता है और इसी से फल का बाहरी कड़ा छिल्का बन जाता है। जैसे कुम्हडा, लौकी, खीरा, ककड़ी, तरबूज, खरबूज तथा भतूआ इत्यादि।

दाड़मिक (बैलुस्टा)

यह फल बहुअंडपी, युक्तांडपी तथा अधोवर्ती अण्डाशय से विकसित होता है। इस फल की वाह्य फलभिति चर्मवत एवम् कठोर होती है। मध्यफल भिति झिल्ली की तरह होती है।

फल का गूदेदार भाग थैलमस के गूदेदार होने से बन जाता है। इसलिए इसे आभासी या कूट फल कहते हैं। आभासी फल के अन्दर वास्तविक फल की फलभित्ति तीन स्तरों में विभक्त होती है जिसे कठोर होने के कारण काट कर फेंक दिया जाता है। इसी के भीतर बीज पाये जाते है। इसका उदाहरण –सेव तथा नासपाती है।

हेस्पेरीडियम

इस वर्ग के फलों का विकास बहुकोष्टकी युक्तांडपी एवं सुपीरियर अंडाशय से होता है। फलों की बाह्य फलभिति चमड़े की तरह छिल्के के रुप में पायी जाती है। जिसपर अनेक तेल ग्रंथियाँ पायी जाती है। मध्य फल भिति रेसे दार सफेद होती है। जो छिलके से चिपकी रहती है। बाहय तथा अन्तः फलभितिया फलों के छिल्के का निमार्ण करती हैं। अन्तः भिति कई कोष्टों की बनी होती है जिस के भितरी सतह से अनेक एक कोशीय रोम निकलते रहते हैं जिनमें रस भरा रहता है जिन्हे खाया जाता है जैसे संतरा, मोसम्बी, कागजी नींबू, माल्टा, चकोतरा इत्यादि।

एकि शुष्क फल

शुष्क फलों की फलभिति पतली और सुखी होती है। यह तीन परतों में विभिक्त नही होती है। इस वर्ग के फलों को तीन वर्गो में बाटां गया हैः

एकीनियल फल

एकीनियल वर्ग को पुनः एकीन, कैरिआप्सिस, सिप्सेला, समारा तथा नट में विभाजित किया गया है। जिनका फल–बागवानी से कोई लेना–देना नहीं है।

सम्पुटी या कैप्सूलर फल

इस वर्ग को पुनः लेग्यूम, फॉलिकिल, सिलिक्वा, सिलिक्यूला तथा कैप्सूल वर्ग में बाँटा गया है जो फल विज्ञान से बाहर है।

सिजोकार्पिक फल

इस वर्ग के फलों को लोमेन्टम, क्रीमोकार्प,डबल समारा, रेग्मा तथा कार्सेरुलस वर्गों में बांटा गया है। इनमें से केवल लोमेंटम वर्ग का फल बागवानी से संबंधित है क्योंकि इमली इसी वर्ग का फल है।

समूह फल

समूह फल का निर्माण भी एक ही फूल से होता है। इस प्रकार के फूल की गइनिशियम मल्टीकार्पेलरी तथा पृथक अण्डप या एपोकार्पस होता है। इसमें एक ही पुष्प में कई अंडाशय पाये जाते हैं प्रत्येक अंडाशय से एक फ्रुटलेट विकसित होता है। इस तरह अनेक लधु फलों

का समूह थैलमस पर जुड़ा रहता है। इस वर्ग को पुनः एकीन का समूह फल जैसे कमल, बेरी के समूह फल जैसे शरीफा, अष्ठिफलों के समूह फल जैसे रैस्पबेरी तथा स्ट्राबेरी में विभक्त किया गया है।

फलों का रूप, रंग तथा स्वाद सभी के मन को जीत लेता है।

संग्रथित फल (कम्पोजिट फल)

संग्रथित फलों का विकास संपूर्ण इनफलोरिसेन्स से होता है। ये फल दो प्रकार के होते हैः

सोरोसिस

इस प्रकार के फल स्पैडिक्स या कैटकिन इनफलोरिसेन्स से बनते हैं जैसे कटहल, अनानास तथा शहतूत।

साइकोनस

इस प्रकार के फलों का विकास हाइपेन्थोडियम इनफलोरिसेन्स से होता है। इस वर्ग के फलों में अंजीर, गूलर, बरगद तथा पीपल मुख्य हैं।

फलों का वानस्पतिक वर्गीकरण

वनस्पतिशास्त्र के विद्धानों ने संपूर्ण वनस्पति जगत को दो वर्गों में बांटा है:

क्रिप्टोगैम्स

इस वर्ग में वे सभी पौधे आते हैं जिनमें न तो फूल पैदा होते हैं और न बीज। इनको पुनः निम्नलिखित वर्गों में बाटा गया है–

थैलोफाइटा

इस वर्ग के पौधे अधिकतर महीन सुत्रों द्वारा बने होते है। इनमें जड़,तना पत्तियां नहीं होती हैं। पौधो का शरीर थैलस कहलाता है जो एक सेल या अनेक सेल्स का बना होता है। इस वर्ग में एल्गी वैसे पौधें हैं जो पानी मे पाये जाते हैं। और उनमें क्लोरोफिल पाया जाता है। कुछ एल्गी नीले, भूरें, हरे या लाल रंग के भी होते हैं।

फन्जाई प्रायः दूसरे पौधे या जानवरों के शरीर पर उगते हैं और उनसे अपना भोजन खींचते हैं। इनमें क्लोरोफिल नहीं होता है। इसलिए ये अपना भोजन स्वंय नहीं बना पातें हैं। भोजन के लिए दूसरों पर आश्रित रहने के कारण इन्हें पैरासाइट कहते हैं। जब ये मरे जानवरो के उपर उगते है। तो उन्हें सैप्रोफाइट कहते हैं।

ब्रायोफाइटा

इस समूह के पौधे थैलोफाइटा समूह के पौधो से अधिक विकसित होते हैं। इस वर्ग के पौधों में जड,तना पत्तियां दिखती हैं परन्तु वे वास्तविक नहीं होती हैं। इनका उदाहरण हैः मसाई, हिप्टैसी तथा लिवरवर्ट्स ।

टैरिडोफाइटा

इस वर्ग के पौधों का शरीर पूरी तरह से जड़ो तथा पत्तियों में भिन्नित रहता है। परन्तु इस समूह के पौधों में भी बीज नहीं पैदा होता है। ये पौधे नम तथा छायादार जगहों पर उगते है। जैसे फर्न, हार्सटेल्स, सिलैजिनैला, और लाइकोपोडियम।

फैनेरोगैम्स

इस समूह के पौधों में जड़, तना, पत्तियां, फूल तथा बीज सब बनते हैं। ये पौधे सबसे अधिक विकसित होते हैं। इन्हें दो वर्गो में विभक्त किया गया है :

जिम्नोस्पर्म्

इस समूह के पौधों में जडे, तना, शाखायें, पतियां फूल तथा फल बनतें हैं। परन्तु बीज फल के भीतर बन्द नहीं रहते हैं। अतः इन्हे नग्न बीजी भी कहते हैं। इस वर्ग में केवल एक ही फल चिलगोजा है जिसे पाइनस जिरैन्डीयाना कहते हैं जो पाइनेसी कुल का फल है।

एन्जियोस्पर्म्

यह फैनरोगैम्स का सबसे अधिक विकसित तथा सबसे बडा बर्ग है। यह फूलने वाले पौधों का वह समूह है जिसमें बीज फलों के भीतर बन्द रहते हैं। इस वर्ग को पुनः दो वर्गो में यथा एक बीज पत्री तथा दो बीज पत्री में बांटा गया है। सभी फल वृक्षो को उनके बीज में पायी जाने वाली दाल के संख्या के आधार पर एक बीजपत्री फल तथा दो बीजपत्री फल वर्गो में विभाजित किया गया है जो इस प्रकार है :

वर्ग:मोनोकोटीलिडनी (एकबीजपत्री)

क्र.सं.	फलो का हिन्दी नाम	फलों का अंग्रेजी नाम	फलो का वानस्पतिक नाम	फलों का कुल
1	अनानास	पाईनएपिल	अनानास कोमोसस	ब्रोमेलियेसी
2	केला	बनाना	म्यूसा पैराडिसियाका म्यूसा सैपिएन्टम्	म्यूसेसी
3	नारियल	कोकोनट	कोकस न्यूसीफेरा	पामी
4	खजूर	डेट पाल्म	फोनिक्स डेक्टीलीफेरा	पामी
5	ताड़	पाल्मीरापाल्म	बोरेसस फलैबेलिफर	पामी

वर्ग: डाइकोटीलिडनी (द्विबीजपत्री)

क्र.सं.	फलों का हिन्दी नाम	फलों का अंग्रेजी नाम	फलों का वानस्पतिक नाम	फलों का कुल
1	आम	मैगों	मैंजीफेरा इन्डिका	एनाकार्डिएसी
2	काजू	कैसीवनट	एनाकार्डियम्आक्सीडेन्टल	एनाकार्डिएसी
3	चिरौंजी	चिरौंजी	बकनेनिया लैटिफोलिया	एनाकार्डिएसी

4	पिस्ता	पिस्टैच नट	पिस्टेसिया वेरा	एनाकार्डिएसी
5	सीताफल	कस्टर्डएपिल	एनोना स्क्वामोसा	एनोनेसी
6	रामफल	बुलाक्सहर्ट	एनोनारेटीकुलाटा	एनोनेसी
7	लक्ष्मणफल	एटीमोया	एनोना एटीमोया	एनोनेसी
8	हनुमानफल	चेरीमोया	एनोनाएटीमोया	एनोनेसी
9	करौंदा	नेटाल प्लम	कैरीसा कैरेन्डस्	एपोसायनेसी
10	पपीता	पपाया	कैरीका पपाया	कैरीकेसी
11	हेजलनट	हेजलनट	कोरीलस अवेल्लाला	कोरीलेसी
12	काकू	परसीमन	डायोसपायोरस काकी	इबोनेसी
13	आंवला	इन्डियनगूजबेरी	इम्बिलिका आफसीनेलिस	यूफोरबिएसी
14	चेस्टनट	चेस्टनेट	केस्टनिया सटाइवा	फेगेसी
15	पनियाला	रोज एपिल	फलेकोर्टिया जंगोभास	फलेकोर्टिसएसी
16	मैगोंस्टीन	गार्सिनिया	गार्सिनिया मेगोंस्टाना	गुटीफेरी
17	पीकन नट	पीकन नट	केरिया ओवेटा	जगलन्डेसी
18	अखरोट	वालनट	जुगलन्स रिजिया	जुललन्डेसी
19	एवोकेडो	एवोकेडो	पर्सिया अमेरिकाना	जुगलन्डेसी
20	इमली	टैमरिन्ड	टैमेरेन्डस इन्डिका	फैबेसी
21	बारेबेडोस चेरी	बारेवेडोसचेरी	माल्पिघिया पुनीसीफोलिया	मालपीधिएसी
22	डूरियन	डूरियन	डूरियन जिबेघीनस	मालवेसी
23	कटहल	जैक फ्रूट	आट्रोकारपस हेटरोफिल्स	मोरेसी
24	बडहल	बडहल	आट्रोकारपस लाकूचा	मोरेसी
25	ब्रेड फ्रुट	ब्रेड फ्रूट	आट्रोकारपस एलिटिंस	एलिटिस मोरेसी
26	अंजीर	फिग	फाइक्स कैरिका	मोरेसी
27	शहतूत (हरा)	मलबेरी	मोरस एल्बा	मोरेसी
28	शहतूत (बैग्नी)	मलबेरी	मोरस नाइग्रा	मोरेसी
29	शहतूत (लाल)	मलबेरी	मोरस रूब्रा	मोरेसी
30	अमरुद	ग्वावा	सीडियम ग्वाजावा	मिरटेसी

31	गुलाबजामुन	रोजएपुल	सीजिजियम जम्बोस	मिरटेसी
32	जामुन	जामुन	सीजीजियम कमूनी	मिरटेसी
33	जैतून	अलिव	ओलिया यूरोपिया	ओलिएसी
34	कमरख	कैरमबोला	ऐवरहोआ कैरमबोला	आक्जलीडेसी
35	पैशन फल	पैशन फ्रुट	पैसीफ्लोरा इडुलिस	पैसीफ्लोरा
36	अनार	पोमग्रेनेट	पुनीका ग्रेनेटम्	पुनीकेसी
37	भारतीय बेर	इन्डियन जुजुबी	जीजीफस मारसियाना	रैमनेसी
38	चीनी बेर	चायनीज जुजुबी	जीजीफस जुजुबा	रैमनेसी
39	लोकाट	लौकाट	इरियोबोट्रिया जैपोनिका	रोजेसी
40	स्ट्राबेरी	स्ट्राबेरी	फ्रेग्रेरियावेस्का	रोजेसी
41	सेव	एपिल	मैलस प्लुमिला या मैलस डोमेस्टिका या मैलस सिल्वेस्ट्रिस	रोजेसी
42	खुबानी	एप्रीकाट	प्रुनस आर्मेनियाका	रोजेसी
43	चेरी	चेरी	प्रुनस एवियम	रोजेसी
44	आलू बुखारा	प्लम	प्रुनस इलिप्टकस	रोजेसी
45	बादाम	अलमन्ड	प्रुनस डुलसिस	रोजेसी
46	बादाम	अलमन्ड	प्रुनस एमिगडेलस	रोजेसी
47	आडू	पीच	प्रनुस पर्सिका	रोजेसी
48	रोजचेरी	रोजचेरी	एबसइलिप्टकस	रोजेसी
49	नाशपाती	पीयर	पायरस कम्युनिस	रोजेसी
50	कालीबेरी	ब्लैक बेरी	एबसफ्रुटीकोसस	रोजेसी
51	बेल	बेल	एग्लि मारमेलस	रुटेसी
52	नींबू	लाइम	सिट्रस ओरन्टीफोलिया	रुटेसी
53	लेमन	लेमन	सिट्रस लीमोन	रुटेसी
54	चकोतरा	पमेलो	सिट्रास ग्रैडिस	रुटेसी
55	तुरंज	सिट्रान	सिट्रस मेडिका	रुटेसी
56	मीठानीबूं	स्वीटलाइम	सिट्रस लिमीटवायड्स	रुटेसी

57	माल्टा	ग्रेप फ्रूट	सिट्रस पाराडीसी	रुटेसी
58	संतरा	मैन्डेरिन ओरेंज	सिट्रस रेटीकुलाटा	रुटेसी
59	मोसम्बी	स्वीटओरेंज	सिट्रस सायनेन्सीस	रुटेसी
60	कैथ	वुड एपिल	फिरोनिया लिमोनिया	रुटेसी
61	कमक्वाट	कमक्वाट	फारचुनेला जैपोनिका	रुटेसी
62	तिनपतिया ओरेंज	ट्राइफोलिएट ओरेंज	पोनसिरस ट्राइफोलियाटा	रुटेसी
63	लीची	लीची	लीचीचाइनेन्सीस	सेनेन्डेसी
64	चीकू	सपोटा	एचरस जपोटया एचरस सपोटा	सैपोटेसी
65	मौलश्री	मौलश्री	मैलिनकारा इलेन्जाई	सैपोटेसी
66	खिरनी	खिरनी	मैलिनकारा हेक्जेन्ड्रा	सैपोटेसी
67	फालसा	फालसा	ग्रीविया स्पेसीज	टिलिएसी
68	अगूंर	ग्रेप	वाइटिस वीनीफेरा या लब्रास्का	वाइटेसी

स्वादिष्ट तथा पौष्टिक अमरूद

अमीरों का फल–अनार

महानिम्बू या चकोतरा

ताड़ के फल विटामिन–ए से भरपूर

सूखा के आधार पर फलों का वर्गीकरण

सूखा के आधार पर फलों को तीन वर्गो में विभिक्त किया गया है–

1. अधिक सूखा बर्दास्त करने वाले फलः–खजूर,बेल, बेर, शरीफा, कैंथ, करौंदा, आवंला, अनार, काजू आदि।
2. मध्यम सूखा बर्दास्त करने वाले फलः– नींबू लेमन,इमली,अमरुद, अगूंर, आम, जामुन।
3. सूखा नहीं या कम बर्दास्त करने वाले फलः–केला,नारंगी,पपीता, लीची, चीकू, अनानास, कटहल, एवोकेडो, कमरख आदि।

लवण–सहिष्णुता के आधार पर फलों का वर्गीकरण

1. उच्च लवण सहिष्णुता रखने वाले फल –लसोड़ा, खजूर, नारियल, आवंला, बेर इत्यादि।
2. मध्यम लवण सहिष्णुता रखने वाले फल–आम, अमरुद, जामुन, जैतुन, फालसा,अनार, अंजीर, काजू।
3. अधिक लवण संवेदनशील फल–पपीता, केला, नींबू, नाशपाती, स्ट्राबेरी, इत्यादि।

—•—

2

फलों का महत्व

इस धरती पर स्वादिष्ट वस्तुओं में फलों का स्थान सर्वोपरि है। कुदरत ने फलों का निर्माण मानव कल्याण के लिए किया है। मनुष्य को ही नहीं बल्कि फल देवी –देवताओं को भी अतिप्रिय हैं। तभी तो केला बृहस्पति देव का प्रिय फल है तो बेल भगवान भोलेनाथ का फल है।

फलों का नियमित सेवन मानव शरीर के स्वस्थ संचालन तथा उचित वृद्धि के लिए अत्यंत आवश्यक है। इनके सेवन से हमें अनेक पौष्टिक पदार्थ जैसे–जल,शर्करा, प्रोटीन, खनिज तत्व, वसा विभिन्न विटामिंस, पेक्टिन, एंटीआक्सीडेंट्स, अम्लीय पदार्थ, पिगमेंट (वर्णक) रेशे और अन्य रोग प्रतिरोधी व स्वास्थ्यप्रद पदार्थ प्राप्त होते हैं जो हमारे स्वास्थय और खुशहाल जीवन के लिए अत्यंत आवश्यक है। स्वस्थ और दीर्घ जीवन के लिए इनका नियमित सेवन वांछनीय है।

हमारा देश अन्न–उत्पादन के क्षेत्र में तो आत्मनिर्भर हो गया है, परंतु कुपोषण की समस्या चिंतनीय है। भारत में लगभग 40 प्रतिशत जनता, कुपोषण से प्रभावित है। अब यह समय आ गया है कि मानव–पोषण की तरफ विशेष ध्यान दिया जाये। संतुलित भोजन के रुप में फलों के नियमित सेवन की अहम् भूमिका है। भारत में प्राचीनकाल से ही इनके नियमित सेवन की प्रथा प्रचलित थी तथा आदि काल में फल तथा कंद–मूल आहार के मुख्य

स्रोत हुआ करते थे तथा इन्हीं के उपयोग से हमारे पूर्वज बलशाली और स्वस्थ हुआ करते थे।

फलो का महत्व

शरीर को स्वस्थ रखने के लिये प्रति व्यक्ति प्रतिदिन 110 ग्राम फल के सेवन की संस्तुति की गयी है, पंरतु हमारे देश में प्रति व्यक्ति 60 ग्राम फल का उपभोग हो पाता है जो बहुत कम है तथा इनका सेवन भी उत्पादन –मौसम तक ही सीमित है। अतः आज आवश्यकता इस बात की है कि फलों की महत्ता और उसके पौष्टिकत गुणों को आम लोंगों की जानकारी में लाया जाए।

फलों का पोषण मान

एक आदर्श भोजन के समस्त गुण जैसे अच्छा स्वाद, उच्च पोषणमान, सात्विकता और सुपाच्यता, फलों में पाए जाते हैं। फलाहार हमारी पाचन प्रणाली के लिए भी स्वाभाविक और स्वास्थ्यकारी है। महत्वपूर्ण तो यह है कि फलों का सेवन हमारी पाचन प्रणाली के लिए भी स्वाभिवक और स्वास्थ्यकारी है। महत्वपूर्ण तो यह है कि फलो को सेवन उसी रुप में किया जाता है जिस रुप में वह प्रकृति द्वारा प्रदत है। अपने इन्हीं बहुआमयी गुणों के कारण फलाहार दुनिया के लगभग हर देश में लोगो को अपनी ओर आकर्षित कर रहा है। प्राचीन काल में केले को साधु संतो का भोजन माना जाता था और आज भी माना जाता है। यदि केले को दूध के साथ सेवन किया जाए तो संपूर्ण संतुलित आहार प्राप्त हो जाता है। युगांडा तथा कुछ अन्य अफ्रीकी देशों में केले को मुख्य खाद्य फसल का स्थान प्राप्त है। एक एकड़ गेहूँ का खेत मात्र 10 मिलियन कैलोरी उर्जा देता है, जबकि इतने ही क्षेत्र से केले का बाग 15 मिलियन कैलोरी उर्जा प्रदान करता है। फलों में प्राकृतिक रेशा प्रचुर मात्रा में होने के कारण उदर रोगों की संभावना काफी घट जाती है । अधिकांश फल कार्बोहाइड्रेट के अच्छे स्रोत होते हैं। काबौहाइड्रेट घुलनशील शर्कराओं जैसे ग्लूकोज और प्रक्टोज के रुप में पाये जाते है। फलों द्वारा उपलब्ध शर्करा सरल रुप में होने के कारण सुपाच्य होती है तथा तुरंत उर्जा प्रदान करती हैं। कुछ फल प्रोटीन और वसा के अच्छे स्रोत होते हैं, परंतु अधिकांश फल विटामिन और खानिजो के अच्छे स्रोत होते हैं।

आंवला, केला व अन्य बागवानी उत्पादों को किस संयोग से ग्रहण किया जाए कि व्यक्ति रोग मुक्त और शतायू दीर्घायु हो, इस बारे में कहा गया है कि:–

कार्तिक दूध, अगहन आलू,
पूस पान और माघ रतालू।

फागुन शक्कर घी से खाए,
चैत आंवला कच्चा खाए।

बैसाखे जो खाए करेला,
जेठे दाख अषाढे केला।

सावन रात में जब तब खाए,
भादों रात कबहु न खाए।

क्वार में काम को बस में रखे,
ते सौ साल तक जीवन चखे।

सारणी 1: ताजे फलो में उपलब्ध मुख्य खानिज तत्व

खानिज तत्व	महत्व	स्रोत फल
फास्फोरस	यह कैल्शियम के साथ मिलकर हड्डियों और दांतों और मांसपेशियों को मजबूत बनाता है। कार्बोहाइड्रेट, वसा व प्रोटिन के पाचन में सहायक होता है।	केला, रसभरी, कैथ, अनार, पैशन फल, एवोकैडो आदि।
लोहा	यह शरीर की लाल रुधिर कणिकाओं में पाए जाने वाले हीमोग्लोबिन का मुख्य अवयव है यह शरीर में कार्यरत अनेक एंजाइमों में उपस्थित रहता है। इसकी कमी से शरीर में खून की कमी हो जाती है। जिससे मनुष्य रोगी व कमजोर हो जाता है।	अमरूद, केला, कच्चा आम, शहतूत, सेब, फालसा अन्नानास, आंवला, बेर,, नीबू, लोकाट, पैशन फल आदि।
सोडियम	यह शरीर के ऊतकों व तंत्रिका तंत्र के विकास में सहायक होता है। इसकी कमी से रक्तचाप पर असर पड़ता है।	सेव, केला, लीची, जामुन पपीता, अनानास, अनार, अमरुद, फालसा, नाशपाती
मैग्नीश्यिम	कैल्शियम व फास्फोरस के पाचन के अलावा कई एंजाइमों की क्रियाओं में इसकी	आलूबूखारा, केला, अंगूर, आदि।

	उपस्थिति अनिवार्य है। तंत्रिका तंत्र व मांसपेशियों के उचित संचालन में भी इसका विशिष्ट स्थान है। इसकी कमी से मधुमेह और आंतों की बीमारी हो जाती है।	
सल्फर	यह मांसपेशियों और हडिडयों के विकास के लिए आवश्यक अमीनो एसिड और प्रोटिन बनाता है तथा जहरीले पदार्थो के दुष्प्रभाव को खत्म कर देता है।	कटहल, रसभरी, तरबूज आदि।
कॉपर	यह लोहे के अवशोषण और लोहे से संबंधित क्रियाओं में भाग लेता है। कई एंजाइमों की क्रियाओं में इसकी उपस्थिति आवश्यक है। तत्रिंका तंत्र में तांबा मुख्य रुप से उपस्थित रहता है।	सेव, अनार, पपीता, रसभरी, नाशपाती, शरीफा, संतरा, नींबू, केला, आदि।
क्लोरिन	यह शरीर में अम्ल व क्षार का संतुलन बनाता है तथा पाचन तंत्र में हाइड्रोक्लोरिक अम्ल के निर्माण सहायता करता है।	खुबानी, अनानास, स्ट्राबेरी
कैल्शियम	हमारे शरीर में दांत और हड्डियों का अधिकांश भाग कैल्शियम का बना होता है। हड्डियों और शरीर के द्रवों में पाया जाता है। इसकी अल्पता से बच्चो मे सूखा रोग और बड़ो में आस्टोमेलेशिया हो जाता है।	पपीता, नीबू, माल्टा, आंवला, अमरुद, कैथ, स्ट्राबेरी, बेल, व बेर आदि।
पोटेशियम	यह प्रोटीन और कार्बोहाइड्रेट के पाचन में सहायक होता है और यह क्षारीयता एवं अम्लता का सतुंलन बनाए रखने में भी सहायता करता है। इसकी कमी से फेफडो की बीमारी हो जाती है।	कटहल, केला, अगूंर, खुबानी, अमरुद आदि।

सारणी 2: फलो में उपलब्ध मुख्य विटामिन

विटामिन	महत्व	स्रोत फल
विटामिन ए	यह वृद्धि और प्रजनन क्रियाओं के लिए आवश्यक होता है। इसकी कमी से ठंड	आम, पपीता, केला, परशिमान, अमरुद,

	इन्फलुएन्जा,आंख का रोग,रतौधीं तथा चर्म रोग हो जाता है।	रसभरी, फालसा, कटहल, अनानास, पैशनफल आदि।
विटामिन बी–1	इसकी कमी होने पर बेरी–बेरी नामक रोग हो जाता है। त्वचा की र्स्पश शक्ति का ह्रास, लकवा तथा हृदय संबंधी असमानताएं हो	सेब, केला, संतरा, बुखारा, आलू, आम, पपीता, आदि।
विटामिन बी–2	इसकी कमी से शरीर में बहुत सी असमानताएं जैसे शरीर का भार कम होना, गले का खराश, मुंह के कोनो का फटना, आंखो की नसें उभर आना और आंखो का किरकिराना आदि।	बेल, पपीता, कैथा, लीची, आदि।
विटामिन बी–6	यह कार्बोहाइड्रेट, वसा व एमीनो अम्ल के पाचन में सहायक होता है इसकी कमी से अतिसार, बालों का गिरना, त्वचा का खुरदरी होना और मांसपेशियों का कमजोर पड़ना आदि विकार उत्पनन होते हैं।	खुबानी, नीबू, केला, अंजीर
विटामिन बी–12	यह लाल रुधिर कणिकाओं के निर्माण में सहायक होता है तथा इसकी कमी से लाल रुधिर कणिकाओं की कमी हो जाती है तथा एनीमिया हो जाता है।	एवोकैडो, आडू, केला, नीबू, चेरी, अमरुद।

जल के स्रोत–फल

स्वस्थ शरीर के लिए जल की आवश्यकता सर्वविदित है। रक्त निर्माण, रक्त प्रवाह, रक्त चाप–संतुलन,पाचन क्रिया तथा त्वचा की कांति बनाए रखने में जल की अहम् भूमिका रहती है। इसके अलावा शरीर में उपापचय के दौरान उत्पन्न विषैले पदार्थों के गुर्दे के माध्यम से विसर्जन में भी जल की भूमिका रहती है। अतः इस बात की चिकित्सकीय और वैज्ञानिक सलाह है कि सभी को फलों का समुचित सेवन करना चाहिए क्योकिं फलों में जल की पर्याप्त मात्रा पायी जाती है । जल तत्व में धनी फलों में तरबूज, शहतूत, फालसा, नीबू वर्गीय फल तथा सेब आदि आते है।

फलों से एंटीआक्सीडेंट्स की उपलब्धता

एंटीऑक्सीडेंट्स हमारे शरीर की कोशिकाओं की रक्षा करते हैं तथा स्वस्थ और लंबी आयु प्रदान करते हैं। प्रदूषित वातावरण और खाद्य पदार्थों में उपस्थित 'फ्री रेडिकल्स' हमारे

शरीर की कोशिकाओं के डी.एन.ए.को नष्ट करके विभिन्न बीमारियों को जन्म देते हैं। इन 'फ्री रेडिकल्स' के दुष्प्रभाव को एंटीऑक्सीडेंट्स दूर कर देते है। एंटीऑक्सीडेंट्स तत्व फलों में बहुतायत से पाए जाते है। ब्लूबेरी, संतरे, आम तथा अन्य रंगीन फलों से एंटीऑक्सीडेंट्स प्रचुर मात्रा मे उपलब्ध होते है।

प्रोटीन के स्रोत –फल

प्रोटीन शरीर की वृद्धि के लिए अति आवश्यक हैं। इसमें अन्य पुराने ऊतकों के रखरखाव और मरम्मत के लिए भी यह आवश्यक है। यह अखरोंट, बादाम, अवोकैडों, केला,पिस्ता चिरौंजी,चेस्टनट, हेजलनट, आदि फलों में बहुतायत में पाया जाता है।

वसा के उत्तम स्रोत–फल

ज्यादातर फलों में वसा की मात्रा बहुत कम पायी जाती है, पंरतु कुछ फलों में जैसे अखरोट, बादाम, अवौकेडो, चेस्टनेट,हेजलनट, पीकन नट, चिरौजीं, पिस्ता आदि इसके अच्छे स्रोत हैं।

खाद्य रेशों के प्रमुख स्रोत–फल

खाद्य रेशों की अधिकता वाले पदार्थों के नियमित सेवन से पेट की समस्या दूर होती है। उच्च रक्तचाप का नियंत्रण होता है। तथा हृदय रोग की संभावना दूर होती है। अमरुद, कैथ, बेल और खजूर में इसकी मात्रा अधिक पायी जाती है।

कार्बोहाइड्रेट के प्रमुख स्रोत–फल

अधिकांश फलों से हमें शर्करा जैसे डेक्स्ट्रोज, फ्रुक्टोज आदि अधिक मात्रा में प्राप्त होती है जो उर्जा के रुप में बदलकर शरीर को शक्ति प्रदान करते हैं। सभी फल मुख्यतः खजूर, केला, कटहल, चीकू, आलू बुखारा कार्बोहाइड्रेट के अच्छे स्रोत हैं।

ऑर्गोनिक एसिड के स्रोत–फल

खाद्य पदार्थो के पाचन में आर्गेनिक एसिड का महत्वपूर्ण योगदान है। फलों में ज्यादातर सिट्रिक एसिड,मैलिक एसिड और टारटेरिक एसिड पाए जाते हैं जो पाचन क्रिया को तेज करके भूख बढ़ाते हैं। नीबू,वर्गीय फल, अमरुद, सपोटा, आम, अंगूर, आदि में यह अधिक मात्रा में पाया जाता है।

एंजाइम के प्रमुख स्रोत–फल

एंजाइम शरीर में होने वाली उपापचय क्रियाओं को तेज कर देते हैं, जिससे भोजन का पाचन शीध्र हो जाता है। जामुन और अन्य फलों में इस प्रकार के एजाइम अधिक मात्रा में पायें जातें है।

फलों के पोषण महत्व का पौराणिक वर्णन

'गजानन भूतगणादिसेवितं,
कपित्थ–जम्बूफल–चारु भक्षणम्।

उमासुतं शोकविनाशकारकम्,
नमामि विघ्नेश्वर पादपंकजम्'।।

अर्थात् उस गजानन को प्रणाम है, जो सभी गणों –प्राणियों द्वारा पूजे जाते हैं। उनको कैथ और जामुन के फल प्रिय हैं। इन सुंदर फलो को चढ़ाने से सभी शोक–विकार नष्ट करने वाले तथा विघ्न का नाश करने वाले उमासुत गणेश जी के चरण कमलों का नमन है।

इस साधारण से श्लोक में बड़ा रहस्य छिपा है। गणपति को मिष्टान्न प्रिय होने के कारण वे गुड़ और मोदक खाते रहते थें जिसके कारण वे मधुमेह रोग से ग्रसित थे। अतः इस रोग के निवारण के लिए गणपति कैथ और जामुन का सेवन करते थे।

प्राचीन भारतीय ग्रंथो, जैसे चरक संहिता, सुश्रुत संहिता, वृहद संहिता और यजुर्वेद में फलों के औषधीय गुणों का वर्णन भरा पडा है। प्राकृतिक चिक्त्सिा पद्धति भी बहुत हदों तक फलों कें गुणों पर आधारित है। तभी तो एक कहावत है:–

'एक सेब जो प्रति दिन खावै,ताके घर वैद्य न जावै'।

फलों में कोलेस्ट्रोल, ट्रायग्लिसरायड्स और लो डेंसिटी लिपोप्रोटीन्स नहीं पाया जाता है। अतः इनके सेवन से हृदय रोगों की संभावना नहीं रहती है। फलों में विद्यमान कार्बनिक अम्ल और लवण, शरीर की अम्लता (एसिडिटी) को दूर करते हैं नेत्र विकारों और दृष्टिगात रोगों में विटामिन–ए युक्त फलों तथा शरीर में रोग अवरोधकता रखने के लिए विटामिन–सी युक्त फलों का सेवन अनुमोदित किया जाता है।

ताजे फलों में आम, अमरुद केला, बेल, पपीता और आंवले का औषधीय मान बहुत अधिक है । दिल की बीमारिंया, डायरिया, संग्रहणी, तथा स्कर्वी आदि रोगों के लिए कुछ फलों का सेवन बहुत लाभप्रद है। बहुत से फलो में पेक्टिन होता है, जो आंतो की क्रियाओं को बढाता है तथा पेट साफ रखता है। पेट की बीमारियों के लिए बेल का सेवन अन्य

औषधियों से अच्छा माना जाता है, बेल में 'मार्मेलोसिन' नामक औषधीय यौगिक पाया जाता है। शरीफे की पत्तियों में 'टेट्रा हाइड्रो आसेक्विनोलिन' अल्कलॉयड पाया जाता है, जिसका प्रयोग हृदय रोग की औषधियों में होता है। तात्पर्य यह है कि फलों का हमारे जीवन में अत्यधिक महत्व है। हमारे नित्य प्रति के भोजन में फल की कुछ मात्रा का होना नितांत आवश्यक है।

आवंले के फल में विटामिन –सी की प्रचुर मात्रा होती है जो शरीर की रोग प्रतिरोधक क्षमता को बढ़ाता है। आवंला में वयः स्थापक गुण के साथ–साथ जरा–निवारक गुण भी है। कहा गया है कि च्यवन ऋषि ने आवंले से एक दिव्य रसायन को निर्मित कर सेवन किया, जिससे वह वयः वृद्धि से मुक्त होकर पुनः युवा हो गये, जिसके कारण कालांतर में उन्हीं के नाम से यह रसायन विख्यात हुआ जिसे आज हम च्यवनप्राश अवलेह के नाम से जानते हैं:

आमलकं वयः स्थापनानाम्। रक्तपित्त्प्रमेहघ्नं परं वृष्यं रसायनम्।।

अथार्त् आवंला रसायनों में श्रेष्ठ होता है और उत्तम व्यस्थापक है। आवंले में भी हरड़ की तरह, लवण रस को छोड़कर शेष मधुर, अम्ल, कटु, तिक्त, कषाय ये पांच रस होते है। जामुन के फलों के मधुमेह नाशक गुण तो सर्वविदित है। इस महत्वपूर्ण फल के अन्य औषधीय गुणों के बारे में कहा जाता है:

राज जम्बू फल स्वादु विष्टम्भिः गुरु रोचनम्।
जंबुः संग्रहिणी रुचा कफ पित्तास्रदाहिजित्।।

अर्थात् बड़ी जामुन स्वादिष्ट, भारी रुचिकारी और विष्टम्भि होती है तथा छोटी जामुन ग्रही, रुखी तथा पित्त,कफ,रुधिर विकार तथा दाह (जलन) का शमन करने वाली होती है।

नारियल का फल, शीतल, देर से पचने वाला, मूत्राशय शोधक, ग्रही, पौष्टिक, शक्तिवर्धक तथा वात् पित्त, रक्त विकार और जलन का शमन करता है। तभी तो कहा गया है:

नारिकेल फलं शीतं दुर्जर बस्ति वात पित्तास्रदाहनुत।।

उपरोक्त विवरण से स्पष्ट हो जाता है फल पोषक पदार्थो के अच्छे स्रोत है। इनके उत्पादन को बढ़ावा देने से आय में तो वृद्धि होगी ही, साथ ही साथ देश की जनता का पोषण सुखमय व सुनिश्चित होगा। इसलिए यह टीक ही कहा गया है:

'तन को शक्ति मन को बल,
स्वस्थ रहें यदि खायें फल'।

2 प्रति इकाई क्षेत्र से अधिक उत्पादन

फलों की उपज प्रति इकाई क्षेत्र में अन्य फसलों से अधिक होती है तथा आमदनी भी अधिक मिलती है:

फसलें	उपज (टन/हे.)	शुद्ध आय (रु/हे.)
धान	5–6	25000.00
गेहूं	4–6	35000.00
मक्का	6–8	20000.00
केला	50–60	200000.00
आलू	40–60	225000.00
पपीता	30–45	400000.00
अनानास	60–80	300000.00

3. फलों पर आधारित विभिन्न उद्योग

फलों की बागवानी में अन्य फसलों की तुलना में अधिक लोगों की कार्य मिलता है क्योंकि इनकी बागवानी के अतिरिक्त इन पर आधारित अनेक उद्योग जैसे फल संरक्षण का उद्योग, फर्निचर का उद्योग, पपेन उद्योग, नारियल तेल तथा रेशे से बनी वस्तुओं के उद्योग आधारित हैं जो इनकी बागवानी पर निर्भर करते है।

4 फल–विदेशी मुद्रा के श्रोत

भारतीय फल तथा उनसे बने पदार्थों की विदेशों में काफी मांग बढी है। भारत से प्रति वर्ष कई करोड़ रुपये मूल्य के फल तथा उनसे बने पदार्थ निर्यात किये जाते हैं जिससे भारत में फलों की बागवानी व्यावसाय का रुप ले लिया है इसके निर्यात को और अधिक बढ़ाने की प्रबल सम्भावनाएं है।

5. फलो की बागवानी–अधिक रोजगार का सृजन

फलों की बागवानी, फल संरक्षण उद्योग में तथा फलों पर आधारित अन्य उद्योगों में लाखों लोगों को रोजगार प्राप्त हैं जो बेरोजगारी को समाप्त करती है।

6. फलो की बागवानी–अर्थात् उर्वर भूमि की प्राप्ति

फलों की बागवानी से भूमि का कटाव पानी आदि के कारण नहीं हो पाता है। तथा पत्तियों के सड़नें से भूमि उर्वर हो जाती है। फलों की बागवानी से हमें स्वस्थ तथा सुन्दर शरीर, भोजन, पानी, वस्त्र, घर, दवायें, फर्निचर, उर्वर, भूमि के अतिरिक्त मनोरम वातावरण मिलता है।

—•—

3

फलों के बाग लगाने के मौलिक सिद्धान्त

भारत में फलों की बागवानी का इतिहास अत्यन्त पुराना है। हमारे धर्म–ग्रन्थों में फलों के बागवानी का वर्णन भरा पडा है। राम चरित मानस में तुलसीदास ने लिखा है कि भगवान राम, माता सीता तथा भाई लक्षमण चित्रकुट में अपनी पर्ण –कुटी के आस–पास सभी प्रकार के फूल, फल तथा स्वादिष्ट केला, आम, मौलश्री, कदम्ब तथा तेजपत्ता का वृक्ष लगाये थे। उनके द्वारा इस प्रकार की बागवानी का उद्धेश्य स्वस्थ पर्यावरण तथा पोषण ही रहा होगा जो इस चौपाई से विदित होता है–

सकल–फूल फल कदली रसाला, रोपे बकुल कदम्ब तमाला।

तुलसी तरुवर विविध सुहाए,कहु सिय राम, कहु लखन लगाये।।

पंचवटी में भी पॉच प्रकार के फल एवम् वृक्षों के होने का वर्णन मिला हैं जिसमें आम, केला, मौलश्री, कदम्ब और नीम था। विभिन्न प्रकार के प्राचीन ग्रन्थों से पता चलता है कि फलों की वागवानी का प्रचलन अत्यन्त पुराना है । सोलहवी सदी में भी मुगल बादशाहों ने भारत में हजारी बाग तथा लाख बाग लगवाया थां। प्राचीन काल में वैशाली साम्राज्य में आम के सुन्दर बागों का वर्णन है जहॉ आम्रपाली का जन्म हुआ था। अतः फलों का बाग लगाना एक पुनित कार्य है। फलों के वृक्ष जिस स्थान पर लगाये जाते है वहॉ की सुन्दरता बढ़ जाती है, प्रदुषण की समस्या को ये वृक्ष मिटाते है। इनसे हमें जीवन रक्षक भोज्य तत्व प्राप्त होते

है जिससे हमारा शरीर सुन्दर, सुडौल, स्वस्थ बनता है। फलों के वृक्षो से इमारती लकडी, चारा, कच्चा माल, मधु, उर्वर भूमि भी प्राप्त होती है। अतःबाग लगाने के कुछ मौलिक बातों का ध्यान रखना आवश्यक है।

आजकल फलों की बागवानी बहुत ही लाभप्रद व्यवसाय है। वर्तमान समय में जबकि कृषि में लागत खर्च जैसे–मजदूरी, खाद और उर्वरक तथा पौधा संरक्षण आदि कार्यो में बढ़ता जा रहा है वार्षिक खाद्य फसलों की खेती बहुत लाभदायक नही रह गयी है। इसलिए किसान अब फल वृक्षों की बागवानी पर अधिक ध्यान देने लगे हैं। वैसे भी भारत फलोत्पादन में प्राचीन काल से प्रसिद्ध रहा है। आज भी यहॉ से आम, काजू, नारियल, लीची, केला, कटहल आदि सुदूर देशों को निर्यात किया जाता है। फलोत्पादन की ओर ध्यान देने के तीन मुख्य्य कारण है। इनकी बागवानी में सुगमता, बिक्री में आसानी और प्रति रुपये लागत खर्च पर अधिक आमदनी है। इसलिए वर्तमान दशा में यह अपेक्षित ही नही, आवश्यक भी है कि फल वृक्षो की बागवानी के अन्तर्गत अधिकाधिक क्षेत्रफल लाया जाये।

सफल फलोत्पादन में अन्य बातों के अतिरिक्त सबसे आवश्यक क्रिया बाग लगाते समय की जाने वाली सावधानियॉ है। चूँकि फलोत्पादन बहुवार्षिक व्यवसाय है, इसलिए प्रारम्भ में की गयी छोटी–सी भी गलती का निराकरण बाद में संभव नही है। अतः बागवानी में सफलता के लिए आवश्यक है कि बाग लगाते समय सभी पहुलओं पर यथोचित ध्यान दिया जाये और वैज्ञानिक विधियॉ अपनायी जायें। बाग लगाने का सही समय चुने, फल वृक्षों की रोपाई में की जाने वाली आवश्यक सावधानियां की चर्चा की जा रही है जिससे बागवान लाभान्वित हो सके।

जलवायु के अनुसार फलो का चयन

बाग की सफलता के लिए फलों का चयन जलवायु के अनुसार ही करें। इसमें तापमान, वर्षा, आर्द्रता, प्रकाश तथा वायु का ध्यान रखा जाता है।

फलों का चयन करते समय यातायात तथा बाजाार की मांग सुविधा, श्रमिकों की उपलब्धता, सिंचाई की सुविधा तथा भूमि के मूल्य का भी ध्यान रखना अत्यन्त आवश्यक होता है तभी फलों के बाग सफल तथा लाभप्रद साबित होंगें।

भूमि का चुनाव

बाग लगाने की प्रारभिक क्रियाओं में महत्वपूर्ण क्रिया भूमि का चुनाव तथा उसकी तैयारी है। भारत में होने वाले प्रायः सभी फल वृक्षों के लिए उंची भूमि, जिसमें जल–जमाव नही होता हो तथा जो गहरी और उपजाऊ हो, उपयुक्त होती है। दोमट या हल्की दोमट

मिट्रियों में वृक्षों की वृद्धि अच्छी होती है। इसलिए ऐसी मिट्टी वाली भूमि का चुनाव करें। यदि बंजर भूमि में, जिसमें वर्षों से खेती नही होती हों, बाग लगाना हो तो उसमे एक दो वर्षो तक वार्षिक फलों या हरी खाद वालीं फसलें उगाये। ऐसा करने से भूमि से खर–पतवार नष्ट हो जाते है तथा मिट्टी की बनावट और रचना में अपेक्षित सुधार हो जाता है।

वायु प्रतिरोधक

एक बात जिस पर अधिकांश कृषक ध्यान नही देते है, वह है वायु प्रतिरोधक वृक्षों का लगाना। वायु प्रतिरोधक से अर्थ है, वैसे वृक्षों का लगाना जो तेज हवा से पच्छिम तथा दक्षिण से फलों को नुकसान होने से बचाये। यहाँ की परिस्थितियों में दक्षिण तथा पच्छिम हवा से नुकसान अधिक होता है। इसलिए इन दो दिशाओं मे, यदि सम्भव हो तो फलदार वृक्ष की रोपाई के एक–दो वर्ष पूर्व ही शीशम, बेर इत्यादि के पौधे कम दूरी पर लगावे।

बाग का अभिन्यास

भूमि के चुनाव और वायु प्रतिरोधक वृक्षों के बाद तीसरी महत्वपूर्ण बात बाग के अभिन्यास की है। इसका अभिप्राय यह हैं कि बाग किस विधि से तथा कितनी दूरी पर पौधो को लगााया जाये। मैदानी क्षेत्रों में बाग के अभिन्यास की मुख्य विधियां वर्गाकर, आयातकार, त्रिभुजाकार, षटभुजाकार है। किन्तु वर्गाकार विधि सुगम और वृक्षों के बड़े होने पर बाग में कृषि कार्यों के आसानी के ख्याल से अनुशंसित की जाती है। इस विधि में पंक्ति से पंक्ति और पौधा से पौधा की दूरी समान रखी जाती है, जिससे पास के चार वृक्ष मिलकर एक वर्ग का आकार बनाते है।

पौधे लगाने की दूरी

भूमि के चुनाव और तैयारी के बाद दूसरी आवश्यक बात पौधों के लगानें की दूरी और गडढो की खुदाई है। वृक्षारोपण की दूरी का महत्व इसलिए है कि इस कार्य में की गयी गलती का सुधार संभव नही है। साथ ही साथ इसमें किसान भाई बहुधा गलती कर जाते है और पौधों को आवश्यकता से कम दूरी पर लगात है। पौधा रोपने की उचित दूरी पौधों के प्रौढ़ावस्था के आकार पर निर्भर है। बिहार के सभी क्षेत्रों के लिए मुख्य–मुख्य फलों की दूरी अनुसंधान द्वारा निश्चित कर दी गई है। इसके अनुसार बिहार के मैदानी क्षेत्रो के लिए आम 10 मीटर, लीची तथा आवंला साढ़े 8 मी. केला लम्बी किस्में 2.4 मीटर ओर बौनी 1.8 मी0 पपीता 2.4 मी0, नारियल, कागजी नीबू तथा अमरुद 6 से 7 मीटर तथा कटहल 12 मी. पर लगाना चाहिए। इन दूरियो में भूमि की उर्वरा शक्ति के अनुसार थोड़ा बहुत परिवर्तन हो सकता है। कम उपजाऊ मिट्टी में दूरी कम और अधिक उपजाऊ मिट्टी में

अधिक देना चाहिए। रोपाई की दूरी निश्चित करने के बाद निश्चित स्थानों पर खूंटी गाड दे जिससे गड्ढ़ा खोदने में आसानी हो। गड्ढ़ो का आकार बड़े वृक्षों जैसें–आम, कटहल, के लिए 90 से.मी. X 90 से. मी. X 90 से.मी. तथा छोटे फलों जैसे–अमरुद, नीबू, पपीता, केला, इत्यादि के लिए 60से0मी0 गहरा और इतने ही व्यास का होना चाहिए। वैसे तो गड्ढ़ो की खुदाई का कार्य अप्रैल/मई में ही करके उन्हें 10–15 दिनों तक धूप लगने के लिये खुला छोड़ देना चाहिए तथा उसके बाद खाद, उर्वरक डालकर भर देना चाहिए। गड्ढों को भरते समय जमीन की सतह से लगभग 15 से0मी0 उंचा रखें जिससे वर्षा के पानी से मिट्टी दबने पर भी गड्ढ़ो की सतह भूमि के बराबर बनी रहें। इसी समय सिंचाई के लिए नालियां भी बना लें।

खाद एवं उर्वरक

भारत के मुख्य फलों की रोपाई बरसात आरम्भ होने पर कर देनी चाहिए। केवल पपीता की रोपाई सितम्बर में करनी चाहिए। प्रति गड्ढ़ा दी जाने वाली खाद तथा उर्वरको की मात्रा नीचे दी जा रही है।

आम तथा लीची

गोबर की सड़ी खाद या कम्पोस्ट 40 किलो, अन्डी की खली 2 किलो, सिंगल सुपर फास्फेट 2 से 3 किलो तथा म्युरेट आफ पोटाश 1 किलो या लकड़ी का राख 10 किलों। तेजाबी मिट्टियो में लीची के लिए 4 किलो चूना भी देना चाहिए।

अमरुद तथा नीबूं जाति के फल

गोबर की खाद 30 किलो, सि0सु0फास्फेट 1 किलो तथा म्युरेट आफ पोटाश 100 ग्रम।

पपीता और केला

गोबर की खाद 20 किलो, अन्डी की खल्ली 1 किलो, सि0सु0 फास्फेट 240 ग्राम या लकड़ी की राख 5 किलो ग्राम। आवंला, बेल, बेर इत्यादि के लिए गोबर की खाद 25 किलो, यूरिया आधा किलो तथा सिंगल सुपर फास्फेट 2 किलो ग्रम। खाद तथा उर्वरकों को गडढो में डालकर मिट्टी में अच्छी तरह मिला दे। इसके अतिरिक्त रोपाई करते समय प्रति गडढा 100 ग्रम एल्ड्रीन धूल का भी उपर से व्यवहार दीमक से बचाव के लिए करे।

पौधे रोपाइ का समय

जहाँ तक संभव हो पौधों की रोपाई संध्या समय ही करे। रोपते समय ध्यान रखे कि पौधें गड़ढो के बीच में और उतनी ही गहराई तक रोपा जाये जहां तक मिट्टी का थाला हो। रोपाई के बाद मिट्टी को अच्छी तरह दबा दे। लेकिन इतना नही दबाये कि थाले की मिट्टी टूट जाये। रोपाई के बाद पानी देना अनिवार्य है। यदि वर्षा नही हो तो हर दो–तीन दिन पर सिंचाई करें। अधिक धूप से बचाव के लिए यदि जरुरी समझे तो फूस से प्रत्येक पौधों को ढ़क दे, लेकिन रात में पौधों को खुला छोड़ देना चहिए।

फलों के पौधों की खरीदारी

फलों के पौध सदैव सरकारी नर्सरी या कृषि विश्वविद्यालयों को नर्सरी से ही खरीदे। अंपजीकृत पौधशालाओं से पौध लेने से परहेज ही करें नही तो बाग लगाना हानिकारक हो जायेगाा। पौध एक वर्ष उम्र के तथा कीट–व्याधि रहित होने चाहिए।

फलों की सघन बागवानी

इस विधि में फलो के पौधों को परम्परागत दूरी पर नहीं लगा कर कम से कम दूरी पर रोपते हैं। जिससे प्रति इकाई क्षेत्रफल में कई गुना अधिक वृक्ष लगाये जाते हैं। जिससे कुल उपज तथा शुद्ध आय कई गुना बढ जाती है। इस विधि में विभिन्न फलों की लगाने की दूरी तथा प्रति हेक्टर पौधों की संख्या नीचे की तालिका में दी गई है।

फल	लगाने की दूरी (पंक्ति × पौधे)	पौधो की संखया/हे0
आम	2.5 मी. × 2.5 मी0	1600
अनार	5 मी0 × 2मी0	1000
अमरुद	4 मी0 × 4 मी0	625
अनानास	30 से0मी0 × 60 से0मी0 × 90 से0मी0	53000
केला	1.2 × 1.2 मी0	6944
किन्नों	6 मी0 × 4मी0	370
पपीता	1 मी0 × 1 मीत्र	10,000

सधन बागवानी में सबसे बडी कठिनाई यह हैं कि वृक्षो की आयु कम हो जाती है तथा कीट–व्याधियों का प्रकोप अधिक बढ जाता है। इस विधि में पौधो के बौने मूल वृन्तों का प्रयोग लाजमी है तथा आवश्यक काट–छांट की भी विशेष जरुरत पड़ती है जो सावधानी से करनी चाहिए।

—•—

4

अमरुद

फलों में मनुष्य को, प्रकृति की अनुपम उपहार अमरुद है। अमरुद किसानों का एक लोकप्रिय फल है। इसके फलो को सालों भर साधारण दाम पर सभी जगह उपलब्ध होना ही इसकी लोकप्रियता का कारण है। इसे धनी एवं गरीब, स्त्री एवं पुरुष बच्चे तथा बूढ़े, स्वस्थ एवं रोगी, मालिक तथा मजदूर सभी बड़ें चाव से सुबह तथा शाम खाते हैं। अमरुद के फलों से बनी जेली, नेक्टर, चीज, चूर्ण, तथा टॉफी सभी के मन को जीत लेती है। ताजे अधपके फलों की खट्टी –मीठी चटनी तो और भी अधिक जायकेदार तथा स्वादिष्ट होती है।

अमरुद को विभिन्न जगहों के लोग अलग–अलग नाम से पुकारते है। इसे संस्कृत में प्रियाक, मराठी में पेरु, बंगला में पेयारा, अंग्रेजी में ग्वावा परन्तु वनस्पति शास्त्र में "प्सीडियम गुआजावालिन" कहते हैं।

अमरुद की जन्म–भूमि

लोग इसे भारतीय फल समझते हैं परन्तु वास्तविकता यह हैं कि "उष्ण अमीरका" इसकी जन्म–भूमि है। यूरोपियन अन्वेषक जब जलमार्ग से नई दुनिया की खोज में मैकिसको तथा पेरु के तट पर पहुँचे तो वहाँ फलों से लदे अमरुद के वृक्षों को देखकर बड़े

हर्षित हुए। परन्तु जब वे अमरुद के फलों को खाये तो यह फल उनके दिल को जीत लिया। वापस आते समय नाविक अन्वेषकों ने अमरुद के कुछ पौधें को अपने साथ ले आकर अपने देश में लगायें जहाँ से यह फल पुरानी दुनिया के उष्ण तथा उपोष्ण भागों में फैल गया। भारत में अमरुद को, स्पेन के ही लोग सोलहवीं शताब्दी में लाये थे। भारत के प्रत्येक प्रान्तों में सरलता से उगने, बहुआयमी गुणो, तथा मधुर स्वाद के कारण अब यह आम आदमी का फल बन गया है।

विश्व तथा भारत में अमरुद का वितरण

आज कल अमरुद की बागवानी नई एवं पुरानी दुनिया के अनेक देशों में हो रही है। भारत के अतिरिक्त, अमरुद उगाने वाले देशों में बंगला देश, नेपाल, म्यानमार, श्रीलंका, पाकिस्तान, इटली, स्पेन, पुर्तगाल, दक्षिण अफ्रीका तथा ईरान मुख्य हैं। हवाई और क्यूबा में तो अमरुद के फलो में मिठास के अभाव के कारण इनका परिरक्षित पदार्थ ही अधिक लोकप्रिय है।

भारत में अमरुद की बागवानी लगभग 58250 हजार हेक्टर भूमि में होती है जिससे 6,56,110 मीट्रिक टन फल प्राप्त होते है। वैसे तो भारत के प्रत्येक राज्यों में अमरुद उगाया जाता है परन्तु इस फल की व्यवसायिक खेती के मामले में क्षेत्रफल तथा उत्पादन में उत्तर प्रदेश का पहला, बिहार,का दूसरा तथा मध्य प्रदेश का तीसरा स्थान है। अधिक बेहतर गुणवत्त एवं उपज देने वाली नवीन किस्मों के विकास से आज कल अमरुद की बागवानी तेजी से लोकप्रिय होती जा रही है।

अमरूद के बागों की सिंचाई से फल अधिक लगते हैं।

अमरूद के बागों में व्यवस्थित ढ़ंग से खाद तथा उर्वरक के प्रयोग से उपज बढ़ जाती है।

अमरुद की पौष्टिकता

अमरुद की पौष्टिकता के बारे में मुख्यतः उच्च आय–वर्ग के लोगो में गलत धरणा बनी है कि अमरुद कम पौष्टिक और सेव अधिक पौष्टिक होता है तथा वे अपनी बेहतर स्वास्थय के लिए सेव खाते हैं। परन्तु वास्तविकता यह है कि यदि आप 100 ग्राम अमरुद खाते हैं। तो आपको 71.1 ग्राम जल, 1.5 ग्राम प्रोटिन, 0.2 ग्राम वसा, 14.5 ग्राम कार्बोज, 6.0 ग्राम खाद्य रेशे, 0.01 ग्राम कैल्शियम, 0.04 ग्राम फास्फोरस, 1.00 ग्राम लोहा तथा 30 मिली ग्राम विटामिन बी–1, 30 मिली ग्राम रायबोफ्लेविन, 211 मिली ग्राम विटामिन–सी तथा 66 कैलोरी उर्जा प्राप्त होती है जबकि 100 ग्राम सेव खाने से 85.9 जल, 0.3 ग्राम प्रोटिन, 0.1 ग्राम वसा, 13.4 ग्राम कार्बोज, खाद्य रेशे सूक्ष्म मात्रा में, 0.01 ग्राम कैल्शियम, 0.02 ग्राम फास्फोरस, 1.7 ग्राम लोहा, 120 मिली ग्राम विटामिन बी–1,30 मिली ग्राम रिबोफ्लेविन, 56 कैलोरी उर्जा तथा 2 मिली ग्राम विटामिन–सी प्राप्त होती है। अतः अमरुद, सेव की तुलना में अधिक पौष्टिक तथा सस्ता भी है।

अमरुद औषधि भी

फलों का महत्व हमारे देश में प्राचीन काल से हैं। हमारे वैज्ञानिक (ऋषि–मुनि) दीर्घायु तथा स्वस्थ रहने के लिए कंद–मूल, फल आदि का ही अधिक से अधिक उपयोग करते थें। आज भी हमलोग उपवास एवं व्रत में फलहार को अधिक महत्व देते है। फलों के सेवन से शरीर की रोगों से लड़ने की क्षमता तो बढ़ती ही है, साथ ही शरीर एवं मस्तिष्क

बलवान होता है। प्रकृति, माँ स्वरुप है और वह वही फल उस मौसम में पैदा करती है जिसकी उस ऋतु में शरीर को आवश्यकता रहती है। इसी पंरपरा में प्रकृति की अनुपम देन है अमरुद।

आधुनिक खोजों के आधार पर अमरुद का सेवन गठिया, मलेरिया, तथा मानसिक विकारो, उन्माद, भ्रम आदि को दूर करता है। भोजन के साथ नियमित अमरुद सेवन करने से कब्ज की समस्या खत्म हो जाती है।

अमरुद के विविध औषधीय गुण

1. अमरुद भोजन से पहले सेवन करने से अतिसार एवम् पतले दस्त में लाभ पहुँचाता है। भोजन के साथ लेने से संग्रहणी में लाभ करता है। भोजन के बाद लेने से गुर्दे संबंधी रोगों तथा कब्ज को नष्ट करता है। जिन बच्चों का विकास ठीक से न हो रहा हो या दिमाग कमजोर हो उन्हे अमरुद का नियमित सेवन कराना चाहिए।

2. अमरुद में बहुत सुपाच्य लोहा होता है। अतः जिन्हे रक्त की कमी हो, (हीमोग्लोबिन की कमी हो) तो उन्हे भोजन के साथ नियमित लाल वाला अमरुद सेवन करना चाहिए। लाल अमरुद न मिलने पर जो अमरुद मिले उसे ही सेवन करना चाहिए। बड़ा अमरुद समुचा ही दांतो से काट कर खाने से दांतो, मसूड़ो के रोग नष्ट होते है। दांत चमकदार हाते हैं और पायरिया नष्ट होता है।

3. अमरुद का निम्न रोगो पर प्रयोग करें तो वह रोग जड़ से ही दूर हो जायेगा। खाँसी में अमरुद को गर्म बालू में भून कर दिन में तीन बार सेवन करना चाहिए। यदि साथ में जुकाम भी हो तो नमक एवं काली मिर्च मिलाकर भुना अमरुद खायें।

4. मुँह में छाले हों तो अमरुद के रस में थोड़ा सा कत्था मिला कर लेप करे। अमरुद की पत्तियाँ उबाल कर कुल्ला करने या फिटकारी मिला कर कुल्ला करने या इसकी पत्तियाँ चबाने से दाँतो का दर्द तथा मुहँ के छाले कम होते है।

5. सिर के दर्द में सूर्य उदय के पूर्व कच्चा अमरुद घिस कर लेप करे।

6. बादी बवासीर अथवा काँच निकलने में अमरुद के पत्ते की पुल्टिस बांधे।

7. पतली दस्त में अमरुद को मिश्री के साथ (करीब 100 ग्र्रम) सेवन करना चाहिए। दिन में तीन बार अथवा अमरुद की जड़ को पानी में उबाल कर चौथाई पानी रहने पर छान कर दिन में तीन बार ठंडा करके पियें। रक्त दोष के कारण पैदा हुए फोड़े, फून्सी, खुजली आदि में करीब 200 ग्राम की मात्रा में प्रातः दोपहर लगातार दो माह अमरुद का सेवन करना चाहिए।

8. आम वात (गठिया) में अमरुद का प्रातः दोपहर 100 से 200 ग्राम की मात्रा में नियमित सेवन तथा इसकी मुलायम पत्तियाँ 25 से 50 ग्राम पीस कर दिन में दो बार लगायें।

9. अमरुद के फूल नमक के साथ खाने से पेट दर्द नष्ट होता है तथा इसके मुलायम पत्तों का रस (10से15 ग्राम) शक्कर के साथ दिन में दो बार लेने से भूख बढ़ती है।

10. प्रातः बासी मुँह तथा सांय करीब चार बजे दो बड़े अमरुद खाने से दिमाग की माँसपेशियों को बल मिलता है। इस प्रयोग से दिमाग की हर प्रकार की गर्मी निकल जाती है।

11. बवासीर में यह अनुभूत प्रयोग एक बार अवश्य आजमायें। एक बड़े अमरुद में करीब 5 ग्राम अजवाईन का चूर्ण भर दे। इसको अमरुद के कटे भाग से ही बन्द करके मिट्टी में गाड़ दें सुबह मिट्टी हटा कर बासी मुँह खा लें। एक सप्ताह तक लगातार सेवन करने से अत्यंत लाभ होता है।

12. हृदय की अधिक धड़कन की अवस्था में अमरुद को शहद के साथ दिन में तीन बार खिलायें । अमरुद को दूध के साथ पीस कर सेवन करने से बल एवं बुद्धि बढ़ती है। यदि जुकाम सूख कर पुराना हो गया हो तथा बाहर न निकल रहा हो तो सबेरे ही पका अमरुद बीज निकाल कर खा ले। उपर से नाक बन्द करके एक गिलास पानी पी ले। दिन में दो बार करें जुकाम बह जाता है। यदि ज्यादा बहने लगे तो रात में सोते समय गुड़ खा ले।

अमरुद के लिए जलवायु एवं मिट्टी

अमरुद उष्ण तथा उपोष्ण जलवायु का पौधा है। समुद्रतल से 1500 मी0 की उँचाई वाले स्थानों में इसे उगाया जा सकता है। नदियों द्वारा लायी गयी भूमि में सर्वोच्च गुणवत्ता का अमरुद पैदा होता है। इसकी बागवानी भारी तथा उसर भूमि जिसका पी–एच मान 8.5 तक हो, में भी संभव है।

अमरुद की किस्में

इलाहाबाद सफेदा, लखनउ–49, एपिल कलर, हब्सी, चित्तीदार, लाल गूदे वाला, बेदाना, बनारसी सुर्ख, हरिझा, इत्यादि अमरुद की किस्में है। परन्तु इनमें इलाहाबाद सफेदा तथा लखनउ–49 की व्यवहारिक खेती का अनुमोदित है।

केन्द्रीय उपोष्ण बागवानी अनुसन्धान संस्थान, लखनऊ द्वारा विकसित किस्में

सी. आई. एस. जी–1, सी. आई. एस. जी–2, सी. आई. एस. जी–3

अमरूद की किस्म – सी. आई. एस. जी.–१

अमरूद की किस्म – सी. आई. एस. जी.–२

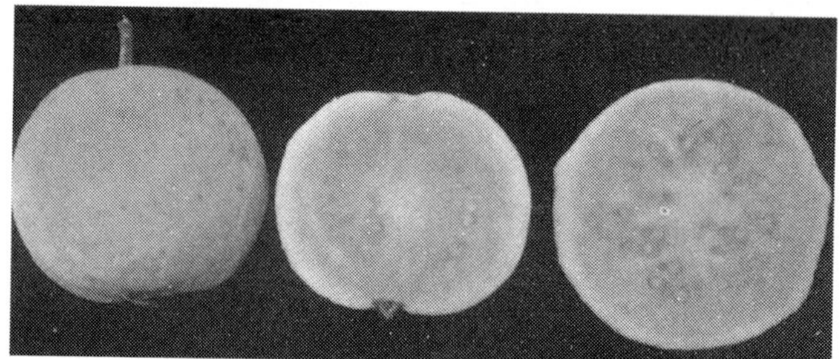

अमरूद की किस्म – सी. आई. एस. जी.–३

अमरूद की कलम रोपड़ के लिए तैयार

अमरूद की सघन बागवानी

इलाहाबाद सफेदा

इसके वृक्ष सीधे उपर बढने वाले, मध्यम उँचाई के होते है। फल मध्यम से बड़े आकार, गोलाकार, फल की सतह चिकनी, छिलका पीला, गूदा मुलायम, सफेद, सुवसित तथा स्वाद मीठा होता है। बीज अपेक्षाकृत अधिक बड़े आकार के तथा कड़े होते है। फलों की भण्डारण क्षमता अच्छी होती है।

लखनउ–49

इसे सरदार अमरुद के नाम से भी जाना जाता है। इसके वृक्ष फैलने वाले तथा अच्छे फलदायक होते है। फल मध्यम आकार के बड़े, गोल, अण्डाकार, खुरदरी सतह वाले पीले रंग के होते है, गूदा मुलायम, सफेद, सुबास युक्त खठास लिए मीठा होता है। बीज बड़े आकार के तथा कड़े होते है। परिणामतः व्यवसायिक स्तर पर इसे रोपण करने का अनुमोदन किया जाता है।

अमरुद का प्रवर्धन

अमरुद का प्रवर्धन बीज तथा कायिक विधियों द्वारा किया जाता है। बीज को बोने के पहले, 48 घण्टे तक पानी में भिगोने पर अच्छा अंकुरण होता है। कायिक विधियों–भेट, विनियर कलम बंधन, गूटी अथवा स्टूल लेयरिंग एवं पैबन्दी चश्मा द्वारा इसका प्रबर्धन सम्भावित होता है। स्टूल लेयरिंग द्वारा प्रवर्धित पौधे बौने होते है। अतः इन्हे कम दूरी पर लगाया जा सकता है।

अमरुद के नये बाग लगाना

अमरुद के नये बाग लगाने के लिए अप्रैल के महीने में भूमि की 2–3 जुताई करके उसे समतल कर ले। खरपतवार इत्यादि जड़ समेत उखाड़कर निकाल दें। फिर मई में 6 X 6 मीटर की दूरी पर 60 X 60 X 60 से0मी0 के गड्ढ़े खोदे। सतह पर की मिट्टी एक ओर जमा करें तथा निचली मिट्टी दूसरी और जमा करे। मई के अन्त मे या जून के शुरु में खाद की आधी मात्रा सतह वाली मिट्टी में मिलाकर पहले भरे। इसके बाद गड्ढ़ो की अच्छी सिंचाई कर दें जिससे मिट्टी अच्छी तरह बैठ जाय। मिट्टी भरते समय प्रत्येक गड्ढ़ा में 30 किलोग्प्रम गोबर की सड़ी खाद, 1 किलोग्प्रम सिंगल सुपर फस्फेट तथा 2 किलोग्प्रम लकड़ी की राख मिलावे। इस गड्ढ़ें ने चुने हुए अंटा या साटा कलम से बने 1–2 वर्ष के पौधे जून–जूलाई में लगावें। पौधा लगाने का काम संध्या के समय करें। पौधा लगाने के बाद तुंरत पानी दे। और अगर वर्षा नहीं हो तो हर 3–4 दिनों पर पानी दे।

खाद और उर्वरक का व्यवहार

अच्छी पैदावार और स्वादिष्ट फलों के लिए पौधों को नियमित खाद तथा उर्वरक देना आवश्यक है। खाद और उर्वरक की उचित मात्रा सही समय पर आवश्यक है। आयु के अनुसार अमरुद में प्रति पौधा खाद एवं उर्वरको की मात्रा देने की सिफारिश नीचे दी गई सारणी में दी जा रही है:

अमरुद के वृक्षों के आयु के अनुसार खाद एवं उर्वरकों की मात्रा

वृक्ष की आयु (वर्ष)	गोबर की खाद (किलोग्प्रम)	नाइट्रोजन (ग्प्रम)	फास्फोरस (ग्प्रम)	पोटाश (ग्प्रम)
1–2	10–15	60	30	30
3	20	120	60	60
4	30	180	90	90
5	40	240	120	120
6	50	300	150	150
7 और अधिक	60	360	180	180

नाइट्रोजन वाले उर्वरकों की आधी मात्रा, अक्टूबर और आधी मात्रा जून में दी जाती है। फास्फोरस और पोटाशधारी उर्वरको को अक्टूबर में दिया जाना चाहिए। गोबर की खाद

की पूरी मात्रा जून में दी जाती है। इन पदार्थो को तने से थोड़ी दूर छोड़कर अच्छी मिट्ठी में मिला देना चाहिए। इसके बाद सिंचाई करना जरुरी है।

अमरूद की जेली बनाने हेतु अघपके ही अमरूद तोड़ना चाहिए।

अमरूद की बाग बिल्ट से प्रभावित

कुछ इलाके में अमरुद के पौधों में जस्ते की कमी पायी जाती है। इसकी कमी से पत्तियों का आकार छोटा हो जाता हैं और बाढ भी रुक जाती है, टहनियाँ इस कमी को दूर करने के लिए 0.4–0.5 प्रतिशत जिंक सल्फेट का छिड़काव नये कल्ले निकलने के बाद वर्ष में दो बार करें। जिंक के प्रभाव से फलों के गुणों में भी सुधार होगा।

अमरुद के बागों की सिंचाई

पौधों की सिंचाई उनकी वुद्धि एवं उपज के लिए बहुत जरुरी है। सिंचाई मिट्टी एवं पौधो की आयु पर निर्भर करती है। छोटे अर्थात नये लगे पौधों के लिए नवम्बर से फरवरी तक एक माह के अन्तर पर मार्च से जून तक 15 दिनों के अन्तर पर सिंचाई करनी चाहिएं। पूर्ण विकसित पौधों की अक्टूबर–जनवरी तक 2–3 सिचांई काफी है। फल लगने वाले पौधों में फूल के समय सिंचाई नहीं करनी चाहिए। हर सिंचाई के बाद पौधे के पास के खर–पतवार की गुडाई हल्की ही करे क्योकि अमरुद की जड़े उपरी सतह पर ही होती हैं।

अमरुद के बागों में अन्तर्वर्ती फसल

खाद और सिंचाई की समुचित व्यवस्था हो तो अमरुद के नये बागों में पपीता, केला तथा सब्जी लगावें। यदि व्यवस्था पूरी न हो तो दलहनी फसल लगावें। दलहनी फसलों में सिंगल सुपर फास्फेट 25 किलो ग्रम प्रति हेक्टर की दर से देने से अधिक लाभ होगा। कोई ऐसी फसल नहीं लगावें जिसका बुरा असर अमरुद के पौधों पर पड़े। जैसे –ज्वार, बाजरा, गन्ना, मक्का, आदि।

अच्छे और अधिक फल लेना

अमरुद वर्ष में दो बार फल देता है। मुख्यतः मार्च–अप्रैल और जुलाई –अगस्त के फूलों मे फल लगते है जो क्रमशः बरसात और ठंडे मौसम में तैयार होते है। बरसात की अपेक्षा सर्दियों के फल स्वादिष्ट और मीठे होते हैं। बरसात के फलों की अपेक्षा ठढ़े मौसम के फलों में कीड़ो और बीमारियों का प्रकोप भी कम होता है जिससे फलों की भण्डारण आयु क्षमता भी बढ़ जाती है। अतःबागवानों को केवल जाड़े की ही फसल लेनी चाहिए। कुछ राज्य में आमतौर पर बरसात मे ही अधिक फल लिया जाता है।

जाड़े के मौसम में अधिक फल लेने के लिए फरवरी से अप्रैल तक सिंचाई रोक देनी चाहिए। इसके अलावा जिस समय (मार्च–अप्रैल) में फूल अधिक खिले हो, उस समय 300 पी0पी0एम0 नेपथलीन एसीटिक एसीड (30 ग्राम 100 लीटर पानी में) के घोल का छिड़काव करे। ऐसा करने से काफी संख्या में फूल गिर जायेंगे जिसके फलस्वरुप बरसात में फल

बहुत कम लगेंगे और फिर जाड़े में अधिक और अच्छे फल प्राप्त होंगे।

अमरूद की स्वस्थ गुटी द्वारा तैयार पौधें

आम आदमी का लोकप्रिय फल–अमरूद

फलों की उपज तथा आय–व्यय का लेख–जोखा

फूल लगने के लगभग पाँच माह बाद फल पकते हैं। इसकी उपज बाग की देखरेख तथा किस्म पर काफी निर्भर करतीर है। एक 8–10 वर्ष के पूर्ण विकसित पेड़ से 70–80 किलो फल प्रतिवर्ष प्राप्त हो सकता है। परन्तु अमरुद के उन्नत किस्मों की बागवानी वैज्ञानिक तौर–तरीके से करने पर उपज और अधिक प्राप्त हो सकती है। एक हेक्टर के बाग से साधारणतया 35–40 हजार रुपये की शुद्ध लाभ आसानी से प्राप्त होती है।

—•—

5

अनार

अनार अमीरों का फल है। यह फल देखने में खूबसूरत तथा खाने में अत्यन्त स्वादिष्ट होता है। प्राचीन काल में एक अनार सौ बीमार की कहावत इसलिए सत्य थी कि अनार का उत्पादन बहुत ही कम था तथा यह गरीबों को दुर्लभ था। केवल अमीर लोग ही इसका जायक लेते थे। गरीबों को तो यह नसीब नहीं था। परंतु सत्तर के दशक के बाद अनार की नई –नई किस्मों का विकास होने से इसके उत्पा दन में आशतीत वृद्धि हुई है जिससे इस फल की उपलब्धि अपने देश में बढ़ी तो है, परन्तु अभी भी इसकी प्राप्ति सभी को नहीं हो पा रही है। अतः अनार को घर–घर तक पहुँचाने के लिए इसके बाग व्यावसायिक स्तर पर लगानें होगे।

अनार जितना खूबसूरत होता है उससे कहीं अधिक पौष्टिक होता है। अनार का 100 ग्राम फल खाने से 14.3 ग्राम कार्बोहाईड्रेट, 1.6 ग्राम प्रोटिन, 0.1 ग्राम वसा, 0.7 ग्राम खानिज लवण, 5.1 ग्राम रेशे, 6.5 किलो कैलोरी ऊर्जा, 10 ग्राम कैल्सियम, 70 मिली ग्राम फास्फोरस, प्राप्त होता है। फल में उसके वनज का 40.1 प्रतिशत रस तथा रस में 17.5 से 18.5 प्रतिशत कुल घुलनशील ठोस पाये जाते हैं। फल के रस में 0.120 प्रतिशत टैनिन पायी जाती है।

अनार की उन्नत बागवानी की तकनीक

उपयुक्त जलवायु

अनार की बागवानी के लिए जाड़े के दिनो में ठण्डक तथा गार्मियों में शुष्क तथा गर्म जलवायु उपयुक्त होती है। फलों का विकास 38.4 डिग्री से0 तापमान पर अच्छा होता है। रेगिस्तानी प्रदेश में अनार के फल उँचे दर्जे के होते है। अनार के पौधो में अधिक सूखा सहन करने की शक्ति होती तो है परंतु बिना सिंचाई के फलों की संख्या तथा वजन घट जाता है । परंतु ऐसी भूमि जिसमें नमी अधीक दिनों तक बनी रहती है तो उसमें अनार के बागो से कई वर्षो तक अच्छी उपज प्राप्त की जा सकती है। अनार में पाले को भी बर्दास्त करने की शक्ति होती है, परन्तु 4 डिग्री से0 से कम तापमान पौधों को हानि पहुँचाता है। अनार मैदानो में तो सदाबहारी पौध हैं, परंतु पहाडो पर जहाँ जाड़े की ऋतु ठंडी होती है वहाँ पर पर्णपाती प्रकृति अपना लेता है।

अनार की किस्म – गणेश के पके रसीले फल

मिट्टी का चयन तथा तैयारी

अनार के लिए मटियार दोमट से लेकर बलुई दोमट मिट्टी अनुकूल होती है। अन्य फलों की तुलना में अनार में क्षारीयता सहने की अधिक शक्ति होती है, इसलिए क्षारीय मिट्टी में भी अनार के बाग सफलतापूर्वक लगाये जा सकते है। मिट्टी ऐसी हो जिसमें जल–जमाव न होता हो तथा जैवाशं की अधिकता हो, पंरतु मिट्टी का पी0एच0मान 6.5 से 7.5 तक अनार के लिए अच्छा होता है।

पौध–प्रसारण की विधियाँ

अनार के बीज आसानी से अंकुरित हो जाते है, परंतु बीजू पौधे, कलमी पौधों की तुलना में देर से फलते हैं। अनार के कलमी पौध तैयार करने की दो सरल विधियाँ है। पहली विधि में पेंसिल के मोटाई के समान टहनियों को 20–30 से0मी0 लंबे–लंबे टुकड़े (कलमें) बालू में लगते है। कलम काटकर उनके सिरों को सिराडिक्स–बी में उपचारित करके लगाते है। जिसमें 20–30 दिनों में जड़े विकसित हो जाती है। इन पौधों को 60 दिनों बाद दूसरी क्यारियों में लगा देते हैं जो 12 महीने बाद लगाने योग्य हो जाती है। कलम सदैव जून–जुलाई में लगावें।

अनार की पौध तैयार करने की दूसरी विधि गुटी द्वारा है। इस विधि में पेंसिल के आकार की मोटी टहनियों को 2.5 से0मी0 लंबी छाल गोलाई में छिल देते हैं और 15 दिनों तक छोड़ देते है। जब छिला हुआ जगह भूरा पड़ जाये तथा कैलस बनना पूरा हो जाये तब तैयार मिट्टी, बुरादा, खल्ली के मिश्रण को छिले जगह पर लगाकर पॉलीथीन से लपेट कर उपर–नीचे सुतली से बांध देते हैं। जड़े 35–40 दिनों में विकसित हो जाती है तो गूटी को काटकर पॉलीथीन खोलकर नर्सरी में बैठा देते हैं। जो अगले वर्ष जून–जुलाई में लगाने लायक हो जाती है।

गड्ढ़ो की खुदाई तथा भराई

अनार के बाग लगाने के लिए गड्ढ़ो की खुदाई अप्रैल–मई में करें। प्रत्येक गड्ढों का आकार 60 सें0मी0 लंबा, चौड़ा तथा 60 सें0मी0 गहरा रखें। अनार के पौधो को 5 मीटर की दूरी पर लगावें। गडढ़ो में उपर की आधी उपजाउ मिट्टी 25 किलोग्राम बालू तथा 100 ग्राम बी0 एच0सी0 (10 प्रतिशत धूल) भी डाल दें तथा गड्ढ़ो को 15 से0मी0 उपर तक भर दे। जब एक–दो वर्षा हो जाये तथा मिट्टी दबकर जमीन के बराबर हो जाये तब जून–जूलाई में प्रति गड्ढ़े एक–एक स्वस्थ कलम या गूटी से तैयार पौध लगा दें। लगाने के पहले पौधों के थाले नहीं फूटने चाहिए। पौध लगाने के बाद तुंरत एक हल्की सिंचाई अवश्य कर दे।

खाद तथा उर्वरक

अनार के फलों की अच्छी उपज के लिए उसे आवश्यक मात्रा में खाद तथा उर्वरक नितांत आवश्यक है। पहले वर्ष में 10 किलोग्राम कम्पोस्ट, 50 ग्राम नेत्रजन अर्थात 110 ग्राम यूरिया, 25 ग्राम फास्फोरस अर्थात 156 ग्राम सिंगल सुपर फास्फेट, 50 ग्राम पोटाश अर्थात 83 ग्राम म्यूरेट आफ पोटाश प्रति पेड की दर से पहली वर्षा के बाद मई–जून में व्यवहार

करे। खाद तथा उर्वरक को पेड़ के तने से 50 से0मी0 की दूरी पर बनी 15 सें0मी0 चौडी तथा 15 सें0 मी0 गहरी घेरेदार नाली में मिट्टी के साथ मिलाकर व्यवहार करें तथा सिंचाई कर दें। प्रथम वर्ष में दी गई खाद तथा उर्वरक की मात्रा के बराबनर मात्रा प्रति वर्ष, पाँच वर्षो तक बढ़ाते जायें। पाचॅवे वर्ष में दी गयी मात्रा ही छठे वर्ष तथा उसके बाद प्रति पेड़ देते हैं। जिस मिट्टी में बोरोन की कमी होने पर अनार के फल फटने लगते है। तथा उनका रंग फीका हो जाता है। अतः फल बनने पर बोरेक्स के 0.2 प्रतिशत के घोल का दो छिड़काव 15 दिनों के अन्तर पर करें।

अनार की किस्म – ढ़ोलका घर की बगिया में

अनार के बागों में अन्तरावर्ती फसलें

अनार के पौधों का फैलाव चार–पाँच वर्षो तक कम ही रहता है जिससे पौधों के चारों तरफ की खाली भूमि पड़ी रहती है। इस भूमि में आप दलहनी फसलें जैसे– मटर, लोबियां, बकला, मिश्रीकन्द, राजमा, मूली, भिंडी तथा मेथी बोयें। इनका अनार पर कोई प्रतिकूल प्रभाव नही पडता है तथा भूमि की उर्वरा शक्ति भी कायम रहती है। इन फसलों को उगाने से खर–पतवार भी नही के बराबर ही उगते हैं। जब अनार के पौध बड़े हो जायें तथा फलोत्पादन पूर्णरुपेण शुरु हो जाये तब अन्तः फसलों को न लगाये।

अनार की किस्म – ज्योति के कच्चे स्वस्थ फल। यह उत्तर भारत के लिए अच्छी किस्म है।

अनार दाना उत्पादन में लाखो ग्रामीण महिलाओं को रोजगार प्राप्त है।

अनार की किस्म – फुले अरक्ता

जल तथा सस्य प्रबंध

अनार के बागों की देख–भाव उचित ढंग से करके पौधों को तन्दुरुस्त रखा जा सकता है जिससे अधिक मात्रा में उच्च कोटि के फल प्राप्त होंगे। अनार के पोधों में सूखा बर्दास्त करने की अधिक क्षमता होती है, फिर भी बागों की गर्मी के मौसम में 10–15 दिनों के अन्तराल पर हल्की सिंचाई अवश्य करें। मिट्टी में पर्याप्त तथा नियमित नमी बनी रहने से फलों की वृद्धि अच्छी होती है, साथ ही फल फटने की समस्या भी दूर हो जाती है, क्योंकि फलों का फटना मिट्टी में नमी की कमी तथा अधिकता से भी संबंधित है। वर्षा ऋतु में अनार के बागों में जल–जमाव हानिप्रद होता है। अतः जल–जमाव रोकने की उचित व्यवस्था अवश्य करें।

अनार के बागो की सफाई अत्यन्त आवश्यक है, क्योंकि खर–पतवार, जल, स्थान, भोजन, प्रकाश आदि में अनार के पोधों के साथ–साथ साझेदारी करते है जिससे अनार के पौधों पर प्रतिकूल प्रभाव पड़ता हैं अतः निकाई–गुड़ाई द्वारा अनार के बागों को पूर्णतया साफ–सुथरा रखें। इससे फलोत्पादन अधिक तथा उत्तम गुणवत्ता का होगा और शुद्ध आय में वुद्धि हो जायेगी।

अनार में बहार का निर्धारण

फल–वृक्षों में फूल लगने की क्रिया को बहार कहा जाता है। अनार के पौधों में उत्तर–भारत में मुख्य तीन बहारें आती है। प्रथम अम्बे बहार (फरवरी–मार्च), द्वितिय–मृग बहार (जून–जुलाई) तथा तृतीय–हस्त बहार (सितम्बर–अक्टूबर)। उपज तथा गुणवत्ता की

दृष्टि से पौधों पर कई बार फूल–फल लगना ठीक नहीं होता है। अतः बहार नियंत्रण करके अच्छी उपज प्राप्त की जा सकती है। बहार नियंत्रण करने के लिए या तो फूलों की कली अवस्था में ही तोड़ दें या फूल निकलने के समय सिंचाई बंद कर दें। अम्बे बहार सबसे उत्तम होती है जिसके फल जून–जुलाई मे तैयार हो जाते है, परंतु फलों पर कीड़ों का आक्रमण अधिक होता है। अनार के पौधों पर लगभग 75 प्रतिशत नर पुष्प आते हैं जो बाद में झड़ जाते हैं। अनार के पौधों पर लगभग 75 प्रतिशत नर पुष्प आते हैं जो बाद में झड जाते हैं, परंतु उभयलिंगी फूलों से फल बनते हैं। अधिक बड़े आकार के फलों की प्राप्ति के लिए प्रति पेड़ फलों की संख्या कम रखना होगा। इसके लिए कुछ निम्न कोटि के फलों को तोड़कर हटा दें।

अनार के स्वस्थ फल

अनार का फल मक्खी द्वारा प्रभावित फल

अनार के कीट तथा उनका नियंत्रण

1. दीमक

इसका प्रकोप जडो से तने तक होता है। पौधे लगाते समय थाले में बी0एच0 सी0–10 प्रतिशत धूल 100 ग्राम प्रति थाला की दर से मिट्टी में प्रयोग करके इससे बचा जा सकता है।

2. रोगीलूपर

ये फलों का रस चूसते हैं तथा इनकी सूडियाँ अंदर गूदा खाती है। इसकी रोकथाम 0.05 प्रतिशत डायक्लोरोफास घोल में डूबी रुई कीट के प्रवेश द्वार में ठूंस कर मिट्टी का लेप लगाकर की जा सकती है।

3. तनाबेधक

व्यस्क कीट नवजात कोपलें और टहनियाँ खाते हैं, जबकि गिडार तने के अन्दरसुराख बनाकर अन्तः उत्तक खाते रहते है। इसकी रोकथाम 0.05 प्रतिशत ट्रायक्लोरोफेन या 0.03 प्रतिशत डायक्लोरोवास घोल में डूबी रुई कीट के प्रवेश द्वार में ठूंस कर मिट्टी का लेप लगाकर की जा सकती है।

4. फल की तितली

अनार की तितली फलों की भयानक शत्रु है। इसकी मादा फूलों तथा नये फलों पर अण्डे देती है। अण्डों से निकली झल्लियाँ फलों के अंदर प्रवेश करके इन्हें नष्ट कर देती है। अण्डे देने से पहले यदि फूलों और फलों को मलमल के कपड़े की थैलियों में बन्द कर दिया जाय तो फलों की रक्षा हो जाती है। फल टिकाव के बाद, पंखुड़ियों के गिरते ही यदि पुष्पकोष को काट दिया जाय तो किसी सीमा तक अण्डा देना रोका जा सकता है। कीटग्रसित फलों को एकत्रित कर नष्ट कर दें। फल–टिकाव के बाद 15 दिनों के अन्तराल पर जब तक फल की खोल (उपरी परत) सख्त न हो जाय 0.03 प्रतिशत मे टासिस्टाक्स के घोल का छिड़काव करना भी लाभप्रद होता है।

अनार के रोग तथा उनसे बचाव के उपाय

अनार के पौधों तथा फलों को अनेक रोगो से काफी नुक्सान होता है। इसकी रोकथाम करने से अच्छी उपज मिलती है अन्यथा पूरी फसल नष्ट हो जाती है।

1. पत्ती एवम् फल–ध्ब्बा रोग

अधिकतर मृग बहार फसल में इस रोग का प्रकोप होता है। इसकी रोकथाम के लिए इन्डोफिल एम–45 दवा की 0.2 प्रतिशत के घोल (2 ग्राम दवा प्रति लीटर पानी में) का 15 दिनों के अन्तराल पर छिड़काव करना चाहिए।

2. फल सड़न रोग

इस रोग के लगने से फल सड़ने लगते है। इसके नियंत्रण के लिए बेविस्टीन फफूंद नाशक दवा का 0.1 प्रतिशत के घोल का 15 दिनों के अंतर से दो या तीन बार छिड़काव करना चाहिए।

फलों की तुड़ाई, उपज तथा शुद्ध आय

फूल लगने के 170–180 दिनों बाद फल पक कर तैयार हो जाते है। पके फलों का रंग चमकीला रेशमी या हल्का गुलाबी या लाल होता है। जब फलों पर पूर्णतया पकने का रंग आ जाये तब फलों को तोड़े। गृह वाटिका में फलों की तुहाई परिवार के आवश्यकतानुसार ही करें तथा ताजा व्यवहार करें।

अनार के पौधों में फल लगने के प्रारंभिक 3–4 वर्षो में 20–30 फल प्रति पेड़ ही लगते है जिसकी संख्या धीरे–धीरे उम्र के साथ बढती जाती है और एक प्रौढ़ वृक्ष पर लगभग 60–90 फल लगते हैं। अनार की बागवानी अन्य फलों की तुलना में अधिक आसान तथा अधिक लाभप्रद भी है। अनार की एक हेक्टर की बाग में प्रति वर्ष एक से डेढ़ लाख रुपये की शुद्ध आय प्राप्त हो सकती है बशर्ते कि बाग की देखभाल ठीक ढंग से की जाय।

अनार की उन्नत किस्में

अनार की किस्मों को दो मुख्य भागों में बाँटा गया है :

1. पर्णपाती किस्में

इस वर्ग के किस्मों के पौधों की सभी पत्तियाँ जाड़े में झड़ जाती है। इन किस्मों के पौधों में अच्छा फूल तथा फल लगने के लिए जाड़े में कम तापमान की आवश्यकता पड़ती है। यदि तापमान कम नही हुआ तो अच्छी फलन नहीं हो पाती है। अतः पर्णपाती किस्में को पूर्वी भारत के मैदानी भागों में नहीं लगावें।

2. सदाबहार किस्में

इस वर्ग की किस्मों के पौधों की पत्तियाँ नहीं गिरती हैं। अतः कम ठंडक वाले इलाको में इसकी बागवानी सफलतापूर्वक की जा सकती है। सदाबहार की प्रमुख किस्मों में गनेश,

ढ़ोलका, बेसिज सीडलेस, काबुली, गरकठ, पके दाने भूरे रंग के, ढोलका के हल्के गुलाबी सफेद तथा कन्धारी के दाने सूर्ख लाल रंग के होते है। इन किस्मों के पौधें आप महात्मा फूले कृषि विद्यापीठ के उद्यान विभाग, राहुरी, महाराष्ट्र से तथा केन्द्रीय मुक्त क्षेत्र अनुसंधान संस्थान उपकेन्द्र, पाली, मारवाड़ से भी प्राप्त कर सकते है।

—•—

6

अनानास

फलो में अनानास की मिठास का कोई जवाब नही। अनानास, नई दुनिया के ब्राजील देश की धरोहर है। इसका जन्म ब्राजील के ग्वाडेलुपे द्वीप में हुआ था। अनानास के फलों के सिर पर एक ताज या मुकुट होता है इसलिए इसे ब्राजील का मुकुटधारी या ताज धारी फल कहा जाता है। प्रकृति ने स्वयम् इसे ताज पहना कर फलों का शाहनशाह बनाया है। यूरोप के नाविक अन्वेषक कोलम्बस जब नई दुनिया की खोज का पैगाम लिये ब्राजील के ग्वाडेलूपे द्वीप की धरातल पर जैसे ही पैर रखा तो अपने आस–पास अनानास के पौधों को देख कर अचम्भित हो गया। परन्तु जब अनानास के फलों को चखा तो फल की मिठास ने उसका दिल जीत लिया। सबसे पहले गोना काटलो हेरनान्देज ने सन् 1513 में यूरोप वासियों को अनानास का फल चखा कर उसे परिचित कराया। ब्राजील का यह ताज धारी फल सन्1594 में पुर्तगालियों द्वारा भारत के बंगाल राज्य में लाया गया था। अबुल फजल ने आइने अकबरी में इसका उल्लेख भी किया है।

अनानास, स्वादिष्ट फल के साथ अनोखी औषधि भी

अनानास एक मीठा फल होने के साथ–साथ घरेलू औषधि भी है। पके फलों का रस भूत्रल होता है। इसे पीने से पेशाब खुल कर आता है और गूर्दे की पथरी समाप्त हो जाती है। ताजे रस में ब्रोमेलिन ऐंजाइम होता है। अतः ताजे रस के सेवन से पाचन क्रिया सुदृढ़

होती है। अनानास की ताजी पत्तियों के रस में चीनी मिला कर पीने से पेट के कीड़े मर जाते है कच्चे फलों का रस गर्भस्रावक होता है गाभिन पशुओं को अधिक मात्रा में देने पर गर्भपात हो सकता है। अनानास के पके फलों का रस गले की झिल्ली का सूजन दूर करता है। यदि हृदय का आकार बढ गया हो या शरीर के किसी भाग में सूजन आगई हो तो अनानास का रस, दूध के साथ लेने से बहुत शीध्र लाभ पहुँचाता है।

पके अनानास के रस में अदरक का रस तथा शहद मिला कर सेवन करने से अजीर्ण, उच्च रत्त चाप, दमा तथा खांसी जड़ से नष्ट हो जाती है।

नामकरण तथा वितरण

अनानास का अमीरकी नाम अनासी या नानास था क्योकिं एक पौध लगाने के बाद उससे कई पौध (प्रारोह) बराबर निकलते रहते हैं और फल देते रहते हैं। अर्थात अनानास का पौध लगा देने पर उसका नास अपने आप नहीं होता है। यह फल कटहल से मिलता जुलता है। कटहल को संस्कृत भाषा में पनस कहते हैं। यही कारण है कि अनानास को संस्कृत में ''आपनस'' कहते है। लेटिन भाषा में अनानास कोमोसस (लिनिअस) मेरिल कहते हैं लेकिन इसी भाषा में इसका पुराना नाम अनानास सटाइवा शुल्ट एफ0 था। यह ब्रोमिलिएसी पौध कुल का सदस्य है। भारत में अनानास की बागवानी उत्तर प्रदेश के तराई इलाके, बंगाल,उड़ीसा, केरल कर्नाटक तमिलनाडू, आन्ध्र प्रदेश के अलावे सभी पूर्वोत्तर राज्यों में होती है। भारत के अतिरित्त अनानास की खेती श्रीलंका, चीन, म्यानमार, मलाया, आस्ट्रेलिया,मध्य अमेरिका, द्रक्षिण अफ्रीका, हवाई द्वीप तथा पश्चिम द्वीप में होती है।

अनानास की किस्में

अनानास की किस्मों को तीन समूहों में विभाजित किया गया हैः क्वीन, केईन और स्पेनिश।

क्वीन प्रतिकूल अवस्थाओं को आसानी से सहने वाला पौधा है और खूब फलता है। इस किस्म के फलों का आकार डेढ़ से दो किलोग्राम तक होता है तथा इसके फल जल्द पकते है तथा उनका स्वाद बढ़िया और उपेक्षाकृत अधिक सुगन्धित होता है। परन्तु फलों पर आँखें अधिक गहरी होती हैं।

केईन अनानास के फल चिकने होते हैं और फलो पर ऑखें कम गहरी होती है। फलों का आकार ढाई से तीन किलोग्राम तक होता है। हवाई तथा आस्ट्रेलिया मे यह किस्म अधिक लोकप्रिय है। केईन समूह में बड़े आकार के फलों वाली किस्म है–जैन्ट क्यू। इसके

फल डिब्बा बन्दी के लिए बेहतर होते हैं। भारत मे क्वीन और जैन्ट क्यू किस्में लोकप्रिय है।

स्पेनिश किस्म यूरोप में अधिक लोकप्रिय हैं । इसके फल छोटे–छोटे तथा रंग पकने पर गुलाबी हो जाते है। इसके फलों का गुदा अधिक खूशबूदार होता है।

अनानास किस्म – जैन्ट क्यू की बेहतर फसल

वानस्पतिक विवरण

अनानास बहुवर्षीय एक बीज पत्री फल है। इसका पौधा 80–90 सेन्टी मीटर उँचा होता है। दो से चार फीट लम्बी, तलवार के आकार की नीली हरी पत्तियॉ मोटे तने के चारो तरफ लगी रहती हैं। अधिकतर किस्मों मे पत्तियों के किनारे नुकीले कॉटें होते हैं परन्तु चिकनी केईन की पत्तियों में केवल शीर्ष और आधार पर कांटे होते है। अनानास की जडे जमीन में उथली होती है और छोटी–छोटी जड़े जमीन के उपर भी रहती हैं। इसकी पत्तियों में पानी संग्रह करने की क्षमता होती है यही कारण है कि यह फल लम्बे शुष्क मौसम में भी काफी समय तक रह सकता है।

अनानास के पौधों मे 16–18 महीने बाद गुलाबी लाल शंकु जैसे फूल लगते हैं। इस शंकुओ पर नीले बैग्नी फूल लगते है। लगभग 20–30 दिनों में सारे फूल खिल जाते है और सभी आपस में मिल कर एक संग्रथित फल का निर्माण करते है। फरवरी से अप्रैल तक खिलने वाले फूलों से निर्मित फल जून से अगस्त तक तैयार हो जाते हैं। पके फलों का आवरण नारंगी, पीताभ हरा अथवा गहरा हरा होता है। फलों के शीर्ष पर लगी होती पत्तियों

के समूह को (क्राउन) ताज या मुकुट कहते हैं। पके फल का खाये जाने वाला सरस रसीला गूदा हल्का पीला होता है जबकि कच्चे फल का गुदा सफेद होता है। अनानास की केईन किस्म का गुदा बीज रहित होता है जबकि अन्य किस्मो मे आवरण के नीचे छोटे हरे बीज होते हैं।

अनानास की रसायनिक संरचना

अनानास के फल में खाने योग्य भाग 65.6 प्रतिशत, रस 19.2 प्रतिशत तथा निरर्थक भाग 34.4 प्रतिशत होता है। फलों की आर्द्रता 86.5 प्रतिशत, वसा 0.1 प्रतिशत, कर्बोहाइड्र–12 प्रतिशत, लोहा–0.9 प्रतिशत, विटामिनए–60 अन्तरर्राष्ट्रीय इकाइयॉ तथा विटामिन–सी –63 मिली ग्राम प्रति 100 ग्राम खाने योग्य भाग में पायी जाती है।

अनानास के लिए उपयुत्त आबोहवा तथा भूमि

अनानास में विभिन्न प्रकार की जलवायु सहन करने की अपार क्षमता है। परन्तु गर्म तथा तर जलवायु इसकी अच्छी उपज के लिए आवश्यक होती है। जल जमाव फसल के लिए हानिकारक होता है परन्तु सूखे क्षे्त्रो में सिचाई की आवश्यकता पड़ती है। ऐसे स्थान जहॉ साल भर में 125 सेन्टीमीटर पानी बरसता हो, अनानास के लिए सर्वोत्तम होते हैं। वर्षो का वितरण साल के प्रत्येक महीनों मे समान होनी चाहिए। अनानास के पौधों की उचित वृद्धि के लिए 15 से 25 डिग्री सैल्शियस औषत वार्षिक तापमान उपयुक्त होता है।

बाजार में अनानास जैन्ट क्यू का फल बेचते हुए एक युवक।

अनानास के लिए हल्की बलुई दुमट मिट्टी अच्छी होती है परन्तु मिट्टी में जल निकास का उचित प्रबन्ध होना चाहिए। पूर्वोतर तथा दक्षिण भारत के राज्यों में पहाड़ी ढ़लान वाली भूमि पर अनानास की फसल अच्छी होती है। भूमि में जल जमाव अनानास के पौधों की वृद्धि के लिए अत्यन्त हानिकारक होता है।

अनानास का पौध प्रसारण

अनानास को वानस्पतिक पौध प्रसार विधि द्वारा उगाया जाता है। इसकी फसल उगाने की मुख्य तीन विधियाँ अपनायी जाती है :–

(1) प्रारोहों (सकर) द्वारा

अनानास के जिन पौधों पर फल लग जाते हैं उनके मुख्य तनों पर तथा उनकी भूमिगत जड़ो द्वारा छोटे–छोटे पौध विकसित होते है। इन्हे प्रारोह कहते हैं। अनानास के इन प्रारोहों द्वारा उगाई गई फसल में फूल 17–18 महीनों बाद एक साथ लगते हैं तथा इनमें फल भी बड़े–बड़े लगते हैं जिससे प्रति हेक्टेयर उपज अधिक होती है। अतः अनानास के व्यवसायिक खेती हेतू प्रारोहों को ही इस्तेमाल करना चाहिए ।

कल्लों द्वारा

अनानास के फलों के ठीक नीचे वाले भाग से कुछ प्रारोह निकलते हैं इन्हे कल्ले (स्लीप) कहते है। इनका भी व्यवहार फसल उगाने के लिए किया जाता है। जब इनसे फसल उगाते है तो इनसे विकसित पाधों पर 20–24 महीने बाद फूल लगते हैं तथा फलों का आकार छोटा होता है।

मुकुट या ताज

फलों के शीर्ष पर छोटी–छोटी पत्तियों द्वारा निर्मित एक मुकुट या ताज लगा होता है। इस मुकुट का भी इस्तेमाल नई फसल उगाने में किया जाता है परन्तु इस मुकुट में ग्रेथ रिटाडेंट नामक रसायन होने से इसकी वृद्धि बहुत धीमी गति से होती है। इसका इस्तेमाल करने पर ढाई वर्ष के बाद फूल उत्पन्न होते हैं और फलो का आकार अपेक्षाकृत छोटा होता है। अतः अनानास की व्यवसायिक खेती के लिए इसका इस्तेमाल वर्जित है।

प्रारोहों का उपचार

रोपने के पूर्व प्रारोहों की जडो के पास वाली पत्तियों को तोड़ कर हटा देना चाहिए तथा पोटाशियम परमेंगनेट के 5 प्रतिशत के घोल में छंटे सिरों को डुबोकर उन्हें 6–7 दिनों तक धूप में सुखा कर रोपना चाहिए। ऐसा करने से प्रारोह सड़न की बीमारी से बचाव तो होता ही है परन्तु जड़े भी जल्दी निकलती है।

प्रारोहों की रोपाई का समय एवं दूरी

अनानास की नई फसल बोने का सबसे उत्तम समय जून–जूलाई से लेकर अगस्त तक का है। स्वस्थ एवं उपचारित प्रारोहों को 4–5 सेन्टीमीटर की गहराई में रोपना चाहिए। पौधों से पौधों के बीच 30 सेन्टीमीटर की दूरी रखें तथा पंत्ति के बीच60 सेन्टीमीटर परन्तु प्रत्येक दो क्योरियों के बीच 90 सेन्टीमीटर की दूरी रखें । इस प्रकार 60 हजार पौधें प्रति हेक्टेयर लगेंगे जिससे अनानास की कुल उपज बढ़ जाती है।

खाद तथा उर्वरक

अनानास के पौधों को अधिक भोजन की जरुरत पड़ती है। इस फसल की अच्छी उपज के लिए कम्पोस्ट 200 क्विंटल प्रति हेक्टर की दर से भूमि की तैयारी के समय मिट्टी में अच्छी प्रकार मिला दें। इसके अतिरिक्त 680 किलोग्राम अमोनियम सल्फेट, 340 किलोग्राम डालें। पहली बार मानसून के आने पर मई–जून में तथा दूसरी बार बरसात के खत्म होने पर सितम्बर–अक्टूबर में उस समय जब फलों की कटाई हो जाती है।

सिंचाई तथा प्रारोंहों की छंटाई

अनानास के पौधों को पानी की काफी आवश्यकता पड़ती है। इसलिए जहॉ वर्षा का अभाव हो वहॉ प्रत्येक महीने जाड़े में एक बार तथा गर्मी में सप्ताह में एक बार सिंचाई अवश्य करनी चाहिए। अनावश्यक प्रारोहों को निकालना आवश्यक है ताकि उपज पर बुरा प्रभाव नहीं पड़े। पौधों से प्रारोह निकालते समय घ्यान रखें कि प्रत्येक पौधें मे दो ही प्रारोह रहें अन्यथा फलों का आकार छोटा हो जायेगा।

अनियमित फूलों का निकलना

अनानास के फूल मूख्य रुप से दिसम्बर से फरवरी तक निकलते है, जिसके फल मई से जुलाई तक मिलते हैं। अनानास में अनियमित रुप से फूल निकलने की समस्या है। इसके समाधान के लिए इथ्रेल के 100 पी0पी0एम0 साद्रंता वाले घोल की 10 मिली लीटर मात्रा पौधों के शीर्ष भाग के केन्द्र में देने के बाद 40–45 दिनों बाद फूल एक साथ निकल आते है। पौधों में जब 35–40 पत्तियॉ पूर्ण विकसित हो जाएं तब इथ्रेल के घोल का इस्तेमाल अधिक प्रभावकारी होता है। इस रसायन के प्रयोग से फल वर्ष के किसी महीने मे प्राप्त किये जा सकते है।

अनानास फलों के परिपक्वता का निर्धारण

अनानास के फलों के परिपक्वता के निम्नलिखित चिन्ह है:

1. फलों की ऑखों का रंग पीताभ हरा हो जाना।
2. फलों के आधार पर नीली झलक आजाना।
3. फलो के गुदे का रंग हल्का हरापन लिए हुए पीला हो जाता है।
4. फलों में अनानास में पायी जाने वाली एन्जाईम ब्रोमिलिन सुरभि विकसित हो जाती है।

स्थानीय बाजार के लिए फलों का जब 1/3 भाग पीला हो जाता है तो उनकी कटाई करनी चाहिए। अनानास के कच्चे फलों को कभी नहीं काटना चाहिए। फल तोड़ते समय ध्यान रहे कि क्राउन साथ रहे अन्यथा फल जल्द पक जायेगें एवं सड़ जायेंगे। लगभग 4–5 साल 25–30 टन फल प्राप्त होते है। दूसरी फलन(रैटून) की उपज पहली की अपेक्षा कम तथा तीसरी फलन की अपज दूसरी से कम मिलती है।

अनानास के कीड़े एवं रोगों की रोकथाम

अनानास का पौधा बहुत सख्त होता है, जिस पर कीड़े एवं बीमारियों का कम प्रकोप होता है। इसमें मुख्यतः मिली बग और जड़ सड़न रोग होने की संभावना रहती है। मिलीबाग पौधों की पत्तियों का रस चूसकर पत्तियों का रंग लाल पीला बना देता है। इस के बचाव के लिए आधा ग्राम थिमेट प्रति पौध, रोपनी के समय गड्ढ़े में डालकर पौध लगनी चाहिए। रोपने से पहले प्रारोहों को मिथाइल ब्रोमाइड से उपचारित कर लें। हो सके तो मिलीबाग के संक्रमण से मुत्त प्रारोहों की रोपनी करें।

जड़ या हृदय सड़न रोग फाइटोपथरा नामक फफूंद के कारण फैलता है। इसका तीव्र आक्रमण होने पर 15–25 प्रतिशत हानि होती है इस रोग का आक्रमण होते ही पत्तियॉ पीली पड़ कर मुड कर ऐठ जाती है और पौधों का शीर्ष भाग सड़ जाता है। इससे रक्षा हेतू अच्छा जलनिकास, स्वस्थ तथा बिना क्षतिग्रस्त हुए प्रारोहों का चयन तथा उन्हें 1:1:3 बोर्डो मिश्रण से उपचार कर के रोपना आवश्यक है।

अनानास के विविध उपयोग

अनानास के स्वादिष्ट पके ताजे फल अधिक उपयोग में लाये जाते है। फलो के छिल्के हटा कर छोटे–छोटे टुकड़ो में काट कर नमक तथा काली मिर्च का चूर्ण उन पर छिडक

प्रायःअधिकाशं लोग पसन्द करते है। फलों का शर्बत, जैम अधिक लोप्रिय है। चीनी के घोल में छिल्का रहित टुकड़ो की डिब्बाबन्दी विश्व के अधिकांश देशो में की जाती है। फलों का रस निकालने के बाद जो अवशेष रह जाता है उसका पशुओ का आहार तथा अल्कोहल बनाया जाता है। पत्तियों से उच्च कोटि के रेशे प्राप्त कर ''पीना'' नामक कपड़ा बनाया जाता है जो अधिक कीमती होता है।

— • —

7

आम

मधुर स्वाद और सुवास के कारण ही आम को फलों का राजा कहा जाता है। यह फल हमारे देश के लोक गीतो, धार्मिक उत्सवों और साहित्यों में पूर्णरुपेण घुल–मिल गया है। भारतीय कवि आम पर सचमुच मुग्ध हैं। वासन्तिक फूलों में आम की मंजरियों से कवियों के कल्पना को खूब प्रेरणा मिली है। कालिदास ने लिखा है कि ''मंजरियो से लदी आमों की डालियाँ वसन्त आने पर और भी सुन्दर लगने लगती हैं। वसन्त में पाला तो पड़ता ही नही इसलिए आजकल बौरों से लदी आम की शाखाओं को झुलाने वाला और कोयल के सन्देशों को चारो ओर फैलाने वाला सुन्दर वासन्ती वायु लोगों का मन हरता हुआ बह रहा है।

''नए बौरे हुए आम के वृक्षों की डालियाँ मलय के पवन से झूम उठीं, मानों उन्होनें अभिन्य सीखना आंरभ कर दिया हो। उन्हे देखकर राग–देष को जीतने वाले योगियों का मन भी मचल उठता है। कोयल और मदमाते भौरों के स्वरों से गूजंते हुए बौर वाले आम के पेड़ो से भरा हुआ और अमलतास के फूलों से रमणीय बना हुआा अपने पैने बाणों से यह फूलों का महीना कामोद्दीपन करने के लिए कामिनी स्त्रियों के मन को खीचं रहा है''।

''आम की मंजरियाँ खा लेने से नर कोयल का गला मधुर हो गया है, वह जब मीठे स्वर से कूक उठता है तब उसे सुन–सुनकर रुठी हुई स्त्रियाँ भी अपना रुठना भूल जाती हैं''।

''लाल –लाल कोपलों के गुच्छों से झुके हुए और मंजरियों से लदी हुई सुन्दर शाखाओं वाले आम के पेड़ जब हवा के झोकों से हिलने लगते हैं, तो उन्हे देखकर स्त्रियों का मन उछलने लगता है।

''अपनी स्त्रियों से दूर रहने के कारण जिसका मन बेचैन हो रहा है, वह यात्री जब बौरों से लदे हुए आम के पेड़ो को देखता है, तो अपनी आँखे बन्द करके रोता है, पछताता है, अपनी नाक बन्द कर लेता है कि कहीं मंजरियों की भीनी–भीनी महक नाक में पहुँचकर कान्ता की याद न दिला दे, और फूट–फूटकर रोने लगता है।

''परदेश में पड़ा हुआ यात्री एक तो यों ही बिछोह से दुबला–पतला हुआ रहता है, तिस पर जब वह मन्द–मन्द बहने वाले पवन के झोंके से डोलते हुए और सुन्दर सुन्हरे बौर गिरने वाले बौरे हुए आम के वृक्षो को अपने सामने मार्ग में देखता है, तो वह कामदेवा के बाणों के वार से मूर्च्छित हो जाता है।

प्राचीन भारतीय साहित्य पर गौर करें तो हमारे देश के लिए आम मात्र एक फल है जिसने भारत की कला, संस्कृति और परंपराओं को भी प्रभावित किया है। आम की मदमाती सुगंध वाली बौर को कामदेव का बाण माना गया है। आधुनिक काल में आम के अनेक नये उपयोग खोजे गये हैं। फल के छिलके और गुठली को भी उपयोगी व लाभकारी बनाया गया। गुठली को प्रोटिन का अच्छा स्रोत माना जाता है। स्वाद और सुवास के अतिरिक्त आम का पोषण और चिकित्सा में भी खासा दखल है।

"बौरे हुए आम के पेडों से आती हुई सुवासित वायु से मदमस्त कोयल की उँची पुकारों से और भौरें के कर्णप्रिय गीतों की गुंजारों से मनस्विनी नारियों के हृदय भी डिग गए है।"

आम की पवित्रता

आम के वृक्ष को भारत में बहुत पवित्र माना जाता है इसके पत्ते और फूल बहुत से धार्मिक कार्यो में प्रयुक्त होतें है। हिन्दू पत्तों को सुख और समृद्धि का प्रतीक मानते है। अतिथियों के स्वागत में, विवाहादिक उत्सवों में, दरवाजों और शामियानों पर ये सजाए जाते है। सभी धार्मिक संस्कारों में आम की टहनी भी मंगल–कलश और नारियल के साथ यज्ञवेदी पर रखी जाती है और केले के पौधों के साथ दरवाजों के बाहर स्थापित की जाती है। विवाह–संस्कारों और दूसरे मंगलोत्सवों पर किए जाने वाले अग्निहोत्र में तथा दैनिक हवन में आम की सूखी शाखाएँ समिधा के रुप में काम आती है। यज्ञाग्नि में डाली जाने वाली आहुति आम के पत्तों में लेकर डालतें है।

वसन्त में आमों की मंजूरी विष्णु को भेंट की जाती है और शिवरात्रि पर शिवाजी के ऊपर चढ़ाई जाती है। ज्ञान की देवी सरस्वती की पूजा में पत्तों या फूलों से युक्त शाखाएँ समर्पित की जाती है। शिवपुराण में आम के पके फलों को देवताओं को समर्पित करने का बड़ा पुण्य मिलता है।

आम गरम एशिया का निवासी है। परन्तु अब इसकी बागवानी पुरानी और नई दुनिया के गरम और समशीतोष्ण प्रदेशों में यह बहुत अधिक हो रही है। यह भारत के अधि ाक गर्म भागों का मूल निवासी, यद्यपि मनुष्य के प्रभाव से दूर के वनो में भी वास्तविक रुप से जंगली मिल जाता है सिक्किम, असम के कुछ भाग, खासी पहाड़ी, सतपुड़ा श्रेणी और पश्चिमी घाटों में आम का जन्म स्थान है। हिमालय की तलहटी और अण्डमान द्वीप में भी यह स्वंय उग आने वाला वृक्ष है। भारतीय प्रायद्वीप में बहुत आरम्भ काल में ही आम की बागवानी फैल गई थी और अब तो यह मैदानों में सब जगह विस्तृत रुप से बोया जाता है। अकबर ने जब लाहौर को अपनी राजधानी बनाया, तब आम की खेती बढ़ गई थी। ब्रिटिश ट्रेन के लोग सेन्ट्रल अफ्रीका में भारत से आम ले गये थे। क्यूबा में आम यद्यपि बाहर से लाया गया क्यूबा के पूर्वीय हिस्सों में जगलों में यह स्वयं उग आता है। नीग्रोजनों का आम प्रिय फल है।

शाखाओं के शिरों पर लम्बी मंजरियों में छोटे, मटमैले, पीले रंग के तीव्र सुरभित पुष्प बड़ी संख्या में निकलते है। ये फूल उभयलिंगी या एकलिंगी हो सकते हैं। एक ही फूल में जब नर और मादा दोनो प्रकार के अंग विद्यमान होते हैं तो उसे, उभगलिंगी फूल कहते हैं।

एक फूल में जब नर या मादा में से किसी एक प्रकार के अंग विद्यमान हों तो उसे एकलिंगी फूल कहते है। एक ही पुष्पगुच्छ में नर और उभगलिंगी फूल दोनों मिले–जुले पाए जाते हैं। आम के पत्तों और बौरों को जब तोड़े या मसलें तो उनमें से एक तेज मधुर गंध आती है। फलों को मीठा बनाने के उद्देश्य से वृक्ष की जड़ में दूध और गुड़ डालते हैं। कहा जाता है कि अधपका आम पर दो अंगुल लम्बी डंठल के साथ वृक्ष पर से उतारा जाय, और डंठल के टूटे हुए किनारे पर पिघला मोम लगाकर मक्खन या शहद में रख दिया जाय, तो फल का स्वाद तो तीन महीने तक ठीक बना रहेगा और रंग तो साल भर ठीक रहेगा।

आम के जनन–द्रब्य

आम की किस्म –दशहरी – 51 के फल

सौन्दर्य तथा छाया

फलों के अलावा यह केवल सौन्दर्य और छाया के लिए भी बोया जाता है। गहरी हरी पर्णावली का घना मुकुट बनाने के कारण वृक्षावली के लिए उपयुक्त भारतीय वृक्षों में यह सर्वोत्तम वृक्ष है। सड़को कें किनारों पर, छायादार कुंज तथा वीथियाँ बनाने के लिए, शोभा के लिए, मेलों और उत्सवों तथा शिविर स्थानों के लिए यह प्रायः बोया जाता है। इसके लिए सामान्य तथा बीजू किस्म उपयुक्त समझी जाती हैं। बीजू आम का पेड़ बहुत बड़ा हो जाता है और खूब फैल जाता है। बीजों से उगने वाले को बीजू आम और कलमों के द्वारा पैदा होने वाले को कलमी आम कहते हैं। कलमी आमों में अल्फांजो, दशहरी, लंगड़ा तथा चौसा आदि किस्में बोई जाती है।

आम भारत का सबसे अधिक लोकप्रिय फल है। इसकी पांच सौ से अधिक किस्में इस समय बोई जा रही हैं। भारत में फलों की खेती के लिए कुल जितनी जमीन है, उसके साठ प्रतिशत में आम बोया जाता है।

आम का इत्र

फूलों से आम का इत्र श्रावित किया जाता है। स्यामी लोग आम की मंजरी खाते हैं। जावा के लोग बहुत कोमल लाल किसलयों को खाते हैं। ढ़ोर पत्तों और मृदुशाखाओं को शौक से खाते हैं।

आम का रंग

पीले स्फटिकमय पदार्थ के रुप में पत्तों में एक रंग होता है यह सुपीतिक अम्ल है। भूतकाल में यह रंग बिहार में प्यूरी तथा प्योरी के नाम से और कलकत्ते में पेरी रंग के नाम से प्रसिद्ध था। यह गौओं के माध्यम से प्राप्त किया जाता था। गौओं को केवल आम के पत्ते खिलाए जाते थे। उनका मूत्र मृत्पात्रों में इकट्ठा कर लिया जाता था। इस मूत्र से अन्ततोगत्वा प्योरी बनाया जाता था। यह पीत गैरिक के रंग का होता है और लकड़ी के पदार्थो को पेंट करने में प्रयुक्त होता है। यह कपड़े रंगने के काम का नहीं होता, क्योंकि यह सूत को एक विशिष्ट अप्रिय गंध दे देता है। पशुओं को केवल आम के पत्तें खिलाने से उनकी आयु क्षीण हो जाती है, इसलिए मूत्र से रंग निकालने की प्रथा बन्द हो गई।

उत्तर भारत की प्रसिद्ध किस्म–दशहरी के पके फल

आम की नई किस्म–अम्बिका के लुभावने फल। यह किस्म आम्रपाली और जनार्दन पंसद के संकरण द्वारा विकसित

आम की किस्म–सी.आई.एस.एच.एम–२ के पके फल।

छाल में एक पीला रंग होता है। चटाइयों और कपड़ो पर नील से जो नीला रंग बनता है, वह आम की छाल के प्रयोग से हरे में बदल जाता है। रुई, उन और रेशम छाल से रंगे जाते हैं। छाल में सत्रह प्रतिशत शल्कि (टैनीन) होता है। चर्म–संस्कार में यह कम ही प्रयुक्त होता है।

आम की लकड़ी की उपयोगिता

आम की लकड़ी मैली, धूसर वर्ण और स्थूल–वयन होती है। जिसके उपर अधिक गहरे रंग के धब्बे या रेखाएं पड़ी रहती हैं। पुराने वृक्षों का काष्ठ कठोर और अल्प आयु के वृक्षों का मुदु होता है। प्रति घनफुट (0.028 घन मीटर) का भार लगभग उन्नीस किलोग्राम होता है। पानी के अन्दर पूर्णतया डूबी रहने वाली बल्लियों, फट्टों और चट्टों के लिए यह बहुत उपयुक्त है।

सस्ते तख्तों, दरवाजों तथा खिड़की के चौखट, चाय की पेटियों, संवेष्टन की पेटियों,सस्ते उपकरणों (फर्नीचर), किश्तियों, खोदकर बनाई जाने वाली डोंगियों, मसूला नौकाओं, चप्पुओं, कुप–रचनाओं, चलनी के ढ़ांचों, कूर्च–पृष्ठों हलों, जुओं, गाड़ी के ठोस पहियों, टांगे की छतों के ढांचों, पहियों की नेमियों, स्तर काष्ठों (प्लाई वुड) के लिए आम की लकड़ी बड़ी उपयोगी है। मैसूर में मकानों के लिए आम के काष्ठ का प्रयोग किया जाता है।

आम की गुठली आमतौर पर बेकार समझकर फेंक दी जाती है। विश्लेषण करने पर पता लगता है कि इसकी गिरी में काफी मात्रा में प्रोटिन और कार्बोहाइड्रेट होतें हैं। प्रोटिन में तो यह मक्का, जौ,. जई बाजरा और ज्वार जैसे अनाजों का मुकाबला करती है।

आम की गुठली

गुठली की गिरी को सुखाकर और पीसकर रख देना चाहिए। पशुओं को जो खली या दाना दिया जाता है, उसमें इस चूरे को भी पानी से गीला करके थोड़ी मात्रा में मिला देना चाहिए। धीरे–धीरे जब यह पशुओं के मुहँ लग जाए तब इसकी मात्रा बीस से पच्चीस प्रतिशत तक बढ़ाई जा सकती है।

प्रयोगों से ज्ञात हुआ है कि इसके स्वाद को पशु बहुत पसन्द करते हैं और इससे उनका स्वास्थय और वजन बढ़ता है। छोटे बड़े और दुधार पशुओं को भी इससे फायदा होता है। 381 किलोग्राम सूखी गिरी में जितना प्रोटिन होता है, उतना ही 450 टन बाजरे या 3.19 टन जौ, 3.19 टन जवार या 3.99 टन मक्का अथवा 3 टन जई में पाया जाता है।

दूध देने वाली भैसों, बैलों और बछड़ो को भी अलग–अलग तीन दल में बाँट गया । इन पशुओं को जो चारा–दाना दिया गया, उसमें पच्चीस प्रतिशत आम की गुठली की गिरी

थी। चार महीने तक यही खुराक जारी रखने के बाद देखा गया कि सभी पशुओं का स्वास्थय ठीक रहा और बच्छड़ो की बढ़त सन्तोषजनक हुई। गाँव में लोग सुअरों के चारा के रुप में आम की गुठली की गिरी की उपयोगिता को जान गए हैं। और आम के मौसम में उत्साह से आम की गुठलियाँ जमा करते हैं और अपने पशुओं को खिलाते हैं। 'आम के आम और गुठली के दाम' इस कहावत का ठीक अर्थ लोग समझ गये है।

मनुष्यों की खुराक में भी आम की गिरी का उपयोग किया जा सकता है। जौ और गेहूँ या किसी दूसरे अनाज के आटे में गिरी का पाँच प्रतिशत आटा मिलाकर खाया जा सकता है। देखा गया है कि दस महीने तक आम की गुठली का भण्डारण करने पर भी उसमें कोई खराबी नहीं आती। गरीबों के भोजन के रुप में यह अनेक जगहों पर इसकी रोटी खाई जाती है।

आजकल तो आम की गुठलियाँ बेकार जाती है, अगर उनको इकट्ठा किया जा सके तो लगभग पच्चीस लाख टन गिरी सुलभ हो सकेगी। इस गिरी का खाद्य के रुप में उचित उपयोग करके प्रतिवर्ष राष्ट्र के लगभग पन्द्रह करोड़ रुपये बचाए जा सकते हैं।

गुठली में 65–70 प्रतिशत मण्ड (स्टार्च) होता है जो कई उद्योगों में काम आता है। कलफ बनाने के लिए गुठलियों को पाँच –दस गुणे पानी में चौबीस घण्टे तक भिगोकर पीस और छान लिया जाता है। फिर इसके दुधिया पानी में कुछ रासायनिक तलछट में पोटाशियम परमेंगनेट मिलाकर खूब हिलाया जाता है और फिर सल्फर डाइऑक्साइड से इसका रंग उड़ा दिया जाता है। इसके बाद कपड़े को धोकर साफ कर लिया जाता है।

गुठली का मक्खन

आम की सूखी गिरी में छह से बारह प्रतिशत स्नेह होता है। क्रीम रग का यह स्नेह कमरे के तापमान पर मक्खन के समान ठोस रहता है और 34.5 डिग्री से0 पर पिघल जाता है। मक्खन सदृश होने के कारण इसे आम की गुठली का मक्खन कहते हैं। स्नेह के इस ठोस प्रभाग को अलग करने के लिए विलायक निस्सारण और शुक्ता प्रभाजन द्वारा गिरि से मक्खन प्राप्त किया जाता है। यह उपज भौतिक और रासायनिक गुणों में कोको बटर फैट से बहुत मिलती है जिसकी बेकरी और मिठाई उद्योगों में बहुत खपत है। कोको बटर भारत में नहीं पैदा होता। इसका आयात किया जाता है, जिसमें बहुत विदेशी मुद्रा खर्च होती है। राष्ट्रीय बचत को बढ़ावा देने के लिए आम की गिरी के मक्खन का उत्पादन करना अभिष्ट है जिससे वह मँहगे कोको बटर फैट का स्थान ले ले। भारत में हर साल तीस हजार टन आम की गिरी का मक्खन पैदा करने की क्षमता है।

आम का किस्म –''अर्का नीलकरण'' के फल

सुर्खा की अनोखी सुर्खी

आम औषधि के रुप में

आम की गुठली की गिरी दस्त में और पाचन संस्थान के रागों में लाभदायक है। इसका चूर्ण बनाकर दो से तीन ग्राम की मात्रा में तीन–चार बार खिलाया जाता है। कच्चे आम का छिलका दही में पीसकर हैजे में खिलातें हैं। छिलके को पीसकर शहद के साथ खूनी पेचिश में देते हैं। फल का छिलका तथा पेड़ की भीतरी छाल पेट की कृमियों को निकालने के लिए उपयोगी है। गर्भशय से होने वाले रक्तश्राव, श्वेत प्रदर में, खूनी बवासीर में, रक्त निष्ठीवन

में, प्रमेह और मधुमेह में गिरी का चूर्ण दिया जाता है। छाल के काढ़े से घावों को धोया जाता है।

आम (मैन्जीफेरा इंडिका) फलों का राजा है। यह उष्ण और उपोष्ण कटिबंधीय देशों का प्रमुख फल है। इसकी उत्पत्ति उस क्षेत्र में हुई जहाँ उत्तर पूर्वी भारत, उत्तरी वर्मा तथा चीन की सीमायें एक दूसरे से मिलती हैं। विश्व के 87 देशों में आम की बागवानी होती है। दक्षिण पूर्वी एशिया में फिलीपाइन्स, इन्डोनेशिया, थाइलैण्ड, बर्मा, मलेशिया और श्रीलंका आम की बागवानी करने वाले प्रमुख देश हैं। इन देशों के अतिरिक्त मिश्र, दक्षिण पूर्वी अफ्रीका, दक्षिण अफ्रीका, इजराइल, उपोष्ण आस्ट्रेलिया, हवाई और फ्लोरिडा (अमेरिका), मेक्सिकों, ब्राजील, क्यूबा तथा पश्चिमी द्वीप समूह के अन्य टापुओं में भी आम की बागवानी अधिक लोकप्रिय है।

भारत में सम्राट अकबर (1156–1605) ने बिहार के दरभंगा जिले में एक लाख आम के पेड़ लगाकर 'लाख बाग' बगीचे की स्थापना की। उसी समय अबूल फजल (1590 ए0डी0) ने 'आइन–ए–अकबरी' में लिखा था जिसमें आम की विभिन्न प्रजातियों, उनकी विशेषताएँ तथा बागवानी की भी विस्तार से चर्चा की गयी है। कालीदास के महाकाव्य 'मेधदूत' में भी आम्रकुट पर्वत का विवरण मिलता है। हमारे देश में आम की 1000 से ज्यादा प्रजातियाँ हैं। इस फल का सबसे अधिक उत्पादन भारत में होता है जो कि विश्व के कुल उत्पादन का56 प्रतिशत है। भारत में कुल फल उत्पादन का 39.5 प्रतिशत आम का है। भारत में करीब 1962 हजार हेक्टेयर भूमि में आम के बगीचे हैं जिनसे करीब 1160 हजार टन फलों का उत्पादन होता है। आन्ध्र प्रदेश उत्पादन क्षमता में आगे है, परन्तु उत्तर प्रदेशं में सबसे ज्यादा इसका क्षेत्र है। भारत में आम के कुल उत्पादन का 82 प्रतिशत हिस्सा आन्ध्र प्रदेश, उत्तर प्रदेश, बिहार, कर्नाटक, महाराष्ट्र, पश्चिम बंगाल, एवं गुजरात से प्राप्त होता है।

हम आम को विशिष्ट गुणों के कारण 'फलों का राजा' कहते है। आम के पेड़ का हर भाग मनुष्य के किसी न किसी काम में आता है। लकड़ी का इस्तेमाल फर्नीचर बनाने में होता है, पत्तियाँ एवं सूखी लकड़ियों का प्रयोग धार्मिक कार्यों में होता है तथा इसके फल को कच्चा या पका कर खाया जाता है। इस फल में स्वास्थ्य वद्धि के बहुत से आवश्यक तत्व जैसे विटामिन ए,बी,सी और बहुत सारे लवण भी काफी मात्रा में पाए जाते है। आम के कच्चे फलों का उपयोग चटनी, अचार तथा अमचूर आदि रुपों में किया जाता है। पके फलों को खाने के अलावा जैम, स्क्वैश, स्लाइस, पल्प, जूस, नेकटर एवं अमावट बनाने के लिए उपयोग किया जाता है। इसकी गुठली में करीब 8–10 प्रतिशत वसा मिलती है,जिसे साबुन उद्योग में प्रयोग किया जाता है।हमारे देश से काफी मात्रा में आम, विदेशों को भी निर्यात किया जाता है।

सबौर से विकसित आम की संकर किस्म–महमूद बहार

आम के लिए उपयुक्त जलवायु

आम उष्ण जलवायु का फल है लेकिन इसे उष्ण एवं समशीतोष्ण दोनों तरह की जलवायु में समुद्रतल से लगभग 1000 मीटर की उँचाई तक सरलतापूर्वक पैदा किया जा सकता है, लेकिन व्यावसायिक दृष्टि से इसे 600 मीटर तक ही अधिक सफलता से उगाया जा सकता है। अधिक पाला पड़ने वाले स्थानों में इसकी बागवानी अच्छी नहीं होती है। तापक्रम में उतार चढ़ाव समुद्र तल से अधिक उँचाई, वर्षा एवं आंधी इसकी उपज पर प्रतिकूल प्रभाव डालते हैं। फूल आने के समय शुष्क मौसम का होना नितान्त आवश्यक है। इस समय बदली या वर्षा होने से आम पर बीमारियों तथा कीड़ो का प्रकोप ज्यादा होता है।

आम के लिए भूमि का चुनाव

जहाँ पर नया बाग लगाना हो, वह स्थान उँचा हों। बरसात के दिनों में पानी का जमाव नहीं होता हो। ऐसे ही स्थान आम का बाग लगाने के लिए उपयुक्त होते हैं। आम की खेती सभी प्रकार की भूमि में की जा सकती है परन्तु पौधे की अच्छी बढ़वार एवं उत्तम फलन के लिए अच्छे जल निकास वाली दोमट मिट्टी अच्छी रहती है, जिसका पी0एच0 मान 5.5–7.5 हो और वर्षभर जिसका जल स्तर 190 से0मी0 से नीचे बना रहे। भूमि क्षारीय नहीं होनी चाहिए। आम की जड़े जमीन में गहराई तक फैलती है। अतः इसकी बढ़वार के लिए

कम से कम 2–3 मीटर तक गहरी एवं कंकड़–पत्थर रहित मिट्टी होनी चाहिए। अधिक क्षारीय मिट्टी में आम की सफलतापूर्वक बागवानी नहीं की जा सकती। आम के बाग, ईंट के भट्ठे के पास भी नहीं होने चाहिए।

भूमि की तैयारी एवं रेखांकन

बाग लगाने वाली भूमि की गहरी जुताई करने वाले किसी मिट्टी पलटने वाले हल से 2–3 जुताई करके और प्रत्येक जुताई के बाद पाटा चलाकर खेत को समतल एवं मिट्टी को भुरभुरा बना लें। खरपतवारों को खेत से अलग कर दें। यदि भूमि पूर्ण रुप से समतल न हो तो उसे खण्डों में बाटँ ले।

आम की संकर किस्म –सबरी के फल

अच्छा रेखांकन वहीं समझा जाता है जिसमें वृक्ष को अच्छी तरह विकसित होनेपर पर्याप्त दूरी मिले तथा बाग की कर्षक क्रियाएँ करने में सहुलियत हों। बाग का रेंखाकन करते समय इस बात का ध्यान रखना चाहिए कि बाग पुराना होने पर भी सभी फलवृक्षों को उचित सूर्य की रोशनी मिलती रहे। बागों की सुन्दरता तथा इसमें उचित प्रबन्ध के लिए जहाँ तक संभव हो, फलवृक्षों को सीधी पंक्तियों में लगाना चाहिए।

रेखांकन की आयाातकार या वर्गाकार विधि अन्य सभी विधियों की अपेक्षा फलवृक्षों में अच्छी मानी जाती है। आयताकार पद्धति में पौधें से पौधे की दूरी तथा पंक्ति से पंक्ति से दूरी में अन्तर होता है किन्तु वर्गाकार पद्धति में दोनो बराबर होते हैं।

वायुरोधक वृक्षों से, लगभग 5 मी0 जगह छोड़कर रेखांकन करना चाहिए। इससे कम दूरी छोड़ना हो तो फलवृक्षो एवं इसके बीच एक मी0 गहरी खाई खोद लेनी चाहिए। सबसे पहले रस्सी की सहायता से आधार रेखा निश्चित कर लेना चाहिए। आधार रेखा वृक्षों की पहली पंक्ति होती है। इस रेखा पर प्रत्येक वृक्ष की रेखा समकोण बनाते हुए खींच देनी चाहिए। पुनः इस रेखा पर वृक्षों का स्थान निश्चित करना चाहिए। इस प्रकार से पूरे बाग का रेखांकन कर लेनी चाहिए।

गड्ढ़े की खुदाई एवं भराई

आम के बाग लगाने के लिए रेखांकन करने के बाद गड्ढ़े की खुदाई का कार्य मई के महीने में प्रारम्भ कर देना चाहिए। गड्ढ़े 1 मीटर **X** 1 मीटर **X** 1 मीटर आकार में खोदें जाते हैं। गड्ढ़ा खोदते समय 30 सें0मी0 उपर वाली मिट्टी को अलग रखें तथा लगभग एक सप्ताह तक गड़ढ़ो को खुला छोड़ देना चाहिए जिससे मिट्टी के हानिकारक कीड़े–मकोड़े धूप से नष्ट हो जायें। अब गड्ढ़े का भरना शुरु करना चाहिए। सबसे पहले गड्ढ़े में 30–40 किलोग्राम गोबर की सड़ी खाद, 1.5 कि0ग्रा0 सिंगल सुपर फास्फेट, 2कि0ग्रा0म्यूरेट आफॅ पोटास, 20 ग्रा0 फ्यूराडान 3 जी या थिमेट 10 जी प्रति गड्ढ़ा की दर से मिट्टी मे मिलाकर गड्ढ़ो में भर देना चाहिए। गोबर की खाद के अलावा प्रति गड्ढा नीम या अण्डी की खल्ली तथा तलाब की मिट्टी को भी मिला सकते हैं। 2–3 कि0ग्रा0 खल्ली प्रति गड्ढ़ा पर्याप्त होती है।

गड्ढ़े को भरते समय इस बात का घ्यान रखना होगा कि उपर 30 सें0 मी0 वाली सतह की मिट्टी गड्ढ़े के सबसे नीचे तथा शेष मिट्टी उसके उपर भरें। गड्ढ़े इस तरह भरें जायें कि भरने के बाद वह जमीन की सतह से लगभग 20 सें0 मी0 उँचा भरें। इसके बाद यदि वर्षा न होने की स्थिति दिखाई पड़ती है तो गड्ढ़ो को पानी से भर कर मिट्टी को बैठने देना चाहिए।

आम के पौध लगाने की दूरी

आम के बागों में पौधें लगाने की दूरी उसकी किस्म पर निर्भर करती है। प्रायः अधिक फैलने वाली किस्मों को 12 मीटर की दूरी पर तथा कम फैलनें वाली किस्मों को 8 मीटर की दूरी पर लगाना चाहिए। आम की बौनी किस्म आम्रपाली कम दूरी पर लगातें है।

आम की संकर किस्म–जवाहर

चयन विधि द्वारा विकसित आम की किस्म–सुभाष

गड्ढ़ो में पौध लगाने का तरीका

पौधा लगाते समय गड्ढ़े में भरी मिट्टी भुरभुरी करके गड्ढ़े के बीचोबीच एक छोटा गड्ढा बनाकर पौधे को बॉल (पिण्ड) सहित गड्ढ़े में रखदेते हैं। पौधे गड्ढे के केन्द्र में बिलकुल सीधे होने चाहिए। इस बात का ध्यान रखें कि पौधे के चारो ओर की मिट्टी को अच्छी तरह से दबा देना चाहिए। इससे पौधा गिरने का भय नही रहता है।

आम के पौधों की कटाई एवं छँटाई

आरम्भ से पौधे को एक निश्चित आकार देने के लिए कटाई–छँटाई आवश्यक है। यदि पेड़ की शाखाएँ अधिक निचाई से निकल रही हों तो उसकी छँटाई आवश्यक है। मुख्य तने के 75–100 सें0मी0 उँचाई तक शाखायें नहीं निकलने देना चाहिए और अलग–अलग दिशाओं में मुख्य शाखाओं के बीच 20 से25 सें0मी0 का अन्तर होना चाहिए। ऐसी शाखाएँ 'पेंसिल के बराबर मोटाई की हों तभी काटे क्योकि बाद में कटाई से पेड़ को हानि हो सकती है। शाखायें एक दूसरे के निकट होने पर सूर्य के प्रकाश की कम प्राप्ति होगी जिससे फलन प्रभावित हो सकती है।

आम का पौध प्रसारण

आम का प्रसारण साधारणतः दो विधियों द्वारा किया जाता है जिन्हे क्रमशः बीजू तथा वानस्पितिक प्रसारण कहते हैं। बीजू पौधे आम के बीज (गूठली) द्वारा उगाये जाते हैं किन्तु इन पौधों के फलों में मातृ–पितृ अनुवांशिक गुणों का आभाव रहता है। इस प्रकार के पौधों से अच्छे फलों की संभावना कम रहती है।

आम के फलों की उपज के लिए हमेशा वानस्पतिक विधि द्वारा तैयार किये हुए पौधों को ही लगाना चाहिए। आम को निम्नलिखित विधियों द्वारा वानस्पतिक प्रसारण किया जा सकता है।

भारत का पहला संकर आम –प्रभाशंकर जो क षि महाविघालय, सवौर की दैन है।

विनियर कलम

आम की प्रवर्धन की यह एक प्रमाणित विधि है, जिसका मानकीकरण भारतीय कृषि अनुसंधान संस्थान, नई दिल्ली द्वारा वर्ष 1964–65 में किया गया था। भारत में आम प्रर्वधन, विशेषकर कृषि विश्वविद्यालयों में शोध संस्थानों में, इस विधि द्वारा व्यापक स्तर पर किया जा रहा है जिसका विवरण इस प्रकार है–

- एक वर्ष की आयु का स्वस्थ बीजू पौधा 0.50–0.75 व्यास वाले मूलवृंत के रुप में प्रयोग किया जाता है।

- सांकुर हेतु 3–4 महीने पुरानी वंछित किस्म की स्वस्थ शाखायें उपयोग में लायी जाती हैं।
- सांकुर शाख की पत्तियों को 7–10 दिनों पहले पर्ण फलक को डंठल छोड़ते हुए काट दिया जाता है।
- मूलवृंत में 15–20 सें0मी की उँचाई पर बगल में 3–4 सें0 मी0 तिरछा चीरा लगाया जाता है।
- चीरे के स्थान पर एक छोटा चीरा इस प्रकार लगाया जाता है कि इसमें सांकुर शाख सुविधापूर्वक स्थापित किया जा सके।
- सांकुर शाख, जिसमें शीर्ष कलिका फूल गयी हो, पर फूटने के पहले, मातृवृक्ष से प्रातः अथवा सांयकाल एकत्रित की जानी चाहिए।
- सांकुर शाख को मूलवृंत में भलीभंति स्थापित कर 200 गेज पालीथीन पट्ठी (स्ट्रिप) से अच्छी प्रकार बांध देना चाहिए।
- भारत में मार्च से सितम्बर तक खुली क्यारियों तथा पालीहाउस की सुविधा उपलब्ध होने पर किसी भी समय आम प्रर्वधन इस विधि से संभव होता है।
- सांकुर शाख में फुटाव हाने पर मूलवृंत की शीर्ष शाख को काट दिया जाता है तथा 2–3 बार में, जब शाख 20–30 से0मी0 की हो जाये, तो मिलाप के उपर तिरछा इस प्रकार काटा जाये कि यह मुख्य शाखा का रुप ले सके। इस प्रकार अगले वर्ष रोपण हेतु पौधे उपलब्ध हो जाते हैं।

प्राकुंर प्रवर्धन (स्टोन ग्राफ्टिंग)

यह आम प्रवर्धन की सरल तथा कम समय में तैयार होने वाली तकनीक है। इसमें मूलवृंत तथा सांकुर शाखा कोमल होती है। अतः प्रवर्धन की प्रांरभिक अवस्था में उचित वातावरण, नमी एवं तापमान सुलभ रहने पर अच्छी सफलता मिल जाती है। कोंकण क्षेत्र में व्यावसायिक स्तर पर इस तकनीक से आम का प्रर्वधन किया जा रहा है।

- मूलवृंत हेतु 10–15 दिन आयु के अमोंले जिनमें ताम्रयुक्त पत्तियाँ हरेपन मे आ रही हो, उपयोग किया जाता है।
- अमोले को गुठली के साथ0.1 प्रतिशत बेविस्टीन में 5 मिनट तक उपचारित कर लिया जाता है।

- 3–4 माह आयु की सांकुर शांखा, जिन्हे पूर्व चर्चित विनियर की भाँति तैयार किया गया हो, का उपयोग प्रत्यारोपण हेतु किया जाता है।
- सांकुर शाखा के आधार पर दोनों तरफ से तिरछा काट बना कर मूलवृंत मे बनाये खाँचे में स्थापित किया जाता है।
- प्रर्वधन के बाद, पौलीथीन थैली, जिनमें मिट्टी बालू, सड़े गोबर की खाद के मिश्रण का उपयोग किया गया हो, गुठली के साथ प्रवर्धित पौधों को रोपित कर दिया जाता है।
- सांकुर शाख के उपर प्रत्यारोपण के बाद 10–15 दिन तक उपर से पतली पालीथीन नलिका आरोपित कर दी जाती है।
- शीर्ष कलिका के फुटाव के बाद आरोपित नलिका को सावधानीपूर्वक हटा लिया जाता है।
- प्रर्वधन के बाद 1–1.5 माह तक साधरण पालीहाउस में पौधों को स्थानान्तरित किया जाता है।
- इन पौधों को कुछ सप्ताह तक नेट हाउस में तथा बाद में खुली क्यारियों में स्थानांतरित कर दिया जाता है। इसके बाद रोपण हेतु पौधे तैयार हो जाते हैं।
- वर्षा ऋतु (जुलाई–अगस्त) में इस विधि से अच्छी सफलता की संभावना होती है।

कोमल शाख कलम बंधन

यह विनियर तथा प्रांकुर कलम बंधन के बीच की तकनीक है। इसे सफलतापूर्वक देश में आम प्रवर्धन में व्यवसायिक स्तर पर उपयोग किया जाना चाहिए। सर्वप्रथम इसका मानकीकरण गुजरात में किया गया थां। इस विधा में फरवरी से अक्टूबर तक खाली क्यारियों तथा लगभग वर्ष भर पालीहाउस सुविधा होने पर प्रवर्धन किया जा सकता है।

इसका विवेचन इस प्रकार है–

- एक वर्ष आयु के मूलवृंत, जब ताम्रयुक्त पत्तियां हल्की पीली हो रही हों, उसी अवस्था में इनका उपयोग प्रवर्धन हेतु किया जाता है
- मूलवृंत एवं सांकुर शाख एक ही मोटाई के चयन किये जाने चाहिए।

- मूलवंत के शीर्ष पर 4–6 सें0मी0 का लम्बवत् चीरा बीचों–बीच सावधानीपूर्वक लगाया जाता है।
- पूर्व में तैयार सांकुर शाख के आधार पर 4–6 सें0 मी0 तिरछी कटाई दो तरफ से की जाती है।
- सांकुर शाख का प्रत्यारोपण मूलवृंत पर कर 200 गेज की मोटी पालीथीन पट्टी (स्ट्रिप) से इसे अच्छी तरह बाँध दिया जाता है।
- आवश्यकतानुसार आरोपित सांकुर शाख के उपर पतली पालीथीन नलिका 10–15 दिनों तक और शीर्ष कलिका के फुटाव के साथ नलिका दूसरे पवर्धित पौधे पर आरोपित की जाती है।
- सुविधा उपलब्ध होने पर एक से डेढ़ माह तक वातावरण नियंत्रित कक्ष में तथा इतने ही समय तक साधारण पालीहाउस में और बाद में नेट हाउस तथा खुली क्यारियों में रखने के बाद पौधे रोपण हेतु तैयार हो जाते है।
- अनुभवो के आधार पर विनियर, प्रांकुर तथा कोमल शाख कलम बंधन में 'कोमल शाख कलम बंधन' आसान विधा है, जिसे भारत में प्रोत्साहित किया जाना चाहिए।
- इस विधि से खेतों में आम के बाग की स्थापना संभव है।

प्रवर्धन के लिए सावधानियाँ

- मातृ वृक्ष तथा उपयोग में लाई जाने वाली बीजू पौध (मूलवृंत) पर यदि किसी प्रकार के गुम्मा का संक्रमण दिखाई पड़े तो इसे निकालकर अथवा अलग कर जला दिया जाना चाहिए।
- प्रयास किया जाना चाहिए की मूलवृंत हेतु देशी आम की गुठली का उपयोंग ही किया जाय।
- यदि जीवाणु संक्रमण की समस्या हो तो उचित होगा कि उपयोग में लायी जाने वाली गुठली को प्रथमतः 100 पी0पी0एम0 स्ट्रप्टोसाइक्लिन (एक ग्राम 10 लीटर पानी) में आधा घंटा तक शोधित कर लिया जाये।
- गुठली को थिरम (2 ग्राम सीड ड्रेसर/प्रति कि0ग्रा0 गुठली) से अवश्य उपचारित किया जाये।
- साकुंर शाख को प्रत्यारोपण के पहले तथा पालीथीन में तैयार मूलबृंत को 0.1 प्रतिशत बेविस्टीन से उपचारित किया जाना चाहिए।

- एकत्रित सांकुर शाख को भी0.1 प्रतिशत बेविस्टीन से उपचारित कर प्रवर्धन हेतु उपयोगा में लाना चाहिए।
- पत्ती खाने वाले बीटिल, शाखा बेघक कीट तथा व्याधि संक्रमण दिखाई पड़ते ही इनका निदान किया जाना चाहिए।

नर्सरी की देखभाल

सिंचाई

आवश्यकतानुसार क्यारियों अथवा पालीथीन थैलियों, जिनमें विभिन्न अवस्था में पौधें हों, सिंचाई करते रहना चाहिए। सिंचाई हेतु साफ अथवा वर्षा का एकत्रित पानी उपयोग में लाना चाहिए। पालीथीन थैलियों में प्रवर्धन कराने पर बौछारी अथवा मिस्ट द्वारा सिंचाई करना उचित होता है।

पोषण

प्रर्वधन अवधि में अलग से पोषण की आवश्यकता नहीं पड़ती है। किन्ही कारणों से यदि आभास हो कि पौधों की अच्छी बढ़वार नही हो रही हो तो 0.5 से 1 प्रतिशत यूरिया तथा तरल खाद का एक अथवा दो छिड़काव किया जाना चाहिए।

स्वस्थ पौधे उत्पादन

उपयुक्त जलवायु

उचित वातावरणीय दशा सुलुभ होने पर आम प्रवर्धन में अच्छी सफलता की संभावना होती है। विशेष कर गुठली अंकुरण, मूलवृंत वृद्धि तथा सांकुर शाख मिलाप वृद्धि हेतु 25–35^0 सें0 तापमान तथा 80–85 प्रतिशत आपेक्षिक आर्द्रता में ही उच्च सफलता की संभावना होती है। सुविधा उपलब्ध होने पर पाली हाउस, नेट हाउस तथा माइक्रो स्प्रिंकलर सिंचाई से लगभग वर्ष भर आवश्यक वातावरण सुलभ करा कर आम प्रवर्धन किया जा सकता है। जून से सितम्बर तक ही उचित जलवायु सुलभ हो पाती है।

प्रवर्धित पौध गुणवत्ता

आवश्यक होगा कि नर्सरी में प्रवर्धित पौध उच्च गुणवत्ता की हों तथा ये कीट एवं व्याधि संक्रमण से पूर्ण रुप से मुक्त हों। नर्सरी निरीक्षण के समय निम्न विन्दुओं पर ध्यान दिया जाना चाहिए–

- मातृ खण्ड में स्थापित आम की किस्में व्याधि,विशेष कर वानस्पतिक गुम्मा से अवमुक्त हों। पौधों पर स्थान विशेष में प्रभावित करने वाले कीट तथा व्याधि नियंत्रण हेतु आवश्यक उपचार प्रकिया अपनायी गयी हो।
- प्रवर्धन में उपयोग लायी जाने वाली मूलवृंत भी गुम्मा के संक्रमण से अवमुक्त तथा स्वस्थ हो।
- प्रवर्धन हेतु उपयोग में लायी जाने वाली सांकुर शाखें आदर्श मातृ वृक्षों से ही उपलब्ध करायी गयीं हो।
- प्रवर्धन हेतु उपयोग किये जाने वाले औजार प्रतिदिन कीटाणुरहित किये जाते हों।
- पाली हाउस/नेट हाउस के प्रवेश द्वारों पर तथा फुटपाथ पर तूतिया अथवा चूना का नियमित भूरकाव किया जाता हो।
- कीटाणुरहित माध्यम उपयोग किया जाता है।
- पौध सभी अवस्था में स्वस्थ दिखलायी पड़ते हों।

आम की किस्में

आम की किस्मों को पकने के हिसाब से चार वर्गो में बाटां गया है–

- मई के अन्त से जून के शुरु तक पकने वाली किस्मेः– मिठुआ, सुन्दर–प्रसाद, रानी पंसद, गुलाबखास, बम्बई, जरदालु, सुर्खवर्मा, एलफॉन्जो, गोपाल भोग।
- जून में पकने वाली किस्में: लंगड़ा (मालदह), हेमसागर, हुस्नआरा, अमन दशहरी, कृष्णभोग, बेनजीर, भरत भोग।
- जुलाई में पकने वाली किस्मेः समरबहिश्त चौसा, बारमसिया, कतकी, बथुआ इत्यादि।
- संकर किस्मेः महमूद बहार, प्रभाशंकर, सुन्दर लंगड़ा, अलफजली, आम्रपाली, रत्ना, मल्लिका, मंजीरा, सबरी, जवाहर, सिन्धु, अर्का अरुण, अर्का पुनीत, अर्का अनमोल, अरका नीलकिरण, पूसा अरुणिमा।

आम की कुछ उन्नत किस्मों का विवरण

1. आम्रपाली

यह दशहरी एवं नीलम के संकरण से भारतीय कृषि अनुसंधान संस्थान, नई दिल्ली द्वारा विकसीत की गयी है। यह नियमित फलन वाली बौनी किस्म सघन रोपण के लिए

उपयुक्त है। इसके फल मध्यम आकार, चमकीले पील, रेशा विहीन अधिक गूदा युक्त तथा स्वादयुक्त होते है। यह प्रसंस्करण के लिए भी उपयोगी है। अधिक विटामिन ए एवं छोटे आकर के कारण गृहवाटिका में इसका विशेष महत्व है। इस में भारत की विभिन्न जलवायु मे अच्छा उत्पादन करने की क्षमता है।

आम की संकर किस्म—अलफजली के फल

2. मल्लिका

यह किस्म नीलम एवं दशहरी के संकरण से भारतीय कृषि अनुसंधान संस्थान, नई दिल्ली द्वारा विकसित की गयी है। फल चमकीले पीले रंग के, औसतन 300 ग्राम से अधिक भार वाले तथा अधिक गूदा युक्त होते हैं। यह देर से पकने वाली किस्म है। इस किस्म में भारत की विभिन्न जलवायुओं मे अच्छा उत्पादन करने की क्षमता है।

3. अर्का पुनीत

यह अल्फान्सो एवं बंगनपल्ली के संकरण से भारतीय बागवानी शोध संस्थान, बंगलौर द्वारा विकसित किस्म है। इसके फल मध्यम आकार के, आकर्षक रंग वाले, रेशा विहीन एवं सुवास युक्त होते हैं। इस किस्म में स्पान्जी टिशु एवं फल मक्खी के प्रति अवरोधिता पायी जाती है।

4. अर्का अनमोल

यह किस्म अल्फान्सो और जनार्दन पंसद के संकरण से तैयार की गई है। यह नियमित फलन देने वाली किस्म है। इसके फलों का आकार मध्यम और रंग पीला होता है। इसकी भण्डारण क्षमता बहुत अच्छी है तथा यह किस्म स्पॉन्जी टिशु नामक विकार से मुक्त है।

5. अर्का नीलकिरण

यह अलफान्सों एवं नीलम के संकरण से भारतीय बागवानी शोध संस्थान,बंगलौर द्वारा विकसित पछेती संकर किस्म है। फल मध्यम आकार के, औसतन 270 ग्राम वनज के होते हैं। फलों पर आकर्षक लाल आभा होती है। फल का गूदा गहरे पीले रंग का होता है।

आम की लोकप्रिय किस्म–मालदह का वृक्ष एवम् फल

आम किस्म –गुलाबखास के फल

6. रत्ना

यह किस्म क्षेत्रीय फल, शोध केन्द्र, बेंगुरला द्वारा नीलम व अलफान्सो के संकरण से निकाली गयी है। फल मध्यम आकार व आकर्षक रंग रुप के होते हैं। फल का गूदा दृढ़, रेशा विहीन एवं नारंगी लाल रंग का होता है। इस किस्म में स्पान्जी टिशू के प्रति अवरोधिता पायी जाती है।

7. मंजीरा

यह संकर किस्म रुमानी एवं नीलम के संकरण से तैयार की गई है। यह एक बौनी तथा अधिक फल देने वाली किस्म है। इसके फलों का गूदा रेशा रहित एवं कड़ा होता है।

8. सिन्धु

यह किस्म रत्ना एवं अलफान्सों के संकरण से क्षेत्रीय फल शोध केन्द्र, वेंगुरला द्वारा विकसित की गयी है। इसके फल मध्यम आकार के तथा छोंटी गुठली वाले होते हैं। फलों पर आकर्षक गुलाबी आभा पायी जाती है। यह नियमित फलन वाली किस्म है। फल का गूदा दृढ़ एवं स्पान्जी टिशू से मुक्त तथा रेशा विहीन होता है।

9. अम्बिका

यह नवविकसित नियमित फलन वाली किस्म केन्द्रीय उपोष्ण बागवानी संस्थान, रहमानखेड़ा, लखनउ द्वारा आम्रपाली एवं जनार्दन पसन्द के संकरण से प्राप्त की गयी है। इसके फल का आकार मध्यम,रंग पीला तथा छिलका गहरा लाल आभायुक्त आकर्षक होता है। फल का गूदा रेशा विहीन एवं दृढ़ होता है। यह देर से पकने वाली किस्म है। फलों के आकार में समरुपता पायी जाती है। इस किस्म की उत्पादकता अच्छी है।

10. पूसा अरुणिमा

यह किस्म भारतीय कृषि अनुसंधान संस्थान, नई दिल्ली द्वारा आम्रपाली व सेन्सेशन के संकरण से तैयार की गयी है। इसके फल आकर्षक व अच्छी गुणवत्ता वाले होते हैं। इस किस्म की उत्पादकता अधिक है।

आम के ग्रेडेड–फलों की बिक्री अर्थात अच्छी कीमत

बैल गाड़ी द्वारा मंडी में आम ले जाते बागवान

11. प्रभांशंकर

दुनिया में संकर आम का पहला किस्म होने का गौरव इसे प्राप्त है। यह संकर किस्म बाम्बे ग्रीन और कालापादी के संकरण से विकसित हुयी है। यह एक पिछात किस्म है और

नियामित रुप से फलता है। पके फल का रंग पीलापन लिए हरा होता है। इसका गूदा नारंगी रंग का होता है, जो काफी मीठा, सुगन्धित, रेशारहित और मुलायम होता है। फल का आकार मध्यम होता हैं जिसका वनज 200 ग्प्रम के लगभग 9.0 से0मी0 लंबा और7.0 से0 मी0 चौड़ा होता है। फल में कुल धुलनशील ठोस की मात्रा 23.0 प्रतिशत एवं अम्लता 0.24 प्रतिशत होती है। फल में गूदा की कुल मात्रा 64.0 प्रतिशत होती है। इसकी उत्पादकता 235.0 क्विंटल/हे0 है और औसतन 945 फल प्रति वर्ष प्रति पेड़ फलते हैं। विशेषतः इस किस्म में तेज हवा को सहने की शक्ति तो है ही, साथ ही साथ विपरीत परिस्थितियों में भी फलन देखा गया है।

12. महमूद बहार

यह किस्म भी बाम्बे और कालापदी के संकरण से प्राप्त हुआ है और प्रभाशंकर किस्म के समकालीन है। यह भी एक पिछात किस्म है, जिसमें नियमित फलन कम होता है। फल पकने पर पीलापन लिए हरा होता है। फल मध्यम आकार का जिसका वनज 210 ग्राम के लगभग होता है। फल में कुल धुलनशील ठोस की मात्रा 22.0 प्रतिशत होती है। इसकी उत्पादकता 230.0 क्विंटल/हे0 है और औसतन 910 फल प्रति वर्ष प्रति पेड़ फलते देखा गया है।

विशेषताः गूदा का रंग पीला होता है जो मीठा, सुगंधित, कम रेशे वाला और कड़ा होता है। गूदे का कड़ापन फल संरक्षण उधोग में उपयोगी हो सकती है।

13. सुन्दर लंगड़ा

यह किस्म लंगड़ा एवं सुन्दर प्रसाद के संकरण से प्राप्त हुआ है। पके फल का रंग पीलापन लिये हरा होता है लेकिन फल के आधार पर लालिमा रहती है। जो लगड़ा किस्म का सुधार है। फल मध्यम आकार का तथा वनज 240 ग्राम के लगभग होता है। फल की लम्बाई 10.0 से0मी0 एवं चौडाई 7.0 से0मी0 होती है। गूदा का रंग हल्का नारंगी होता है, जो मीठा, सुगन्धित, रेशारहित एवं मुलायम होता है। फल में कुल धुलनशील ठोस की मात्रा 23.0 प्रतिशत एवं अम्लता 0.19 प्रतिशत होती है। फल में गूदा की कुल मात्रा 76.0 प्रतिशत होती है। इसकी उत्पादकता 250.0 क्विंटल/हे0 है और औसतन 680 फल प्रति वर्ष प्रति पेड़ देखा गया है।

विशेषताः यह एक मध्यकालीन किस्म है, जिसमें फलन एक सीमा तक नियमित होता है।

14. अलफजली

यह किस्म अलफैसों एवं फजली के संकरण से प्राप्त हुआ है। फल पकने पर पीलापन लिए हरा होता है। फल बड़े आकार का होता है, जिसका औसत वनज 460 ग्राम होता है। फल की लंबाई 12 से0मी0 तथा चौड़ाई 7.5 से0मी0 होती है। गूदा का रंग हल्का पीला होता है जो थोड़ा कम मीठा, सुगंध भी कम, कम रेशदार और मुलायम होता है। फल में कुल धुलनशील ठोस की मात्रा 18.5 प्रतिशत एवं अम्लता 0.24 प्रतिशत होती है। फल में गूदा की कुल मात्रा 79.0 प्रतिशत होती है। इसकी उत्पादकता 210.0 क्विंटल/हे0है और औसतन 260 फल प्रति वर्ष प्रति पेड़ फलते देखा गया है।

विशेषताः यह एक पिछात किस्म है और फजली का सुधरा रुप है।

15. जवाहर

यह किस्म गुलाबखास और महमूदबहार के संकरण से प्राप्त किया गया है और नेहरु जन्म शताब्दी के अवसर पर जवाहर नाम से विकसित किया गया। यह एक मध्यकालीन किस्म है। फल मघ्यम आकार का तथा औसत वजन 200 ग्राम होता है, जिसकी लंबाई 12.5 से0मी0 तथा चौडाई 7.0 से0 मी0 होती है। गूदा हल्का पीला रंग का होता है, जो मीठा सुगंधित, कम रेशेदार एवं कड़ा होता है। फल की भंडारण क्षमता भी उत्तम है। इसकी उत्पादकता 280 क्विंटल/हे0 है और औसतन 815 फल प्रति पेड़ प्रति वर्ष प्राप्त होता है।

आम की विदेशी किस्म—सेनेसन की बौर

आम की विदेशी किस्म –सेनेसन के फल देखते हुये कुलपति डा मौर्य तथा उनकी पत्नी।

विशेषताः इस किस्म की सबसे बड़ी विशेषता यह है कि पौधा लगाने के तीसरे वर्ष के फल देने लगता है। फल की भंडारण क्षमता भी उत्तम है।

16. सबरी

यह किस्म गुलाबखास एवं बाम्बे के संकरण से प्राप्त किया जाता है। यह एक अगात किस्म है। फल छोटे आकार का होता है, जिसका औसत वजन 153 ग्राम होता है। गूदा लाल रंग का, काफी सुगंधित, रेशारहित एवं कड़ा होता है। फल में कुल धुलनशील ठोस की मात्रा 22.5 प्रतिशत एवं अम्लता 0.08 प्रतिशत होती है। फल में गूदा की कुल मात्रा 74.0 प्रतिशत होती है। इसकी उत्पादकता 229.0 क्विंटल/हे0 है और औसतन 856 फल प्रति पेड़ फलते देखा गया है।

17. सुभाष

यह एक चयनित किस्म है जिसका चुनाव जरदालू के बीजू पौधों से किया गया है। फल का औसत वनज 220 ग्राम होता है, जिसकी लंबाई 11.0 से0मी0 तथा चौड़ाई 7.5 से0 मी0 होती है। गूदा का रंग पीला होता है जो काफी मीठा, सुंगधित, रेशाहीन एवं मुलायम होता है। फल में कुल धुलनशील ठोस की मात्रा 24.0 प्रतिशत एवं अम्लता 0.29 प्रतिशत होती है। फल में गूदा की कुल मात्रा 76.0 प्रतिशत होती है। इसकी उत्पादकता 225.0

क्विंटल / हे0 है और औसतन 500 फल प्रति वर्ष पेड़ फलते देखा गया है। सुभाष शताब्दी के अवसर पर इस किस्म का नाम सुभाष रखा गया।

विशेषताः यह एक मध्यकालीन किस्म है, जिसमें फलन एक सीमा तक नियमित होता है। पका फल आकर्षक पीला रंग का होता है, जिसका आकार लंगड़ा से मिलता है।

18. मेनका

यह भी एक चयनित किस्म है, जिसका चुनाव गुलाबखास के बीजू पौधों से किया गया है। यह एक पिछात किस्म है, जिसमें फलन नियमित देखा गया है। गूदा का रंग गहरा पीला होता है। जो मीठा, सुस्वाद, कम रेशेदार एवं कड़ा होता है। फल का औसत वनज 300 ग्राम का होता है, जो 15.0 से0मी0 लम्बा एंव 9.0 से0मी0 चौड़ा होता है। फल में कुल धुलनशील ठोस की मात्रा 20.0 प्रतिशत एवं अम्लता 0.14 प्रतिशत होती है। फल में गूदा की कुल मात्रा 75.0 प्रतिशत होती है। इसकी उत्पादकता 225.0 क्विंटल / हे0 है और औसतन 620 फल प्रति वर्ष प्रति पेड़ फलते देखा गया है।

विशेषताः पके फल का रंग पीलापन लिए सुर्ख लाल रहता है जो देखने में काफी आकर्षक लगता है। इसकी सबसे बड़ी विशेषता यह है कि पका फल भी सामान्य तापक्रम पर एक सप्ताह तक खाने योग्य रहता है।

आम के वृक्षों के लिए खाद उर्वरक की मात्रा

आम में पोषक तत्वों का प्रबन्धन पौध लगाने के समय से ही शुरु हो जाता है। पौधे लगाते समय गड्ढ़ो में खाद प्रयोग के बारे में पूर्व में बताया जा चुका है। पौधे लगाने के बाद लगभग एक वर्ष तक खाद डालने की आवश्यकता नही होती। तत्पश्चात् प्रति वर्ष100 ग्राम नेत्रजन (217 ग्राम यूरिया), 50 ग्राम फास्फोरस (312 ग्रम सिंगल सुपर फास्फेट) एवं 100 ग्राम पोटाश (167 ग्रम म्यूरेट आफ पोटाश) प्रति पेड़ डालना चाहिए। खाद की यह मात्रा प्रति वर्ष के गुणांक के अनुपात में 10 वर्षों तक बढ़ाते जाना चाहिए। इस प्रकार 10 वर्ष के पेड़ को प्रति वर्ष मिलने वाली उर्वरक की मात्रा 1 कि0 ग्रा0 नेत्रजन (2.17 कि0ग्रा0 यूरिया), 500 ग्राम फास्फोरस (3.12 कि0ग्रा0 सिंगल सुपर फास्फेट) एवं 1 कि0ग्रा0 पोटाश (1.67 कि0ग्रा0 म्यूरेट आफ पोटाश) होगी। दस वर्ष से अधिक आयु के वृक्षों में भी यही मात्रा डालते रहना चाहिए। इसके अलावा भूमि के भौतिक गुण एवं अन्य लाभप्रद परिणाम हेतु प्रति वर्ष उचित मात्रा में गोबर की सड़ी खाद (20–30 कि0ग्रा0) डालनी चाहियें। तनें से 1.5 मी0दूरी पर बनी नालियों में खादों को प्रयोग करना चाहिए। सूक्ष्म तत्वों का नियमित रुप से प्रयोग आवश्यक नही है, परन्तु इनकी कमी की अवस्था में इसका मृदा

में उपयोग तथा पर्णीय छिड़काव करना चाहिए। फलों की गुणवत्ता में वृद्धि के लिए 3 प्रतिशत पोटेशियम नाइट्रेट का पर्णीय छिडकाव लाभप्रद होता है। इसके अतिरिक्त 40 कि0ग्रा0 गोबर की खाद के साथ 250 ग्राम एजोस्पीरिलम (जैविक खाद) मिला कर जुलाई–अगस्त में थालों में प्रयोग से उत्पादन में सार्थक वृद्धि पायी गयी है।

उर्वरकों के प्रयोग का समय

उर्वरक का प्रयोग एक बार मे ही करना चाहिए। इसका पूर्ण भाग फल तोड़ने के तुरन्त बाद (जुलाई) में डालना चाहिएं। रासायनियक खादों का प्रयोग मिट्टी में उचित नमी की अवस्था में ही करना चाहिये। अगर मिट्टी सूखी है, तो हल्की सिंचाई करने के उपरान्त ही उर्वरक डालना चाहिये।

उर्वरक प्रयोग की विधि

उर्वरक डालने के पूर्व पेड़ के थाले से खर–पतवार निकाल देने चाहिये। छोटे पौधों में तने के आस–पास थोड़ी दूरी छोड़ कर उर्वरको एवं खादों को भूमि में डाल कर अच्छी तरह मिला देना चाहिये। इसी प्रकार बड़े पौधो में तने से 1.5 मी0 की दूरी पर नाली (30 से0मी0 चौड़ी एवं 20–25 से0मी0 गहरी) बना कर प्रयोग करना चाहिये।

आम के बागो की सिचांई

आम में आवश्यक पानी की मात्रा व अन्तराल, मृदा, जलवायु (मुख्यतः तापमान एवं वर्षा) एवं पौधों की उम्र पर निर्भर करती है। मानसून में सिंचाई की आवश्यकता नही होती है। नियमित सिंचाई की आवश्यकता गर्मी मे अधिक होती है। गर्मी के मौसम में पौधा लगाने के प्रथम वर्ष मे जब पौध छोटे हो और उनकी जडो़ का पूर्ण विकास नही हुआ रहता है, उस समय 2–3 दिनों के अन्तराल पर सिंचाई करना आवश्यक होता है। दो से पांच वर्ष के पौधों को 4–5 दिनों के अन्तर एवं 5–8 वर्ष की उम्र के पोधौ को 10–15 दिनों के अन्तर पर पानी देना चाहिएं। वृक्षों के पूर्ण फलन अवस्था में फल लगने के उपरान्त 2–3 सिंचाई आवश्यक होती है। बौर आने के 2–3 माह पहले बाग की सिंचाई नहीं करनी चाहिए। साधारणतया अन्तः फसले बाग के प्रारम्भिक वर्षों में ली जाती हैं। अतः ऐसे बागों में सिचाई व्यवस्था अन्तः फसलों को ध्यान में रख कर करनी चाहिएं। आम के वृक्षों में थालों में पानी देना चाहिए जिससे अन्तः फसलों को उनकी आवश्यतानुसार पानी दिया जा सके एवं पानी के अधिक प्रयोग को रोका जा सके।

मंडी में पिछात किस्म –सिपिया

मंडी में सुकुल आम

आम के बागों की निकाई–गुड़ाई

आम के बागों में निकाई–गुड़ाई, इसलिए आवश्यक है कि पानी के साथ जड़ो को उचित वायु भी प्राप्त हो। इसे जड़ो एवं शाखाओं का विकास होता है निकाई व गुडाई से मिट्ठी भुरभुरी हो जाती है। जिससे पानी के संचालन पर प्रभाव पड़ता है। इसके फलस्वरुप बागों में कीड़ो की संख्या में भी कमी आती है और डाले गये पोषक तत्व मिट्ठी मे अच्छी तरह मिल जाते है। निकाई–गुडाई पौधों की आयु और अन्तः फसलों पर निर्भर करती है। बाग में पेड़ लगाने के तुरन्त बाद ही खर–पतवार नही उगते। पानी लगाने के बाद मिट्ठी की कड़ी परत को हैण्ड हो या खुरपी से तोड़ देना चाहिये। बागों में अगर आम के अतिरिक्त अन्य फसल न ली जा रही हो तो पेड़ो के बीच साल में कम से कम तीन जुताई (मानसून से पहले व बाद में तथा नवम्बर माह में) अवश्य करनी चाहिए। जुताई, फलन वाले बागो हेतु भी महत्वपूर्ण है। वर्षा ऋतु के पहले की जुताई से भूमि की पानी रोकने की क्षमता बढ़ जाती है। वर्षा के बाद की जुताई से खर–पतवारों के नियंत्रण तथा कैपिलरी को तोड़ने मे सहायता मिलती है। तीसरी जुताई जो कि नवम्बर के अन्तिम सप्ताह या दिसम्बर के प्रथम सप्ताह में होती है, गुजिया (मिली बग) के प्रकोप को कम करने में सहायक होती है।

आम के बागों मे अन्तः फसलें

आम के पेड़ो के बड़े होने तक उनके बीच काफी भूमि बिना उपयोग के रहती है। इसके उचित उपयोग हेतु पेड़ो के 8–10 वर्ष उम्र होने तक अन्य फसलें उगाई जा सकती है। ऐसी अवस्था में समुचित पोषण प्रबन्ध के साथ अन्तःफसल उगाने से बाग से अधिक आमदनी प्राप्त होने के साथ आम के पौधों का रख–रखाव भी सुचारु रुप से होता रहता है। बाग स्थापन के प्रारम्भिक वर्षों में पेडो के फलन मे आने के पहले इस आय का एक विशेष महत्व है। इस बात का विशेष घ्यान रखना चहिये कि गन्ना,मक्का व बाजरा जैसी फसलें, जो कि आम को ढ़क लेती है, अन्तः फसल के रुप में कदापि नहीं लगाना चाहिए। आम के साथ ली जाने वाली अन्तः फसलो मे दलहनी फसलों का समावेश उत्तम पाया गया है। पुराने बगीचों में जहां छाया के कारण धूप कम आती है वहॉ अनानास, अदरक व हल्दी की फसलें लगायी जा सकती है। यह भी ध्यान रखना चाहिए कि ऐसी फसले न लगायी जायें जो कि पोषक तत्वों के लिए आम के साथ प्रतियोगिता करें। मिश्रित फसलों में फालसा, पपीता, अमरुद, आड़ू, आलू –बूखारा आदि ऐसे पेड़ है जिन्हे जलवायु के अनुसार आम के बगीचों में आवश्यकताओं के आधार पर उगाना चाहिये। दलहनी फसलों में मूंग, उरद, चना लोबिया इत्यादि, तिलहनी फसलों में तिल, सरसों, मूगंफली इत्यादि, सब्जियों में पत्तागोभी, फूलगोभी, टमाटर, आलू, बैंगन, खीरा, कददू, करेला, टिण्डा, भिण्डी इत्यादि, फूलों में गेंदा, रजनीगंधा, ग्लैडियोलस इत्यादि एवं मसालों में मिर्च, धनिया, मेथी, अदरक, हल्दी इत्यादि

को अन्तः फसलो के रुप में सफलता से उगाया जा सकता है। आम के नये बागों में निम्नलिखित फसल चक्र उपयोगी सिद्ध हुए हैः–

(क) लोबिया–आलू (ख) मूंग–चना (ग) मूंग–गेहूॅ (घ) उरद–चना (ङ) लोबिया–गेहूॅ (च) लोबिया–चना। आरंभ के वर्षो में अंतःफसल के रुप मे फूलों (गेंदा, ग्लेडियोलिस) की खेती भी लाभप्रद है जिसे बागवान अपना रहे है।

आम के पुरानें बागों का नवीनीकरण। मनचाहे किस्मों की ग्राफ्टिंग करे।

आम के प्रमुख रोग एवं प्रबंधन

आम का वृक्ष अपनी हर अवस्था में अनेक प्रकार के रोगो का शिकार हो सकता है। तना, शाखायें,पत्तियां, बौर व फल अनेक प्रकार के रोगों की चपेट में आ सकते हैं जो फफूंदी, बैक्टेरिया तथा शैवाल (एल्गी) द्वारा उत्पन्न होते हैं। ये रोग पेड़ पर कालापन,सूखना, धब्बे व सड़न आदि उत्पन्न करते हैं। वैसे तो आम अनेक रोगो से ग्रसित होता है किन्तु कुछ रोग जैसे पाउड्री मिल्ड्यू, ऐन्थ्रैक्नोज, ब्लाइट, डाई बैक, बैक्टेरियल कैंकर, रेड रस्ट,

सूटी मोल्ड, इत्यादि प्रमुख है। इनमें से कुछ रोग ऐसे है जो क्षेत्र विशेष में अधिक दिखाई देते हैं। पाउडरी मिल्ड्यू रोग पूरे भारत में आम की फसल को काफी क्षति पहुँचाता है। आम में लगने वाले कुछ महत्वपूर्ण रोग व उनकी रोकथाम का विवरण निमवत् है।

फलों के तुड़ाई के पूर्व लगने वाले रोग

1. पाउडरी मिल्ड्यू (ओईडियम मैन्जीफेरी)

इस रोग को दहिया तथा खर्रा के नाम से भी जाना जाता है। यह आम की एक भयानक बीमारी है तथा इससे लगभग सभी किस्में प्रभावित होती है। इसका प्रकोप अधिकांशतः फरवरी–मार्च माह या कभी–कभी उसके पहले तापकम तथा सापेक्ष आर्द्रता में वृद्धि के फलस्वरुप होता है। यह रोग समुद्र तल से 600–1200 मी. तक अधिक फैलता है। इस रोग से कुछ पेड़ो पर कभी–कभी 70–80 प्रतिशत तक की हानि देखी गई है।

लक्षण

आम के बौरों, फलों तथा पत्तियों पर सफेद चूर्ण की तरह का लक्षण दिखायी देता है। ऐसा प्रतीत होता है कि पेड़ो पर राख (स्लेटी चूर्ण) बुरक दी गई है। आम के पुष्पवृन्त, फूल तथा फलों पर प्रकोप से उनकी वृद्धि रुक जाती है और फूल गिरने लगते हैं। बौर के समय फुहार तथा ठण्डी रातें इस रोग की वृद्धि में सहायक होती है। कवक से नये फल बिल्कुल ढक जाते हैं तथा धीरे–धीरे उसकी बाहरी सतह पर दरारें पड़ने लगती हैं और वह भाग कड़ा हो जाता है। नयी पत्तियों की पिछली सतह पर यह रोग काफी फैलता है तथा स्लेटी घब्बे बनते हैं जिस पर सफेद चूर्ण दिखाई पड़ता है और रोगग्रस्त पत्तियां टेढ़ी हो जाती है। ऐसी पत्तियॉ पूरे साल पौधों पर लगी रहती है तथा अगले वर्ष रोग को फैलाने में सहायक होती है।

प्रबंधन

रोग का प्रकोप चूंकि पुष्पवृन्त पर होता है। अतः इस रोग से बचाव के लिए फूल के मौसम में कुल तीन छिड़काव की संस्तुति की गयी है। प्रथम छिड़काव 0.2 प्रतिशत विलयनशील गन्धक (वेटेबल सल्फर) (सल्फेक्स अथवा अन्य विलयनशील गन्धक फफूँदी नाशक 2 ग्राम प्रति लीटर), द्वितिय छिड़काव 0.1 प्रतिशत ट्राईडीमार्फ अथवा 0.04 प्रतिशत फलूजिलाल (1 मि0ली0 कैलिक्सीन या 0.4 मि0ली0 पंच प्रति लीटर) तथा तृतीय छिड़काव 0.1 प्रतिशत डाइनोकैप अथवा बेलोटान (1 मि0ली0 कैराथेन या 1ग्रा0 ट्राइडीमेफान प्रति लीटर) से करना चाहिये। पहला छिड़काव बौर निकलने के समय तथा दूसरा व तीसरा

छिड़काव 10–15 दिनों के अन्तर पर करना चाहिये। आर्थिक दृष्टि से कम खर्च की दशा में तीनो छिड़काव में विलयनशील गंधक दवा के प्रयोग की संस्तुति की गयी है। प्रभावशाली रोकथाम के लिए यह आवश्यक है कि फूल निकलने व बढ़ने के समय, बाग की नियमित देख–भाल करें तथा आवश्यकतानुसार फफंदी नाशक का प्रयोग करें। सामान्यतः यह देखा गया है कि मार्च माह में इस रोग का प्रकोप होता है। अतः इस अवधि में अधिक सतर्कता की आवश्यकता होती है। इन दवाओं के साथ तरल साबुन मिला कर छिड़काव करने से दवा अच्छी तरह चिपक कर अधिक प्रभावशाली होती है।

2. ऐन्थ्रेक्नोज (कोलेटोट्राइकम् ग्लीयोस्पोराइडिस)

अनुकूल वातावरण में यह रोग आम की फसल को अधिक हानि पहुॅचाता है। ऐसा पाया गया है कि 24–32^{0} सेलियस तापक्रम, वर्षा व अधिक नमी से यह रोग तेजी से फैलता है।

लक्षण

नई पत्तियों तथा बौर पर अक्सर इस रोग का प्रभाव देखा गया है। फलों के भण्डारण के दौरान भी इस रोग का प्रभाव फलों पर अधिक हो सकता है। पत्तियों एवं बौर पर धब्बे, फूलों का मुरझाना, टहनियों का सूखना, फलों का सड़ना इत्यादि इस रोग के लक्षण है। मुलायम टहनियों तथा शाखायें इस रोग से प्रभावित होकर सुखने लगती हैं। इस रोग की फफॅूदी पुष्पवृन्त तथा नए फलों को भी हानि पहुॅचाती है। पुष्पवृन्तों पर यह विशेष रुप से धातक होती है और यहां तक कि कभी–कभी फल बिल्कुल नही लगते हैं और यदि लग भी जाते हैं तो उन पर काले धब्बे पड़ जाते हैं तथा ऐसे फल सूख कर गिर जाते हैं। परिपक्व अवस्था में प्रभावित फलों द्वारा यह फफूंदी भण्डारण, परिवहन तथा विपणन के दौरान भी काफी हानि पहुॅचाती है। इस रोग की फफॅूदी टहनियों एवं पत्तियों पर जीवीत रहती हैं और पुनः अगले वर्ष अनुकूल वातावरण में रोग फैलाती है। आम की भिन्न–भिन्न किस्मों पर इस रोग के अलग–अलग लक्षण दिखाई देते हैं। केरल में आम की नीलम किस्म इस रोग से अत्यधिक प्रभावित तथा एडवर्ड कम प्रभावित (प्रतिरोधी) पायी गयी है।

प्रबंधन

इस रोग की फफॅूद काफी समय तक सूखी टहनियों पर जीवित रह सकती है। इसलिए इस रोग से प्रभावित टहनियों व पत्तियों को काट कर जला देना चाहिए। पुष्पोवृन्तों पर इस रोग की रोकथाम हेतु फूल खिलने के पूर्व कार्बेन्डाजिम (0.1 प्रतिशत) का छिड़काव 15 दिनों के अन्तराल पर दों बार करना चाहिए। पत्तियों तथा टहनियों पर इसकी रोकथाम

के लिए कॉपर आक्सीक्लोराइड (0.3 प्रतिशत) के दो छिड़काव 15 दिनों के अन्तराल पर लाभकारी सिद्ध हुए है।

3. डाई बैक या उल्टा सूखा रोग (लैसियोडिपलोडिया थियोब्रोमी)

यह आम की अत्यन्त हानिकारक बीमारियों में से एक है। वैसे तो पूरे वर्ष इस बीमारी का प्रकोप पेड़ो पर दिखाई देता है लेकिन अक्टूबर–नवम्बर मे यह अधिक बढ़ जाता है।

लक्षण

इस रोग से शाखायें तथा टहनिया सूखने लगती हैं। उन्हे देखने से ऐसा प्रतीत होता है कि शाखायें आग से झुलस गयी हैं। रोग के आंरभ में शाखाओं के अग्रभाग की छाल काली पड़ जाती है तथा धीरे–धीरे कालापन बढ़ता है और सारा प्ररोह सूख जाता है। रोगग्रस्त भाग के कैम्बियम तथा फलोयम की कोशिकायें भूरी हो जाती है और साथ ही गोंद रिसाव भी होता है।

प्रबधंन

रोगग्रस्त शाखाओं की कटाई रोगग्रसित भाग के करीब 7.5–10 से0मी0 नीचे से करनी चाहियें। तदोपरान्त कॉपर ऑक्सीक्लोराइड (0.3 प्रतिशत्) अर्थात 3 ग्राम फफूंदी नाशक प्रति लीटर पानी में मिला कर छिड़काव करना चाहिए और कटे भाग पर इसी फफूंदी नाशक का लेप लगाना चाहिए। छोंटे पेडों में भी रोग्रस्त शाखाओं की छँटाई के बाद कॉपर ऑक्सीक्लोराइड का लेप लगाना लाभप्रद पाया गया है।

4. फोमा ब्लाइट (फोमा ग्लामेराटा)

लक्षण

सामान्यतः इस रोग के लक्षण पुरानी पत्तियों पर दिखाई पड़ते हैं। इसके धब्बे कोणीय,बिखरें, पीले व हल्के भूरे तथा पूरी पत्तियों पर फैले होते हैं। धब्बा के बढ़ने के साथ इनका रंग भूरे से बदल कर दालचीनी के रंग का हो जाता है। पूर्ण विकसित धब्बे मटमैले गाढ़े रंग के किनारों वाले होते हैं। बीमारी के पूर्णरुप से फेलने के साथ ही धब्बे मिल कर 3.5–13 से0मी0तक लम्बे हो जाते हैं और पत्तियॉ सूख कर गिर जाती है।

प्रंबधन

इस रोग की रोकथाम के लिए प्रभावित पौधों पर कॉपर ऑक्सीक्लोराइड (0.3 प्रतिशत) का 15–20 दिनों के अन्तराल पर 2–3 छिड़काव करना चाहिए।

5. बैक्टीरियल कैकंर (जैन्थोमोनाज कैम्पेस्ट्रिस पीवी, मैन्जीफेरी इंडिकी)

यह बीमारी बैक्टीरीया के कारण होती है। यह आंध्र प्रदेश, महाराष्ट,कर्नाटक,केरल, तामिलनाडु, बिहार, दिल्ली, हरियाणा, मध्यप्रदेश, इत्यादि आम उत्पादक क्षेत्रों में मुख्य रुप से पायी जाती है। आम की बहुत सी व्यावसायिक किस्मे जैसे लंगड़ा, दशहरी, आम्रपाली, मल्लिका और तोतापुरी इत्यादि इस रोग से प्रभावित होती हैं।

लक्षण

इस रोग का प्रकोप पत्तियों, पर्ण–वृन्तों, टहनियों, शाखाओं तथा फलों पर होता है। यह रोग छोटे तथा पुराने दोनो प्रकार के पौधों पर अपना प्रभाव डालता हैं। पहले पत्तों के उस भाग में जहां इसका आक्रमण होता है, अनियमित आकार के जलसिक्त धब्बे दिखाई देते है जो बाद में पूर्णरुपेण से कैंकर में परिवर्तित होकर तथा बढ़ कर रगीन आभा के साथ गाढ़े भूरे अथवा काले रंग के हो जाते हैं। पत्तियों के शिरा विन्यासों के कारण धब्बे कोणिक तथा अनियमित आकार के दिखाई देते है। कई धब्बे बाद में मिल कर सूखे उभारयुक्त धब्बों (कैंकर) का रुप ले लेते है। इन धब्बो में कभी–कभी फटाव भी नजर आता है। उभार पत्ते के किसी भी सतह पर हो सकता है। अधिक पुराने हो जाने पर कभी–कभी धब्बों की उपरी सतह भूरी सफेद होकर गिर जाती है। बीमारी का प्रकोप अधिक होने पर पत्तियां पेडों से गिर जाती हैं। पर्णवृन्तों तथा छोटी टहनियों पर भी धब्बे उभरे, फटे एंव भूरे काले रंग के होते हैं। फलों में पहले छोटें धब्बे बनते हैं जो धीरे–धीरे कैंकर में परिवर्तित हो जाते हैं। अनुकूल परिस्थितियों में उभारयुक्त धब्बों से बैक्टीरियायुक्त रिसाव होता है जिसके द्वारा बीमारी तेजी से बढ़ती है। रोग का प्रकोप आम के गूदे एवं गुठलियों पर भी देखा गया है।

प्रंबधन

प्रमाणित बीजू पौधों एवं स्वस्थ गुठलियों का प्रयोग और बाग की देख–रेख तथा सफाई रखनी चाहिए। स्ट्रेप्टोसाइक्लीन (200 पी पी एम) का 10–15 दिनों के अन्तर पर फलों पर दो से तीन छिड़काव करना चाहिए।कॉपर आक्सीक्लोराइड (0.3 प्रतिशत) का 2–3 दिनों के अन्तराल पर करने से भी इसका प्रंबधन किया जा सकता है।

6. रेड रस्ट (सिफैल्यूरस वाइरेसेन्स)

यह रोग एक प्रकार की शैवाल (एलगी या काई) द्वारा होता है। इस रोग का प्रकोप देश के सभी आम उत्पादक प्रान्तों में देखा गया है। पत्तियों पर यह रोग काफी सरलता से पहचाना जा सकता है। जुलाई–अगस्त माह में इसका प्रकोप अधिक होता है।

लक्षण

पत्तियों पर गोलाकार, मटमैले रंग के मखमली धब्बे दिखाई देते है, जिनका आकार बाद में बड़ा और रंग बादामी हो जाता है। धब्बे की सतह उभारयुक्त होती है। इसके उपर काई के बीजाणु बनते है जो बाद में ताबे के रंग के हो जाते हैं। अन्त में बीजाणुओं के झड़ने के कारण पत्तियों पर गोलाकार सफेद चिन्ह् ही शेष रह जाते हैं। रोग के कारण पत्तियां तथा टहनियां छोटी रह जाती है। और बाद में सूखने लगती है। दिसम्बर–जनवरी माह में रोगग्रसित पत्तियां अधिक मात्रा में झड़ती है तथा पौधे दूर से ही रोगग्रसित दिखायी देते हैं।

प्रबंधन

इस रोग की रोकथाम हेतु 0.3 प्रतिशत कॉपर आक्सीक्लोराइड (3 ग्रा0/लीटर) का 2–3 छिड़काव प्रभावी पाया गया है।

7. सूटी मोल्ड (मेलिओला मैन्जीफेरी)

इस रोग का प्रकोप उन बागों में होता है जिनमें कीडों की रोकथाम समुचित रुप से नही की जाती है। यह रोग धने एवं अधिक नमी वाले बागों में अधिकता में देखा गया है। स्केल, गुजिया या भुनगा कीट द्वारा विसर्जित मधु द्रव्य के उपर काली फफूंदी आसानी से पनपती है।

लक्ष्ण

रोग का मुख्य लक्षण पत्तियों एवं टहनियों पर काली फफूंदी की तह का आना है। रोग के तीव्र प्रभाव होने पर पूरा पर्णीय क्षेत्र काला दिखाई देता है। इस रोग के प्रकोप के कारण पत्तियों की प्रकाश संश्लेषण क्रिया पर प्रतिकूल प्रभाव पड़ता है, फलतः पौधा धीरे–धीरे कमजोर पड़ जाता है। फलों पर भी इस रोग का प्रकोप देखा गया है।

प्रबंधन

स्केल, गुजिया तथा भुनगा कीटों से बाग को सुरक्षित रखना चाहिये तथा बाग की नियमित रुप से देख–भाल के साथ प्रभावित टहनियों को काट कर नष्ट कर देना चाहिए। इस फफूंद को रोकने के लिए 2 प्रतिशत स्टार्च का छिड़काव प्रभावी पाया गया है। विलयनशील गंधक + मोनोक्रोटोफास + गोंद (0.2 प्रतिशत +0.05 प्रतिशत+ 0.3 प्रतिशत) के छिड़काव से रोग की प्रभावी रोकथाम की जा सकती है।

फलों के तुड़ाई के उपरान्त लगने वाले रोग

फलों में तुड़ाई उपरान्त उत्पादन का लगभग 25–40 प्रतिशत भाग विभिन्न कारणों से नष्ट हो जाता है। परन्तु हानि का मुख्य कारण फलों में तुडाईं उपरान्त लगने वाले रोग हैं।

आम में तुड़ाई उपरान्त होने वाली बीमारियॉ मुख्यतःफफूॅद के कारण होती है। तुड़ाई उपरान्त, फलों में संक्रमण मुख्यतः ढुलाई, भण्डारा एवं विपणन के समय होता है । आम के फलों में बीमारियों का प्रकोप दो तरह से होता है। एक जब फल पेड़ पर लगे होते है, उस समय फफूॅद संक्रमित करती है तथा दूसरे, तुड़ाई, उपरान्त फलों के रख–रखाव एवं भण्डाराण के समय होता है। प्रथम प्रकार के संक्रमण को गुप्त संक्रमण कहते हैं, क्योंकि इसके लक्षण पेड़ पर लगे फलों पर नही दिखतें, बल्कि फलों के भण्डारण के समय दिखाई देते हैं। उदाहरण स्वरुप आम का ऐन्थ्रेक्नोज रोग आम के बागों में पेड़ पर लगे फलों पर होता है। किन्तु भण्डारण में इसका संक्रमण बढ़ जाता है। आम में तुड़ाई उपरान्त बहुत सी बीमारियॉ लगती हैं परन्तु इनमें ऐन्थ्रेक्नोज, ढेपी विगलन (स्टेम एण्ड राटॅ) तथा काली सड़न (एस्परजिलस रॉट) मुख्य रुप से अधिक हानिकारक है।

1. ऐन्थ्रेक्नोज (कोलेटोट्राइकम ग्लोयोस्पोराइडिस)

तुड़ाई उपरान्त आम की यह सबसे महत्वपूर्ण बीमारी है। यह कोलेटोट्राइकम ग्लोयोस्पोराइडिस नामक फफूॅद के द्वारा होती है। प्रकोप हर आम उगाने वाले क्षेत्र में होता है।

लक्षण

फलों पर इनके लक्षण प्रारम्भ में छोटे–छोटे भूरें रंग के धब्बों के रुप मे दिखाई देता है। जो बाद में बढ़ कर पूरे फल को ढ़क लेते हैं। अनुकुल वातावरण होने पर ये धब्बे तीन से चार दिनों में ही बढ़ कर पूरे फल को ढ़क लेते है। तथा पूरा फल काला हो कर सड़ जाता है। कभी–कभी फल के कंधें की तरफ से नीचे की ओर धारियों में भी इसके लक्षण दिखाई देते हैं।

प्रबंधन

कार्बेन्डाजिम या टापसिन–एम(0.1 प्रतिशत अर्थात1 ग्रा0 / लीटर) का छिड़काव तुड़ाई से 15 दिनों पूर्व करना चाहिए। फलों को 0.05 प्रतिशत कार्बेन्डाजिम (0.5 ग्रा0 / लीटर) के गुनगुने (52+2^{0}से0) पानी में 15 मिनट तक डुबों कर और फिर सुखा कर भंडारित करने से इस रोग को भंडारण के दौरान नियंत्रित किया जा सकता है। यदि फलों को तुड़ाई के बाद

केवल 52 + 2°से0 पर 30 मि0 तक उपचारित किया जाय तो भी रोग की अच्छी रोकथाम होती है।

2. ढ़ेपी विग्लन रोग (स्टेम एण्ड राटॅ) (लेसियोडिप्लोडिया थियोब्रोमी)

तुड़ाई उपरान्त आम की यह दूसरी प्रमुख बीमारी है। यह लेसियोडिप्लोडिया थियोब्रोमी नाम फफूँद से होती है। इससे करीब 15–20 प्रतिशत तक की क्षति होती है।

लक्षण

फलों की यह बीमारी ढ़ेपी (स्टेम एण्ड) की तरफ से प्रारम्भ होती है। अतः इसे ढ़ेपी विग्लन रोग कहते हैं। प्रारम्भ में जहॉ पर डंठल लगी होती है वह भाग गहरे भूरे रंग का हो जाता है तथा धीरे–धीरे यह बढ़ कर परे फल को ढ़क लेता है। 3–4 दिनों में पूरा फल सड़ कर काले रंग को हो जाता है।

प्रबंधन

फलों को एक से दो सेन्टीमीटर के डंठल सहित तोड़ना चहिए। साथ ही यह ध्यान रखना चाहिए कि फल तुड़ाई उपरान्त मिट्ठी के सम्पर्क में नही आने पाए। तुडाई से 15 दिन पूर्व कार्बेन्डाजिम या टापसिन –एम (0.–1 प्रतिशत अर्थात् 1 ग्राम/लीटर) के गुनगुने (52+1से0) पानी में 5 मिनट तक डुबो कर और फिर सुखा कर भण्डारित करने से इस रोग को नियंत्रित किया जा सकता है।

3. काला सड़न (एस्परजिलस नाईजर)

यह बीमारी एम्परजिलस नाईजर नामक फफूँद से होती है तथा यह रोग, फलों मे चोट या कटे स्थान से प्रारम्भ होता है।

लक्षण

प्रारम्भ में इसके लक्षण पीले रंग के गोल धब्बे के रुप में दिखाई देते हैं। जो बाद में भूरे रंग के हो जाते हैं। यह धब्बे पानी में भीगे दिखाई देते हैं। तीन से चार दिनों में धब्बे आकार में बढ़ जाते हैं तथा इनके उपर काले रंग के फफूँद के बीजाणु दिखाई देने लगते हैं।

प्रबंधन

फलों को सावधानीपूर्वक तोड़ना चाहिए ताकि फलों पर खरोच या चोट न लगें। तुड़ाई उपरान्त फलों को मिट्टी के सम्पर्क में नहीं आने देना चाहिएं। फलों को 0.5 प्रतिशत

कार्बेन्डाजिम (0.5 ग्राम/लीटर) के गुनगुने (52+ 2^0 से0) पानी में 5 मिनट तक डुबो कर फिर सुखा कर भण्डारित करने से इस रोग को नियंत्रित किया जा सकता है।

4. गोंद निकलना

(बॉट्रीयोडिप्लोडिया थियोंब्रोमी/लेसियोडिप्लोडिया थियोब्रोमी)

सामान्यतः रेतीली मिट्ठी में उगाए जाने वाले आम के पौधो मे इस रोग का प्रकोप अधिक होता है किन्तु यह सभी तरह की मिट्टी में हो सकता है। यह रोग तने और शाखाओं पर प्रायः वर्षा ऋतु के पश्चात् सर्दी में देखा जा सकता है।

लक्षण

इस रोग में पेड़ के मुख्य तने, शाखाओं और पेड़ो की छाल से गोंद रिसाव देखा गया है। जहां–जहां सतह पर दरार होती है, वहां गोंद की संभावना ज्यादा रहती है। इसका प्रकोप बढ़ने पर गोंद की बूदों के तने पर रिसने से छाल पूरी तरह संड़ जाती है और पेड़ दरार, सड़न और छाल फटने की वजह से अंततःपूरी तरह सूख जाता है।

प्रबंधन

- रोग ग्रसित छाल या हिस्से को हटा कर सफाई के बाद बोर्डो लेप या कॉपर ऑक्सीक्लोराइड लेप लगाना चाहिए।
- कॉपर सल्फेट 500 ग्राम प्रतिवृक्ष की दर से, पेड़ की उम्र के हिसाब से, जड़ के चारों तरफ डालना उपयोगी होता है। जहां बाग में पत्तियों पर धब्बों की रोकथाम के लिए नियमित रुप से कॉपर आक्सीक्लोराइड का छिड़काव होता है, वहां यह रोग बहुत कम पाया जाता है।

5. स्कैब

(एलसिनाय् मैन्जीफेरी, स्सीलोमा मैन्जीफेरी)

लक्षण

यह फफूँद पत्तियों, बौरों, टहनियों, तनों की छाल और फल पर लगती है। ये धब्बे गोल, कोणीय, दीर्धाकार 2–4 मि0 मी0 के होते है। किन्तु बारिश के मौसम में धब्बे के रंग और आकार में फर्क देखा गया है। इस रोग के लक्षण एन्थ्रेक्नोज के लक्षण से काफी मिलते

–जुलते है, पर ये धब्बे थोड़े छोटे होते हैं एवं सतह मखमली होती है। रोग के बढने पर पत्तियॉ मुड़ने लगती हैं और इनका आकार पूरी तरह बिगड़ जाता है। जिससे समय से पहले ही ये झड़ जाती हैं। नई पत्तियों पर जो बड़े धब्बे पड़ते हैं वे सलेटी रंग के होते है और इनका बाहरी किनारा पतला गहरा रंग लिए होता है। धब्बो का मध्य भाग सूखने के कारण झड़ जाता है, जिससे अनियमिताकार छेद बन जाता है, जिसे हम शॉट होल कहते हैं। तने व छाल पर भी अनियमिताकार सलेटी रंग के धब्बे पड़ जाते हैं।

छोटे फलों पर संक्रमण सलेटी से सलेटी भूरे रंग के धब्बो में गहरे रंग के अनियमित किनारों के रुप में दिखाई पड़ता है। जैसे–जैसे फल बड़ा होता हैं, ये धब्बे भी बड़ा आकार ले लेते हैं और इसका मध्य भाग फटा–सा उभरा हो जाता है। फलों की सतह पर बीजाणु पैदा होते रहते हैं, जब तक कि फल परिपक्व नही हो जाते।

प्रबंधन

- कॉपर आक्सीक्लोराइड (0.3 प्रतिशत) का 10–15 दिनों पर छिड़काव करके नई पत्तियों को बचाया जा सकता है और नर्सरी में इस रोग की रोकथाम की जा सकती है।

6. जड़ की सड़न/डैम्पिंग ऑफ

(राइजोक्टोनियासोलैनी/थैनेटिफोरस कुकुमेरिस)

लक्षण

इस रोग में नई पौध के मिट्ठी से निकलने के बाद अचानक पत्तियां झंड जाती हैं। लम्बे समय तक वर्षा या आर्द्रता रहने से मिट्टी की सतह या फिर उसके नीचे संक्रमण फैलता है। इसमें गोलाकार या अनियमिताकार जलसिक्त धब्बे पड़ जाते हैं। ये धब्बे बढ़ते हैं और फिर नीचे तने को पूरी तरह धेर लेते हैं। सड़न होने के कारण रोग ग्रसित भाग गल जाता है तथा गहरे भूरे या काले रंग मे बदल जाता है। इसके फलस्वरुप पौधा गिरकर मर जाता है। संक्रमित भाग पर फफूंद की माइसीलियम एवं स्क्लेरोशिया देखी जा सकती है। जमीन के उपर और नीचे जड़ तक तना इससे प्रभावित होता है तथा जड़ गल जाती है।

प्रबंधन

- नर्सरी में पानी का जमाव नही होना चाहिए।
- नर्सरी उंची जमीन पर होनी चाहिए।

- नर्सरी की मिट्टी को फार्मलीन से उपचारित करना चाहिए।
- नर्सरी की मिट्टी में ट्राइकोडरमा डालना लाभप्रद होता है।
- जब पौधे बढ़ रह हों तो 1.5 प्रतिशत बोर्डो धोल (7.5:7.5:50) का पौधों एवं मिट्टी पर हर सप्ताह छिड़काव करना चाहिए।

7. लाइकेन (स्ट्रिगुला इलिगेन्स)

लाइकेन आम के पुराने पेडों के तनों शाखाओं और टहनियों पर अधिक दिखता है। अधिक नमी तथा वर्षा वाले क्षेत्रों मे तथा उन बागों मे जिनमें अच्छी देख–रेख न हो, इसका प्रकोप अधिक होता है। तना, शाखाओं, पत्तियों और टहनियों पर अनेक आकार के सफेद या गुलाबी रंग के उभरे हुए धब्बे बनते है। जिनमें लाइकेन पेड़ो को सीधे नुकसान नहीं पहॅुचाता बल्कि पेड़ो का रुप बिगाड़ देते हैं, जिससे पेड़ अस्वस्थ दिखाई पड़ते है।

प्रंबधन

- बाग की साफ–सफाई तथा संतुलित पोषण पौधों को स्वस्थ रखता है।
- लाइकेन की रोकथाम के लिए पहले रोगग्रसित भाग को बोरी से रगड़ कर साफ करके फिर कॉस्टिक सोड़ा (1 प्रतिशत) का छिड़काव करना चाहिए।

आम के हानिकारक कीट एवं उनका प्रबंधन

हमारे देश में आम के पौधों पर लगभग 200 प्रकार के कीट पाये जाते हैं लेकिन इनमें निम्नलिखित कीट प्रमुख है जो अधिक हानि पहॅुचाते हैं। इनके बारे मे संक्षेप मे जानकारी एवं प्रबंधन के उपाय नीचे दिये जा रहे हैः

भुनगा (मैंगो हापर)

यह आम को सबसे अधिक हानि पहुँचाने वाला कीट है। इसको फुदका तथा लस्सी कीट के नाम से भी जाना जाता है। इसकी तीन प्रजातियां, इडियोस्कौपस क्लाईपीएलिस, इडियोस्कोपस निटीड्यूलस एवं अमरीटोडस एटकिनसोनाई प्रमुख है, जो आम को अत्यधिक हानि पहॅुचाती है। इनके बच्चे तथा वयस्क दोनों ही मुलायम प्ररोहो, पत्तियों तथा फूलों का रस चुसते हैं, जिसका फूलों पर अधिक प्रभाव पड़ता है। इसके प्रभाव से फूल सूखकर गिर जाते हैं। भुनगा कीट एक प्रकार का मीठा रस विसर्जित करता है जो पेड़ों की पत्तियों प्ररोहो, इत्यादि पर लग जाता है। इस मीठे द्रव्य पर काली फफूदी (सूटी मोल्ड) उगती है जो पत्तियों पर काली परत जमाकर पेडो के प्रकाश संश्लेषण पर प्रतिकूल प्रभाव डालती है।

मादा भुनगा नयी पत्तियों, मुलायम प्ररोहो तथा पुष्प मन्जरियों में अण्डें (100–200) देती है। इनमें 4–7 दिनों में बच्चे निकलते हैं जो चार–पांच बार केंचुली उतारने के बाद वयस्क अवस्था में पहुँच जाते हैं। गमियों मे इनका जीवन चक्र 2–3 सप्ताह में पूरा हो जाता है। फरवरी–अप्रैल एवं जून–अगस्त में इनका प्रकोप अधिक होता है।

प्रबंधन

- बागो में खरपतवार निकाल कर उन्हें साफ–सुथरा रखना चाहिए।
- नये बागों में पेड़ो को उचित दूरी पर ही लगांये।
- धने बागों की कटाई –छटाई कर (अक्टूबर–नवम्बर माह में) हल्का कि या जाय।
- बौर निकलने के बाद बागों की बराबर देखभाल करें और जैसे ही भुनगे का प्रकोप शुरु हो एवं इनकी संख्या 5–10 प्रति बौर हो तो इनमें से किसी एक कीटनाशक का छिड़काव पानी मे धोल बनाकर करेः कार्बेरिल (0.2 प्रतिशत) या मोनोक्राटोफास (0.050 प्रतिशत) या क्वीनलफास (0.05 प्रतिशत) या क्लोरपइरीफास (0.04 प्रतिशत) या डायमेथोएट (0.06 प्रतिशत) फरवरी माह के पहले या दूसरे सप्ताह तक,जब पुष्प गुच्छ 7–10 से0 मी0 के हो, दूसरा छिडकाव पुष्प खिलने से पूर्व करें।
- आवश्यक हो तो किसी एक दवा का तीसरा छिड़काव भी फल बनने के बाद करें।
- नीम उत्पाद निम्बिसिडीन मल्टीनीम, निमैरिन (0.2 प्रतिशत) का छिड़काव भी भुनगे का प्रकोप शुरु होने पर, प्रभावी पाया गया है।

उपयुक्त उपायो के अतिरिक्त ऐसा पाया गया है कि जिन बागों में परभक्षी कीट मेलाडा बोनिनेन्सिस एवं काइसोपा लैक्सीपरडा एवं दूसरे परभक्षी कीडे, जैसे लेडीबर्ड बीटिल्स एवं मकड़िया इत्यादि अधिक होती है वहां भुनगे का प्रभाव कम होता है। इसके अलावा भुनगों के अण्डे भी परजीवी कीटों द्वारा नष्ट किए जाते हैं। इस कीट पर एक तरह की फफूंद (वर्टीसीलियम लेकेनाई) का प्रकोप हो जाने के कारण इनका नाश होता देखा गया है। इस फफूंद से ग्रसित भुनगा पीला पड़ जाता है और पत्ती पर चिपका पाया जाता है। जैविक कारक, जो प्रकृति मे पाये जाते हैं, जैविक नियंत्रण में उपयोगी होते हैं।

गुजिया (मैंगो मीली बग)

लस्सी या भुनगा के बाद आम के हानिकारक कीटों में गुजिया (ड्रासिका मैंजीफेरी) का स्थान है। इसके बच्चे (निम्फ) तथा मादा वयस्क प्ररोहो, पत्तियो तथा फूलों का रस चूसते

हैं। जब यह अधिक संख्या में होते हैं तो इनके द्वारा रस चूसने के फलस्वरुप पेड़ो के प्ररोह, पत्तियाँ तथा बौर सूख जाते हैं तथा फल नहीं लगते हैं। यह कीट भी मधु स्राव उत्पन्न करता है, जिसके उपर सूटी मोल्ड का वर्धन होता है। यह कीट दिसम्बर से मई तक पाया जाता है। इनकी मादा अप्रैल–मई में अण्डे देने के लिए जमीन पर नीचे उतर कर मिट्‌टी में धुस जाती है। वहां पर लगभग 300–400 तक अण्डे देती है, जो दिसम्बर तक सुसुप्तावस्था में पड़े रहते हैं। दिसम्बर के अन्तिम सप्ताह में अण्डो से बच्चे निकल कर 2–3 दिन बाद पेड़ पर चढ़ने लगते हैं। कुछ दिनों बाद ये बड़े होकर अपने उपरी सतह को सफेद पाउडर से ढक लेते हैं।

प्रबंधन

गुजिया की रोकथाम के लिए उचित होगा कि जमीन के अन्दर की अण्डों को नष्ट कर दिया जाय या अण्डों से शिशु कीट निकलते ही उन्हें पेड़ पर चढ़ने से रोका जाय और नष्ट कर दिया जाय। यदि इस कीट का एकीकृत प्रबन्धन ठीक ढंग से एवं समयानुसार किया जाये तो निदान हेतु अधिक रसायन के उपयोग की आवश्यकता नही पड़ती है।

- अक्टूबर मे पूरे बाग की सिंचाई कर नवम्बर में गहरी जुताई करनी चाहिए। इससे कुछ अण्डे तो जुताई के दौरान नष्ट हो जाते हैं, कुछ उपर आ जाते हैं और धूप की गर्मी से मर जाते हैं या परजीवी/परभक्षी कीटों द्वारा नष्ट कर दिये जाते हैं जिससे इनकी संख्या में काफी कमी आ जाती है।
- अण्डों से निकली हुई गुजिया को उपर चढ़ने से रोकने के लिए दिसम्बर के दूसरे/तीसरे सप्ताह में एल्काथीन/पालीथीन पट्‌टी का प्रयोग करना चाहिए। इसके लिए 25से0मी0 चौड़ी, 400 गेज मोटी पालीथीन पट्‌टी को जमीन से लगभग 1 फुट की उंचाई पर तने पर लपेट कर इसके उपरी व निचले सिरे को सुतली से बांध देते है। पालीथीन पट्‌टी लपेटने से पहले मिट्‌टी की हल्की परत का लेप तने की दरारों को बन्द करने के लिए किया जाता है एवं इस पट्‌टी को निचले भाग में मिट्‌टी भी लगाते है। जिससे गुजिया अन्दर न जा सके।
- यदि गुजिया की संख्या अधिक होती है तो अण्डे से निकले बच्चों को जमीन पर मारने के लिए क्लोरपाइरिफास चूर्ण (1.5 प्रतिशत) 250 ग्राम प्रति पेड़ के हिसाब से तने के चारों ओर बेसिन में डालकर खुरपी से मिट्‌टी में मिला देते हैं।
- यदि किसी कारणवश उपयुक्त तरीके न अपनाये जा सके हो और गुजिया पेड़ पर चढ़ चुकी हो तो मोनोक्रोटोफास (0.04 प्रतिशत) या डायमेथोएट (0.06 प्रतिशत) का छिड़काव तुरन्त करना चाहिए।

- जैविक कारक इस कीट के प्राकृतिक नियंत्रण में सहायक पाये गये है। परभक्षी कीट, रोडोलिया फुमिडा, मीनोकाइलस सेक्समैक्यूलेटस एवं सुमनियस रेर्नाडाई गुजिया कीट को खाते हैं। पालीथीन पट्टी के नीचे जब गुजिया कीट जमा हो जाते है तो उनके बीच में यह कीट गुजिया कीट का शिकार करते देखे गये हैं।
- बेवेरिया बैसियाना, एक परजीवी फफूंद भी गुजिया कीट को नष्ट करने में सहायक पायी गयी है। इस फफूंद से ग्रसित गुजिया गुलाबी–नारंगी रंग की होती है और मरने पर सफेद दिखती है। यह फफूदं इस कीट के नियंत्रण के लिए काफी उपयोगी हो सकती है।

जाला बनाने वाला कीट (लीफ वेबर)

लीफ वेबर (आरथेगा इवाडुसैलिस) या जाले बनाने वाले कीट की सूंडी अपनी लार को रेशम के धागे की तरह उपयोग करके पत्तियों को एक स्थान पर जोड़कर धोंसला–सा बनाती है। इन्हीं जालों के भीतर रहकर सूडियां डण्ठल को छोडकर पत्तियों को सारा भाग खा जाती हैं सूडियो के बड़े होने के साथ ही जाले का आकार भी बढ़ता जाता है। इन धोसलों को हाथ लगाते ही सूड़ियां लार के धागे के सहारे नीचे लटकती दिखायी देती हैं। कीट के प्रकोप से टहनियां सूखने लगती हैं। कभी–कभी इनका प्रभाव इतना भयानक देखा गया है कि सारे पेड़ की पत्तिया सूख जाती हैं और ऐसा लगने लगता है कि पूरा बाग जला दिया गया है। पुराने धने बाग में इनका प्रकोप अधिक होता है। पूर्ण वयस्क सूंडिया प्यूपा में बदल जाती हैं जो 11–14 दिन में व्यस्क का रुप धारण कर लेती है। इस कीट का प्रभाव अप्रैल से शुरु होकर दिसम्बर तक रहता है तथा प्रकोप छायादार एवं धनें बागों में अधिक होता है।

प्रबंधन

- कीट वृद्धि को रोकने के लिए प्रभावित पत्तियों एवं प्ररोहों को अप्रैल से जुलाई तक काट कर जला देना चाहिएं।
- नवम्बर–दिसम्बर में बागो में की गयी जुताई–गुड़ाई से भी इनकी सूंडियां, जो जमीन के अन्दर चली जाती है, का नाश हो जाता है। इस समय अत्यधिक धूप, सर्दी एवं परजीवी/परभक्षी कीटों द्वारा भी इनका नाश होता है तथा इनकी संख्या में कमी हो जाती है।
- यदि कीट का प्रकोप अधिक है तो क्यूनालफास (0.05 प्रतिशत) या कार्बेरिल (0.2 प्रतिशत) या मोनोक्रोटोफास (0.05 प्रतिशत) कीटानाशकों मे से किसी एक का जुलाई

के अन्तिम सप्ताह में छिडकाव करना चाहिए। आवश्यकतानुसार दो छिड़काव 15–15 दिन के अन्तराल पर किये जा सकते हैं।

शाखा बेधक

इस कीट (क्लूमेसिया ट्रांसवरसा) की सूंडिया नये प्ररोहों को हानि पहुचाती हैं। वयस्क कीट पत्तों पर अण्डे देते हैं। अण्डों से सूडियां निकल कर मध्य नाडी में धुस कर अन्त में शाखा में उपर से नीचे की ओर छेद करना शुरु करती हैं और 10 से 15 से0मी0तक छेद कर देती हैं। ग्रसित शाखायें मुरझा कर अन्त में सूख जाती है।

प्रबधंन

- प्रभावित प्ररोहों को काटकर नष्ट कर देना चाहिए।
- अधिक प्रकोप होने पर कार्बेरिल (0.2 प्रतिशत) या क्वीनालफास (0.05 प्रतिशत) या मानोक्रोटोफास (0.05 प्रतिशत) का छिड़काव करना चाहिए। नयी पत्तियों तथा शाखाओं के निकलने के समय ही पहला छिड़काव करना चाहिए।

तना बेधक (स्टेम बोरर)

तना बेधक (बैटोसेरा रुफोमैक्यूलाटा) सारे भारत में आम के पेड़ो को क्षति पहुँचाने वाला एक कीट है। यह आम के अतिरिक्त अन्य फलों के पेड़ो पर भी पाया जाता है। इस कीट की सूंडिया तनें में नीचे से उपर को छेद करती हैं, जिसके फलस्वरुप तने एवं मोटी शाखाएं सूख जाती हैं। भृंग जुलाई व अगस्त में निकलते हैं तथा एक वर्ष मे इनकी एक पीढ़ी होती है।

प्रबंधन

- इस कीट से प्रभावित पेड़ के तने से जाले साफ कर देने चाहिए।
- यदि कीट का अधिक प्रकोप हो तो मोनोकोटाफास (0.05 प्रतिशत) का धोल तने मे किये गये छिद्र में डालकर छेद को गीली मिट्‌टी से बन्द कर देना चाहिए।

शूट गाल सिला

शूट गाल सिला (एपसाइला सिसटेलाटा) के प्रभाव से पेड़ के प्ररोहों में नुकीली गांठ बन जाती है जिससे उनमें बौर और फल नहीं लगते । इस कीड़े का प्रकोप उतर प्रदेश के

तराई इलाकों, बिहार एवं बंगाल मे अधिक होता है। इसकी मादा कीट पत्तियों पर एक–एक करके लगभग 150 अण्डे मार्च से अप्रैल तक देती है। इसके बाद ये अण्डे सुषुत्पावस्था में रहते हैं और इनमें से अगस्त–सितम्बर मे बच्चे निकल कर प्ररोहों का रस चूसते हैं, जिसके प्रभाव से नुकीली एवं तिकोनी गांठे बन जाती हैं। इसकी एक वर्ष में एक पीढ़ी होती है। प्ररोहो के इस प्रकार नष्ट होने के कारण पुषपासन प्रभावित होता है।

प्रबंधन

- अधिक प्रभावित प्ररोहो को नवम्बर में तोड़कर नष्ट कर देना चाहिए।
- मघ्य अगस्त से क्यूनालफास (0.05 प्रतिशत) या मोनोक्रोटोफास (0.05 प्रतिशत) का छिड़काव 15 दिनो के अन्तराल पर करना चाहिए।

शल्क कीट (स्केल इन्सेक्ट्स)

शल्क कीट पौधों की पत्तियों, टहनियों, प्ररोहो, इत्यादि पर पाये जाते हैं और इन भागों का रस चूसते हैं। इनके प्रभाव से पतियां पीली पड़ जाती हैं और बाद में सूखकर गिर जाती है। इनका अधिक प्रकोप होने पर टहनियां व प्ररोह भी सूख जाते हैं, जिससे पौधों की वुद्धि रुक जाती है और इनकी फल देने की क्षमता क्षीण हो जाती है। ये कीट छोट–छोटे कई प्रकार के रंगों के होते है। इनकी मादा सैकड़ो की संख्या मे अण्डे देती हैं, जिनसे बच्चे निकलकर पत्तियों, टहनियो व प्ररोहो के किसी स्थान पर चिपक कर रस चूसते हैं। इनके द्वारा विसर्जित मधु के कारण पत्ते तथा टहनियां, सूटीं मोल्ड लगने के कारण काली पड़ जाती है। आम की फसल को क्षति पहुचांने वाली प्रजातियां हैं सस्पिडिओटस डिस्ट्रक्टर, क्लारोपल वीनेरिया वालीगोन्टा एवं रस्टोकोकस।

प्रबंधन

- अधिक प्रकोप वाली पत्तियों, टहनियों और प्ररोहों को काट कर नष्ट कर देना चाहिए।
- अधिक प्रकोप होने पर डायमेथोएट (0.06 प्रतिशत) या मोनोक्रोटोफास (0.05 प्रतिशत) का छिड़काव करना चाहिए। दवा का छिड़काव पत्तियों के दोनों तरफ करना चाहिए।

स्टोन वीविल (गुठली धुन)

यह कीट (स्टरनोकीटस मैजींफेरी) उष्ण कटिबंधीय क्षेत्रों में व्यापक रुप से पाया जाता है। दक्षिण भारत में इस कीट का प्रकोप अधिक देखा गया है। असम व बंगाल में इस कीट

की दूसरी प्रजाति (एस0 फिजीडस) पायी जाती है। इसका प्रकोप आम की मीठी किस्मों जैसे अल्फांसो, नीलम इत्यादि पर अधिक होता है। मादा कीट अपरिपक्व छोटे फलों अथवा पकने वाले फलों के छिलकें के अंदरुनी भाग मे अण्डे देती है। शिशु कीट गूदे में छेद करके गुठली को आहार बना कर अंत में गिरी को क्षति पहुँचाते हैं। बीज के अंदर इस कीट का जीवन –च्रक चलता रहता है। कीट से प्रभावित गूदे का हिस्सा खराब हो जाता है। इस कीट का जीवन–च्रक जून–जुलाई (40 –50 दिनों) में पूरा हो जाता है। वयस्क कीट आगामी मौसम तक सुषुप्तावस्था में पड़ रहते हैं तथा वर्ष में इनकी केवल एक ही पीढ़ी होती है।

प्रबंधन

- बाग की सफाई करना एवं कीड़े से ग्रसित फलों को सप्ताहवार इकट्ठा कर नष्ट करना चाहिए।
- अक्टूबर–नवम्बर एवं मार्च में पेडो के नीचे जमीन की गुड़ाई करने से भी इस कीट को सुषुप्तावस्था में फूल निकलने से पहले नष्ट किया जा सकता है।
- मुख्य तने शाखाओं पर डाएजिनान (0.05 प्रतिशत) या फेन्थियान (0.08–0.1 प्रतिशत) का छिड़काव करने से भी इस कीट के वयस्क, जो पेड़ की दरारों और छाल के नीचे छुपे होते हैं, की संख्या में कमी लायी जा सकती है।

डासी मक्खी

डासी मक्खी (क्ैक्ट्रोसेरा डॉरसैलिस, वी0 जोनेटस एवं वी0 करेक्टस) आम के फल को हानि पहुंचाने वाला काफी हानिकारक कीट है। इसके कारण आम के निर्यात में बाधा उत्पनन होती है। इस कीट की सूडिया आम के गूदे को खाकर उसे एक सड़े अर्ध –तरल बदबूदार पदार्थ के रुप मे परिवर्तित कर देती है। मादा मक्खी का पेट नुकीला होता है। वयस्क मक्खियां अप्रैल माह में जमीन से निकलती हैं और परिपक्व फलों में अण्डे देती हैं। एक मक्खी 150 से 200 तक अण्डे देती है। दो–तीन दिन उपरान्त सूड़िया अण्डे से निकल कर गूदे को खाना शुरु कर देती है। इनकी संख्या मई–जुलाई में अधिक होती है जो अगस्त–सितम्बर में धटने लगती है तथा मार्च तक न के बराबर हो जाती है।

प्रबंधन

फल मक्खी को 0.2 कार्बेरिल+01 प्रतिशत प्रोटिन हाइड्रोलाइजेट अथवा शीरा के धोल के छिड़काव से नियंत्रित किया जा सकता है। यह छिड़काव, मक्खी द्वारा अण्डे देने के कुछ समय पहले (मई के प्रथम सप्ताह मे) शुरु कर देना चाहिए। छिड़काव 15 दिनों के अन्तर

में दो बार दोहराना चाहिएं। मिथाइल यूजीनॉल (0.1 प्रतिशत) +मैलाथियान (0.1 प्रतिशत) के धोल को शीशियों/बोतलो (बाटॅल ट्रैप्स) में डाल कर बागों में अप्रैल में जून तक लटकाने से भी इस कीट को नियंत्रित किया जाता है। एक हेक्टेयर बाग में लगभग 10 दवा की बोतलों (ट्रैप्स) की आवश्यकता होती है।

इस कीट के एकीकृत प्रबंधन हेतु सभी गिरें फलों को एकत्र कर नष्ट कर देना चाहिए। दिसम्बर–फरवरी माह में गहरी जुताई करने से इस कीट के प्यूपा जमीन के उपर आकर धूप की गर्मी से नष्ट हो जाते हैं। लिगं आकर्षक (मिथाइल यूजीनॉल) का प्रयोग करना चाहिए। बेट (प्रलोभन) छिड़काव का उपयोग भी प्रभावी पाया जाता है।

परिपक्व फलों की समय पर तुड़ाई कर लेनी चाहिएं। इसके अतिरिक्त विदेश भेजने वाले फलों को गर्म पानी या वाष्प गर्मी द्वारा उपचारित करना चाहिए।

कीटानाशकों के प्रयोग में सावधानियॉ

1. कीटानाशी दवा का छिड़काव उस समय न करें जब फूल पुर्णरुप से खिले हो । ऐसा करने से परागकर्ता कीट मर जाते हैं।
2. कीटनाशी दवा का प्रयोग बदल–बदल कर करना चाहिए अन्यथा कीटों में दवा के प्रति सहनशीलता बढ़ जाती है।

आम मे दैहिक व्याधियां एवं उनकी रोकथाम

1. आम का गुम्मा विकार

बागवानों को आर्थिक रुप से हानि पहॅुचाने वाली व्याधियों में गुम्मा विकार प्रमुख है। कुछ इसे शरीर क्रिया व्याधि मानते हैं तो अन्य इसे कवक, माइट कीट, वायरस या पोषक तत्वों की कमी से होने वाला विकार मानते हैं। कुछ वैज्ञानिक इसका प्रकट होना हारमोन के असतुलन को मानते हैं। इस विकार का प्रभाव या प्रबलता 8 से 10 वर्ष की आयु के वृक्षों (यानी कम आयु के वृक्षों) में अधिक देखने को मिलता है। आम का गुम्मा विकार साधारणतः दो तरह का होता है। वानस्पतिक गुम्मा विकार में पौधों में छोटी–छोटी पत्तियां एक स्थान से निकल कर एक गुच्छा सा बना लेती हैं, जिससे पौधों की बढ़वार रुक जाती है। पुष्पीय विकार में साधारणतः पूरा बौर या कभी–कभी बौर का कुछ भाग ही ग्रस्त होता है। पुष्प गुम्मा विकार से ग्रसित बौर फल पैदा करने में असमर्थ रहता है। ग्रसित बौरों की मुख्य या गौण शाखायें मोटी एवं छोटी तथा साधारण बौर की अपेक्षा बड़े फूलों से भरी रहती हैं। इस विकार से ग्रसित बौर देखने मे हरे लगते हैं, गुच्छेनुमा हो जाते हैं तथा पेड़ पर दूर से ही

पहचाने जा सकते है। यहां तक कि यह अगले वर्ष आने वाले फलन तक भी पेडो पर देखे जा सकते है। इस व्याधि की रोकथाम का उपाय निम्न है:

1. आम में इस विकार को दूर करने के लिए एकीकृत रोग प्रबंधन का विकास किया गया है। इसमें फल की तुड़ाई के बाद पुरानी एवं गुम्मा ग्रसित शाखाओं को (50 प्रतिशत तक) काट दिया जाता है। अगस्त–सितंबर एवं दिसंबर में कापर एवं कि चिलेट का क्रमशः 40 पी0पी0एम0 एवं 100 पी0 पी0 एम0 का छिड़काव, दिसंबर मे 200 पी0 एम0 नेफथलीन एसिटिक एवं फफूदीनाशक कार्बेन्डाजिम (0.1 प्रतिशत) का छिड़काव करने से गुम्में के प्रकोप से आम को बचाया जा सकता है।

2. प्रत्येक वर्ष गुम्मा से ग्रसित बौर को तोड़ने से इसका प्रकोप कुछ वर्षो मे बहुत की कम हो जाता है।

3. आम की मिश्रित पुष्प कलिकाओं में गुम्मा रोग, एकी पुष्प कलिकाओं की अपेक्षा ज्यादा पाया गया है। अतः प्रांरभ की अवस्था में केवल मिश्रित कलिकाओं को तोड़ दिया जाए तो पुष्प कलिका जो पुनः निकलती है उसमें गुम्मा रोग नही पाया जाता है।

4. पौधे बनाने के लिए रोग ग्रसित मातृ पौधों से शाखाएँ नही लेनी चाहिए।

2. कोयलिया विकार (ब्लैक टिप)

आम का यह विशेष विकार है। बागवानों को इस से बहुत अधिक हानि होती है। बागों के पास ईट के भट्ठे के होने से विकार की प्रबलता बढ़ती है। इन भट्ठों से निकलने वाली विषाकत गैसें जैसे कार्बन मोनोआक्साइड, सल्फर डाइआक्साइड एवं अन्य इस विकार के कारक हैं। भट्ठों से निकलने वाली गैसों का प्रभाव 3 से 4 कि0मी0 क्षेत्र में पूर्व एवं पश्चिम में लगे हुए आम के बागों में सर्वाधिक पाया गया है। इस रोग में फल जब थोड़े मध्यम आकार के होते है तो इसके निचले सिरे पर जलसिक्त निशान बनता है जो बाद में अधिक हरा, फिर भूरा तथा अंत में काला पड़ जाता है। फलों का पूरा निचला सिरा काला दिखाई देता है। बाजार में ऐसे फलों की कोई कीमत नही मिलती। दशहरी प्रजाति में इसका प्रभाव ज्यादा पाया गया है। इस रोग को कम करने के लिए निम्न उपाय किये जा सकते हैं:

1. बाग, भट्ठे से 5–6किमी0 दूर एवं उतर दक्षिण दिशा में लगाने से भट्ठो से निकलने वाली विषाक्त गैस, फल को कम प्रभावित करती है।

2. इस विकार से प्रभावित क्षेत्र में फल लगने के पश्चात् नियमित रुप से सिंचाई करनी चाहिए।

3. बाग की भूमि में 500 ग्राम बोरेक्स प्रति पेड़ की दर से खाद देते समय डालना चाहिए या 1 प्रतिशत बोरेक्स (2 किग्रा0 बोरेक्स/200 लीटर में) फल लगने के समय छिड़काव करने से तथा इसके बाद 15 दिन के अन्तराल पर एक और छिड़काव करने से इस विकार में काफी कमी हो जाती है। चूँकि बोरेक्स ठंडे पानी में आसानी से नही धुलता है अतः पहले इसे गर्म पानी में घोल कर इसका आयतन बढ़ाना लाभप्रद होता है। परन्तु ध्यान रहे छिड़काव घोल में टीपाल आवश्य मिला लें।

4. धुलाई का सोडा (0.05 प्रतिशत) एवं कास्टिक सोडा (0.8 प्रतिशत) के मिश्रण का छिड़काव भी लाभदायक सिद्ध हुआ है।

3. आम की आंतरिक निर्जीवता

इस विकार से प्रभावित फल परिपक्व होने के सामान्य समय से पहले ही गिर जाते है। इसमें फल के आन्तरिक गूदे में गलन होता है तथा बाहरी छिलका गहरा भूरा पड़ जाता है एवं फल बीच से फट जाते हैं। आमतौर पर फल का आधा निचला हिस्सा इससे प्रभावित होता है। फल के फटने में इसमें कीड़े भी पड़ जाते हैं। अब तक किये गये अनुसंधान से यह पाया गया है कि पोषक तत्व बोरोन की कमी ही इस विकार को पैदा करती है। इस विकार के उपचार निम्न प्रकार से संभव है:

1. जिस बाग मे यह रोग दिखायी देता है उसमें रोग के उपचार के लिए 250 ग्राम बोरक्स (सुहागा) प्रति पेड़ की दर से प्रति वर्ष, आधी मात्रा सितम्बर –अक्टूबर में तथा शेष आधी जनवरी–फरवरी में उर्वरको के साथ डालनी चाहिए।

2. अगर बाग में रोग काफी मात्रा में दिखाई पड़ रहा है तो रोग की तीव्रता का देखते हुए 1 प्रतिशत बोरेक्स (सुहागा) का छिड़कावा (2 किग्र0/200 ली0 पानी में) आम के मटर के दाने के बराबर हो जाने पर करना चाहिए तथा दूसरा छिड़काव 15 से 20 दिन के बाद कर देना चाहिए।

आम के फूल तथा फलों के झड़ने के कारण

आम के फूल तथा फल अपने जीवन की विभिन्न अवस्थाओं मे गिरते हैं, जिससे बागवानों को बहुत अधिक आर्थिक हानि होती है। पेड़ मे बौरों की तुलना में फल बहुत ही कम लगते हैं। अधिकांश फूल खिलते ही गिर जाते हैं और फल नही बन पाते हैं। बहुत

से फूल परागण से वंचित रह जाते हैं और वे झड़ जाते हैं। परागण के बाद जो फल बनते हैं, उनमें से भी बहुत से फल गिर जाते हैं। मुख्यतः फलो के गिरने की तीन अवस्थाये हैं। प्रथम–फलों का बहुत ही छोटी अवस्था में गिरना, द्वितिय–पूर्ण फल बनने के बाद गिरना और तृतीया मई में गिरना। बड़ी अवस्था में फल गिरने से बागवान को अधिक हानि होती है। फलों के गिरने के बहुत से कारण है जिनमें भ्रूण हार्मोन का असंतुलन (जिसमें एबसिसिक अम्ल का अधिक बनना एवं आक्सिन का कम बनना) मुख्य है। फलों को गिरने से रोकने के लिए निम्न उपायों को सुझाया गया हैः–

1. फल बनते समय खेत में हल्की सिंचाई कर देनी चाहिएं। इससे काफी हद तक छोटे फलों का गिरना रुक जाता है।

2. फलों को गिरने से रोकने के लिए 20 पी0पी0एम0 नेफथलीन एसिटिक एसिड या 90 मिलि0 प्लेनोफिक्स को 200 लीटर पानी में धोल कर आम के मटर के दाने की अवस्था मे होने पर छिड़काव कर देना चाहिए। इसमें टीपाल मिलाना लाभप्रद होता है।

आम की तुड़ाई एवं प्रंबधन

आम की समुचित तुडाई, श्रेणीकरण तथा उचित पेटीबन्दी नही होने से उत्पाद का करीब 20 प्रतिशत मूल्य कम मिलता है। यदि आम का फल पेटी मे कटा, सड़ा, सिकुडा, छोटा–बड़ा अपरिपक्व मिश्रित अवस्था में रखा हो तो बाजार में कम मूल्य लगाया जाता है। इससे आम उत्पादक को हानि होती है। यदि फल आकार में बड़े, समान आकार के गुणवतायुक्त तथा आकर्षक हो तो अधिक लाभ मिलता है।

तुड़ाई

- परिपक्वता आने पर प्रातः अथवा संध्या समय फलों की 8–10 मि0ली0डंठल सहित तुड़ाई की जानी चाहिए। फलों को प्रातः अथवा अपराह्न तोड़ने से दोपहर की गर्मी से बचा कर भण्डारण अवधि को बढ़ाया जा सकता है।

- कम उचांई के पौधों से फल की तुड़ाई सिकेटियरकी सहायता से तथा उंचे वृक्षो से सीढ़ी, फल तोड़क यंत्र (हारवेस्टर) तथा बहुत उंचे वृक्षों में हाइड्रोलिक प्लेटफार्म से करनी चाहियें।

- फलों को छाया में हवा भरे हुए पालीथीन बेड पर रखना चाहिये।

- फलों को सावधानीपूर्वक प्लास्टिक टोकरी में भर कर रेफ्रीजरेटेड वैन में बाग से पैकेजिंग शेड तक ले जाया जाना चाहिए।
- पैकेजिंग शेड में फलो की डीसैपिंग, छंटाई तथा श्रेणीकरण करना चाहिए।

श्रेणीकरण

फल पूर्ण विकसित, कड़ा, ताजा, स्वस्थ, अन्य दूसरी समस्याओं जैसे काले धब्बे चोट, खरोंच, रगड, सिकुड़न इत्यादि से मुक्त एवं सुगंधयुक्त, बराबर से पके होने चाहिये। तोड़े हुए फल कम से कम 1 से0मी0 डंठल के साथ होने चाहियें। फल की परिपक्वता ऐसी होनी चाहिये कि परिवहन तंत्र तथा पेटी में ही वे न पक जायें। मनचाहे बाजार में ही पहुँचाने पर वे समान रुप से पकें तथा उनका रंग अच्छा आना चाहिये।

आम को तीन श्रेणियों में बांटा गया है

एक्स्ट्रा, श्रेणी–1 तथा श्रेणी–2। प्रथम श्रेणी में उपभोक्ता को दवाब चिह्न (बूजिंग) का आभास नही होता है और अच्छा दाम मिलता है।

श्रेणी –1 में अ, ब, एवं स आकार की श्रेणियों में क्रमशः दबाव चिह्न का आकार 3,4,5 वर्ग से0मी0 से कम होना चाहिए।

श्रेणी –2 में अ,ब एवं स श्रेणियों में क्रमशःदबाव चिह्न का आकार 5,6,7 वर्ग से0मी0 से कम होना चाहिए।

सभी श्रेणियों में किसी प्रकार के धब्बे नही हाने चाहिए। धब्बे तो बिल्कुल ही नही होने चाहिए। फल की श्रेणी वजन के आधार पर की जाती है जो निम्न है:

श्रेणी	भार (ग्रा0)	पेटी भार अन्तर (ग्राम)
अ	200–350	75
ब	351–550	100
स	551–800	125

किसी भी आम पेटी में आम का फल 200 ग्राम से कम का नही होना चाहिए। तीनो श्रेणियो में फल समान रुप से पके होने चाहिए। आम के फल एक ही स्रोत,किस्म, गुणवत्ता तथा आकार की एक पेटी में होने चाहियें। श्रेणीकरण का कार्य, छटाई मेज पर आदमियों द्वारा अथवा पैकेजिगं शेड में मशीन द्वारा किया जाना चाहिये। ग्रेडर भी इस कार्य हेतु

उपयोग में लाये जा सकते हैं। राष्ट्रीय स्तर पर फल का अपना मानक बनाया जाना चाहियें, क्योंकि अधिकतर फल कम भार के होते हैं।

पैकेंजिंग

परम्परागत तरीके से लकडी की पेटी, टोकरी इत्यादि फल को पैक करने में प्रयुक्त होती है। लकड़ी की पेटी में करीब 50–51 कीले लगी होती है। परिवहन तंत्र में कंपन एवं धर्षण से फलो मे बूजिंग (खरोंच) हो जाती है। तथा 14 से 20 प्रतिशत आम खराब हो जाते है। इससे विपणन में हानि होती है। इनके स्थान पर गत्तें की बनी पेटियों को प्रयोग में लाना चाहियें। ये हल्की, चिकनी तथा कम कीमत में उपलब्ध हैं। वेन्टीलेशन तथा कोडेक्स को ध्यान में रखकर बनायी गयी इन पेटियों में फल की गुणवत्तता बनी रहती है। इनमें भेजने से फलों के पकने तथा उनके विपणन में अधिक समय मिल जाता है और मोल भाव करके अधिक दाम पर फल बेचे जा सकते हैं। ऐसे फलों को अभावग्रसत बाजार तक पहुॅचाया जा सकता है। गत्ते की पेटी ऐसी होनी चाहिए कि वह टूटे नही तथा फल की गुणवत्ता को हर हाल में बनाये रखे। साथ ही पेटी ऐसी होनी चाहिए कि अन्दर तथा बाहर के वातावरण के साथ सामंजस्य स्थापित करने में समर्थ हो, ताकि फल की बिक्री योग्य अवस्था में अधिक से अधिक दिन तक रखा जा सकें। इन्हे, उस बाजार तक ले जाया जा सके जहां अधिक दाम मिलने को संभावना हों। उपभोक्ता के लिए 4,8 और 10 कि0ग्रा0 क्षमता की पेटियां उपयुक्त हैं। इसके अन्दर ऐसी कुशनिंग सामग्री का प्रयोग किया जाा चाहिये जो नई,साफ, कीटाणुरहित हो तथा फल में किसी भी प्रकार की चोट न पहॅचाये तथा फल की गुणवत्ता बनाए रख सकें। गुणवत्ता बनाए रखने के लिए पेटियों का छिद्रयुक्त होना जरुरी है। ये छिद्र तापमान एवं आर्द्रता को ध्यान में रखकर वैज्ञानिक आधार पर सुनिश्चित होने चाहिए।

यदि पेटी में बाहर से फल नही दिखायी दे रहे हैं तो पेटी के उपर आम कि किस्म का लेबेल लगाना चाहिए। प्रयोग में लाई गई स्याही विषैली नही होनी चाहिए। एक्सपोर्टर, पैकर या डिस्पैचर का पहचान, होनी चाहिए। फल कहां पैदा किया गया है, स्थान का नाम, व्यापारिक पहचान, श्रेणी आकार संख्या, फल का वजन इत्यादि पूरी सूचना इस पेटी पर अंकित होनी चाहिए। स्वास्थ को हानि पहॅुचाने वाली भारी धातु नही होनी चाहिए। कीटनाशक व रोगनाशक दवाओं पा प्रयोग सावधानीपूर्वक होना चाहिए। जहां पेटीबन्दी हो रही हो उसके आस–पास गंदगी नही होनी चाहिए। पेटीबन्दी करते समय उन सभी बातो पर ध्यान देना चाहिए। एवं ए ए सी पी के अनुरुप हों। कार्यालय निरीक्षण चिन्ह भी पेटी पर होने चाहिए। इससे विश्व उपभोक्ता बाजार में हमारे उत्पाद पर विश्वास बढ़ेगा तथा बागवानों को अधिक लाभ मिल सकेगा।

निर्यात के लिए गुणवत्तायुक्त पेटीबन्दी

फल की तुड़ाई, प्रातः काल में उन्नत यंत्र की सहायता से 2 से0 मी0 से अधिक लम्बी टहनी सहित की जानी चाहिए। तोड़े गये फलों को अत्यन्त सावधानीपूर्वक पैकिंग हाउस तक ले जाना चाहिए। आम का उपरी सिरा नीचे करके टहनी छुड़ा कर चेप को निकाल देना चाहिए। इसमें करीब 1–2 धंटे का समय लगता है। मकड़ी गुजिया, फल मक्खी, फल चुसने वाला भृगं तथा गिडार टिड्डे से प्रभावित फल छोड़ देने चाहिए। काला वर्ण रोग, एन्थ्रेकनोज, काला धब्बा, सूटी मोल्ड तथा खरोच प्रभावित आम के फलों को छांट लेना चाहिए। चोट लगे तथा अत्याधिक एवं कम पके एवं अन्य किस्मों के फलों को भी अलग कर देना चाहिए। फल का आकार लगभग समान तथा बाजार की मांग के अनुसार होना चहिए। निर्यात के लिए बड़े आकार 250 से 350 ग्रम तक भार के फलों को चुनना चाहिए। ऐसे फलों की भण्डारण क्षमता करीब 3 दिन अधिक होती है। फलों को डिटर्जेन्ट के धोल में 2 मिनट तक रखना चाहिए तथा पुनः साफ पानी से धोना चाहिए। फफूदं तथा रोगो से बचाने के लिए आम के फल को 5 मिनट तक बैविस्टीन (1000 पी पी एम) के धोल मे रखना चहिए।

यदि आम के फल अपरिपक्व अवस्था में हैं तथा सामान रुप से परिवहन समय से पकाना है तो ईथरल 750 पीपी एम का प्रयोग करना चाहिए। इसके लिए 18.75 मि0ली0 ईथरेल 10 ली0 गर्म पानी ($52+2^0$ से0) मे धोल लेते हैं। इस धोल में 10 कि0ग्र0 आम 4 मिनट तक डुबोते हैं। पुनः आम को हवा में सुखा कर तथा मुलायम, मलमल के कपड़े से पोंछकर डिब्बे में रखना चाहियें। कभी–कभी वैक्सिंग करके फल को अलग–अलग टिशू पेपर/कागज में लपेंट कर क्रमवार रखते हैं। एक तह के उपर वातावरण का तापमान 40^0से0 से अधिक तथा आपेक्षित आर्द्रता कम हो तो इन बक्सों को 200 गेज से कम धनत्व वाली पालीथीन में 2–3 छिद्र बना कर अस्तर लगा दिया जाये तो फल ठीक हालत में रहते है। पेटी को नायलान पट्टी से बांधना चाहिए। उपरोक्त प्रक्रियायें पैकेजिंग हाउस में मैकेनिकल पैकेजिंग लाइन पर करना अच्छा होता है। इसमें समय कम लगता है तथा गुणवत्ता बनी रहती है। पुनः रेफ्रीजरेटेड वैन मे लकड़ी अथवा प्लास्टिक के पैकेट में स्टाक करके पालीथीन सीट से ढ़क लेते है। ट्रक का परिवहन रात्रि में कम तापक्रम पर करना चाहिए। विपणन स्थल पर पहुंच कर शीतगृह में 12^0 से0तापमान तथा 90 से 95 प्रतिशत आपेक्षित आर्द्रता पर फल को भंडारित करते है।

आम को मंडी में उतारन के लिए कार्क का प्रयोग करना चाहिए। हैण्ड ट्राली या रोलर टाइप कनवेयर सिस्टम का भी प्रयोग किया जा सकता है। विपणन स्थल,रेलवे स्टेशन,एयरपोर्ट के पास तथा मण्डी मे रेफ्रीजेरेटेड क्वायल लगने चाहिए। विपणन स्थल व मण्डी स्थल पर

तथा रेलवे स्टेशन, एयरपोर्ट के पास कोल्ड स्टोरेज का निर्माण किया जाना चाहिए, ताकि फलों को 12^0 से 15^0 से0 तापक्रम पर रखा जा सके। आम को देश से बाहर भेजने के लिए समुद्री जहाज सस्ता साधन है। इसे रीफर कन्टेनर्स में भर कर भेजना चाहिए। समुद्री परिवहन हेतु जहाज पर कन्टेनर के अन्दर का तापमान 110^0 से0 तथा बाहर का तापमान 12.2^0 से0 होना चाहिए। चौसा को 10^0 से0 दशहरी को 12^0 से0 तथा लंगडा किस्म को 15^0 से0 तापक्रम पर रखना चाहिये।

आम पकाने की उन्नत विधि

आम की परिपक्वता ही उसकी गुणवत्ता निर्धारित करती हे। प्रायः आम पूर्ण परिपक्व होने के उपरान्त ही तोड़े जाते हैं, ताकि उनमें अनुकूलतम् सुवास एवं स्वाद विकसित हो और उनका उचित मूल्य प्राप्त हो सके। यदि आम अधपकी या कच्ची अवस्था में तोड़े जाते हैं तो वे ठीक ढंग से नही पकते एवं उनमें अत्यधिक सिकुड़न आ जाती है। देखा गया है कि एक ही समय तोड़ें गये आम कि परिपक्वता भिन्न–भिन्न होती है, जिसके कारण वे एक साथ नही पकते तथा पकाने की अवधि अधिक होने के कारण उनमें सिकुड़न व वनज में भारी कमी आ जाती है। बड़े आकार एवं अधिक वजनदार फल छोटे फलों की अपेक्षा देर से पकते है। सभी फलों को एकसार आकर्षक पीला रंग लिए हुए पकाने हेतु उपचार की आवश्यकता पड़ती है।

आम की व्यापारिक किस्में फल बनने के 12 से 16 सप्ताह उपरान्त पक जाती है तथा इस अवधि के बाद तोड़े गये फल पकने के उपरान्त श्रेष्ठ गुणवत्ता युक्त होते हैं। लेकिन व्यावसायिक स्तर पर आम पूर्ण परिपक्व होने के दो–तीन सप्ताह पूर्व ही तोड़े जाने लगते हैं, ताकि प्रारम्भिक अवस्था में बाजार में फल बेच कर अधिक मूल्य प्राप्त किया जा सके। परन्तु ऐसे फल बिना उपचार के नहीं पकते हैं। अतः उन्हे कैल्शियम कार्बाइड द्वारा पकाया जाता है। इस प्रकार फल पूर्णतया नही पकते और उनमे स्वाद भी उचित रुप से विकसित नही हो पाता है।पिछले कई दशकों से कार्बाइड द्वारा फल पकाए जा रहे है, क्योंकि यह विधि अत्यन्त सरल एवं सस्ती है। कार्बाइड से एसिटीलीन गैस का उत्सर्जन होता है जो कि स्वास्थ्य के लिए हानिकारक है। साथ ही गैस निकलने के उपरान्त जो राख बच जाती है, उसमें काफी मात्रा में धातु कण रहते हैं, जो स्वास्थय के लिए हानिकारक है। इन बातों को ध्यान मे रखकर भारत सरकार ने कैल्शियम कार्बाइड से फल पकाने पर पी एफ ए एक्ट 8–44 अ द्वारा सन् 1954 में प्रतिबन्ध लगा दिया था। फिर भी इस विधि द्वारा फल पकाने का क्रम जारी है। अतः गुणवत्तायुक्त फल पकाने की वैकल्पिक विधि की आवश्यकता को महसूस किया गया।

उन्नत विधि

इस विधि से आम पकाने हेतु ईथरेल/ईथेफोन से उपचार करना पड़ता है, जिनमें सक्रिय संधटक 2–क्लोरो ईथाइल फासफोनिक अम्ल की मात्रा 40 प्रतिशत के लगभग होती है। ईथरेल द्वारा उपचार से आम में एथिलीन गैस का प्रादुर्भाव होता है जो आम को पकने से सहायक होती है। एथिलीन हार्मोन कुछ एन्जाइमों को सक्रिय कर देता है, जिससे आम मे पकने की क्रिया शुरु हो जाती है। इसकी वजह से आम नरम पड़ने लगता है और उसमें मिठास पैदा होने के साथ–साथ सुगंध भी उत्पन्न हो जाती है। अपरिपक्व आम में इन हार्मोन की मात्रा कम होती है। अतः इस उपचार द्वारा ऐसे आमों को ग्रह्य गुणवत्ता युक्त पकाया जा सकता है। इस विधि से आम पकाने की प्रक्रिया निम्न प्रकार हैः

ईथरेल की निर्धारित मात्रा को 100 लीटर गर्म पानी(52+2^{0}से0 तापमान पर) में धोल लेते हैं तथा 100 किलोग्राम आम को इस धोल में 5 मिनट तक डुबोये रखने के बाद पेटी बंद कर पकने के लिए रख देते हैं। यह बात ध्यान योग्य है कि उपचार के समय धोल का तापमान 52+2^{0}से0 बनाये रखा जाए। यह धोल कम से कम चार बार उपयोग में लाया जा सकता है अर्थात 100 लीटर धोल से 400 किलोग्राम आम उपचारित किए जा सकते हैं। ईथरेल की मात्रा आम की परिपक्वता पर निर्भर करती है। अपरिपक्व अथवा सक्रिय संधटन के अनुसार कम परिपक्व आम में ईथरेल की मात्रा 750 पी0सी0 (1875 मि0ली0 ईथरल/100लीटर), परिपक्व आम मे यह मात्रा 250–500 पी0पी0एम0 मात्रा ही पर्याप्त है। इस विधि से अपरिपक्व एवं परिपक्व दशहरी, चौसा, मल्लिका, बंगलौरा, लखनउ सफेदा एवं अन्य आम की किस्में ग्राहय् गुणवत्ता युक्त पकाई गई है। यह बात ध्यान देने योग्य है कि आम, कमरे के तापमान पर 6–16 दिनों मे परिपक्वता एंव किस्म के अनुसार पकते है, जब कि ईथरल से उपचारित आम 4–8 दिनों मे पककर तैयार हो जाते है और बीमारी भी नही आती। इस उपचार का यह भी फायदा है कि यदि आम की परिपक्वता ज्ञात हो तो पकने की अवधि बताई जा सकती है। यह उपचार विधि प्रसंस्करण उधोग के लिए भी लाभप्रद है क्योकि इस विधि से उपचारित आम एक समान एक समय में पक्कर तैयार हो जाते है। यह रसायन इस्तेमाल करने मे भी सुरक्षित है। व्यावसायिक स्तर पर इस उपचार विधि में जरुरत के अनुसार पानी के एक टंकी बनानी होती है। जिसे एक विलोडक (स्टीरर) और पानी गर्म करने तथा तापमान नापने के लिए एक हीटर और तापमापी की आवश्यकता होती है जो कम लागत में उपलब्ध हो जायेगी।

आम में अनियमित फलन एंव प्रबंधन

आम में नियमित फलन के लिए आवश्यक है कि फलों की तुड़ाई के बाद प्रतिवर्ष नये प्ररोह उत्पन्न होते रहे एवं इन प्ररोहो मे बौर निकले। यह प्रकिया आम की अनियमित/

एकान्तर फलन वाली किस्मों में साधारणतया नही पायी जाती है। अतः इन किस्मों में नई शाखाएं फल तोड़ने के बाद कई माह पश्चात निकलती हैं जिससे वे पुष्पन के लिए परिपक्व नहीं हो पाती। साधारणतया आम के वृक्ष में वानस्पतिक वृद्धि एवं पुष्पन–फलन साथ–साथ नही होता है। ऐसा भी पाया गया है कि जब पेड़ एक वर्ष अधिक फल देता है तो उसमें पोषक तत्वों की कमी आ जाती है या कुछ तत्वों का असंतुलन हो जाता है, जिस कारण नई कोपंलें उगाने मे सक्षम नहीं रह जाता। परिणामतः दूसरे वर्ष फलन कम होता है या नहीं आता है। अनियमित फलन के कई कारण है जिसमें पैतृक, वातावरण, प्ररोहों की आयु एवं वृद्धि, पोषण तत्वों की कमी एवं वृद्धि नियामक का असंतुलन मुख्य है।

पैतृक गुण

पौधो में अनियमित फलन पैतृक गुण से भी होता है जिसे फूल एंव फल आने की शुरु की अवस्था से ही पहचाना जा सकता है।

वातावरण का प्रभाव

वातावरण अनियमित फलन का मूल कारण नही है, फिर भी प्रतिकूल वातावरण जैसे अधिक वर्षा, उच्च आर्द्रता एव कम तापमान, फलन वर्ष को सीधे अफलन वर्ष में बदल देता है या अप्रत्यक्ष रुप से रोग एवं कीट के प्रकोप को प्रोत्साहित करता है। लगातार प्रतिकूल वातावरण रहने से पेड़ो मे लिंग एवं वांशिक बदलाव भी पाया गया है। जिसका पुष्पन–फलन पर विपरित प्रभाव पड़ता है।

प्ररोहों की आयु एवं आकार

प्ररोहो की आयु एवं आकार आम में पुष्पन के लिए बहुत ही आवश्यक है। अनियमित फलन वाली किस्मों जैसे दशहरी, चौसा, लंगड़ा, अल्फांसों, इत्यादि के पुष्पन के लिए एक निश्चित दैहिक परिपक्वता आवश्यक होती है। जब तक प्ररोह पूर्णतःतुडाई के उपरान्त इन किस्मों में जो प्ररोह उत्पन्न होते है वे दूसरे वर्ष ही पुष्पन के लिए परिपक्व होते हैं। इस प्रकार वृक्ष हर वर्ष फल देने मे असमर्थ हो जाते है।

पोषक तत्वो की कमी या असंतुलन

ऐसा पाया गया है कि जब पेड़ एक वर्ष अधिक फल दे देता है तो उसमें पोषक तत्वों की कमी हो जाती है, जिसमें कार्बन/नाइट्रोजन का असंतुलन मुख्य है, इसके कारण पेड़ नई कोपलें उगाने में सक्षम नही रहता, परिणामतः दूसरे वर्ष फल कम आता है या नही आता।

आम की एकान्तर किस्मों में अनियमित फलन का मुख्य कारण, वृद्धि नियामक/हारमोन, जिसमें जिब्रेलिन्स मुख्य हैं, का असंतुलन होना है जिसके फलस्वरुप फलदार वृक्ष अफलन की अवस्था में आ जाते हैं।

प्रबंधन

यदि समय से आये हुए बौर के अलावा भी बौर आये (मार्च–अप्रैल) तो उसको तोड़ देना चाहिए। इससे फलन वर्ष में पेड़ पर पोषक तत्वों की कमी का कम असर होगा। एवं फल अफलन वर्ष में भी आयेगा। यदि वृक्ष में फल एक सीमा से अधिक लगता है तो वृक्ष की चारों दिशाओं से कुछ–कुछ फलों को मटर के बराबर की अवस्था मे आ जाने पर तोड़ देना चाहिए जिसे पेड़ो के पोषक तत्व एवं वृद्धि में सांमजस्य बना रहेगा एवं फल भी बड़े एवं स्वस्थ होगे। साथ ही अनियमित किस्मों मे अफलन वर्ष में भी फल आने की संभावना बढ़ जायेगी।

आम के पौधे को स्वस्थ एंव रोग मुक्त रखने के लिए बागों की उचित देखरेख व प्रंबधन आवश्यक है। इसके लिए समय से पानी, खाद, खरपतवर, को दूर करना विभिन्न रसायनों का प्रयोग, जिसकी पेड़ो में कमी दिखायी पड़ती हो, करने से अनियमित फलन को कम किया जा सकता है।

वृद्धि नियामक एवं रसायन का प्रयोग

अनियमित फलन की कमी एवं रोकथाम में वृद्धि नियामक एवं रसायन की बहुत महत्वपूर्ण भूमिका है। अफलन वर्ष मे इथोफान का 200 पी0पी0एम0, इथ्रेल का 1000 पी0पी0एम0, क्लोरोमीक्वेट क्लोराइड (लिहोसिन) का 1000–2000 पी0पी0 एम0 जो एक वृद्धि बाधक हारमोन है, का उपयोग करने से अफलन वर्ष में पुष्पन को प्रेरित करने में सहायक पाया गया है।

पौटेशियम नाइट्रेट का 1–10 प्रतिशत छिड़काव अफलन वर्ष में करने से भी अनियमित फलन को कुछ निश्चित वातावरण में रोका जा सकता है। ध्यान रहे, इन रसायनों का छिड़काव पुष्पन के पहले सही सयय पर ही करना चाहिए। परन्तु इन सबका प्रभाव विभिन्न वातावरण में स्थित विभिन्न किस्मों में अलग–अलग पाया गया है। वृद्धि नियामक पैक्लोबूट्रजाल (कल्टार) के प्रयोग से अनियिमत फलन जैसे समस्याओं का समाधान किया जा सकता है। इसके प्रयोग से फलन वर्ष मे 30 प्रतिशत एवं अफलन वर्ष मे 60 प्रतिशत तक उत्पादकता में वृद्धि पायी गयी है तथा साथ ही फलों की गुणवत्ता में वृद्धि पायी गयी है।

प्रतिवर्ष फलन के लिए पैक्लोब्यूट्राजाल एवं थायोयूरिया का प्रयोग

किस्म के अनुसार वृक्षों की बढ़त में विभिन्नता पाई जाती है और इसी कारण कम बढ़त वाले दशहरी एवं बाम्बे ग्रीन में तीसरे–चौथे वर्ष से फलन प्रारंभ हो जाती है जबकि लंगड़ा, चौसा,अल्फांसो इत्यादि में तेज बढ़त होने के कारण वृक्ष प्रथम 8–10 वर्षो तक नहीं फलता। परन्तु ये सभी किस्में एकान्तर वर्षो मे फलती है। अतःनियमित फलन के लिए वृक्ष की वृद्धि को नियंत्रित करने की आवश्यकता है। पैक्लोब्यूट्राजाल (कल्टार)प्रतिवर्ष फलन एवं वृद्धि के नियंत्रण के लिए उपयोगी पाया गया है। कल्टार के उपयोग करने के पहले बाग में कुछ अन्तःशस्य क्रियाएं करना आवश्यक है जिनमें मुख्य निम्नलिखित हैः

1. फलो की तुडाई के पश्चात् अनावश्यक,रोग ग्रसित, सूखी शाखाओं एव यदि संभव हो तो पिछले वर्ष के फल लगी शाखा को 50 प्रतिशत काट कर निकाल देना चाहिए तथा कटे हुए स्थान पर कॉपर आक्सीक्लोराइड का लेप कर देना चाहिए।
2. उर्वरकों की संस्तुत मात्रा का प्रयोग जुलाई मे या कल्टार के 1 से 3 माह पूर्व करना चाहिए। चूंकि कल्टार प्रयोग से प्रति वृक्ष उत्पादकता में वृद्धि होती है अतः इसकी अतिरिक्त वृद्धि एवं पौधो के स्वास्थय को बनाये रखने के लिए उर्वरको की संस्तुत मात्रा में 25–50 प्रतिशत तक की वृद्धि आवश्यक है।

कल्टार की मात्रा प्रति वर्ग मीटर छाया क्षेत्र मे 3.2 मि0ली0 की दर से प्रयोग करते हैं। यह दर प्रति वृक्ष 3.2 मि0ली0 से अधिक नही होनी चाहिए। अधिक नमी वाली भूमि मे 8.0 मि0ली0 प्रति वर्ग मीटर की दर से उपरी (पर्णीय) छिड़काव आवश्यक है। अधिक नमी की अवस्था में मृदा प्रयोग कम प्रभावी होता है। यदि भूमि में बालू की मात्रा अधिक है तो कल्टार की संस्तुत मात्रा में 50 प्रतिशत तक की कमी करना आवश्यक है। दशहरी आम में उपर वर्णित कल्टार की मात्रा को दूसरे वर्ष प्रतिवृक्ष आधा कर देने से भी प्रभाव बना रहता है क्योकि मिट्‌टी मे मिलाया गया कल्टार का अवशेष (0.490 माइक्रो ग्राम प्रति ग्राम) दो वर्ष से भी ज्यादा तक रहता है।

कल्टार की संस्तुत मात्रा को 10–15 ली0 पानी में मिलाकर तने से 1.0–1.5 मीटर की दूरी पर, जहां पोषक जड़े स्थित हो, 15–25 सें0मी0 गहरी नाली बनाकर पेड़ की गोलाई में कल्टार का धोल समान मात्रा में डाल कर मिट्‌ठी से भर देना चाहिए या धास–फूस से ढक लेना चाहिए, जिससे इसका वाष्पीकरण कम हो। यदि वृक्ष की आयु 25 वर्ष से अधिक हो तो कल्टार की संस्तुत मात्रा पानी में धोल कर दो भागों मे बांट कर एवं एक भाग उर्वरक नाली के पास बनी हुई नाली में तथा शेष भाग छाया क्षेत्र से 25–30 से0मी0 अन्दर की

तरफ गोलाई में नाली बनाकर प्रयोग करना चाहिए। इससे कल्टार की अधिक से अधिक मात्रा का अवशोषण होता है।

यदि आम का बाग पथरीले तथा ढलान वाले क्षेत्र में हो तो नाली की जगह पर 15–20 गड़ढे बनाने चाहिए तथा कल्टार का धोल एक समान ढंग से इन गडढ़ो में डाल कर मिट्टी से ढ़क देना चाहिएं। प्रयोग का समय जलवायु एवं आम की किस्म का प्रयोग अधिक उपयुक्त पाया गया है। कल्टार का उपरी छिड़काव सितम्बर माह के बाद अधिक उपयुक्त पाया गया है।

कल्टार प्रयोग के बाद कम से कम 25–30 दिन पेड़ के चारों तरफ की भूमि मे पर्याप्त नमी रखनी चाहिए जिससे कल्टार की अधिक से अधिक मात्रा का अवशोषण हो सके। यदि आवश्यकता हो तो बाग की हल्की सिचाई भी की जा सकती है।

थायोयूरिया का उपयोग

यदि कल्टार दिये गये वृक्ष में फल बहुत ज्यादा आया है तो फल की तुड़ाई के बाद हल्की कटाई –छंटाई (प्रुनिंग) कर दें। तदुपरान्त थायोयूरिया का धोल (0.5–1.0 प्रतिशत)का छिड़काव करें। इसके फलस्वरुप नये कल्ले प्रत्येक कटी हुई शाखाओं से निकलेगें। कल्टार के प्रयोग से ये कल्ले वर्तमान वर्ष में ही फल देने में समर्थ होंगे।

नियमित फलन वाली किस्मों का व्यापक प्रयोग

भारत में, मुख्यत अनियमित फलन वाली व्यावसायिक किस्में उगायी जाती हैं। जिसके फलस्वरुप दिन प्रति दिन आम की उत्पादकता में कमी आती जा रही है। इसलिए नियमित फलन वाली किस्में जैसे आम्रपाली, प्रभांशकर या कम अनियमित फलन वाली किस्मों जैसे मल्लिका का, उपयुक्त जलवायु के अनुसार लगाया जाना सही होगा।

आम की सधन बागवानी

हमारे देश की आबादी तेजी से बढ़ रही है। इस बढ़ती आबादी के लिए हमें ज्यादा भोजन जुटाने की जरुरत है। हमारे यहॉ खेती एवं बाग लगाने की जमीन सीमित है। हमें इस सीमित जमीन से अधिक उत्पादन लेना है। परम्परागत बागवानी प्रणाली द्वारा वांछित उत्पादन का लक्ष्य नहीं पाया जा सकता है। परम्परागत बागवानी द्वारा प्रति इकाई क्षेत्र में उत्पादन तो कम होता ही है, साथ ही उनके प्रबधंन में श्रम शक्ति की भी अधिक आवश्यकता पड़ती है। इन्ही सब कारणों से इस समय न सिर्फ भारत में बल्कि विश्व के कई अन्य देशों मे फल वृक्षों की सधन बागवानी पर जोर दिया जा रहा है।

शस्य क्रियाओं के उचित प्रबंधन से आम की सधन बागवानी की लगातार सिफारिश की जा रही है। इस दिशा से भारतीय कृषि अनुसंधान संस्थान, नई दिल्ली में आम्रपाली किस्म के उपर सधन बागवानी पर शोध कार्य करने पर यह पाया गया है कि यदि इसकी खेती सुव्यवस्थित ढ़ँग से की जाए तो एक हेक्टेयर में1600 पौधें लगाये जा सकते हैं तथा उत्पादन 16 टन और इसी तरह सातवें साल 22.5 टन हो जाती है। गोविन्द बल्लभ पंत कृषि एंव प्रौ0 विश्वविधालय, पन्तनगर मे कमशः आम्रपाली एवं दशहरी आमों पर सधन बागवानी के उपर शोध कार्य का अच्छा परिणाम मिला है। एक हैक्टर में उपज 11.5 टन, पांचवें साल 16 टन और इसी तरह सातवें साल 22.5 टन हो जाती है। गोविन्द बल्लभ पंत कृषि एंव प्रौ0 विश्वविद्यालय, पन्तनगर में कमशः आम्रपाली एंव दशहरी किस्मों पर सधन बागवानी के उपर शोध कार्य का अच्छा परिणाम मिला। एक हेक्टर में आम्रपाली एवं दशहरी के 1600 पौधों को लगाये गये तथा भूमि में रसायन पैक्लोब्यूट्राजाल 3.2–4.0 मि0ली0 प्रति वर्ग मीटर पौध फैलाव के उपयोग के साथ–साथ एक प्रतिशत यूरिया का छिडकाव किया गया। इसके अलावा फल तुडाई के उपरान्त कटाई–छंटाई करने पर भी उत्साहवर्धक परिणाम पाए गये।

केन्द्रीय उपोष्ण संस्थान, लखनउ में भी आम की प्रति इकाई अधिक उत्पादकता लेने हेतु सघन बागवानी में दशहरी आम के पौधों की 2.5 X 2.5 मी0, 2.5 X 5 मी 0,5 X 5 मी0, 7.5 X 7.5 मी0 एवं 10 X 10 मी0 की दूरियों पर लगाये गए तो पौध रोपण यदि दशहरी आम के पौधों को 5 X 5 मी0, दूरी पर लगाये गए तो पौध रोपण के पांचवे वर्ष से ही परम्परागत तरीके से लगाए गए बाग की तुलना में 5–6 गुना अधिक उपज मिली है। आम की आम्रपाली किस्म को सधन बागवानी में सफलतापूर्वक लगाया गया। यहाँ डबल हेजरो तरीके (3556 पेड़ प्रति हेक्टेयर) लगाए गए आम्रपाली पेड़ो से सर्वाधिक उपज प्राप्त की गयी है।

आम की सधन बागवानी करने हेतु निम्नलिखित सामान्य शस्य क्रियाओं को करने की आवश्यकता पड़ती है:

भूमि की तैयारी

आम की बागवानी अनेक प्रकार की भूमियों में की जा सकती है परन्तु कंकरीली, पथरीली, बलुई,क्षारीय एवं जल भराव वाली भुमियों का चयन नहीं करना चाहिएं। इसके लिए दोमट एवं गहरी भूमि जिसका पी–एच मान 5.5 से 7.5 के मध्य हो उपयुक्त मानी जाती है। खेते की जुताई करके खरपतवार से मुक्त कर लेना चाहिए। फिर उस पर रेखांकन करके एक धनमीटर आकार के गड्ढ़े मई महीने में खोद लेने चाहिए तथा गड्ढ़ो में मानसून से पहले ही 1.5 कि0ग्र0 सिंगल सुपर फास्फेट,50 ग्राम बी0एच0सी0 चूर्ण एवं 70–80 कि0ग्रा0 गोबर की खाद, मिट्टी में मिला कर भर देनी चाहिए।

पौध रोपण

उच्च गुणवत्तायुक्त वाले पौधे किसी विश्वसनीय पौधशाला या शोध संस्थान से लेने चाहिए। फिर उन्हें जुलाई के मध्य तक सावधानीपूर्वक तैयार गड्ढ़ो में विधिवत रोप देते है और उनके तने के पास 50–60 से0मी0की गोलाई का थाला बनाकर सिंचाई कर देते है। प्रथम के दो वर्षो मे अप्रैल से मानसून के आने तक 15–20 दिन के अंतराल पर सिंचाई अवश्य करनी चाहिए।

कटाई–छंटाई

आम की सधन बागवानी में प्रारंभिक कटाई –छंटाई करना अत्यन्त आवश्यक होता है। इसमें पौधो को 50–60 से0मी0 उपर से मुख्य तने की कटाई–छंटाई करके पेड़ के चारो तरफ 3–4 शाखाओं को बढ़ने देते हैं। फिर इन्ही शाखाओं से पौधो का वांछित छतरीनुमा आकार देने के लिए उचित कटाई–छंटाई निंरतर करते रहना चाहिएं। इसके उपरांत सूखी, अवांछित, धनी शाखाओं को एवं लगभग 15–20 प्रतिशत कल्लों को भी प्रतिवर्ष निकालते रहना चाहिए।

आज कल इजरायल में आम की सधन बागवानी ही की जा रही है। आमतौर पर वहां पौधो को 3–5 मी0 तथा 4–5 मी0 की दूरी पर लगाया जाता है। फल की तुडाई के बाद टापिग और हेंजिग की क्रिया अपनायी जाती है। मुख्य रुप से ईजरायल में फलने वाली टहनियों को भूमि से कम से कम उंचाई पर विकसित करने का प्रचलन है।

पोषण प्रबंधन

100 ग्राम नाईट्रोजन, 50 ग्राम फास्फोरस एवं 100 ग्राम पोटाश प्रति पौधा प्रतिवर्ष डालना चाहिए। यह मात्रा 10 वर्ष के बाद 1 कि0 ग्रा0 निश्चित कर देते हैं। इसके अतिरिक्त प्रांरभिक 10 वर्षो तक 40–50 कि0ग्रा0गोबर की खाद प्रति के एवं 10 वर्ष वृक्ष उपरांत इसमें 70–80 कि0ग्रा0 गोबर की खाद प्रति वृक्ष डालनी चाहिए। यूरिया की आधी मात्रा एवं फास्फोरस एवं पोटाश की पूरी मात्रा जुलाई में तथा यूरिया की शेष आधी मात्रा अक्टूबर में डालते हैं। गोबर की खाद जुलाई मे देनी चाहिए।

पौध रक्षा

पौधों की कीट एवं व्याधियों से सुरक्षा करनी चाहिए। पाया गया है कि बरसात में पत्ती खाने वाले कीट का प्रकोप होता है। इसके नियंत्रण हेतु 2 ग्राम सेविन को प्रति लीटर पानी में धोल बनाकर 15 दिन के अंतराल पर छिड़काव करना चाहिए। इसी प्रकार यदि कोई अन्य कीट या व्याधि का प्रकोप हो तो उसका प्रभावी नियंत्रण करना चाहिए।

आम तौर पर सधन बागवानी में आवश्यकतानुसार निराई–गुड़ाई एंव सिंचाई इत्याादि करते रहना चाहिए। 15–20 वर्ष बाद यदि बाग घना हो जाए तो एकान्तर पौधों को बीच सें निकाल देना लाभप्रद रहता है।

हमारे देश में अन्य फलों जैसे सेव, नाशपाती, सन्तरा, केला, अनानास इत्यादि में सधन बागवानी द्वारा उपज कई गुणा प्रति हैक्टर बढ़ायी गयी है। आम की भारतवर्ष में उत्पादकता सिर्फ 10 टन प्रति हेक्टर है। किसान भाई आम के वृक्षो को सधन लगाकर उसकी उत्पादकता बढ़ा सकते है।

संसाधित आम पदार्थ एवं उनकी गुणवत्ता

कच्चे आम के उत्पाद

कच्चे आम की शुरु की अवस्थाओं की मीठी एवं खट्टी चटनी बनाने हेतु प्रयोग में लाया जाता है। गुठलियों के कठोर होने के बाद अन्य उत्पाद बनाये जाते है, जिनका विवरण निम्न है:–

1. आम का अचार

आम का अचार विभिन्न राज्यों मे भिन्न –भिन्न स्वाद वाला बनाया जाता है, किन्तु तेल में बना अचार इनमें सर्वाधिक लोकप्रिय है। अचार को स्वादिष्ट बनाने के लिये नमक, मिर्च, काली मिर्च, हींग, जीरा, सौंफ, कलौंजी मसाले डाले जाते हैं। आम का तेल रहित अचार भी कई प्रदेशों मे काफी लोकप्रिय है। ऐसा अचार बनाने के लिए कच्चे आम के गूदे को छोटे–छोटे टुकड़ो में काटकर उसमें 20 प्रतिशत नमक, 7.5 प्रतिशत पिसी लाल मिर्च तथा 1 प्रतिशत हींग, टुकडों के भार के आधार पर, मिलाते है तथा मिश्रण को बार–बार हिलाते हुए उसे कुछ घंटे धूप में रखते है। तत्पश्चात् साफ शीशे के मर्तबानों में भर कर 3–4 दिन धूप में रखने के बाद उसे स्वच्छ स्थान पर भण्डारित कर दिया जाता है।

2. आम का अमचूर

आम की फांको को पोटेशियम मेटा बाईसल्फाइट के धोल (0.2 प्रतिशत) में 5 मिनट तक डुबोने के पश्चात् या 2000 पी0पी0एम0 पोटेशियम मेटा बाईसल्फाइट के पाउडर के साथ अच्छी तरह मिलाने के उपरांत उन्हे धूप अथवा सौर उपकरण में सुखाया जाता है। अच्छी तरह सूख जाने के बाद इन फांको को पीसकर अमचूर बनाया जाता है।

3. आम की फाकें

कच्चे आम की फाकें काटकर उन्हें 0.2 प्रतिशत पोटेशियम मेटावाई सल्फाट के धोल में 5 मिनट तक रखते हैं। तत्पश्चात फांके निकालकार उनमें बराबर मात्रा में नमक मिलाकर पालीथीन के थैलों में भण्डारित कर दिया जाता है।

4. कच्चे आम का पना

आम के कच्चे फलों को भूनकर अथवा उबालकर उसका गूदा निकाल लेते है। फिर इसमें प्रति कि0 ग्रा0 गूदे के आधार पर 0.8 कि0ग्रा0 शक्कर, 0.4 लीटर पानी, 80 ग्राम नमक, 20 ग्राम काली मिर्च और 20 ग्राम साइट्रिक अम्ल मिलाकर ग्रर्म करते है। तत्पश्चात् इसकों स्क्वैशं की भांति बोतलों में भर लेते है। अधिक दिनों तक भण्डारण करने के लिए इसमें 500 पी0पी0एम0 सोडियम बेन्जोएट भी मिलाना चाहिए। इस उत्पाद में 6 से 7 गुना ठंडा पानी मिलाकर पीपनाने के रुप में प्रयोग करें।

5. हरे आम का स्क्वैश

कच्चे हरे आम से स्क्वैश बनाने के लिए आवश्यक सामग्री इस प्रकार है–कच्चे आम का रस–1 लीटर, चीनी–1.5 किलो, पानी–750 ग्राम, साइट्रिक एसिड–12 ग्राम पोटाशियम मेटाबाई सल्फाइट–1.5 ग्राम

विधि

फलों को धोकर, छीलकर छोटे–छोटे टुकड़ो में काट ले एवं उसमें पानी डालकर किसी बड़े बर्तन या प्रेसर कुकर में उबाले। जब गूदा पूर्ण मुलायम हो जाय तो उसे पूरा मथ दें एव किसी मजबूत, पतले कपड़े में दबाकर छानकर रस निकाल लें। पानी में चीनी डालकर गर्मकर चाशनी तैयार कर लें। चाशनी में साइट्रिक एसिड धुलाकर डाल दें और पतले कपड़े से छान लें। जब चाशनी ठडी जो जाए तो उसमें रस पिला दें। अन्त में पोटाशियम मेटाबाई सल्फाइट को अल्ग से थोड़े से धोल में धुलाकर पूरे स्क्वैश में मिला दे। आवश्यकतानुसार हरे आम का रंग एवं एसेन्स का प्रयोग कर सकते है।

पके आम के उत्पाद

पके आम में शर्करा, पेक्टिन तथा विटामिन–ए प्रचुर मात्रा में उपलब्ध होते है। भण्डारण क्षमता अधिक न होने के कारण इनका उत्पाद तुरन्त बनाना आवश्यक है। पके हुए आम के प्रमुख उत्पाद निम्नलिखित है:

1. आम का गूदा

आम के फलों को छीलकर उनका गूदा निकाल लिया जाता है। फिर गूदे को पीसकर एवं छलनी से छानकर रेशा अलग कर लिया जाता है। तत्पश्चात् उसे 76–80^0 से0 तक गर्म करके उसमें 2 ग्राम साइट्रिक अम्ल तथा 2 ग्राम पोटेशियम मेटा बाईसल्फाइट प्रति कि0ग्रा0 की दर से मिला दिया जाता है। गूदे को गर्म अवस्था में ही साफ जीवाणु–रहित मर्तबानों में भरकर मोम के धोल से अच्छी तरह सील कर लिया जाता है।

2. आम का रस (जूस तथा नेक्टर)

आम के जूस हेतु ताजे अथवा संग्रहित गूदे में दो तिहाई पानी मिलाकर उसमें चीनी तथा साइढ्रिक अम्ल इस अनुपात में मिलाते है कि धोल का टी0एस0एस0 15 प्रतिशत तथा अम्लता 0.3 प्रतिशत हो जाये। अब इसे 95^0 से0 तक गर्म करके स्वच्छ जीवाणु–रहित बोतलों में भरकर कार्क से अच्छी तरह सील कर देते हैं तथा बोतलों को 10–15 मिनट तक उबलते हुए पानी में खौलाकर कमरें के तापमान पर ठंडा करके भण्डारित कर लिया जाता है।

नेक्टर बनाने की विधि भी जूस बनाने की विधि के समान है। बस, इसमें गूदे की मात्रा 33 प्रतिशत के स्थान पर 15 प्रतिशत होती है।

3. पके आम का स्क्वैश

स्कवैश हेतु चीनी की चाशनी (1 कि0ग्रा0 शक्कर 750 मिली पानी में) बनाकर उस छान लेते है। तत्पश्चात् उसमें एक कि0ग्रा0 आम का गूदा डालकर अच्छी तरह मिला लिया जाता है। इस सम्पूर्ण मिश्रण को 76–78^0 से0 तक गर्म करके उसमें 25–30 ग्राम साइट्रिक अम्ल मिला लिया जाता है। स्क्वैश को गर्म अवस्था मे साफ जीवाणु –रहित बोतलों में भरकर कार्क से अच्छी तरह सील कर दिया जाता है।

4. आम की फांके

फांके बनाने हेतु आम के पके परन्तु सख्त फलों को छीलकर उनके गूदों की फाकें काट ली जाती है। फांको को उबलती हुई चाशनी (40 प्रतिशत शक्कर, 0.3 प्रतिशत साइट्रिक अम्ल तथा 350 पी0पी0एम0 सल्फर डाइआक्साइड) मे 5 मिनट तक डाल देते हैं। तत्पश्चात् उन्हें साफ और जीवाणु–रहित मर्तबानों में भरकर उपर से खौलती हुई चाशनी भर देते हैं। मर्तबानों को ढ़क्कन लगाकर मोम से अच्छी तरह सील कर दिया जाता है।

5. आम का पापड़ (अमावट)

आम के गूदे में 2 ग्राम पौटैशियम मेटाबाईसल्फाइट प्रति कि0ग्रा0 गूदे की दर से मिलाकर चिकनाई युक्त एक ट्रे में फैलाकर खुली धूप या सौर उपकरण में सुखा लेते है। एक परत सूख जाने के बाद उपर से गूदे की दूसरी परत फैला दी जाती है। इस प्रकार कई पर्त सुखाने के पश्चात् आम पापड़ के टुकड़ो को काटकर मक्खन कागज या सेलोफेन में लपेट कर भण्डारित कर लिया जाता है।

आम के पुराने बागों का जीर्णोद्धार

भारत में आजादी के उपरांत लगाये गये आम के बाग अब पुराने, धने हो गये हैं तथा उत्पादकता मात्र 30–40 प्रतिशत रह गयी है। इनके फलों की गुणवत्ता में काफी कमी हो गयी है। नये बाग रोपण हेतु फसल आने में बिलम्ब के कारण आवश्यकता इस बात ही है कि इन धने बागों को नवजीवन दिया जायें।

चलीस से पचास वर्ष के आम के बाग जिनमें फलन पुरानी शीर्ष शाखों पर सीमीत रह गयी है, उनका जीर्णोद्धार किया जा सकता है। बाग के चयन के बाद दिसम्बर में एकान्तर कतार अथवा बाग के सभी वृक्षों की मुख्य डालियों की भूमि से 4–5 मीटर की उंचाई पर विधुत चलित आरी से छंटाई की जाती है। बीच का भाग खुला रखने हेतु कुछ शाखों को समूल निकाल दिया जाता है। कटे भाग पर मात्र गाय के गोबर का मोटा लेप लगाना सस्ता तथा लाभप्रद पाया गया है। फरवरी माह में छांटें गये वृक्षों में1.25 कि0ग्रा0 यूरिया, 3.00 कि0ग्रा0 सिंगल सुपर फास्फेट तथा 1.5 कि0ग्प्र0 म्यूरेट आफ पोटाश प्रति वृक्ष जून में उपयोग करते हैं। उचित रहता है कि प्रत्येक वृक्ष में एक कुन्तल गोबर अथवा कम्पोस्ट का उपयोग जुलाई में किया जाय। फरवरी–मार्च में सिचाई करते रहने से काफी संख्या में कल्ले निकलते है। इनमें 4–5 शाखायें, जो बाहर की तरफ बढ़ रही हैं, छोड़कर शेष निकाल देते है।

गहरी कटाई वाले वृक्ष में तना भेदक कीट का व्यापक संक्रमण अप्रैल से सितम्बर तक होता है। इसकी पहचान वृक्ष के पास बड़े बुरादे से आसानी से की जा सकती है पतली तीली डालकर कीट को निकाल कर नष्ट कर देना चाहिए तथा साथ ही नुवान कीटनाशी रुई में भिगोंकर छेद में रखकर गिली मिट्टी से छेद को बंद कर देने से कीट का नियंत्रण हो जाता है।

जुलाई–अगस्त में पत्ती खाने वाले कीट तथा एन्थ्रैकनोज का प्रभाव भी पड़ता है । इनके निदान हेतु कार्बेरिल (सेविन) तथा कापर आक्सीक्लोराइड 3 ग्राम प्रति लीटर का अलग–अलग छिड़काव किया जाना चाहिए।

ठीक से देखभाल करने पर तीसरे वर्ष से उच्च आकार तथा गुणवत्ता के फल आने लगते है। 3–5 वर्ष तक फसल के बाद एकान्तर कतार की कटाई इसी प्रकार करने से 15–20 वर्षो तक अच्छा उत्पादन लिया जा सकता है।

आम निर्यात की समस्याएं एवं समाधान

आम के निर्यात में निम्नलिखित समस्याएँ है:–

- आम का निर्यात मुख्यतः एक ही किस्म अल्फांसों पर निर्भर है। अतः आम की अन्य किस्मों जैसे केसर, बनगनपल्ली, स्वर्णरेख, दशहरी एवं चौसा के निर्यात को प्रोत्साहन देने की एपीडा की परियोजना है। इनमें से प्रथम तीन को अंतराष्ट्रीय स्तर पर स्वीकृति मिल रही है।
- कुछ किस्मों जैसे दशहरी एवं चौसा में अनियमित फलन की समस्या है। इससे निर्यात करने की क्षमता की साख प्रभावित हो सकती है।
- अधिकतर किस्मों में रंग का अभाव है। रंगीन संकर किस्मों का विकास करने हेतु सतत् प्रयास जारी है।
- अधिकतर किस्मों में सीमित भण्डारण क्षमता है। तुडाई उपरान्त प्रबंधन तकनीक मानकीकााण हेतु प्रयास तेज करने की आावश्यकता है।
- कुछ किस्मों में फल मक्खी एंव स्टोन वीविल कीट एंव एंथ्रक्नोज रोग के प्रकोप से निर्यात बाधिक होता है। इसके उपचार हेतु एकीकृत तकनीक विकसित की जानी चाहिएं। जापानी वाष्प उष्मा उपचार संयंत्र के प्रयोग की आवश्यकता पर बल देना चाहिए।
- देश में अधिकतर किस्मों के फलों की उत्पादकता अप्रैल से जून के मध्य है। इस अवधि में निर्याततित फलों की शीतोष्ण फलों से प्रतिस्पर्धा होती है। वही कुछ राष्ट्रों जैसे ब्राजील, कोलम्बिया, केन्या मे यह वर्ष भर तथा कुछ जैसे मैक्सिकों, कोस्टारिका, इन्डोनेशिया इत्यादि में यह फल अधिक समय तक उपलब्ध है। भारत तुलनात्मक रुप से हानि की स्थिति में है। अतः उपरोक्त अवधि के अलावा फल उत्पादन की क्षमता वाली किस्मों के विकास पर बल देने की आवश्यकता है।
- ताजे फल प्रंबधन हेतु शीतन प्रणाली का अभाव है। इस प्रणाली में पूर्व शीतकरण,पैकिंग एवं ग्रेड़िग पटिट्का, जिसमें फल उपचार हो सकें, शीतकृत वाहन इत्यादि सम्मिलित हैं। एपीडा द्वारा आम के विभिन्न उत्पादन क्षेत्रों जैसे लखनउ, सहारनपुर, इत्यादि में

निर्यात जोनों की स्थापना हो चुकी है। इसके अंतर्गत उपरोक्त मूलभूत ढांचे की स्थापना की जा रही है।

- फल को अधिकतर पंरपरागत और अवैज्ञानिक तरीकों से ट्रकों में लादा जाता है इससे उनकी गुणवत्ता में कमी होती है। अतःकम उछाल वाले शीत वाहन परिवहन के लिए अधिक उपयुक्त होगें।
- भारत परम्परागत रुप से खाड़ी देशों को आम निर्यात करता है जिसमें गिरावट देखी जा रही है। इन क्षेत्र में निर्यात को बढ़ाने के प्रयास के साथ–साथ ही यूरोप व अमेरिका के देशों को निर्यात बढ़ाने के प्रयास तेज करने होगें। अतःइन देशो में मांग बढ़ाने के लिए इसकी चाहत व स्वीकृति स्थापित हो सके।
- खाड़ी देशों को आम छोटे शीतकृत जहाजों द्वारा भेजा जाता है। परन्तु यूरोप, अमेरिका इत्यादि में इसे हवाई मार्ग से भेजा जाता है जो अन्य देशों की तुलना में अधिक महंगा है। वाणिज्य मंत्रालय ने इसमें अनुदान की धोषणा कर दी है।
- अधिकतर फल प्रतिबंधित रसायन कैल्सियम कार्बाइड से पकाये जाते हैं, जो विदेश, खास कर यूरोप, अमेरिका तथा अन्य विकसित देशों में ग्राह्य नही होगा। अतः मण्डी स्थलों पर एथिलीन कक्षो के विकास एवं स्थापना पर अधिक बल देना होगा, जिससे नैसर्गिक गुणवत्ता वाले पके फल प्राप्त हो सकेगें तथा इनकी मांग बढ सकेगी।
- विकसित देशों को आम के निर्यात हेतु एफ.ए.ओ. एवं विश्व स्वास्थ्य संगठन (डब्लू एच ओ) द्वारा विकसित कोडेक्स मानकों का सख्ती से पालन सुनिश्चित करना होगा।
- आम के अच्छे निर्यात, योग्य गुणवत्ता एवं अधिक मात्रा के लिए कान्ट्रैक्ट फार्मिंग व्यवस्था को अपनाने की संभवानाओं का पता लगाने के प्रयास करने चाहिए।

कोडेक्स मानक

फलों की गुणवत्ता को परिभाषित करने के लिए डब्लू एच ओ0 एवं एफ.ए.ओं. ने अन्तर्राष्ट्रीय कोडेक्स मानक विकसित किये है।। इनकी मुख्य विशेषता निम्न हैः

- फलो का रंग किस्म के अनुरुप होना चाहिए।
- आम ताजे व सख्त होने चाहिए व क्षतिग्रस्त नही होने चाहिए। क्षतिग्रस्त में चोट खाए हुए, फटे हुए व बीमारी के संक्रमण वाले फल शामिल हैं।
- वे साफ होने चाहिए, कोई भी अतिरिक्त फल अथवा अन्य चीजें नही होनी चाहिए। उनमें सड़न चिन्ह अथवा चैप इत्यादि की पट्टियां नही होनी चाहिए।

- फलों मे कोई भी कीट जैसे फल मक्खी, गुठली धुन इत्यादि का प्रकोप नही होना चाहिए।
- न्यून तापमान जनित क्षति नही होनी चाहिए।
- फलों को भीगा हुआ अथवा उस पर पानी का जमाव नहीं होना चाहिए।
- अगर डंठल हो तो एक से0मी0 से अधिक नहीं होना चाहिए।
- फलों को एकसार पका होना चाहिए।
- आम को वनज के अनुसार निम्न तीन श्रेणियों में बाटा गया है।

श्रेणी	वजन (ग्राम)	सीमा (ग्राम)
क	200–350	+75
ख	351–550	+100
ग	551–800	+124

- एक पैकेट में एक ही किस्म के फल, एक गुणवत्ता व वनज व एक ही स्थान पर उत्पन्न होना चाहिएं। प्रत्यक्षदर्शी फल पूरे पैकेट के द्योतक होने चाहिए।
- पैकेट नया साफ होना चाहिए तथा उसे फलों की रक्षा के लिए सक्षम होना चाहिए। प्रिंटिंग तथा लेबलिंग विषाक्त स्याही अथवा गोंद से नहीं होनी चाहिए।
- फलों के सभी पैरामीटर जैसे निर्यातक का नाम, किस्म, आकार, श्रेणी, वनज उत्पादक स्थान (देश, जिला) इत्यादि पैकेट पर छपे होने चाहिए।
- फलों में कीटनाशक अवशेष नहीं होने चाहिए।

आम के अवशेषों की उपयोगिता

हाल के वर्षो में आम प्रसंस्करण के क्षेत्र में काफी वृद्धि हुई है। लेकिन उभरते प्रसंस्करण उद्योगो ने कुछ जटिलताओं को जन्म दिया है, जिसमें एक प्रमुख समस्या ठोस अपशिष्ट या अवशेष को निपटाने की है। आम के प्रसंस्करण जनित अपशिष्ट मुख्यतः छिलका तथा गुठली है, जो कुल फल भार का 40 से 50 प्रतिशत तक होता है। सामान्यतः गुठली को बीज के रुप में प्रयोग किया जाता है, जबकि छिलके को सीमित मात्रा में जानवरों के चारे, खाद अथवा भूमि भराव में प्रयोग किया जाता है। काफी अधिक मात्रा में उत्पन्न ये अपशिष्ट प्रदूषण की समस्या को बढ़ाते हैं। इसके अतिरिक्त बढ़ती हुई जनसंख्या तथा

धटते कृषि क्षेत्र को देखते हुए यह आवश्यक है कि फल के प्रत्येक भाग का उपयोंग किया जाये। आम के छिलके तथा गुठली की रासायनिक संरचना सारणी में दर्शायी गयी है। उससे स्पष्ट है कि आम का छिलका तथा गुठली तोड़ने से प्राप्त गिरी विभिन्न उपयोगी तत्वों से भरपूर है। वैज्ञानिकों ने इन्ही तत्वों का रासायनिक निष्कर्षण एंव किण्वीकरण करके विभिन्न उपयोगी पदार्थ प्राप्त करने में सफलता प्राप्त की है, जिनका विवरण निम्नानुसार हैः–

1. आम का छिलका

रासायनिक निष्कर्षण द्वारा आम के छिलके से रेशा तथा पैक्टिन प्राप्त किया जा सकता है। छिलके से रेशा को प्राप्त करने के लिये उसे क्षार से उपचारित करके क्रमशः हाइड्रोजन पर –आक्साइड व अल्कोहल में उबालते है। तत्पश्चात अल्कोहल से धोने के बाद शुद्ध रेशा प्राप्त होता है। शुद्ध अवस्था मे यह रेशा भोज्य पदार्थ जैसे बेकिंग उत्पाद, बाल आहार तथा भोजन के साथ लिये जाने वाले पेय का रेशा मूल्य बढ़ाने में प्रयुक्त होता है। आम के छिलके से प्राप्त उच्च गुणवत्ता युक्त पैक्टिन का जैम, जेली, पुड़िग, सलाद, दुग्ध पदार्थो, इत्यादि में वांछित गाढ़ापन तथा स्थायित्व लाने के लिये उपयोग होता है। प्रसाधन तथा औषधि निर्माण उद्योग भी इसका उपयोग करते हैं।

किण्वीकरण विधि की सहायता से आम के छिलके से पैक्टीनेज तथा सैलूलेज एन्जाइम प्राप्त किये जा सकते हैं। वर्त्तमान जैव प्रौधोगिकी के युग में एंजाइम विशेष महत्व रखते हैं। ये जैविक क्रियाओं से उत्पन्न होते हैं तथा जैविक उत्प्रेरक का कार्य करते हैं। पैक्टीनेज तथा सैलूलेज एंजाइम का फल प्रसंस्करण उधोग में विशेष उपयोग है। भारत में लगभग 20 करोड़ रुपये के एन्जाइम का प्रयोग होता है, लेकिन पपेन को छोड़कर अधिकतर एंजाइम विदेशो से आयात किये जाते हैं। इसमें भारी विदेशी मुद्रा खर्च होती है। यदि फल प्रसंस्करण उधोग द्वारा उत्पन्न अपशिष्ट से एंजाइम उत्पनन कर लिये जाये तो उत्पाद की उत्पादन लागत में काफी कमी आयेगी क्योंकि अपशिष्ट मामूली कीमत पर उपलब्ध है। इस तरह से प्राप्त एंजाइम को फल उधोग स्वयं के लिये प्रयुक्त कर फल उत्पाद की लागत में कमी ला सकता हैं। साथ ही अन्य उधोगों को इन्जाइम बेच कर लाभ कमाया जा सकता है। इस प्रकार प्रदूषण की समस्या में कुछ हद तक कमी लायी जा सकती है। एंजाइम निष्कर्षण के उपरान्त बचे हुए अपशिष्ट को प्रोटिन युक्त खाध के तौर पर पशु आहार में भी मिलाया जा सकता है।

आम के छिलके से किण्वीकरण द्वारा साइट्रिक अम्ल उत्पनन किया जा सकता है,जिसे विभिन्न खाद्य उद्योगों में प्रयोग करते हैं। आम के छिल्के से उत्तम गुणवत्ता का सिरका बनाया जा सकता है जो रंग–रुप तथा सुगधं में आम के गूदे से तैयार सिरके के समकक्ष

होता है। आम के छिलकों का उपयोग पशु आहार के रुप में भी होता है। छिलके में प्रोटिन की मात्रा बहुत कम होती है। इस एस्परजिलस नाइजर (फफूँदं) अथवा बेकर यीस्ट द्वारा वातापेक्षी ठोस किण्वीकरण विधि से पांच गुना तका बढ़ायाजा सकता है जिससे आहार अधिक पौष्टिक हो जाता है।आम के छिलके का प्रयोग खुम्बी उत्पादन में भी किया जा सकता है।

छिलके के इस्तेमाल करने की सबसे आसान विधि इनसे खाद बनाना है। लेकिन आम के छिलकों के साथ यह काम उतना सरल नहीं है। आम प्रंसस्करण उधोगों से प्राप्त जानकारी के अनुसार वर्ष भर पड़ा रहने के उपरान्त भी छिलका पूरी तरह से नही सड़ता है। इस प्रक्रिया को तेज करने के लिए यदि आम के छिलकों में गोबर 3:1 के अनुपात में मिलाया जाये तो एक महीने में छिलका सड़ कर उच्च कोटि की खाद में परिवर्तित हो जाता है। आम के छिलके से बायोगैस का उत्पादन भी किया जा सकता है।

सारणीः आम अपशिष्टों का रासायनिक संधटन

रासायनिक धटक	**छिलका**	**गिरी**
नमी	68.5	55.0
अपरिष्कृत प्रोटिन	3.9	2.6
शर्करा	48.1	7.9
अपरिष्कृत रेशा	8.4	0.9
अपरिष्कृत वसा	—	4.2
पैक्टिन	12.8	0.8
स्टार्च	2.9	57.8

प्रतिशत, सूखे भार के अनुसार

2. आम की गुठली

प्रसंस्करण से प्राप्त गुठली पर आम का कुछ गूदा लगा रह जाता है। इस गूदे से किण्वीकरण द्वारा बेकर यीस्ट उत्पन्न किया जा सकता है जो बेकिंग उधोग में अपनी आम जैसी सुंगध के कारण लोकप्रिय हो सकता है। इसके अतिरिक्त इसे सस्ते मक्का अथवा चावल के आटे से मिला कर मछली अथवा मुर्गी के प्रोटिन युक्त आहार के रुप में प्रयोग किया जा सकता है।

आम की गुठली को तोडने से गिरी प्राप्त होती है। आम की गिरी में स्टार्च बहुतायत (58 प्रतिशत) में होता है। इसे रासायनिक निष्कर्षण द्वारा शुद्व करके आटे के रुप में अथवा औषधि निर्माण में उपयोग में लाया जाता है। आम की गिरी में काफी मात्रा में तेल पाया गया है। यह तेल खाद्य, सुंगध, रबर, प्रसाधन, पैन्ट कन्फैक्शनरी, आईसक्रीम, कीट नाशक, कपड़ा, इत्यादि उद्योगों मे प्रयुक्त होता है। गिरी से वसा तथा तेल निकालने के पश्चात् जो अवशेष बचता है उसे जानवरों के आहार के रुप मे प्रयोग किया जा सकता है। गिरी से किण्वीकरण द्वारा एमाइलेज एंजाइम का उत्पादन किया जा सकता है।

— • —

8

आंवला

आंवला हमारे देश का प्राचीन और उपयोगी फल है। विटामिन–सी से भरपूर होने के कारण इसका औषधीय महत्व बहुत ज्यादा है। ग्रामीण इलाकों में इसकी तरह–तरह के स्वादिष्ट व्यंजन बनाये जाते हैं। वैज्ञानिकों ने पता लगाया है कि देश के बारानी क्षेत्रों में इसकी बागवानी की प्रबल संभावनाए हैं। वहाँ वैज्ञानिक ढंग से इसकी बागवानी करके उत्पादन बढ़ाया जा सकता है।

भूमि का चुनाव

विभिन्न प्रकार की भूमियों मे, जहाँ जल–निकास की समुचित व्यवस्था हो, आंवले की खेती की जा सकती है। विकसित मूल तन्त्र तथा पर्णपाती पादप होने के कारण शुष्क, अर्ध शुष्क, बीहड़, पठार तथा उसर भूमि के लिए यह उपयोगी फल है।

जलवायु

जलवायु के प्रति आंवला एक सहिष्णु पौधा है। इसके देशी पौधे विन्ध्य पर्वत, पूर्वीय, अंचल (असम, मेघालय, नागालैण्ड, मणिपुर), पश्चिमी हिमालय की घाटियों (1500 मीटर उँचाई) मे बिखरे पाये जाते हैं। इससे प्रमाणितत होता है कि व्यापक स्तर पर इसकी खेती

संभव है। ग्रीष्म ऋति में 40 डिग्री से उपर तक तापमान बरदाश्त कर सकता है। पर शरद ऋतु में 4 डिग्री से कम तापमान हानिकारक होता है।

पोधों की रोपाई

आंवलें की विभिन्न किस्मों को 8–10 मी0 की दूरी पर रोपना चाहिए। शुष्क क्षेत्रों में 7.5–9 मी0 की दूरी पर्याप्त होती है। सघन रोपण करने के लिए आंवला के बाग के स्थापन हेतु रेखांकन का कार्य अप्रैल–मई से प्रारम्भ कर देना चाहिए। शुष्क क्षेत्र में तेज वायु वेग, प्रचण्ड धूप ग्रीष्म ऋतु मे होती है। इसलिए बाग के चारो तरफ भूमि की उपलब्धता के अनुसार 2 से 3 कतार जंगली पौधे शीशम, बबूल, जामून इत्यादि का रोपण किया जाना चाहिए। रेखांकान के अनुसार गड्ढ़े की खुदाई कर 15–20 दिन तक खुला रखने के बाद प्रत्येक गड्ढ़े मे 40–60 किलोग्राम सड़ी गोबर की खाद + 200 ग्राम सुपर फास्फेट मिला कर गड्ढ़े की भराई 20–25 सें0मी0 उँचाई तक कर देना चाहिए। वर्षा आरम्भ होने पर एक या दो बार वर्षा हो जाने के बाद रोपण किया जाना चाहिए। जुलाई माह में रोपे पौधों शरद के आगमन तक स्थापित हो जाते हैं। शुष्ककक क्षेत्र में विकसित मूल तन्त्र आवश्यक होता है। इसलिए विश्वविद्यालय, उद्यान निदेशालय तथा बागवान के बीच में ताल–मेल होने पर आवंले की देशी पौध पोलीथीन की थैलियों अथवा नाली (15 X 25 X से0मी0) में उगाकर तैयार गड्ढ़ो मे रोपण कर दिया जाना चाहिए। एक वर्ष के स्थापन के बाद स्वस्थान में उन्नत किस्मों का प्रत्यारोपण चश्मा द्वारा किया जाना चाहिए।

वैज्ञानिक तौर–तरीके से उगाये गये आवले के आकर्षक फल।

प्रर्वधन की उन्नत विधियाँ

आवंले का प्रर्वधन बीज, भेंट कलम बंधन तथा चश्मा द्वारा किया जाता है। बीजू पौधे मे विलम्ब से गलत तथा विविधता के कारण कायिक प्रर्वधन की संस्तुति की जाती है। भेंट कलम–बंधन में सीमित संख्या में सांकुर शाख उपलब्ध होने के कारण चश्मा द्वारा व्यावसायिक प्रर्वधन की व्यावहारिक सम्भावनायें हैं। मूल वृंत के लिए देशी आंवला जिसके परिपक्व फल जनवरी–फरवरी में उपयोग में लाया जाता है, सूखने के बाद लकड़ी द्वारा पीट कर बीज निकाला जाता है। सामान्यतः एक क्विटल आंवला से एक किलोग्राम बीज प्राप्त हो जाता है। आंवला के बीज को 24 घंटे भिगोनें के बाद अप्रैल–जुलाई तक बुआई की जाती है। 10–15 सें0मी0 आकार के बीजू पौधे को तैयार क्यारियों अथवा पोलीथीन की थैलियों में रोपण किया जाता है। 4–6 माह आयु के स्वस्थ, पेंसिल की मोटाई के मूलवृंत पर, पैबन्दी अथवा विरुपित चश्मा चढ़ाया जाता है। चश्मा द्वारा मध्य मई से मध्य अक्टूबर तक प्रर्वधन किया जा सकता है। जून से अगस्त तक 90 प्रतिशत से शत–प्रतिशत सफलता प्राप्त होती है। इस अवधि में साकुंर शाख को 5–7 दिनों तक भंडारित रखकर भी प्रर्वधन संभव देखा गया है।

आंवले की उन्नत किस्में

आवंले की प्रमुख किस्में जिनके रोपण की संस्तुति की जा रही है, निम्नवत् है–

नरेन्द्र आवंला–5 (कंचन)

इस किस्म का चयन चकैया के बीजू पौधों से किया गया है। इसके वृक्ष उपर की तरफ फैलाने वाले तथा मादा फूल की संख्या अधिक होने के कारण अच्छी फलन होती है। पर फल का आकार छोटा, अधिक रेशा होने के कारण इसका रोपण त्रिफला, चटनी, आचार आदि के लिए किया जा सकता है।

नरेन्द्र आंवला–6

इस किस्म का चयन चकैया के बीजू पौधों से किया गया है। वृक्ष का आकार सुडौल तथा शाखें चीमड़ होने के कारण भरपूर फल के बाद नहीं टूटती। फल अर्द्ध पारदर्शक औसत आकार तथा रेशाहीन होने के कारण कैण्डी तथा मुरब्बा बनाने के लिए उपयोगी किस्म है। फल नवम्बर–दिसम्बर में पकते हैं।

नरेन्द्र आवंला–7

इस किस्म का चयन फ्रांसिस के बीजू पौध से किया गया है। फ्रांसिस के फल 60–80 प्रतिशत तक उतक क्षय से प्रभावित हो जाते हैं, पर नरेन्द्र –7 में इसका प्रकोप नहीं देखा गया है। फल मध्यम आकार के फल (40–45 ग्राम) सुनहरा पीला रंग, गूदा रेशाहीन, पारदर्शक तथा मध्य नवम्बर–मध्य दिसम्बर में परिपक्व होते हैं रोपण के तीसरे वर्ष फलन आरम्भ हो जाती है तथा यह एक उत्पादक किस्म है फल विविध उत्पाद के लिए उपयुक्त होते हैं।

उसर भूमि में नरेन्द्र आँवला –७ की सफल बागवानी, साथ में बागवान।

आंवले की उत्तर भारत की प्रसिद्ध किस्म–कंचन

चकैया

यह एक प्रचलित किस्म है। वृक्ष उपर बढ़कर फैलने वाले होते है। फल चपटे, रेशायुकत, अर्ध पारदर्शक होते हैं। एक वर्ष अच्छी फलन के बाद दूसरे वर्ष हल्की फलन होती है। फल में अच्छी भण्डारण क्षमता होती है। रोपण के चौथे अथवा पांचवें वर्ष फलन की शुरुआत होती है।

नरेन्द्र–10

इस किस्म का चयन बनारसी आवंले की बीजू पौधे से किया गया है। प्रति फल शाख मादा फूल की संख्या (5.02) होने के कारण यह एक उत्पादक किस्म है। फल औसत आकार (41.9 ग्राम) रेशाहीन, लाल आभा लिये सुनहरे होते हैं। फलों की परिपक्वता अक्टूबर माह मे हो जाने के कारण अगेती फसल के लिए यह एक अच्छी किस्म प्रमाणित हो रही है।

उसर भूमि में आँवले की सफल बागवानी किसानों के लिए वरदान

आवलें की उपलब्ध किस्मों में निम्नलिखित किस्मों की व्यावासिक रोपण की संस्तुति की जा रही है।

- शीध्र पकने वाली (मध्य अक्टूबर–मध्य नवम्बर)–नरेन्द्र आंवला–1.0 आगरा बोल्ड तथा
- मध्यम अवधि में पकने वाली–(मध्य नवम्बर–मध्य दिसम्बर)–नरेन्द्र आंवला–6
- देर से पकने वाली–चकैया व नरेन्द्र आवंला–7

आंवले की किस्मों में स्वयं बन्धयता होने के कारण कम से कम दो किस्में एक साथ रोपित की जानी चाहिए। चकैया के लिए फ्रांसिस तथा नरेन्द्र आंवला –7 अच्छी परागण कर्त्ता किस्म देखी गयी है।

खाद एंव उर्वरक का इस्तेमाल

पौधे की उचित वृद्धि तथा फलन के लिए प्रति वर्ष संतुलित मात्रा में खाद और उर्वरक का उपयोग करना अति आवश्यक है। शुष्क क्षेत्रों में जैविक पदार्थो की कमी होती है। अतः सड़ी गोबर की खाद का उपयोग किया जाना चाहिए। शोध के आंकडों के अभाव में उपर्युक्त सारणी के अनुसार खाद और उर्वरक के उपयोग की संस्तुति की जा रही है।

गोबर की खाद, पूर्ण फास्फोरस, आधी नाइट्रोजन तथा आधा पोटाश फरवरी माह में फल की तुड़ाई के बाद तथा शेष जुलाई–अगस्त में फल की वृद्धि आरम्भ होने पर दिया जाना चाहिए।

पौधो की आयु	गोबर की खाद (किलोग्राम)	नाईट्रोजन (ग्राम)	फास्फोंरस (ग्राम)	पोटाश (ग्राम)
प्रथम वर्ष	20	100	60	75
द्वितिय वर्ष	30	200	120	150
तीसरे वर्ष	40	300	180	225
चौथे वर्ष	50	400	240	300
पांचवे वर्ष	60	600	300	375
छठे वर्ष	70	600	360	450
सातवें वर्ष	80	700	420	525
आठवें वर्ष	90	800	480	600
नवें वर्ष	100	900	540	675
दसवे वर्ष	100	1000	600	750

आवंला में खाद और उर्वरक उपयोग (प्रति वर्ष/पौध)

सिंचाई की विधियाँ

आवंले के पौधों में मसूला जड़े विकसीत होने के कारण फलन वाले पौधों को सिंचाई की आवश्यकता नहीं पड़ती। पर रोपण के बाद अच्छी वानस्पतिक वृद्धि के लिए सिंचाई की व्यवस्था विशेषकर ग्रीष्म ऋतु में की जानी चाहिएं। केन्द्रीय सरकार द्वारा रिसाव सिंचाई के लिए 50 प्रतिशत अनुदान स्वीकृत है। इसका लाभ शुष्क क्षेत्रों के लिए किया जाना चाहिए।

अवरोध पर्त

जैविक तथा अजैविक अवरोध पर्त की उपयोगिता विशेषकर शुष्क प्रक्षेत्रों में विशेष है। इस निमित्त पौधे के चारों ओर बेसिन में घास, पुआल, लकड़ी का बुरादा, सुगमता से उपलब्ध पौधों की पत्तियाँ या काली पॉलीथीन बिछा देनी चाहिए। इससे पानी का वाष्पीकरण कम हो जाता है, खरपतवार नियन्त्रित रहते हैं। तथा मूल तन्त्र में तापमान नियंत्रित रहने के कारण फलों की वृद्धि तथा फलन पर अनुकूल प्रभाव पड़ता है।

फलों की उपज

दस वर्ष की आयु में औसतन 100–500 कि.ग्रा.फल प्रति वर्ष प्रति वृक्ष प्राप्त हो जाता है। इस प्रकार 15–20 टन प्रति हेक्टेयर उत्पादन प्राप्त होता है। जिससे 25,000–35,000 रु की शुद्ध आमदनी प्राप्त हो सकती है।

कीट तथा व्याधियों का नियंत्रण

आंवला में कीट तथा व्याधि का व्यापक संक्रमण नहीं होता है। निम्न कीट तथा व्याधि संक्रमण करतें देखें गयें हैः–

1. **माहू कीट** : वर्षा के मौसम में माहू (एफिड) का संक्रमण प्रायः देखा जाता है। छोटे–छोटे कीट पत्तियों तथा विशेषकर नई वृद्धि से रस चूसकर वृद्धि अवरुद्ध कर देते हैं। ये मधु स्राव भी करतें हैं। परिणामतः संक्रमित भाग की तरफ चीटें दिखतें हैं। रोकथाम के लिए किसी कीटनाशी जैसे –इन्डोसल्फान (1 मि.ली./ली), मोनोक्रोटोफॉस (1 मि.ली./ली.) का एक या दो छिड़काव किये जाने चाहिए।
2. **पत्ती खाने वाला कीट (हेयरी कैटर पिलर)** : यह विविध भक्षी (पॉलीफैगस) कीट है। किसी–किसी वर्ष इसका व्यापक संक्रमण होता है। कीट लम्बे रोमिल तथा झुण्ड में पत्तियों का रस चुसतें हैं, जिससे पत्तियों की नसें दिखने लगती हैं। सम्पूर्ण हरे भाग को खाकर नष्ट कर देती है। रोकथाम के लिए मिथाइल पैराथियान या मोनोक्रोटोफॉस (1 मि.ली./ली.), छिडकाव 10–15 दिनों के अन्तराल पर दो बार किया जाना चाहिए।
3. **छाल खाने वाला कीट** : यह एक विविध भक्षी कीट है, जिसका प्रकोप अमरुद, आम, आँवला, अनार, कटहल आदि के वृक्षों में होता है। बाग घने होने पर संक्रमण की अधिक सम्भावना रहती है। कीट के कैटरपिलर दिन में छिपे रहते हैं, पर रात के समय शाखा की छाल विशेषकर जोड़ के स्थान में खातें हैं तथा गोल मल पदार्थ

निकालतें है। लार्वा द्वारा निकाले गये लार आपस में जुडें रहते हैं। संक्रमित पौध – भाग की वृद्धि रुक जाती है तथा फलत भी प्रभावित होती है।

रोकथाम के लिए मई –जून में कीट के वयस्क को एकत्रित कर नष्ट कर देना चाहिए। संक्रमित भाग पर मोनोक्रोटोफॉस/पैराथियान /डाइक्लोरोफास 0.025 करके सुराख को चिकनी मिट्ठी से बन्द कर देना चाहिए। सुराख में रुई का फाहा मिट्टी के तेल पैट्रोल या क्लोरोफार्म में भिगो कर भरने के बाद कीट के कैटरपिलर शीध्र नष्ट हो जातें हैं।

सूट गाल कीट

यह कीट शाख के शीर्ष भाग में छेद बनाकर अन्दर प्रवेश करता है। ग्रसित भाग पर स्थान फूल जाता है। तथा पौधे के उस भाग की वृद्धि रुक जाती है। वर्षा त्रतु में इसका व्यापक संक्रमण होता है। सीमित सक्रंमण दिखने पर गांठों को देखते हुए ही इन्हें काटकर भूमि में गाड़ देना चाहिए। जुलाई –अगस्त माह में रोगर (1.5 मि.ली./ली.), इन्डोसल्फान (1 मि.ली./ली.), के छिड़काव की संस्तुति की गयी है।

आंवले के रोग

रतुआः यह कवक जनित व्याधि है। संक्रमित पत्तियों पर गोल अण्डाकार लाल धब्बे दिखतें है। रोकथाम के लिए 0.2 प्रतिशत डायथेन जेड–78 का छिड़काव किया जाता है।

आंवला – घरेलू औषधि

आंवले को अमृत फल का दर्जा प्राप्त है। इसका मुख्य कारण यह है कि इस फल में हजारों ओषधीय गुण हैं जिससे इसका नियमित सेवन करने वाला सदा स्वस्थ, चुस्त–दुरूस्त तथा जवान बना रहता है। आंवले में एन्टी–आक्सीडेन्ट की अधिकता पायी जाती है जो बुढ़ापा को फटकने नहीं देता है। च्वनप्राश का एक मुख्य अवयव आंवला है। आंवले के सेवन से दाँत मजबूत, चमकीले तथा आँखें तेज बनी रहती हैं।

- मधुमेह : आंवला चूर्ण के साथ हल्दी चूर्ण मिलाकर एक चमच दो बार भोजन के पश्चात लेने से मधुमेह समाप्त होता है।
- प्रमेह : सूखे आंवले का चूर्ण का क्वाथ बना कर उसमें दो ग्राम हल्दी का चूर्ण तथा शहद मिलाकर सेवन से लाभ होता है।
- पित्त : सूखे आंवले का चूर्ण एक भाग में, दो भाग शर्करा तथा चार भाग घी मिलाकर सेवन से शीघ्र लाभ होता है।

- मूत्रकृच्छ : आंवले के ताजे फलों का रस तथा गन्ने का रस मिला कर लें ।
- योनिदाह : आंवले के ताजे फलों के रस में मिश्री मिलाकर पीने से लाभ होता है।
- श्वेत प्रदर : आंवले के बीज के चूर्ण में मधु मिला कर सेवन से रोग दूर होता है।
- रक्त प्रदर : आंवले के फल का चूर्ण मधु के साथ दिन में चार बार चाटना चाहिए।
- रत्तार्श : आंवले के रस में गाय के दही के उपर की मलाई मिला कर सेवन करने से तुरन्त लाभ मिलता है।
- ज्वर : ज्वर में आंवले के रस में गाय के घी का छौंक देकर खिलाने से ज्वर भाग जाता है।

उपरोक्त रोगों के अतिरिक्त अन्य अनेक रोग जैसे कामला, शिर शूल, मूर्छा, खाज–खुजली, रक्त श्राव, अतिसार, प्रतिश्याय, तथा प्रशीताद में आंवला घरेलू कारगर औषधि सिद्ध हुआ है।

9

इमली

इमली एक उष्ण कटिबन्धीय फल वृक्ष है। इसे वैज्ञानिक लोग टैमरीनड्स इंडिका कहते हैं। इमली का वृक्ष सुखा एवं मानसून मौसम को पंसन्द करता है। यह लेग्यूमिनोसी कुल का सदस्य है। इसके फल 5 से0मी0 से15 सें0मी0 लम्बे तथा 2 से0मी0 चौड़े होते हैं। पके फलों का गुदा चिपचिपा भूरे रंग का होता है जिसका बहुत ही घरेलू एवं व्यवसायिक महत्व है। इमली का वृक्ष 20–25मी0 लंम्बा, तना 1मी0 व्यास का छोटा तथा मजबूत होता है। इमली धीरे–धीरे वृद्धि करने वाला तथा लम्बी आयु वाला फल वृक्ष है। इमली के वृक्ष की आयु 80 से 200 वर्ष तक होती है। टैमरीनड्स जीनस का सिर्फ एक ही स्पेसीज इंडिका ही पूरे विश्व में पायी जाती है। जिसका सबसे नजदीकी संबंधी हेटरोस्टीमॉन है जो दक्षिणी अमेरिका महाद्धीप के अमेजन के वनों में पाया जाता है।

वितरण उत्पत्ति तथा जलवायु

आजकल इमली सभी उष्णकटिबन्धीय एंव उपोष्ण देशों में उगाया जाता है। ऐसा विश्वास है कि इमली का उदगम् स्थल पूर्वी अफ्रिका है। इमली को अरब देश के व्यापरियों ने अफ्रिका से एशिया में लाये थे। एशिया के व्यवसायी इस फल को अर्धमहासागरीय प्रदेशों के रास्ते अमेरिका महाद्धीप में पहुँचा दियें। वहाँ से इस फल का विस्तार मध्य एवं दक्षिण अमेरिका में हुआ। इमली उष्ण कटिबन्धीय मरुस्थलों के लिए अनुकूल फल वृक्ष है परन्तु

यह आद्र, उष्ण मौसमी प्रदेश तथा अधिक वर्षा वाले क्षेंत्रो में भी आसानी से उगता है। अच्छी जल निकास वाली, हल्की अम्लीय मिट्ठी इसके लिए उपयुक्त होती है। इमली जलप्लावित क्षेत्र के लिए उपर्युक्त नहीं होता है परन्तु वृहद भौतिक मृदा पारिस्थितिकी के लिए भी यह फल उपर्युक्त है।

इमली के फलो का अत्याधिक उत्पादन आवश्यक वर्षा के साथ लम्बी सुखी अवधि में सर्वोत्तम होता है। इमली के पेड़ो की जड़े मिट्ठी में अधिक गहराई तक फैलती है जो पौधे को आँधी, तुफान एवं काल वैशाखी जैसी आँधी से भी बचाती है। छोटे पौधे पाला को सहन नहीं कर सकतें । लेकिन बड़े वृक्ष तीन डिग्री सेन्टीग्रेड से नीचे तापक्रम को सहन नही कर सकतें है। इमली के पौधों की रोपाई 8 मी0 × 8 मी0 या 8 मी0 × 12 मी0 या 12 मी0 × 12 मी की दूरी पर करनी चाहिए । दक्षिणी भारत में गृहवाटिका एवं सामुदायिक भूमि में इमली के वृक्ष बहुत ही शौक से लगाये जाते है। इमली के वृक्षों को नदियों के तटबन्धों पर एवं शहरों में सड़को के दोनो तरफ शोभाकारी वृक्षों के रुप में भी लगाया जाता है।

इमली के बागवानी की उपयोगिता

इमली के वृक्ष प्रतिवर्ष 150–500 किलोग्राम फल का उत्पादन करतें है। इसकी बागवानी अत्यन्त आसान है तथा इस पर किसी भी गंभीर रोग तथा कीड़ो का आक्रमण नही होता। इमली के वृक्षों को तब तक बढ़ते रहने देना चाहिए जब तक की इसके वृक्ष स्वाभाविक रुप से बढ़ते रहे। इस वृक्ष की लकड़ी से अत्याधिक मुनाफा नहीं मिल पाता है। केवल इसके फलों से ही मुनाफा मिलता है। इमली पर्यावरण को हमेशा शुद्ध रखने वाला प्राकृतिक वृक्ष है। वृक्ष में हर क्षत्रक सालोभर बने रहते है। यह मृदा संरक्षण करने वाला फल वृक्ष है। इमली भूमि में सतत रुप से कार्बनिक एवं पादप पोषक पदार्थ बढाता है। इमली बहुउपयोंगी गुणों से भरपूर वृक्ष है तथा जाड़ा एवं बसंत ऋतुओं में जब अन्य भोज्य पदार्थ की कमी होती है, अपने पत्तों एवं फलों से जानवरों एवं मनुष्य को भोज्य पदार्थ उपलब्ध कराते है। इसके फलों में अन्य फलों की तुलना में सबसे कम जल तथा उच्च कोटि के पचनीय प्रोटिन एंव कार्बोहाइड्रेट पाये जाते है। फलों के भूरे गुदे में पौटशियम, फॉस्फोरस एवं कैलशियम पाये जातें है। इमली के फल लौह, विटामिन, थाईमीन एवं नियासीन से भरपूर होतें है। पत्तियों में विटामिन सी एवं बीटा–कैरोटीन पाया जाता है तथा बीज से प्राप्त प्रोटिन में अनूकूल एमीनों अम्ल पाये जाते है। इमली ग्रामीण तथा आदिवासीय क्षेत्र के गरीबों के लिए अद्भूत वरदान है, अमीरों की स्त्रियाँ इमली की चटनी को आनन्द पूर्वक खातीं है। दक्षिण भारत का कोई भी व्यंजन बिना इमली का अधूरा माना जाता है।

उत्पादन तथा आर्थिक महत्व

इमली का विश्व की अर्थिकी में महत्वपूर्ण योगदान है। इसकी दो मुख्य उपजातियाँ है, जिससे मीठे तथा खट्टे फल प्राप्त होते हैं। मीठे स्वाद वाली किस्मों में मनीलास्वीट तथा माखनवान मुख्य हैं तथा खट्ठी किस्मों में रोडोकार्पा प्रमुख है। एशिया तथा अफ्रिका में पायी जाने वाली इमली के फूलो, फलों, फूलों के रंग, फलों के पल्प के रंग, पल्प में चीनी तथ्या अम्ल की मात्रा में बहुत सारी विविधता पायी जाती है। मीठी इमली मुख्यतः अमेरिका तथा थाइलैंड में उगायी जाती है। इसके कच्चे–पकके फलों तथा इससे प्राप्त पल्प का संरक्षित पदार्थ के रुप में बहुत व्यापारिक महत्व है। आजकल लगभग 14 हजार टन इमली का उत्पादन थाइलैड में होता है। भारत इमली का मुख्य उत्पादक राष्ट्र है। इमली के फलों का संग्रह मुख्यतःग्रामीण समुदाय द्वारा किया जाता है। भारत में मीठी तथा खट्टी दोनो तरह की इमली उगाई जाती है। भारत मे खट्टे इमली का ही अत्याधिक व्यावासायिक महत्व है। भारत में प्रतिवर्ष तीन लाख टन इमली का उत्पादन होता है तथा इसका निर्यात पाकिस्तान,अरब,यूरोप तथा उत्तरी अमेरिका में किया जाता है। दूसरे एशियाई देश भी इमली का उत्पादन तथा निर्यात करते है लेकिन बहुत ही कम मात्रा में। अमेरिका कोस्टारिका जैसे देश लगभग 220 टन, जबकि अमेरिका से सटे अन्य देश मौक्सिको 37 टन, प्यूरीटोरीको 23 टन ही उत्पादन करता है तथा इस देश के लोग इसे यूरोप तथा उत्तरी अमेरिका भेजते हैं। विश्व में जितने भी उत्पादक देश हैं वें कोई भी इसकी खेती नही करतें। प्राकृतिक रुप से जंगल या अन्य क्षेत्रो में उगे हुए वृक्षों से सिर्फ फलों का संग्रह कर के ही बेचते हैं। इमली की माँग गत वर्षो से लगातार बढ़ रही है तथा भव्थ्यि में इसकी माँग और अधिक बढ़ने की संभावना है। अतःअब समय आ गया है कि इस फल की भी अन्य फलों की तरह वैज्ञानिक ढ़ंग सें बागवानी की जाय।

इमली का पौध प्रसारण

इमली को मुख्यतः बीज तथा वर्धी प्रजनन द्वारा उगाया जाता है। इसे बीज से आसानी से उगाया जाता है, लेकिन पर परागण के कारण इसकी संतति में विभिन्नताएँ आ जाती हैं जिससे फलन में अन्तर आ जाता है। बीज प्रायः एक सप्ताह तथा बीज की उत्तरजीविता कई महीनों तक बनी रहती है। इसे बलुआर दोमट मिट्टी में बोया जाता है। युवा, घने छत्रक वाले, अत्याधिक फलन, रोग, व्याधि एवं कीट से मुक्त वृक्षों के पके फलों का चुनाव करें। तथा गूदें से बीज को निकाल लें तथा पानी में धोकर स्वस्थ बीजों को अलग कर लें। बीजों को पौधशाला में उचित नमी की अवस्था में लगानी चाहिए। नये अंकुरित पोधों के उचित विकास के लिए मृदा में नमी का होना आवश्यक है। प्रौढ़ वृक्ष के लिए भी मृदा में नमी चाहिए। परन्तु इमली के वुक्ष सूखा को सहन कर सकते है। इमली के फल वसन्त

के उत्तरार्द्ध एवं ग्रीष्म के शुरुआत में पकने लगते हैं तथा फल पेड़ के अगले कई महीनों तक लगे रहते हैं। आर्द मौसम में वीटल, फूफॅद पके हुए फल पर आक्रमण करते हैं, अतः पके हुए फलो को तोड़कर शीत कक्ष में भंडारित करना चाहिए।

बीज से प्राप्त पौधे अपने मातृ एवं पितृ जनक के अनुरुप कभी नहीं होते हैं। इमली के पेंसिल की मोटाई के बराबर तने के कलम को जड़ हार्मोन द्वारा उपचारित करके भी लगाया जाता है। बड़िंग विधि से भी तैयार किया जा सकता है।वीनीयर ग्राफिटिंग, शील्ड वर्डिग, ऐयर लेयररिंग से भी कुछ लोग तैयार पौधे अपने मातृ एवं पितृ जनक के अनुरुप होते है। इमली के वृक्ष सिर्फ 5–6 वर्षो में फल देने लगते हैं। ग्राफ्टिंग विधि द्वारा तैयार किये गये पौधे धीरे–धीरे बढ़ते हैं और मँहगे भी होते हैं।

इमली गरीबों के आय का अच्छा श्रोत है।

इमली के विविध उपयोग

इमली के पके फलों का इस्तेमाल विविध प्रकार के सांक्षित पदार्थ बनाने में किया जाता है। इससे बनने वाले पदार्थो में अचार, जैम, डिब्बा बन्द उत्पाद, शरबत अनेकों तरह के रस एवं पेय पदार्थ मुख्य हैं। इमली के गूदे को लवण के साथ मिलाने पर इसका उपयोग कॉसा एवं चाँदी के पात्रों को परिष्कृत करने में किया जाता है। यह हल्दी के पीले रंग एवं चाँदी के पात्रों को परिष्कृत करने में किया जाता है। यह हल्दी के पीले रंग एंव विक्सा के फूल के गूदे से बना गहरा नांरगी रंग के लिए स्थिरक का कार्य करता है। तथा रबर के रस के जमने के लिए स्कंदक है। फल के गूदे से तैयार आसवन शम्बूक के नियंत्रण में होता है। आसक्ति रस से अनेको प्रकार के फूफँदनाशी एवं सुक्ष्मजीवनाशी दवाईयाँ बनायी जाती हैं। नवोदभिद् पौधे के आसवित् रस से विषाणुरोधी दवाई भी बनाई जाती है। पत्तियों, पर्णावृत एवं छोटी डंठल जानवरों के लिए अच्छा चारा है।

आर्युवेद में इसका फल एवं पत्तियों को अमाश्य एवं त्वचा रोग के इलाज के लिए इस्तेमाल की जाती हैं। अमेरिका की कई दवा कम्पनियाँ प्रतिवर्ष 100 टन से अधिक इमली के फलों के गूदों से हृदय एवं रक्त शर्करा को नियंत्रित करने वाली दवाईयाँ बनाते हैं। इमली के बीज के केन्द्रक भाग से कई तरह के औद्योगिक पदार्थ बनाये जाते हैं, विशेषकर इसका उपयोग कपड़ा उद्योग में धागे का चिक्कणीकरण, सुताई, कागज एवम् जूट उद्योग में होता है जो रासायनिक रुप से पोलीसैकराइड है। इसका उपयोग खाद्य एवं अन्य उद्योग, प्लाई में आसंजन के रुप में तथा इसकें बीज के बीजावरण का उपयोग चर्मशोधक कारखाना में किया जाता है, क्योकि इसके बीज चोल में अधिक टेनीन की मात्रा होती है। इमली ग्रामीण तथा आदिवासी क्षेत्रों की जनता के लिए अद्भूत वरदान है। आवश्यकता इस बात की है कि इस फल के व्यावासायिक बाग लगाये जाये तथा इमली के मूल्य सम्वर्धित पदार्थ बनाये जायें। केवल जंगलो पर आधारित रहने से उच्च कोटि का उत्पादन प्राप्त होना संभव नही है।

— • —

10

अंगूर

अंगूर शीघ्र तैयार होने वाला, खाने में स्वादिष्ट तथा पौष्टिक फल है। इसकी बागवानी व्यावसायिक स्तर पर तथा गृह वाटिका में कुछ पौधे लगाकर की जा सकती है। ताजे खाने के अतिरिक्त इसके फलों से रस और सुरा बनाई जाती है तथा फल सूखाये भी जाते है।

भूमि एवं जलवायु

अंगूर के लिए गहरी दोमट भूमि जिसमें उचित जल निकास की व्यवस्था हो, उत्तम होती है। खारी, ऊसरीली भूमि में अंगूर की खेती नहीं की जानी चााहिए।

अगूंर उपोष्ण जलवायु का पौध है।परन्तु इसकी विभिन्न किस्मों की बागवानी हिमालय की तलहटी से लेकर कन्याकुमारी तक की जाती है। पौधों की अच्छी वृद्धि एवं फलन हेतु गर्म तथा सूखा मौसम चाहिए। फलों के पकने के समय बरसात हो जाने पर इसके दाने खट्टे हो जाते हैं तथा फटने भी लगते है। जाड़ें मे मौसम ठंडा होना चाहिए तथा फूल आते समय मौसम साफ होना चाहिए।

अंगूर की किस्में

उत्तर भारत में अगूंर की केवल ऐसी किस्में जो बरसात के पहले पक जाय की बागवानी करनी चाहिए। इनमें प्रमुख किस्में निम्नलिखित है:

परलेट

उत्तर भारतवर्ष में प्रमुख रुप से इसकी बागवानी की जाती है। यह बीज रहित किस्म है तथा जून के प्रथम सप्ताह में फल पकने लगते है। इसका गुच्छझ गठीला होने के कारण कुछ फल छोटे रह जाते है। दाने मोतियों जैसे मध्यम आकार के हल्कें भूरें–हरे और कुछ सफेद गोल होते हैं।

ब्यूटी सीडलेस

यह एक गहरे बैगनी रंग की किस्म है। इसका गुच्छा मध्यम से बड़ा, आकार्षक और गुच्छे का उपरी भाग चौड़ा होता है। यह किस्म मई के अन्त में पकने लगती है। दाने सुंदर, मिठास लिए हल्के खट्टे होते है। इसके फल ताजे खाने के अतिरिक्त रस बनाने के काम भी आते हैं।

पूसा सीडलेस

इसके गुच्छे बड़े, खूब भरें, उपर काफी चौड़े, लम्बोतर तथा सुहावने होते है। प्रांरभ के वर्षों में अच्छी फलन के बाद फलन कम हो जाती है। दाने अण्डाकार, सामान आकार के होते हैं। फल जून के मध्य तक पकते हैं। अतः मानसून शीध्र आने पर अच्छे गुण आने की संभावना नहीं होती है।

अंगूर किस्म–पूसा सीडलेस की बाग   अंगूर किस्म – भोकरी

डिलाइट

फल बीज रहित, हरे पीले रंग के मीठे होते है। गूच्छे मघ्यम आकार के नुकीले होते है। जिनमें सटे रुप में फल लगते है। फल मई के तीसरे सप्ताह में पक जाते है।

भोकरी

यह बीज युक्त किस्म है इसके दाने मध्यम आकार के खाने में स्वादिष्ट होते है। इसमें फलन अच्छी होती है, तथा उत्तर भारत में इसकी खेती सफलतापूर्वक की जा सकती है।

पौध प्रवर्धन एवं पौध रोपाई

अंगूर का पर्वधन मुख्यतः कलम द्वारा किया जाता है। जाड़े में कटाई–छटाई से प्राप्त शाखों से 3–4 गाँठ की कलमें बना ली जाती है। इनका बन्डल बनाकर नम बालू में भंडारित कर देते है अथवा सीधे तैयार क्यारियों में रोपण कर दिया जाता है।

एक वर्ष आयु की जड़ वाली कलमों का रोपण तैयार गड्ढों में माह दिसम्बर–जनवरी में किया जाता है।

अंगूर के वेलों पौधों की सधाई

अंगूर का पौधा बेल के रुप में होता है। अतः इसकी सधाई विशेष विधियों द्वारा करने तथा कटाई–छंटाई करते रहने पर ही अच्छी फलन होती है। सधाई की चार प्रमुख विधियाँ हैं जिनकी किस्म एवं आमदनी के अनुसार अपनाया जा सकता हैः

हेड विधि

यह सबसे आसान एवं सस्ती विधि है। इस विधि में अंगूर की बेलों को झाड़ी का आकार दिया जाता है। कम ओज वाली किस्में जैसे ब्यूटी सीडलेस, परलेट हेतु यह विधि अच्छी होती है। इसमें बेल का फैलाव थोड़ा होता है। फलतः अन्य की अपेक्षा उपज कम होती है। पंरतु रोपण दूरी कम होने के कारण अधिक पौध लगाये जाते हैं।

जनवरी में लगाई गई बेल मार्च में फूटना शुरु कर देती है जब फुटाव 20–25 सेंमी0 का हो जाय तो उसे लकड़ी की बल्ली या बाँस के डण्डे के सहारे एक तने के रुप में बढ़ने दिया जाता है। दूसरें वर्ष माह जनवरी में 1.25 मीटर बेल रख कर उपर काट दिया जाता है। इससे नीचे की गाँठ फूटकर नई शाखें निकालती हैं जिनमें चार शाखों का चयन चारों दिशाओं में भूमि से 75 सेंमी0 व 1.25 मी. के बीच में किया जाता है। इन्ही शाखों को जिन्हें मुख्य भुजा कहा जाता है पूरे वर्ष बढ़ने दिया जाता है। तीसरे वर्ष जनवरी में इन्ही भुजाओं

की लंबाई 45 से0मीं0 रखकर शेष भाग काट दिया जाता है। 4 वर्षो में बेल झाड़ीनुमा आकार ले लेती है।

निफिन विधि

इस विधि में मध्यम ओजवाली किस्में जैसी ब्यूटी सीडलेस, परलेट, डिलाइठ इत्यादि की सधाई की जाती है। रोपित बेल को बाँस की डण्डियों के सहारे बढ़ने दिया जाता है। इस विधि में दो जी0 आई0तार भूमि में क्रमशः 1.05 तथा 1.65 मीटर की उॅचाई पर लोहे या लकड़ी के खंभो के सहारे एक छोर से दूसरे छोर तक खीचे जाते हैं। ये तार छोर के दोनों खंभो मे पेच द्वारा कसे होते हैं। खंभो की आपसी दूरी 4.8 मीटर होती है। लता भूमि से 1.65 शाखायें क्षैतिज दिशा में बढ़ने दिया जाता है। इस प्रकार दोनो तारों पर भुजायें बन जाती है। इन्हीं भुजाओं पर फल देने वाली छोटी शाखें रहती है। जिनकी काट छाँट नियमित रुप में करनी पड़ती है।

बावर विधिं

इसे मण्डप, पंडाल तथा ओरबर के नाम से भी जाना जाता है। इस विधि में ब्यूटी सीडलेस, परलेट, डिलाइट, पूसा सीडलेस इत्यादि किस्मों की सधाई की जाती है। फल की उपज सबसे अधिक इस विधि में होती है। तथा सूर्य की रोशनी एवं चिड़ियों से हानि भी कम होती है।

इस विधि में पंडालनुमा ढाँचा बनाया जाता है। इसके लिए 4.5 से 6.00 मीटर की दूरी पर 2.10 मीटर उँचे खम्भों के उपर तार के सहारे जाली बनाई जाती है। तार खड़े और पड़े दोनों तरफ से 45–60 सें0मी0 की दूरी पर खीचें जाते है। बेल को जाली के उपर इस प्रकार साधा जाता है कि उसकी मुख्य शाखायें 45 से0मी0 की दूरी पर उप शाखायें निकल कर छतरीनुमा फैल जाय। इस विधि में अन्य की अपेक्षा खर्च अधिक होता है।

अंगूर की बेलों की कटाई–छटाई

अंगूर की बेल का फैलाव अधिक होता है। यदि इनकी वार्षिक काट–छाँट नही की जाय तो शाखों का प्रसार अधिक होगा परंतु फल उत्पादन एवं फलों के गुण क्षीण होने लगते हैं। अतः आवश्यक है कि बागवान किस्म के अनुसार कटाई–छटाई करते रहें।

उत्तरी भारत में पतझड़ के बाद जनवरी माह में कटाई–छँटाई की जानी चाहिए। अंगूर में फल पिछले वर्ष की शाखों से उत्पन्न वुद्धि पर, जिन्हें केन कहते हैं। इन्हीं केन को किस्म के अनुसार कुछ आँखें छोड़कर काटना चाहिये। कुछ किस्में जिनमें फल नीचे आने वाली 2–3 आँखों से निकलने वाली शाखाओं पर लगते हैं, की कटाई छॅटाई किया जाता है। इसे

ठूठ काट–छाँट कहते हैं। इस तरह की काट–छाँट परलेट, ब्यूटी सीडलेस, डिलाइट, गोल्ड आदि किस्मों में की जाती है। अन्य किस्मों में फल 8–10 आँखों पर आती है, अतः इसमें 8–10 आँखों छोड़कर कटाई करनी पड़ती है। इसे केन प्रुनिंग कहते हैं। इस विधि द्वारा थम्पसन सीडलेस, पूसा सीडलेस, किशमिश बेली एवं किशमिश चरनी इत्यादि किस्मों की छँटाई की जाती है। इनमें नीचे की आँखों मे फलन नहीं होती है।

अंगूर के बागों की सिंचाई

अंगूर की बेलो की आवश्यकतानुसार सिंचाई करते रहना चाहिए। फूल तथा फल लगने के पहले सिंचाई की जानी चाहिये। फल के टिकाव के पश्चात सिंचाई करते रहना चाहिये। इसी समय फलों तथा पौधे की वृद्धि होती है। पकने के समय हल्की सी नमी होनी चाहिये। जाड़े में अधिक नमी नहीं होनी चाहिये। सिंचाई बेसिन अथवा फरो विधि द्वारा की जानी चाहिये।

खाद एवं उर्वरक का प्रयोग

पौधो की आयु	यूरिया / ग्राम	सु0फा0 / ग्राम	म्यु0पो0 / ग्राम
प्रथम वर्ष	220	375	133
द्वितीय वर्ष	440	750	265
तृतीय वर्ष	660	1125	398
चौथे वर्ष	880	1500	538
पाचवे वर्ष एवं बाद में	1100	1875	633

खाद एवं उर्वरक के अतिरिक्त 1 प्रतिशत पोटैशियम सल्फेट के घोल का एक सप्ताह के अन्तराल पर 5–6 छिड़काव करने पर फलों के मिठास एवं गुण में बढ़ोतरी हो जाती है। सूक्ष्म तत्वों में जस्ते एवं बोरान की कमी प्रायः हो जाया करती है। साल मे 0.4 प्रतिशत जिंक सल्फेट का छिड़काव लाभप्रद पाया गया है। इसी प्रकार 0.2 प्रतिशत बोरिक एसिड के घोल का फूल आने के पहले तथा फल लगने के बाद छिड़काव करने से फलों के मिठास एवं गुणवत्ता में बढ़ोतरी हो जाती है।

फलों की गुणवत्ता एवं पैदावार में सुधार

निम्नलिखीत क्रियाओं द्वारा फलों के गुणवत्ता में बढोतरी संभव है–

फलों की विरलन

क्षमता से अधिक बेलों पर गुच्छे लेने पर समान रुप में अंगूर नही पकते तथा उनके गुणों में कमी आ जाती है। छोटे एवं बेढव गुच्छों को निकाल देना चाहिये। गुच्छो का निचला हिस्सा करीब 5 सें0मी0 भाग काट देना चाहिये। यह क्रिया फल लगने के तुंरत बाद की जानी चाहिये।

छल्ला बनाना

अंगूर की बेल के मुख्य तने पर आधा सें0मी0 चौड़ा छल्ला उतार कर अंगूर की पैदावार एवं गुणों में वृद्धि संभावित होता है यह कार्य फूल खिलने के एक सप्ताह बाद से दानों में रंग बदलते समय तक विभिन्न उद्देश्य हेतु किया जा सकता है।

रसायन छिड़काव

जिब्रेलिक अम्ल एवं इथेफान का छिड़काव व्यावसायिक स्तर पर किया जा रहा है। फूल खिलने के पश्चात् 40–50 पी0पी0एम0 (40–50 भाग प्रति दस लाख भाग पानी) घोल का गुच्छों पर छिड़काव करने से अंगूर के दाने बड़े होते हैं तथा खाने के गुणों में सुधार के साथ पैदावार भी बढ़ती है। एथेफान के 500 पी0पी0एम0 के घोल का अंगूर के गुच्छों पर छिड़काव करने से अंगूर के गुच्छे पहले पक जाते हैं, दाने के रंग में निखार आ जाता है तथा रस में मिठास बढ़ जाती है। इसका छिड़काव फलों के रंग बदलते समय करें।

फलों की तोडाई एवं उपज

अंगूर के गुच्छों की तोड़ाई पूणरुप से पकने के बाद की जानी चाहिये। प्रातःकाल सावधानीपूर्वक डण्ठल को पकड़कर तोड़ाई की जानी चाहियें। उपज किस्म, सधाई विधि तथा बाग की देखभाल पर निर्भर करती है। साधारणतया 10–15 टन औसत उपज प्रति हेक्टेयर प्राप्त होती है अधिक उपज लेने पर पौध कमजोर हो जाते हैं। अनाबेशाही किस्म में 78–80 टन तक औसत उपज प्राप्त होती है।

—•—

11

अंजीर

फलो में अंजीर का इतिहास अत्यन्त रोचक है। ग्रीक साहित्य और सभ्यता पर अंजीर का छाप ईसा पूर्व 300 पहले से ही पड़ चुका था। ग्रीक साहित्य इस बात का प्रमाण प्रस्तुत करती है कि मौर्य वंश के सम्राट अशोक के पिता बिन्दुसार को सीरियन अंजीर अत्यन्त प्रिय थे। सीरिया के राजा एण्टिओकस् सौटर ने अंजीर और अंगूर से बनी शराब भेंट में बिन्दुसार को भेजा था। हिब्रु के ग्रथो में अंजीर का कई जगहों पर वर्णन आया है। बाईबिल में लिखा है कि एक बार ईसा उस स्थान पर भी गये थे जिसे अंजीरों का घर कहते हैं।

अंजीर एक पौष्टिक फल है। इसके फलों को ताजा तथा सुखा कर दोनों रुपो में खाया जाता है। इसमें प्रचुर मात्रा में कार्बोहाईड्रेंट, प्रोटिन, कैल्शियम, लोहा तथा कैरोटीन को अधिकता होती है। प्राचीन रोमवासी अपने दासों से अधिक काम लेने हेतू उन्हें अंजीर खिलाते थें। रोम के बैक्कस को अंजीर की शराब अधिक प्रिय था।

अंजीर की उत्पति तथा वितरण

अंजीर फारसी भाषा का शब्द है जिससे यह साफ जाहिर होता है कि अंजीर की उत्पति पश्चिम एशिया में फारसी भाषी किसी देश में हुआ होगा। वही से बाद में यह फल

यूरोप तथा एशिया के अन्य देशों में फैला। दुनियॉ मे अंजीर की बागवानी इटली, ग्रीस, पुर्तगाल, स्पेन तथा सीरिया आदि देशों में होती है।

भारत में अंजीर का वर्णन मदनपाल निघण्टु नामक संस्कृत के ग्रंथ में सन् 1350 ई0 मे तथा क्षेम शर्मा कुतहल में सन् 1548 ई0 में मिलता है। आइने अकबरी पुस्तक में लिखा है कि अंजीर की खेती गुजरात के बगीचों में होती थी और उच्च कोटि के फल पैदा होते थे जो किसानों को आमदानी का अच्छा साधन था। महाराष्ट्र में प्राचीन काल में तथा आज भी अंजीर व्यावसायिक स्तर पर उगाया जाता है। सन 1886 ई0 में0 पंजाब सरकार ने फलों की एक प्रदर्शनी लगायी थी जिसमें गुड़गॉव, देहली अमृतसर और लाहौर के अंजीर के प्रादर्श रखे गये थे। कश्मीर के अंजीर के फलो के प्रादर्श छोटे–छोटे और जंगली थे बाकी सब बागवानी वाले उच्च किस्म के अंजीर थे। भारत में अजीर के दो चार पौधे अन्य फलों की बागो में ही रोप दिये जाते हैं। परंतु अब इसकी बाग लगायी जा रही है।

वानस्पतिक वर्णन

वानस्पतिक भाषा में अंजीर को फाइकस कैरिका कहते है जो मोरेसी पौध परिवार का एक सदस्य है। अंजीर का वृक्ष मध्यम आकार का होता है या इसकी बड़ी झाड़ी होती है। इसके वृक्षों की उॅचाई 5–8 मीटर तक होती है। इस वृक्ष की शाखायें लंबी, मुड़ी हुयी, गोल और लचीली तथा छाल भूरा होता है। इसकी पत्तियाँ 10–20 सें0मी0 लंबी, पतनशील, चौडे अण्डाकृति य हृदयाकार होती है। इनका उपरी भाग अधिक खुरदरा और गहरे हरे रंग का होता है।

प्रत्यक्ष में अंजीर पर कोई फूल नही लगते हैं। प्रांरभिक अवस्था मे फल के अंदर के भाग में सैकड़ो फूल निकलते है जो बाहरी संसार से छिपे रहते हैं। फल सायकोनस किस्म का होता है जो 1.5 से 2.5 से0मी0 व्यास के होते हैं जो कच्ची अवस्था में हरे रंग के तथा पकने पर पीताभ या भूरा जामनी रंग के होते हैं।

भूमि का चुनाव

अंजीर की बागवानी के लिए कंकरीली जमीन जिसकी गहराई 100–120 से0मी0 अच्छी होती है। चिकनी मिट्टी जिसमें जल जमाव नहीं होता हो, उसमें अंजीर लगाया जा सकता है। चूनादार जमीन में इसकी उपज अच्छी होती है। काली मिट्टी में अंजीर नही लगाना चाहिए।

अनुकूल जलवायु

अंजीर गर्म तथा सुखा जलवायु अधिक पंसद करता है। परंतु फलों के पकने के समय बारिस नहीं होनी चाहिए। कड़ाके की सर्दी को भी अच्छी बर्दास्त कर लेता है, परंतु 5 डिग्री सें0 से कम तापमान पौधों को हानि पहुॅचाता है। इसके लिए 15.5–22.5 डिग्री सें0 तापमान उपयुक्त होता है।

पौध प्रसारण की विधि

अंजीर की व्यवसायिक बागवानी के लिए कठोर काष्ट कलम द्वारा तैयार पौधों का इस्तेमाल लाभप्रद होता है। कलम 25–30 सें0मी0 लम्बी लें। कलम फरवरी, मार्च या जून–जुलाई में लगानी चाहिए।

पौधों की रोपाई की दूरी

अंजीर की व्यावसायिक बागों के लिए पौधों को 5 मीटर की दूरी पर बनी पंक्तियों में पौध से पौधा की दूरी 5 मीटर रखनी चाहिए। तैयार पौधों की रोपाई पहले से तैयार गड्ढ़ो में करनी चाहिए तथा हल्की सिंचाई कर देनी चाहिए। कभी कभी 25–30 सें0मी0 लम्बी कलम को सीधे तैयार खेत में लगा देते हैं जो 55–60 दिनों मे इनमें जड़े तथा पत्रांकुर आ जाते हैं और कुछ पत्तियाँ भी निकल आती हैं।

खाद तथा उर्वरक का व्यवहार

अंजीर के पौधो को शुरु के चार वर्षो तक प्रति वर्ष 10 किलो गोबर, 100 ग्राम नेत्रजन, 50 ग्राम पोटाश प्रति पौधा देनी चाहिए। इस मात्रा में प्रति वर्ष इतना ही मात्रा जोड़ते जाते हैं जो पॉचवे वर्ष में 50 किलो गोबर की सड़ी खाद या कम्पोस्ट,500 ग्राम नेत्रजन, 250 ग्राम स्फूर तथा 250 ग्राम पोटाश हो जाती है। यही मात्रा एक पौढ़ वृक्ष को प्रति वर्ष देनी चाहिए।

अंजीर के बागो कि सिंचाई

अंजीर के बागों की सिचांई सावधानी पूर्वक करें। फल लगने के बाद प्रति सप्ताह हल्की सिंचाई करें। जो वर्षा की दशा पर निर्भर करती है।

अन्तरवर्ती फसलें

अंजीर के बागो में अन्तरवर्ती फसले जैसे दलहन, तेलहन, सब्जियॉ, मसालें प्रारम्भ के चार वर्षो तक लेनी चाहिए। जब पौधे बड़े हो जाये तब कोई अन्तरवर्ती फसल नहीं उगाये।

अंजीर के पौधो की सधाई

अंजीर की अच्छी फलन के लिए पौधों की सधाई एकल तने पर करनी चाहिए। इस विधि में मुख्य तने को एक मीटर की उँचाई पर से काट देना चाहिए और चारों तरफ की शाखाओं को बढ़ने हेतु छोड़ देना चाहिए। अंजीर में कटाई–छंटाई प्रति वर्ष करना आवश्यक इसलिए है क्योकिं फलन नई शाखाओं पर हीं होती है। इसके लिए दिसम्बर का महीना उपयुक्त माना जाता है।

अंजीर में फलन तथा उपज

अंजीर के वृक्ष लगाने के दूसरें–तीसरे वर्ष से ही फलने लगते हैं परन्तु व्यासायिक फसल चौथे साल से ही लेनी चाहिए। अंजीर के वृक्ष 10 से 15 सात तक खूब फल देते है जो 20 साल आते सूखने लगते हैं। सितम्ब–अक्टूबर मे पौधों की तेज वृद्धि निश्चित रुप से अच्छी फसल की सूचक होती है।

अंजीर के पेड़ वर्ष में दो बार फल देते हैं। जून–जुलाई के फल खट्टे होते हैं। जो सब्जी के लिए व्यवहार मे लाये जाते हैं। जनवरी–फरवरी के फल पके खाने के काम मे लाये जाते हैं जो अधिक स्वादिष्ट होते हैं। यदि पेड़ो पर फल अधिक लग जायें तो बीच–बीच के फलों को तोड़ दिया जाता है। पके अंजीर के शून्य डिग्री सें0 तापमान पर तथा 90 आपेक्षित आर्द्रता पर 6–7 दिनों तक भंडारित कर सकते हैं। एक 10 वर्ष पुराने वृक्ष से 300–350 फल साधारणतया मिल जाते हैं परंतु एक हेक्टर की बाग से 55–60 क्विंटल सूखे अंजीर मिलते हैं।

अंजीर के पौध रक्षा के उपाय

अंजीर के पौधों को तना छेदक कीट, पर्णभक्षी कीट तथा सूत्रकृमि से नुकसान पहुँचाता है। इससे बचाव के लिए रोगर का छिड़काव करें अन्तरवर्ती फसल के रुप में गेंदा उगायें। फल फटने की क्रिया की रोकथाम हेतू सोडियमटेट्रा बोरेट के 0.3 प्रतिशत के घोल का छिड़काव करें। अंजीर में लगने वाली प्रमुख रोग रस्ट है। यह कवक जनित रोग है जिसके आक्रमण के कारण पत्तियॉ पीली हो जाती हैं और उनके निचली सतह पर छोटे भूरे धब्बे बन जाते हैं जिसमें पत्तियॉ गिर जाती हैं और उपज कम हो जाती है। इस रोग के रोकथाम हेतू 5:5:50 वोर्डो मिश्रण का छिड़काव करें।

—•—

12

कटहल

कटहल भारत की देन है। कहा जाता है कि सर्वप्रथम इसकी बागवानी का प्रांरभ यहीं से हुआ था। इसकी बागवानी बिना किसी विशेष देखभाल के की जा सकती है। कटहल के कच्चे एवं पके दोनों प्रकार के फलों की विशेष अहमियत है। कच्चे फलों की सब्जी बहुत लोकप्रिय है परंतु पके फलों का कोया बड़े चाव से खाया जाता है। इसके कोये से शर्बत एवं जैम भी तैयार किये जाते है। असम इसका सबसे बड़ा उत्पादक राज्य है। इसके अतिरिक्त उत्तर प्रदेश, बिहार, पश्चिमी बंगाल और दक्षिणी भारत के राज्यों में भी इसकी बागवानी बड़े पैमाने पर होती है।

उपयुक्त जलवायु

कटहल की बागवानी मैदानी भागों से लेकर समुद्र तल से लगभग 1000 मीटर की उँचाई तक पहाड़ों पर भी की जा सकती है। शुष्क और आर्द्र दोनों प्रकार की जलवायु इसके लिए सबसे उपयुक्त है। छोटे पौधों को पाला नुक्सान पहुँचाता है।

भूमि का चुनाव

कटहल सभी प्रकार की भूमि में पैदा होती है। किन्तु गहरी दोमट भूमि इसकी बागवानी के लिए सबसे उपयुक्त है। मिट्‌टी की गहराई कम से कम तीन मीटर होनी चाहिए। कटहल की सफल बागवानी के लिए मिट्‌ठी में पानी का तल नीचा होना चाहिए।

कटहल की उन्न्त किस्में

कटहल का प्रसारण बीज द्वारा किया जाता है। अतः एक ही किस्म के विभिन्न बीजों द्वारा तैयार पौधों में भिन्नता पायी जाती है और इस प्रकार इसकी कोई स्थायी किस्म नही है। फलों के आकार और कोये के रंग के आधार पर कटहल का वर्गीकरण किया गया है जिसके अनुसार इसकी कुछ प्रमुख किस्में निम्नवत् है–

रसदार

इस किस्म के फल प्रायः बड़े आकार के होते है। फला का वजन सामान्यतः 10–40 किलोग्राम होता है। कोये बड़े एवं रसदार होते है और फल पकने पर पीले रंग के हो जाते है।

खजवा

इस किस्म के फल के कोये सफेद एंव कोमल होते हैं। इनमें रेशे की कमी रहती है। इसलिए इन्हे दॉतों से काटकर खाया जाता है। फल खाने वाली किस्मों मे यह सर्वश्रेष्ठ किस्म है।

कटहली

यह मुख्यतः सब्जी वाली किस्म है। इसके फल छोटे परंतु आकार में गोल होते है। फलों का औसत वजन 4–5 किलोग्राम होता है। पेड़ो पर इसके फल गुच्छो में लगते हैं।

रुदाक्षी

यह दक्षिण भारत की किस्म हैं इसके फल छोटे आकार के होते है। छिलका कम कॉटेदार तथा पके फलों के कोये का स्वाद फीका होता है।

कटहल का पौध प्रसारण

कटहल का प्रसारण अधिकतर बीज द्वारा ही होता है। पंरतु इस विधि से तैयार एक ही किस्म के विभिन्न पौधों में भिन्नता पायी जाती है। इस समस्या के निराकरण हेतू वानस्पतिक प्रसारण विधियों पर प्रयोग किये गये। फलस्वरुप कटहल का प्रसारण इर्नाचिंग विधि से करने पर लगभग 60–70 प्रतिशत तक सफलता मिलती है। इसका सर्वोतम है गूटी तैयार करने की विधि लीची की ही तरह होती है। बीज को पके फल से निकालने के बाद ताजा ही बोना चाहिए। 6–7 सप्ताह में इसका बीज पूर्णतः अंकुरित होता है।

दस किलोग्राम गोबर की सड़ी खाद, यूरिया 40 ग्राम, सुपर फास्फेट 25 ग्राम एवं पोटाश 25 ग्राम की मात्रा बढ़ाते जाना चाहिएं। इस प्रकार 10 वर्ष के प्रौढ़ वृक्षों में गोबर की सड़ी खाद एक क्विटल, यूरिया 400 ग्राम, सुपर फास्फेट 250 ग्राम एवं पोटाश 250 ग्राम प्रति पेड़ डालनी चाहिए। गोबर की सड़ी खाद एवं सुपर फास्फेट की पूरी मात्रा तथा नेत्रजन एवं पोटाश की आधी मात्रा जून–जुलाई में डालनी चाहिए और शेष आधी मात्रा अक्टूबर के महीने में डालना चाहिए। खाद को भलीभाँती मिट्ठी में मिलाकर हल्की सिंचाई कर देनी चाहिए।

कटहल के ग्रेडेड फल मंडी के बिक्री हेतू

फूलने –फलने की अवधि तथा उपज

कटहल के बीजों द्वारा तैयार पौधे 6–8 वर्षों बाद फल देने लगते हैं परंतु वानस्पतिक विधि द्वारा तैयार पौधे 4–5 वर्षो के बाद ही फूलने एवं फलने लगते हैं। कटहल में नर एवं मादा फूल एक ही पौधें पर अलग–अलग आते हैं। पेड़ पर पहले नर फूल आते हैं जो बाद में सूखकर गिर जाते हैं। नर फूल निकलने के कुछ दिन बाद मादा फूल निकलते हैं। मादा फूल ही फल के रुप में विकसित होता है। फूल उत्तरी भारत में दिसम्बर से मार्च तक आते हैं। पके फल जून –जुलाई में मिलने लगते हैं। पेड़ो की 12 वर्ष की उम्र तक फलन कम होती है। इसके बाद किस्म के अनुसार प्रति पेड़ 80–100 फल तक प्राप्त होते हैं। बहुत अच्छी अवस्था में रहने पर इससे भी अधिक फल प्राप्त होते हैं। सब्जी के लिए फलों की तोड़ाई कच्ची अवस्था में करनी चाािहए।

कटहल के फल को बाजार ले जाती हुई गाँव की लड़कियाँ

कटहल के पौधों में लगने वाले रोग

फलगलन

कटहल में लगने वाला प्रमुख रोग फलगलन है। यह रोग फफूंदी के कारण होता है। इसका प्रकोप फल की छोटी अवस्था में होता है। सर्वप्रथम फल पर छोटे–छोटे सफेद धब्बे बनते हैं जो बाद में बढ़कर भूरे तथा काले हो जाते हैं। इसकी रोकथाम के लिए डाइथेन एम–45 का 0.2 प्रतिशत घोल का छिड़काव 10 दिनों के अन्तराल पर तीन बार करनी चाहिए।

बागों मे पौधा लगाने की विधि

जमीन का चुनाव करने के बाद 12 मीटर की दूरी पर एक मीटर व्यास वाले तथा एक मीटर गहरे गड्ढ़े बनाने चाहिए। गड्ढ़ा गर्मी के दिनों में बनाना चाहिए। और वर्षा प्रांरभ होने से पहले 20–25 किलोग्राम गोबर की सड़ी खाद अथवा कम्पोस्ट,50 ग्राम फास्फोरस, 50 ग्राम पोटाश और 50 ग्राम बी0 एच0सी0 मिट्ठी में भलीभाँती मिला कर गड्ढ़े को भर देना चाहिए। पौध अगस्त –सितम्बर में लगाने चाहिए। दो से तीन वर्ष पुराने बीजू पौधें लगाने के लिए उत्तम होते हैं।

पौधों की सिंचाई

पौध लगाने के बाद प्रारंभिक वर्ष में पौधों की गर्मियों में प्रति सप्ताह और जाड़े में 15 दिनो के अन्तर पर सिंचाई करनी चाहिए। बड़े पेड़ो को गर्मी में 15 दिनों और जाड़े में एक महीने के अन्तर पर सिंचाई करनी चाहिएं।

पौधों की निकाई–गुड़ाई

निकाई –गुड़ाई करके पौधों के थाले साफ रखने चाहिए। बड़े पेड़ो के बागों में वर्ष में दो बार जुताई, पहली वर्षाऋतु के बाद (अक्टूबर–नवम्बर) और दूसरी वर्षा प्रारंभ होने से पहले करना उपयुक्त रहता है।

कटहल के बागों में अन्तरावर्ती फसलें

कटहल के बागों में प्रांरभ के 7–8 वर्षो तक पोधों के बीच पर्याप्त जगह खाली पड़ी रहती है। इस भूमि में फसल लेने से किसानों को प्रांरभिक वर्षो में अतिरिक्त आय प्राप्त होती है। आप अन्तरावर्ती फसलों में दलहनी फसलें अथवा सब्जी वाली फसलें उगा सकते है। बड़े पेड़ हो जाने पर इनके नीचें आमादि, अदरख और हल्दी की खेती अन्तरावर्ती फसल के रुप में कर सकते है।

खाद की मात्रा और उपयोग की विधि

कटहल के पौधों को खाद और उर्वरक उम्र के अनुसार देना चाहिए। एक वर्ष की आयु के पौधे मे गोबर की सड़ी खाद 40 किलोग्राम, यूरिया 100 ग्राम प्रति पौधा की दर से डालनी चाहिए। पौधों की उम्र के साथ प्रतिवर्ष 10 वर्ष तक उपरोक्त मात्रा जोड़ते जाना चाहिए और दसवें वर्ष की मात्रा ही 11वें वर्ष से देनी चाहिए।

कटहल के प्रमुख कीट

मिलीबग

इस कीट से कटहल की सबसे अधिक हानि होती है। ये फूलों, नई कोपलों एवं डंठलों का रस चूसते हैं। फलस्वरुप फूल और फल गिर जाते हैं। इसकी रोकथाम हेतू मई–जून में बगीचे की जुताई कर देनी चाहिए।इससे अण्डे उपर आकर धूप से नष्ट हो जाते है। दिसम्बर के प्रथम सप्ताह तक वृक्षों के तने पर भूमि से एक मीटर की उँचाई पर 20–25 सें0 मी0 चौड़ी पॉलीथीन शीट की पट्टी रस्सी से बॉधकर इसके निचले सिरे पर चिकनी मिट्टी का लेप कर देना चाहिए।

स्केल कीट

ये पत्तियों की निचली सतह और मुलायम टहनियों पर चिपके रहते है और रस चूसकर पत्तियों पर चिपचिपा पदार्थ छोडते हैं जिसपर काली फफूंदी पैदा हो जाती है। इनकी रोकथाम हेतू रोगर नामक दवा की (2 मि0 ली0) मात्रा प्रति लीटर पानी में घोल कर दो छिड़काव 15 दिनो के अन्तराल पर करनी चाहिए।

—•—

13

कमरख

आजकल मनुष्य कुछ ऐसे फलों की तलाश कर रहा है जो प्रचूर पोषक तत्वों के साथ औषधीय गुणों से भी परिपूर्ण हों। इसमें कमरख विशेष स्थान रखता है। वर्तमान समय में व्यवस्थित एवं लाभकारी बागवानी के लिए कमरख की कोई प्रमाणिक प्रजाति उपलब्ध नहीं है इसलिए व्यवसायिक बागवानी हेतू उत्तम प्रभेदों का विकास आवश्यक है। इस दिशा में इसकी उपलब्ध विविध अनुवांशिक द्रव्यों का उपयोग प्रजनन कार्यक्रम में करके सफलता हासिल की जा सकती है।

कमरख खट्टा, मीठा स्वाद वाला फल है। जो बच्चों को अधिक लोकप्रिय है। इसको स्टारफल भी कहते हैं। इसकी कुछ मीठी किस्में भी पायी जाती हैं। इसके फल चटनी बनाने तथा जूस के रुप में प्रयोग किये जाते हैं। कमरख आक्सलीडेसी पौध परिवार का सदस्य है वनस्पति शास्त्री इसे **एवरहोवा कैरमबोला** कहते हैं। इसका जन्म स्थान इण्डोनेशिया तथा मलेशिया माना जाता है। विश्व के उष्ण कटिबंधीय क्षेत्रों में उगने वाला यह एक महत्वपूर्ण फलवृक्ष है। भारत में यह उत्तर प्रदेश, आसाम, पश्चिम बंगाल, मध्यप्रदेश, बिहारं, तमिलनाडू, के पठारी क्षेत्रों में उगने वाला यह एक महत्वपूर्ण फलवृक्ष है। भारत मे यह उत्तर–प्रदेश, आसाम, पश्चिम बंगाल, मध्यप्रदेश , बिहार, तमिलनाडू के पठारी क्षेत्रो के अलावा अन्य उष्ण कटिबंधीय क्षेत्रों में भी उगाया जाता है। इसके हरे–भरे वृक्ष औसत उँचाई के होते हैं। जिनकी उँचाई 6.5 से 10 मीटर तक होती है।

कमरख के फलों मे अवकारक शर्करा एवं विटामिन–सी के अतिरिक्त पोटैशियम, मैगनिशयम, कैल्शियम एवं फास्फोरस जैसे खानिज तत्व पाये जाते हैं। इसके फलों से उच्च कोटि की जेली, चटनी तथा सलाद बनायी जाता है। फल खट्टे होते हैं अतः इन्हें शर्बत में संरक्षित करने वाला रसायन के रुप में भी इस्तेमाल किया जाता है। इसको दवा के रूप में वबासीर के निवारण में प्रयोग किया जाता है।

कमरख के खट्टे मीठे फल

जलवायु तथा भूमि

कमरख के पौधों को विभिन्न जलवायु में उगाया जा सकता है। इस फल की व्यावसायिक बागवानी नीलगिरी की पहाड़ियो पर 1200 मीटर की उँचाई पर सफलता पूर्वक की जाती है। उत्तर भारत में इसके एक–दो वृक्ष ही कही–कही पाये जाते है। कमरख आर्द और उष्ण जलवायु का पौधा है। इसकी सफल खेती हेतू उष्ण एवं आर्द्र जलवायु उपयुक्त होती है। शरद् ऋतु में पाले का पौधों की वृद्धि पर हानिकारक प्रभाव पड़ता है। इसके लिए दोमट मिट्टी सर्वोतम होती है। भूमि में पानी का निकास अच्छा होना चाहिए।

पौध प्रवर्धन तथा उन्नत किस्में

कमरख एक अत्यन्त उपयोगी फल है जिसे अभी तक केवल इनके बीजों से हीं उगाया जाता है। बीज जनित पौध तैयार होने एवं पर–परागण के कारण इनमें काफी विभिन्नताएँ

आ गई है जिनका उपयोग कर अधिक पैदावार देने वाले वृक्षों के विकास की प्रबल संभावनाएँ है।

कमरख की किस्मों को बीज द्वारा प्रवार्धित किया जाता है। कायिक विधियों में भेंट कलम, बंधान, गुटी, ढाल एवं पैबंन्दी चश्मा द्वारा भी सफलतापूर्वक इसका प्रवर्धन किया जा सकता है। वाराण्सी एवं आसपास के क्षेत्रों में किये गये सर्वक्षणों में पाया गाया है कि इनके आनुवंशिक गुणों में विविधता के कारण फलों के आकार कभी गोलाकार, अंडाकार, शंकुलाकार या बेलाकार हो जाता है। फलों के उपरी छोर किसी में चपटा, अन्दर दबा हुआ या नुकीले आकार में मिलते हैं। छिलकों का रंग हल्का, पीला,नांरगी या हरें रंग के होते हैं। फलों का वनज 36.6 से 109 ग्राम, मोटाई 3 से 6.5 से0मी0 तथा लंबाई 3.5 से 7.52 सें0मी0 मापी गयी है। प्रतिफल बीज की संख्या 1.2 से9.0, रेशा 0.22 से 1.02 एस्कार्बिक अम्ल 6.98 से 16.98 मि0 ग्राम प्रति 100 ग्राम पाया जाता है। जबकि जूस की मात्रा 55 से 85 प्रतिशत एवं भंडारण क्षमता 11 से 16 दिन होती है।

पौध रोपण

इसके पौधों को भूमि की दशानुसार 8–10 मीटर की दूरी पर लगाते हैं। पौधों की रोपाई जुलाई–अगस्त में करते हैं। इसके हरे–भरे वृक्ष औसत उँचाई के होते हैं, जिनकी उँचाई 6.50 से 10 मीटर तक होती है। इसके पौधों के उचित विकास के लिए प्रति पौध 25 किलो केचुंआ की खाद +500 ग्राम सिंगल सुपर फास्फेट +400 ग्राम म्यूरिएट ऑफ पोटाश +250 ग्राम यूरिया देना चाहिए।

उपज

कमरख के फल जब हरे से पीले होने लगते हैं तथा गुदा मुलायम हो जाये तो परिपक्व समझना चाहिये। एक पूर्ण विकसित पेड़ से 80–100 किलोग्राम तक फल प्राप्त होते हैं।

—•—

14

करौंदा

करौंदा चटनी, चेरी तथा अचार वाला भारतीय मूल का फल है। करौदा शुष्क क्षेत्रों के लिए वरदान है। इसकी सफल बागवानी रक्षक बाड़ के रुप में आम, आवँला, नीबू तथा अमरुद के बागों के चारो तरफ बनारस, प्रतापगढ़, जौनपूर, तथा इलाहबाद जिलों में होती है। भारत में करौंदा की व्यवसायिक बागवानी लगभग नहीं के बराबर होती है। जबकि पौष्टिकता की दृष्टि से इस फल में लोहा की मात्रा अन्य फलों की तुलना में सबसे अधिक है। इसकी बाड़ सदाबहार, अपारदर्शक तथा अत्यन्त रक्षक होती है जिसे आम आदमी तथा पशु पार नही कर पाते हैं क्योंकि इसका पौधा बहुवर्षीय, काटेंदार तथा सघन झाड़ीनुमा होता है। इसके फलों से चटनी, अचार, जेली, जैम, मुरब्बा, मिश्री, तथा कृत्रिम चेरी बनाई जाती है जिसके उद्योग में अनेक लोगों को रोजगार प्राप्त है। यदि करौदें के व्यवसायिक बाग लगायें जायें तथा इस पर आधारित उद्योगों को बढ़ावा दिया जाए तो सुखे आदिवासी क्षेत्रो के लोगो की आर्थिक दशा सुधर सकती है। भारत मे करौदें पर आधारित चेरी उधोग के कारण इसकी बागवानी काफी जोर पकड़ती जा रही है।

विश्व तथा भारत में करौदें का वितरण

करौंदा की बागवानी विश्व मे दक्षिण अप्रिका, भारत, बंगलादेश, म्यानमार, श्रीलंका, मलेशिया, पाकिस्तान, आस्ट्रेलिया तथा जावा में की जाती है। परन्तु भारत में इसे बिहार,

उत्तर प्रंदेश, राजस्थान, महाराष्ट्र बंगाल में बाड़ के रुप में या अन्य फलों के बागों में पूरक वृक्ष के रुप में उगाया जा रहा है। यह फल असम तथा दक्षिण के राज्यो में कही–कही जंगली अवस्था में उगा हुआ मिलता है।

करौंदे के फल का पोषणमान

करौंदे का फल बेरी किस्म का होता है। इसके फलों की वाह्य तथा मध्य फलभित्ति ही खाई जाती है। करौदा के फल का 90 प्रतिशत भाग खाया जाता है। इसके ताजे फल में 91 प्रतिशत जल, 1.1 प्रतिशत प्रोटिन और 7.4 प्रतिशत कार्बोहाइड्रेट्रस पाया जाता है। इसके फल के प्रति 100 ग्राम गूदे में 18 मि.ग्रा. कैल्सियम,4.3 मि.ग्रा.लोहा, 7.0 मि.ग्रा. फास्फोरस, 1 मि.ग्रा. विटामिन–सी, 1691 अंतर्राष्ट्रीय इकाई विटामिन 'ए' तथा 42 किलो कैलोरी उर्जा होती है। करौदें के पके फलों को सुखाकर भी खाया जाता है जो काफी पौष्टिक होते हैं। शुष्क फलों में नमी–18.2 प्रतिशत, प्रोटिन–2.3 प्रतिशत, वसा–9.6 प्रतिशत, उर्जा–364 किलो कैलोरी, खानिज–2.8 प्रतिशत, कैल्सियम–0.16 प्रतिशत, फास्फोरस–0.06 प्रतिशत, लोहा–39.1 प्रतिशत होता है।

करौंदें की पंत मनोहर किस्म

भूमि तथा जलवायु

करौंदा का पौधा अधिक सहिष्णु होता है जिसे हर जगह लगाया जा सकता है। इसे सभी प्रकार की मिट्टियाँ पसन्द हैं। करौंदे की कुछ प्रजातियाँ ऐसी हैं जो अत्यन्त ही

पथरीली तथा अनुपजाऊ भूमि तथा शुष्क वातावरण में भी उगायी जा सकती हैं। जहाँ जल निकास की व्यवस्था नहीं है वहाँ भी इसके पौधों की वृद्धि अच्छी होती है। करौंदा 8.5 पी. एच मान वाली उसर भूमि में भी अच्छी प्रकार फूलता–फलता है। जलवायु की दृष्टि से भी यह काफी कठोर होता है। इसे शुष्क जलवायु अधिक पसन्द है। इसे उष्ण तथा उपोष्ण जलवायु में सफलतापूर्वक उगााया जा सकता है। पाले के लगातार बने रहने से इसके पौधे की हल्की क्षति हो सकती है। भारत के शुष्क प्रदेशों में करौंदा की बागवानी अधिक प्रचलित है क्योंकि इसे अधिक जल की आवश्यकता नहीं होती है।

पंत सुवर्णा पर लगे पौष्टिक फल

करौंदा की विभिन्न किस्में

वनस्पति शास्त्री करौदें को कैरिसा करैन्डस् कहते हैं जो एपोसाइनेसी पौध–कुल का सदस्य है। फलों के रंग के आधार पर करौंदे की तीन प्रमुख किस्में हैः–

1. सफेद फल वाली किस्म
2. गुलाबी फल वाली किस्म
3. हरा फल वाली किस्म

1. सफेद रंग के फल वाली किस्म

इस किस्म के फल पकने पर भी सफेद ही रहते हैं। इसके अतिरिक्त इसकी एक और किस्म है जो **नेटाल प्लम** के नाम से जानी जाती है, इसके फलों का आकार बड़ा होता है।

2. गुलाबी रंग के फल वाली किस्म

इस किस्म के फल प्रारंभ में सफेद रंग के होते है जो पकने पर गुलाबी रंग के हो जाते है।

3. हरा–गुलाबी रंग के फल वाली किस्म

इस किस्म के फलों का रंग मटमैला हरा होता है जो पकने पर गुलाबी हो जाता है।

अन्य उन्नत किस्में

नरेन्द्र देव कृषि विश्वविद्यालय, फैजाबाद ने करौंदा की नरेन्द्र सलेक्सन–1 तथा पन्त नगर कृषि विश्वविद्यालय ने पन्त सुदर्शन, पन्त मनोहर तथा पन्त सुवर्णा किस्में विकसित किया है जिनकी उपज क्षमता देशी किस्मों से अधिक है।

करौंदे का पौध प्रसारण तथा रोपाई

करौंदे का व्यवासायिक प्रसारण बीजों से तैयार पौधों द्वारा किया जाता है। ताजे पके फलों के बीजों को नर्सरी में अगस्त–सितम्बर में लगाया जाता है जो अगले वर्ष जुलाई–अगस्त में रोपण लायक हो जाते हैं। इन्हे लगाने के लिए 45 x 45 x 45 से.मी. आकार के गड्ढ़े मई–जून में बनाकर उपर की आधी मिट्टी तथा 10 किलो कम्पोस्ट तथा 50 ग्राम नेत्रजन, 25 ग्राम स्फूर तथा 50 ग्राम पोटाश प्रतिवर्ष देनी चहिए। खाद एंव उर्वरक का व्यवहार पौधे के चारो ओर मुख्य तनों से 50 से.मी.की दूरी पर गोलाई में डालकर गुड़ाई करके मिट्ठी में मिला देनी चाहिए। इसके पश्चात् हल्की सिंचाई कर देनी चाहिए। गोबर या कम्पोस्ट खाद की पूरी मात्रा तथा उर्वरक की आधी मात्रा जुलाई महीनों में तथा उर्वरक की शेष आधी मात्रा का प्रयोग शीत ऋतु या फूल आने के समय करनी चाहिए।

सिंचाई, निकाई–गुड़ाई तथा पौधों की छँटाई

करौंदा काफी सहिष्णु फल है। इसकी बागवानी वर्षो पर आधारित होती है। वैसे सुखें की स्थिति में एक या दो सिंचाई 20–25 दिनों पर करना लाभप्रद होता है। पौधों की अच्छी बढ़वार के लिए प्रत्येक सिंचाई तथा खाद एवं उर्वरक के व्यवहार के पश्चात् निकाई–गुड़ाई अवश्य करें। जमीन की सतह 4–5 मुख्य शाखायें छोड़कर शेष को काट दें तथा इसके साथ ही हर साल पुरानी, कमजोंर, बीमार, सूखी तथा अनावश्यक शाखाओं को हटाते रहें परन्तु जमीन की सतह से 20–25 सें.मी. ऊँचाई तक कोई शाखा नहीं रहने दें। इसकी कटाई–छँटाई का कार्य दिसम्बर महीने में पूरा कर लें। फलों के विकास के समय–फरवरी से सितम्बर तक इसकी कटाई–छँटाई कभी नहीं करनी चाहिए।

करौंदे के फूलने फलने का समय

करौदें के वृक्ष पर रोपाई के दो–तीन वर्ष पश्चात् ही फूल तथा फल आने लगते हैं। इसके पेड़ पर फूल फरवरी से अप्रैल तक लगते हैं तथा फल लगना जुलाई के अंत से प्रारंभ हो जाता है। करौदें के फल सितम्बर से अक्टूबर तक पक कर तैयार हो जातें है। इसके पुष्पण से फलन तक चार महीने का समय लगता है।

फलों की तुड़ाई तथा उपज

करौंदे के पकने पर फलों का रंग किस्मों कें अनुसार सफेद या मटमैल या गुलाबी या हरा गुलाबी या गहरा भूरा हो जाता है। फलों को तोड़ने में सावधानी बरतनी चाहिए क्योंकि इसकी झाड़ियों में नुकीले कँाटे होते हैं। इसके फल गिरने से खराब हो जाते हैं। फलों की तुड़ाई बाजार भाव के अनुसार तथा उसके उपयोग के तहत होनी चाहिए जिससे इसकी अच्छी कीमत मिल सके। कम विकसित फल, सब्जी तथा चटनी के लिए उपयुक्त होते हैं। परन्तु जेली बनाने के लिए अधपके फलों के व्यवहार में लाना चाहिए क्योकि उनमें पेक्टिन की पर्याप्त मात्रा होती है। बीजों के लिए फलों की तुड़ाई तब करनी चाहिए जब इसके फल बैगनी या बैगनी–काले रंग के हो जाए। करौंदे की पूर्ण विकसित झाड़ी से 8–10 किलोग्राम तथा बाढ़ में लगी झाड़ी से 4–5 किलोग्राम फल प्राप्त होते हैं। करौंदे के व्यावसायिक बागवानी में 4 मी. x 4 मी x की दूरी पर पौध लगाने पर 625 पेड़ प्रति हेक्टेयर लगेंगे। जिनसे 10 किलो फल प्रति पेड़ मिलने से कुल 6250 किलो फल प्राप्त होंगें। इन फलों को 10 रु0 प्रति किलो की दर से बेचने पर रु0 62,500/– मिलेगें जिसमें से लागत के रुप में रु0 12000/– निकाल देने पर रु0 50,000 /–की शुद्ध आय मिलेगी। यह रकम उपज तथा बाजार भाव के कारण घट या बढ़ सकती है इसलिए करौंदे की बागवानी से अनुपजाऊ भूमि का उचित उपयोग होता है। भूमि इस प्रकार की में करौंदा की व्यवसायिक वागवानी करने की आवश्यकता है अतः हर किसान को अपने बागों में इसे प्राथमिकता के आधार पर लगाना चाहिए। करौंदे के पौधों पर किसी प्रकार के कीड़े तथा बिमारियों का प्रकोप नहीं होता है।

करौदें के परिरक्षित पदार्थ

करौंदे के फलों की चटनी, अचार, जैम, जैली, मुरब्बा, मिश्री, तथा कृत्रिम चेरी भी बनाई जाती है। कुछ परिरक्षित पदार्थ बनाने की विधियाँ इस प्रकार है।

1. करौंदे का अचार

सामग्री – करौंदा 1 कि.ग्रा., नमक 200 ग्राम, पिसी हुई लाल मिर्च 15 ग्राम, हल्दी, जीरा, इलायची, सौंफ, राई प्रत्येक 10 ग्राम और सरंसों का तेल–300 मि. ग्रा।

विधि

करौंदा के पके फलों को लेकर उसे अच्छी तरह साफ पानी में धोकर दो ठुकड़ों मे काट लें। फलों के टुकड़ो में नमक मिलाकर उसे जार में भरकर रख दें। इसे तीन चार दिनों तक धूप में रखें। मसाले को थोड़ा तेल में भूनकर एवं उस भूने मसालों को पीसकर अचार में मिला दें इसके बाद इसे जार या बर्तन में भर कर रख दें। इस प्रकार करौंदे का जायकेदार अचार तैयार हो गया।

2. करौंदे का जैम

सामग्री – करौदां 1 कि.ग्रा और चीनी 800 ग्राम

विधि

जैम के लिए करोंदा के पके फलों को चुनें। उन्हे अच्छी तरह साफ पानी में धो लें। इसके छिलके को हटाकर इसे दो टुकड़ों में काटकर बीज को निकाल लें और उसमें चीनी 800 ग्राम. तथा पानी मिलाकर उबाले। अंतिम बिंदु का ध्यान रखते हुए उसे लगातार पकाते रहें, जब तक कि मिश्रण का तापमान 105 डिग्री सें. या सान्द्रता 68–70 % तक न हो जाए। जैम को गर्म ही स्वच्छ बोतलों मे भरकर उसे ठंड़ा होने दें। ठंड़ा होने पर मोम लगाकर बोतल का ढक्कन बंद कर दें।

3. करौंदे की जेली

सामग्री – करौंदा 1 कि.ग्रा. और चीनी 750 ग्राम.

विधि

करौंदा के अधपके फलों को लेकर साफ पानी में अच्छी तरह धो लें और धोने के बाद उन्हे दो टुकड़ो में काटकर उनके बीजों को बाहर निकाल दें। करौंदे के कटे टुकड़ो को डेढ़ गुने पानी में 20 से 30 मिनट तक उबालें। यदि आवश्यक हो तो साइट्रिक अम्ल 2 ग्रा. /कि.ग्रा. के दर से मिलाएँ तथा मिलाने के बाद उसके रस को छान कर अलग कर लें। उसमें मौजूद पेक्टिन का परिक्षण कर चीनी मिलाएँ और इसे उबालें। अंतिम बिन्दु को

ध्यान में रखकर उसे पकाते रहें। यदि उसमें झाग दिखाई पड़े तो उसे हटा दें तथा अपने इच्छानुसार उसमें रंग मिलाएँ । इन सारी विधि को पूरा कर इसे जीवाणु रहित साफ बोतल में भर दें। इसके बाद पैराफिन मोम लगा कर ढ़क्कन बंद कर दें।

—•—

15

कागजी नींबू

कुदरत ने मानव कल्याण के लिए इस धरती पर तरह–तरह के फलों को पैदा किया है। इनमें से कुछ फल वार्षिक हैं तो कुछ बहुवार्षिक है। कुछ जमीन पर पैदा होते हैं तो कुछ जल के भीतर। कुछ फल लत्ताओं पर फलते है। तो कुछ उॅचें –उचें पेड़ो पर। कुछ फल एकदम सूखें होते हैं तो कुछ फलों के भीतर पानी भरा रहता है। कुछ फल स्वादिष्ट, मीठे होते हैं तो कुछ फल अत्यतं खट्टे होते हैं। इन फलों को बनाने में कुदरत ने क्या करिश्मा दिखाई है? फलों मे कागजी नींबू कुदरत के इसी करिश्मा का एक अद्भूत मिसाल है।

पहले कागजी नीबूं को लोकप्रियता लोगों के ऑगनबाड़ी तथा चटनी एंव सलाद के प्लेट तक हीं सीमित थी, परंतु कागजी नींबू पर आधारित पेक्टीन उद्योग, अचार उद्योग, शर्बत उद्योग, सिट्रिक एसीड उद्योग, लाइम आयल उद्योग तथा एस्कार्विक एसिड उद्योग आदि ने इसकी व्यावसायिक बागवानी के द्वारा खोल दिये है और किसान इसके बड़े–बड़े बाग लगा रहे हैं जो उनकी सुदृढ़ अर्थव्यवस्था का आधार साबित हो रहा है।

कागजी नींबू की उत्पति

कागजी नींबू का रुटेसी पौध परिवार के फलों मे विशेष अहमियत है। भारत में नीबूं वर्गीय फलों का श्रेत्रफल तथा उत्पादन की दृष्टि से, कागाजी नीबूं को तीसरा स्थान प्राप्त

है। इसका जन्म स्थान हिमालय के दक्षिण का वह गर्म तथातर भाग है जो सिक्किम से लेकर असम तथा वर्मा में तक फैला हुआ है। यहीं से विश्व के तथा भारत के अन्य भागों मे इसका विस्तार हुआ है। परंतु भारत में कागजी नींबू की बागवानी सदियों से होती आ रही है।

विश्व में कागजी नींबू उत्पादन की एक झलक

पूरी दुनियाँ में नींबू का कुल उत्पादन एक करोड़ 13 लाख साठ हजार मिट्रिक टन होता है। इसमें मैक्सिको में 15 लाख 90 हजार मिट्रिक टन, भारत में 14 लाख 14 हजार मिट्रिक टन, अर्जेटिना में 11 लाख 80 हजार मिट्रिक टन, ईरान में 10 लाख 38 हजार, स्पेन मे 10 लाख 37 हजार तथा यू.एस.ए. में 9 लाख 3 हजार मिट्रिक टन होता है। विश्व में, कागजी नींबू उत्पादन में मैक्सिकों के बाद भारत का दूसरा स्थान है जो एक गौरव का विषय है।

विश्व में कागजी नींबू उत्पादन की एक झलक

देश का नाम	उत्पादन (000मिट्रिक टन)	विश्व के कुल उत्पादन में प्रतिशत योगदान
मेक्सिको	15,94	14.03
भारत	14,14	12.45
अर्जेटिना	11,80	10.39
ईरान	10,38	9.14
स्पेन	10,37	9.13
यू.एस.ए	9,03	7.75
ब्राजील	5,78	5.08
इटली	5,74	5.05
टर्की	5,10	4.48
चीन	3,68	3.20
अन्य देश	21,67	19.07
कुल	11,36	100.00

श्रोतः इंडियन हार्टीकल्चर, डाटाबेस–2003

कागजी नींबू की बागवानी भारत के लगभग सभी राज्यों में न्यूनाधिक स्तर पर होती है। आन्ध्र प्रदेश, महाराष्ट्र, तामिलनाडु, कर्नाटक, गुजरात, बिहार तथा हिमाचल प्रदेश में इसकी बागवानी बड़े पैमाने पर होती है।

कागजी नींबू –आधारित उद्योग

नींबू वर्गीय फलों के क्षेत्रफल तथा उत्पादन के दृष्टिकोण से कागजी नींबू का भारत में तीसरा स्थान है। इसकें ताजे फलों का रस चटनी तथा सलाद में इस्तेमाल किया जाता है परंतु बड़े पैमाने पर कागजी नींबू का उपयोग परिरक्षण उद्योग में किया जाता है। नींबू के रस में अनुमान्य अम्लता सामान्यतया 5–6 प्रतिशत तक होती है। एस्कोर्बिक एसिड (विटामिन–सी) की प्रति 100 मि.ली रस में उपलब्धता 65–70 मि. ग्रा. तक होती है। इस प्रकार यह एस्कार्बिक एसिड का प्रमुख श्रोत हे। कागजी नींबू के पत्तियों, फूलों तथा फलों के छिलकों में सुगंधित तेल पाया जाता है जो कि विभिन्न उत्पादों में प्रयोग किया जाता है। इसके अतिरिक्त कागजी नींबू के वैसे फल जो विपणन के लिए अयोग्य होते हैं उनका उपयोग साइट्रिक एसिड तथा पेक्टिन का व्यापारिक उत्पादन करने में किया जाता है। इन उद्योगों के अतिरिक्त नींबू के अचार, शर्बत, कार्डियल, के बड़े–बड़े उद्योग देश में लगे हैं। जिसमें लाखों लोगों को रोजगार प्राप्त है।

कागजी नींबू का वानस्पतिक विवरण

कागजी नींबू (सिट्रस आरन्सीफोलिया) रुटेसी पौध परिवार का एक सदस्य है। इसके वृक्ष छोटे, झाडीनुमा लेकिन छोटे नुकीले कांटों से युक्त होते हैं। छोटी पत्तियों के साथ

पंखदार पर्णवृन्त पाये जाते है। फूल आकार में छोटे होते है। फल पतले छिलके वाले, गोल से लेकर अंडाकार हरें रंग के होते हैं। पके फलों का रंग चमकदार पीला होता है। नीबू में बहुभ्रूणता पायी जाती है। जिसके कारण इसके विषाणु रहित पौधे तैयार करना आसान बात है।

कागजी नींबू की उन्नत किस्में

बनारसी कागजी

यह उत्तर भारत की एक सर्वाधिक महत्वपूर्ण किस्म है जिसका जन्म स्थान बनारस है। इस किस्म के फलों के भीतर का रंग हल्का हरा तथा रस की मात्रा 52 प्रतिशत होती है। इसकी लोकप्रियता के कारण ही इसकी बाजार मे अधिक माँग है। इस किस्म में एक अपनी अलग सुगंध होती है। यह किस्म ट्रिस्टेजा विषाणु तथा जीवाण्विक केंकर रोग के प्रति अधिक सुग्राह्य है।

प्रमालिनी

इस किस्म के पौधों पर गुच्छों में फल लगते हैं जिसमें 3–7 तक फल होते हैं। यह कागजी नीबू की तुलना में 30 प्रतिशत अधिक उपज देती है। इसके फलों में 57 प्रतिशत रस पाया जाता है।

नींबू गोला–कागजी

विक्रम

इस किस्म में 6–8 के गुच्छों में फल आते हैं। कभी–कभी मई–जून तथा दिसम्बर में बेमौसमी फल भी आते हैं। यह किस्म बनारसी कागजी नींबू की अपेक्षा 30–32 प्रतिशत अधिक उत्पादन देती है।

चक्रधर

यह अधिक फल देने वाली बीज रहित किस्म है जो रोपण के चौथे वर्ष से फल देना प्रारंभ कर देती है। इसके फलों में 60–66 प्रतिशत रस पाया जाता है। इसके फल प्रायः जनवरी–फरवरी, जून–जुलाई तथा सितम्बर–अक्टूबर में मिलते हैं।

पी.के.एम. –1

यह एक अधिक उत्पादन देने वाली किस्म है, जिसके फल गोल, मध्यम से लेकर बड़े आकार के होते है। पीले रंग के फलों में लगभग 50–52 प्रतिशत रस मिलता है।

गोला कागजी

यह अधिक उपज देने वाली किस्म है। प्रति पेड़ फलों की संख्या अधिक होती है। तथा फलों का रस काफी खुश्बूदार होता है। इस पर बिमारी का प्रकोप कम होता है। इसके पेड़ पर हमेशा कुछ न कुछ फल लगे रहते हैं।

साई शरबती

यह उच्च उत्पादन क्षमता वाली चयनित किस्म है। इसमें ग्रीष्मकालीन फलन की प्रवृति पाई जाती है। यह किस्म केंकर एवं ट्रिस्टेजा तथा पर्ण–सुरंगक कीट के प्रति सहिष्णुता प्रदर्शित करती है।

तहिती नींबू

इसे पर्सियन नींबू भी कहते है इसके फल बड़े आकार के तथा बीजरहित होते है।इस किस्म के फलों में रस की मात्रा अधिक परंतु खट्टापन कम होता है।

नेपाली नींबू

उत्तरी बिहार की यह नीबूं की एक स्थानीय किस्म है जिसके फल बनारसी कागजी से बड़े आकार के गोल तथा अधिक रस युक्त होते है। इस जाति में फलन गुच्छे मे होती है। रस में खट्टापन अपेक्षाकृत कम होता है। फलों में बीज पाये जाते है। इस किस्म के फल चूनेदार मिट्ठी में बोरन की कमी होने से फट जाते है। इस किस्म के पौधों की वृद्धि अधिक तेजी से होती है।

यूरेका लेमन के फल

यूरेका लेमन

इसके फल लम्बाकार तथा पेड़ आकार के होते हैं। फलों में रस अधिक पाया जाता है। पकने पर फल हल्के पीले हो जाते हैं। शर्बत आदि बनाने के लिए उत्तम किस्म हैं।

बनारसी कागजी लाईम का लदरा हुआ वृक्ष

करीमगंज लाइम

असम के वराक वैली में करीमगंज लाइम की बागवानी काफी प्रचलित है। नींबू की यह किस्म अधिक वर्षा वाले क्षेत्रों के लिए उपयुक्त है। फलो में रस मध्यम मात्रा में तथा एक अलग खूशबू होती है।

कागजी नींबू के लिए उपयुक्त जलवायु

कागजी नींबू के लिए उष्णकटिबंधीय जलवायु सर्वोत्तम होती है। इसे गर्म वातावरण तथा मध्यम आर्द्रता अधिक पसंद है। पाला तथा ठंडी हवाओं से मुक्त क्षेत्र इसकी बागवानी के लिए आदर्श होता है। इसके अच्छे उत्पादन के लिए औसत तापमान 25 डिग्री से0 तथा औसत वार्षिक वर्षा 750 मि.मी. से अधिक होनी चाहिए।

बाग लगाने के लिए भूमि का चुनाव

नींबू एक ऐसा फल है जिसका उत्पादन लगभग सभी प्रकार की भूमि में अच्छा होता है। परन्तु ऐसी भूमि जिसमें जीवांश पदार्थ की अधिकता हो तथा उत्तम जल निकास युक्त, हो अच्छी होती है। समतल बलुआर दोमट भूमि, जिसकी गहराई 2–2.5 मी.या अधिक हो, कागजी नींबू के बाग के लिए आदर्श मानी जाती है। भूमि का पी.एच. मान 5.5–6.5 होने से पौधों की वृद्धि तेज तथा उपज अच्छी मिलती है। यदि कागजी नींबू के व्यावसायिक बाग, पक्की सड़कों के किनारे तथा बाजार के पास लगाये जाये तो आमदनी अधिक मिलेगी।

कागजी नींबू का पौध प्रसारण

बीज द्वारा

नींबू में 90–100 प्रतिशत तक बहुभ्रूणत पाई जाती है। इसके बीज में एक लैंगिक भ्रूण होता है तथ अन्य सभी बीजाण्डकायिक भ्रूण होते हैं। एक बीजाण्डकायिक भ्रूणों से विकसित पौधे, आनुवांसिक रुप से समरुप तथ्या विषाणु मुक्त होते हैं। यही कारण है कि इनका व्यावसायिक प्रसारण बीज द्वारा भी किया जा रहा है। बीजू पौधें में फलन देर से प्रारम्भ होती है परन्तु ये पौधे दीर्घजीवी तथा अधिक सहिष्णु होते हैं। बीजों की बोआई फल से निकालने के तुरन्त बाद जून–जुलाई या नवम्बर–दिसम्बर मे कर देनी चाहिए। तीन–चार महीने बाद इन्हे 60 सेमी. की दूरी पर बनी पंक्तियों में 30 सें0मी0 की दूरी पर बाग लगाने के लिए रोपना चाहिए। अंकुरण के 15–18 महीनें बाद, ये पौधे तैयार किये गये खेत में रोपने के लिए पूर्णतया तैयार हो जाते हैं।

कागजी नीबूं का वानस्पतिक प्रसारण

कागजी नीबूं को कलम, कलिकायन तथा गूटी द्वारा भी प्रसारित किया जाता है। चूंकि नीबू में विभिन्न विषाणु मुक्त सामग्री का ही प्रयोग करना चाहिए। नींबू का प्रसारण परिपक्व शाखा से 15–20 सें.मी. लम्बी कलम लगाने के लिए अच्छा सिद्ध हुआ है। जड़ विकास की क्षमता बढ़ाने के लिए सेरेडेक्स–ए अथवा 5000 पीपीएम आईबीए का प्रयोग सफल सिद्ध हुआ है।

कागजी नींबू का प्रसारण जून–जुलाई में गूटी बांध कर किया जाता है।कागजी नींबू में ढाल चश्मा विधि सबसे अधिक लोकप्रिय और प्रचलित है। कलिकायन करते समय सांकुर डाली के साथ लकड़ी के लगे रहने से सफलता की दर बढ़ जाती है। उत्तर भारत में चश्मा चढ़ाने का उपयुक्त समय मार्च–अप्रैल या अगस्त–सितम्बर का है।

मूलवृन्त का चुनाव

कागजी नींबू के लिए उपयुक्त मूलवृन्त का ही चुनाव करना चाहिए। क्योंकि उसका प्रभाव पौधे के दीर्घ जीवन, फल उत्पादन क्षमता तथा उसकी गुणवत्ता पर पड़ता है। भारत में उचित मूलवृन्त के चुनाव के लिए बहुत अनुसंधान हुआ है जिससे पता चला है कि कागजी नींबू के लिए गाजानिमा सर्वाधिक उपयुक्त मूलवृन्त है। इसके अतिरिक्त कुछ लोग रफ–लेमन तथा मीठा नीबू का भी प्रयोग करते हैं।

पौधों की रोपाई

अप्रैल–मई में 60 सें0मी0 लंबा60सें0मी0 चौड़ा तथा 60सें0मी0गहरा आकार का गड्ढ़ा खोद लेना चाहिए। इनके उपर की आधी मिट्टी के साथ 20 किलोग्राम गोबर की खाद, 2 किलोग्राम सुपरफास्फेट तथा 100 ग्राम मैलाथियान धूल मिलाकर धरातल से 10–15 सें0मी0 उपर तक भर देनी चाहिए। वर्षा न होने पर इन गडढ़ो की एक सिंचाई कर दें। जिससे गड्ढे की मिट्टी बैठ जाय। कागाजी नींबू को 5 मीटर की दूरी पर रोपना चाहिए। इसकी रोपाई का सबसे बढ़िया समय जून–जुलाई का होता है। पंरतु पर्याप्त सिंचाई की व्यवस्था होने पर पौधों की रोपना फरवरी–मार्च में भी कर सकते हैं।

कागजी नींबू के बागों में खाद तथा उर्वरक प्रंबधन

कागजी नींबू के लिये पौधों की उचित वृद्धि तथा फलन के लिए खाद एवं उर्वरको की उचित मात्रा देना अत्यंत आवश्यक है। एक वर्ष पुराने पौधों में 5 किलोग्राम गोबर की सड़ी खाद, 50 ग्राम नेत्रजन, 30 ग्राम स्फूर, 40 ग्राम पोटाश प्रति पौध देनी चाहिए। दूसरे वर्ष से 10 वें वर्ष तक गोबर की खाद, नेत्रजन, स्फूर तथा पोटाश की पहले वर्ष में दी गई मात्रा के बराबर मात्रा प्रति वर्ष जोड़ते जाते हैं जो इस प्रकार एक पूर्ण वृद्धि प्राप्त 10 वर्ष के वृक्ष को 50 कि.ग्रा.गोबर की खाद, 500 ग्राम नेत्रजन, 300 ग्राम फास्फोरस एंव 400 ग्राम पोटाश देते हैं। पूरी गोबर की खाद, आधी नेत्रजन, पूरा फास्फोरस तथा पोटाश दिसम्बर–जनवरी में तथा नेत्रजन की शेष आधी मात्रा अप्रैल–मई में देते हैं। चूनेदार मिट्टी में बोरन की कमी दूर करने के लिए बोरन के 0.3 प्रतिशत के धोल का छिड़काव करना लाभप्रद होता है।

सिंचाई का प्रंबध

कागाजी नींबू के बागों में वर्ष भर पर्याप्त नमी बनी रहनी चाहिए। वर्षा ऋतु में सिचांई की आवश्यकता नहीं पड़ती है। जाड़े के मौसम में एक महीने के अन्तर पर तथा गर्मियो मे प्रत्येक छः दिनों के अन्तर पर सिंचाई करनी चाहिए। सिंचाई की संख्या वर्षा के अनुसार घट–बढ़ सकती है।

कागजी नीबूं के बागों में अंतरावर्ती फसलें

कागाजी नींबू के बागो की स्थापना के 5–6 वर्षो तक पौधों की दो कतारों के बीच की खाली स्थान का बेहतर उपयोग अंतरावर्ती फसल लगा कर करनी चाहिए। दो दाल वाली फसलें जैसे–मूँगफली, लोबिया, लूसर्न, उर्द, मूॅग, चना, मटर लगा कर अतिरिक्त आय प्राप्त

करें । इसके अतिरिक्त सब्जियाँ जैसे प्याज, कद्दू, गाजर, मूली, बैगन, मटर, गोभी वर्गीय फसलें तथा कन्द –मूल फसलें आदि भी उगा सकते हैं। वर्तमान समय में फूलों की बढ़ती हुई माँग को देखते हुए किसान भाई, गेंदा, रजनीगंधा, ग्लेडियोलस तथा गुलदाऊदी भी लगा सकते हैं।

पौधों की संधाई तथा कटाई–छंटाई

कागाजी नींबू के बाागों में विभिन्न क्रियाओं को सुविधाजनक ढंग से करने के लिए पौधा की संधाई करनी चाहिए। इस क्रिया में वृक्षों को प्रायः रुपान्तरित अग्र–प्ररोह विधि के अनुसार साधा जाता है। इसके लिए भूमि से एक मीटर की उँचाई तक तने को शाखाविहीन रखना चाहिए। इसके बाद चार स्वस्थ शाखाएँ को चारो दिशाओं मे बढ़ने दिया जाता है। इसके अलावा रोगग्रस्त और सूखी शाखाओं को समय–समय पर काटते रहना चाहिए। फलों की तुड़ाई के बाद प्ररोह का दो तिहाई भाग छोड़कर काटने से अगले वर्ष कागजी नीबू में फलोत्पादन बढ़ जाता है।

बागों की निकाई–गुड़ाई

कागाजी नींबू के बागों में समय–समय पर खरपतवारों को निकालते रहना चाहिए। खर–पतवार के अधिक आक्रमण होने की अवस्था मे रासायनिक नियंत्रण का सहारा लेना चाहिए। डाइयूरान तथा ग्रामोक्सोन की एक किलो मात्रा को 500 लीटर पानी में घोल बनाकर छिड़काव करने से बाग खरपतवार से मुक्त रहती है और पौधो की वृद्धि तथा फलन बढ़िया होती है।

फलों की तुडाई तथा उपज

कागजी नींबू में वर्ष में कई बार पुष्पन और फलन होता है। फलों के पकने में 160–180 दिनों का समय लगता है। जब फलों का रंग हरा से पीला होना शुरु हो जाये, तो उसी समय फलों की तुड़ाई करनी चाहिए। तुड़ाई के बाद फलों को उनके आकार के अनुसार वर्गीकृत कर लेना चाहिए। इससे बाजार में कीमत अच्छी मिलती है।

बागों मे लगाई गई नींबू की किस्म, बाग का वैज्ञानिक प्रबंधन तथा क्षेत्र विशेष की जलवायु आदि कारक फल उत्पादन क्षमता को प्रभावित करते हैं। आठ से दस वर्ष की आयु का एक वृक्ष 800–1000 फल प्रतिवर्ष देता है। जिनका भार लगभग 80–100 किलोग्राम होता है।

नीबूं पकाने की विधि

पूर्ण तैयार नींबू के फलों का रंग हरा होता है जो पकने की अवस्था में पीला पड़ने लगता है। इसी अवस्था में फलों को तोड़ना चाहिए। पंरतु बाजार में प्रायः सुनहले पीले रंग वाले फलों की अच्छी मॉग होती है इसलिए फलों के हरे रंग को सुनहले पीले रंग में परिवर्तित करना एक आवश्यक पहलू है। इस प्रकिया के अन्तर्गत फल पकाने वाले कमरे में फलों को भण्डारित करने के साथ ही उनपर हल्दी का पाउडर छिड़क दिया जाता है तथा कमरे में कैल्शियम कार्बाइड के कुछ टुकड़े रखे जाते हैं। इससे निकलने वाली इथायलीन गैस हरे रंग को समाप्त कर पीला बना देती है। यदि नींबू को केले के घौंदों के साथ हीं भंडारित किया जाये तो केला के पकने से निकली इथायलीन गैस नींबू के हरे रंग को आसानी से पीले रंग में परिवर्तित कर देती है।

—•—

16

केला

जब कोई बात मिठास भरे फलों की चलती है तो हमारा मन केले की तरफ अनायास ही खिंच जाता है। केला हमारा जाना–पहचाना फल है। यह भारत का देशज फल है। इसका जन्म–स्थान अरुणाचल प्रदेश का वह भू–भाम है जो वर्मा तथा चीन के सरहद से लगा हुआ है। ईसा से 327 ई0 पूर्व जब सिकन्दर सिन्धु घाटी में केले के वृक्षों को फलों से लदा हुआ देखा तथा पके स्वादिष्ट फलों को खाया तो उसका मन मुग्ध हो उठा था। सातवीं सदी में अरब के व्यापारियों को केला को अरब तथा मिश्र में पहुँचानें का श्रेय प्राप्त है। जब वास्कोडिगामा भारत की तरफ आ रहा था तो उसे सर्वप्रथम अफ्रीका के पश्चिमी तट पर केले की खेती देखने को मिलती थी। कहा जाता है कि अग्रेंजी का शब्द 'बनाना' पश्चिमी अफ्रीका की गिन्नी भाषा के प्रचलित शब्द से विकसित हुआ है। केला को भारत के विभिन्न प्रांतो की विभिन्न भाषाओं में लगभग अलग–अलग नामों से पुकारा जाता है। असम में इसे'कोल' कहते है। वनस्पतिशास्त्र के प्रसिद्ध वैज्ञानिक कार्ल लिनियस ने केला को वानस्पतिक भाषा में मुसा पाराडिसिआका तथा मुसा सैपिएंटम दो नाम दिये हैं। मुसा शब्द उन्होंने लैटिन भाषा के ''मुज'' शब्द से लिया है। परन्तु कुछ लोगों का कहना है कि सम्राट अगस्टस के चिकत्सक एण्टोनियो मुसा से लिनियस ने 'मूसा' शब्द लिया है लेकिन यह तथ्य वैज्ञानिक नहीं प्रतीत होता है। केला का नाम जो भी हो तथा जैसे आया हो, यह तो मानना पड़ेगा कि केला कुदरत की अनुपम भेंट है। यदि आप केंलें के बारे मे अधिक गहराई में जाकर विचार करें तो इस निष्कर्ष पर पहुँचेंगे कि सचमुच कुदरत ने इस फल को अनेक

अद्‌भुत गुणों से इस प्रकार भर दिया है जो अन्य फलों से अलग प्रतीत होता है। इस तथ्य के पीछे निम्नलिखित आधार है।

1. केला खाद्य तत्वों का खजाना

केला खाद्य तत्वों से परिपूर्ण फल है। केले को आप कच्चा तथा पका दोनो अवस्थाओं में इस्तेमाल कर सकते है। केले के पके फलों के गूदें में 70.6 से 75.9 प्रतिशत जल, 4.10, से 10.73 प्रतिशत रिड्‌यूसिंग सुगर, 6.12 से 16.08 प्रतिशत ननरिड्‌यूसिंग सुगर, 2.93 से 6. 54 प्रतिशत स्टार्च, 19.78 से 24.78 प्रतिशत कार्बोज,0.48 से 1.49 प्रतिशत प्रोटीन, 0.24 –0. 47 प्रतिशत वसा, 0.30 सें., 0.36 प्रतिशत पेक्टीन, 0.29 से 0.32 प्रतिशत प्रोटोपेक्टीन तथा 0.70 से0.84 प्रतिशत राख होती है। परन्तु 100 ग्राम गूदे में 21 से 24 मिलीग्राम विटामिन सी तथा 71.95 अन्तर्राष्ट्रीय इकाई कैरोटीन और प्रचुर मात्रा में स्फुर, कैल्सियम तथा लौहा पाया जाता है । अच्छी तरह पका केला सुपाच्य होता है परन्तु अधपका केला हानिकारक होता है।

केला–अपार ऊर्जा का श्रोत

ऊर्जा उत्पादन में, केले की कोई तुलना नहीं। केले से प्रति हेक्टर भूमि से 1 करोड़ 25लाख किलो कैलोरी उर्जा प्राप्त होती है। जबकि गेहूँ से 31.5 लाख किलो कैलोरी तथा धान से 32 लाख किलो कैलोरी। अतः केला ऊर्जा उत्पादन की दुष्टि से आश्चर्यजनक फल है तथा यह इस फल की बहुत ब़ड़ी विशेषता है।

अच्छी देख–रेख तथा समय बोआई से भरपूर फसल

केला मनुष्य, मृदा तथा पशुओं का पौष्टिक आहार

केला मनुष्यों का ही नहीं बल्कि यह मृदा और पशुओं का भी पौष्टिक आहार है। केले के पके फलों को दूध के साथ खाने पर यह पूर्ण तथा संतुलित आहार हो जाता है। दक्षिण

भारत के लोग भोजन करने के बाद दो पके केले अवश्य खाते हैं। केले के पके फलों की तो एक बात है परन्तु इस वृक्ष के कच्चे फल भी सब्जी, अचार, रैयता, चटनी, कोप्ता,चिप्स आदि के रुप में वृहत मात्रा में खाये जाते हैं। कहीं–कहीं तो लोग केले के फूल तथा कोमल पौंच के भीतरी भाग की भी सब्जी के रूप में खाते हैं। फलों की घौंद की कटाई के बाद थम्भ को सड़ाकर उच्चकोटि का कम्पोष्ट बनाया जाता है जो कृषि का आधार–मृदा की क्षुधापूर्ति करता है।

केले के घौद को गिरने से रोकने हेतू बाँस का सहारा अवश्य दें।

केला–ईधन, वस्त्र तथा बर्तन का भंडार

केला बहुपयोगी फल है। केले के पुंजो को उखाड़ने पर जो भूमिगत प्रकन्द निकलते है, उन्हे सुखाकर ईधन के रुप में इस्तेमाल किया जाता है। केले के तनों और पत्तों की मध्य शिराओं से रेशे निकाल कर जापान तथा फिलिपिन्स में कपड़े बनते हैं। अनेक देशों के लोग केले के पत्तों को थाली के स्थान पर खाना खिलाने के काम में लाते है। इसके पत्ते साफ–सुथरे होते हैं तथा खाने के बाद फेंक देते हैं। केले के सूखे पत्तो से झोपड़ियाँ बनायी जाती हैं।

केला–पुनीत कार्य का प्रतीक

शास्त्रों में केला को पवित्र वृक्ष माना गया है। आज भी शादी–विवाह, कथा, पूजा, अर्चना आदि मांगलिक अवसंरों पर केले के वृक्षों से मंडप सजाने की प्रथा इसी बात का इजहार प्रस्तुत करती है। कथा–पूजा आदि में केले का प्रसाद शुभ माना जाता है। असम में प्रथम रजस्वला (माहवारी) के बाद लड़कियों की प्रथम शादी केले के पेड़ से कर दी जाती है। हिन्दु शास्त्रों में केले को देवताओं के गुरु वृहस्पति का वृक्ष बताया गया है तथा

वृहस्पतिवार को केले के वृक्ष की जड़ो में जल चढ़ाकर पूजा की जाती है। बिहार तथा बंगाल में ही नहीं, असम में भी लड़कियों की विदाई में अन्य भेंटो के साथ केला अवश्य रहता है जो शुभ तथा समृद्धि का सूचक है।

केला–औषधीय गुणों का भंडार

केला केवल पौष्टिक तथा स्वादिष्ट ही नहीं होता है बल्कि इसमें अनेक रोगों को ठीक करने की अद्‌भुत शक्ति है। पतला दस्त होने पर दो पके केले के भीतर 3–4 कपूर के छोटे–छोटे टूकड़े डालकर खाने से दस्त तुरन्त रुक जाता है। पेचिस में कच्चे बतीसा केले का चोखा लाभप्रद होता है। असम में प्रत्येक माँ अपने बच्चों को तीन साल की उम्र तक भीमकोल के पक्के फलों के गूदें में गाय का दूध मिलाकार खिलाती है। जिससे उनका स्वास्थय उच्चकोटि का हो जाता है। केले के तने के भीतरी भाग को सुखाकर जला दिया जाता है और उससे प्राप्त राख की एक चम्मच मात्रा पेटदर्द, अपच तथा बदहजमी को ठीक कर देता है। खाना खाने के बाद दो अच्छी तरह पके केले खाने से कब्जियत दूर हो जाती है। कच्चे केले मे स्टार्च होता है जो सब्जी बनाने पर अधिक सुपाच्य होकर पाचन को ठीक कर देता है। केले के सेवन से बच्चों का सिलियक रोग दूर हो जाता है।

ड्रिप सिंचाई से केले की उपज बढ़ जाती है।

केला–कुटीर उद्योगों का आधार

केले पर आधारित केला चिप्स उद्योग, केला आटा उद्योग, केला जैम उद्योग, केला अचार उद्योग, केला फिग उद्योग, केला मिल उद्योग तथा केला रस्सी उद्योग लगा कर आप

घर बैठे अच्छी आमदनी प्राप्त कर सकते है। आजकल करोड़ो रुपये मूल्य का केला भारत से निर्यात हो रहा है।

केले की घौद किस्म –हरीछाल के।

इस प्रकार केला सचमुच कुदरत का करिश्मा है। जब केला इतना अद्भुत फलवृक्ष है तो आप इसकी बागवानी अवश्य करें। केला विश्व का दूसरा महत्वपूर्ण फल है तथा चावल, गेहूँ एवं दुग्ध उत्पादों के बाद चौथी महत्वपूर्ण खाद्य सामग्री है। भारत का यह एक अति प्राचीन फल है, जिसका सामाजिक एंव आर्थिक पहलू बहुत महत्वपूर्ण है। भारत के उत्तर पूर्व क्षेत्रों में केला औषधीय रुप में विभिन्न बिमारियों के ईलाज हेतु इस्तेमाल किया जाता है। भारत के कुल फल उत्पादन में केला का हिस्सा 31.72 प्रतिशत है। यहाँ केला की खेती उष्ण एवं उपोष्ण जलवायु में सफलतापूर्वक की जाती है। केला, उर्जा एवं पोषण मूल्य के दृष्टिकोण से भी बहुत ही अच्छा श्रोत है। यह प्रत्येक आयु वर्ग के लोगों के लिए आर्दश फल है, जो बुढ़ो से लेकर नवजात शिशु द्वारा भी पसन्द किया जाता है। भारत के विभिन्न क्षेत्रों मे केला का पाउडर बना कर नवजात शिशु के भोजन के रुप मे प्रयोग किया जाता है। तमिलनाडु में इसकी खेती पत्तों के लिए लगभग 2000 एकड़ में की जाती है, क्योकि घर हो या बड़े–बड़े होटल, खाना परोसने के लिए केला के पत्तों का उपयोग बहुतायत से होता है। इसकी पत्तियाँ काटकर हरा चारा के रुप में पशुओं को दी जाती हैं। हिन्दुओं का

शायद ही कोई ऐसा पर्व हो जिसमें केला का किसी न किसी रुप में उपयेग न होता हो। केले के रेशों से धागा बनाया जाता है। केला कच्चा या पक्का कर उपयोग में तो लाया ही जाता है इसके अलावा इससे चिप्स, शराब, केला पाउडर इत्यादि बनाया जाता है।

भारत में सन् 2020 तक के लिए केला उत्पादन का लक्ष्य 2.5 करोड़ टन रखा गया गया है, इस लक्ष्य की प्राप्ति के लिए यह आवश्यक है कि केला का उत्पादन एवं उत्पादकता दोनों में वृद्धि की जाय। उत्पादन एवं प्रति हेक्टेयर उत्पादकता बढ़ाने के लिए आवश्यक है कि परिष्कृत उत्पादन तकनीक का बड़े पैमाने पर उपयोग किया जाय। उत्पादन के हर पहलु जैसे पौध प्रर्वधन, रोपण, सिंचाई, उर्वरकों का प्रयोग, समन्वित कीट एवं रोग प्रबन्धन इत्यादि पर यथोचित ध्यान दिया जाय। उत्पादको ं को अपने उत्पाद का उचित मूल्य मिले इसके लिए आवश्यक है कि केला के भण्डार एवं विपणन पर भी समुचित ध्यान दिया जाय। चूँकि यह एक शीघ्र ही नष्ट हो जाने वाला फल है और अपने देश में भण्डारण की क्षमता बहुत सीमित है,परिरक्षण द्वारा इसके विभिन्न उत्पादों के निर्माण में गुणात्मक वृद्धि लाने की आवश्यकता है।

केला की बेहतर किस्म–हरी छाल

उत्पत्ति

केला म्यूजेसी कुल से सम्बन्धित है तथा इसकी उत्पत्ति दक्षिण पूर्व एशिया में हुई है। प्रायः केला की सभी व्यवसायिक किस्में केला की दो प्रचीनतम प्रजातियाँ (मुसा एकुमिनेटा एवं मुसा वाल्वीसियाना) के प्राकृतिक संकरण द्वारा अस्तित्व में आयी है। कुछ वैज्ञानिकों के अनुसार भारत का उत्तरी पूर्वी हिस्सा भी केला का एक उद्‌गम स्थल है। वैज्ञानिकों के सतत् अनुसंधान के फलस्वरुप अब कई संकर प्रभेद भी उपलब्ध है।

उत्पादन एवं उत्पादकता

भारत विश्व का सबसे बड़ा केला उत्पादक राष्ट्र है। यहाँ 4,6400 हेक्टेयर क्षेत्रफल से लगभग 1.5 करोड़ो टन केला पैदा होता है। भारत के विभिन्न प्रमुख केला उत्पादक प्रदेशों में तामिलनाडु, महाराष्ट्र, कर्नाटक, मघ्यप्रदेश, गुजरात एवं बिहार का नाम आता है। इसकी खेती भारत के केवल उन प्रदेशों में नही होती है जिसमें अत्यधिक ठण्डक पड़ती है। बिहार में इसकी खेती 28,300 हेक्टेयर क्षेत्रफल में होती है। जिससे प्रति वर्ष 5.6 लाख टन केला प्राप्त होता है। प्रति हेक्टेयर उत्पादकता 32 टन है। पूर्वी उत्तर प्रदेश में केला की खेती की असीम संभावनाएँ हैं क्योकिं वहाँ की जलवायु केला की खेती के लिए उपयुक्त है। अभी उत्तर प्रदेश में केवल 1300 हेकटेयर में ही इसकी खेती होती है जबकि यहाँ की उत्पादकता 27.54 टन प्रति हेक्टर है। यूँ तो भारत केला उत्पादन के अग्रणी देशों में एक है, लेकिन यहाँ से केला का निर्यात सन् 1998 मे मात्र 280 टन था जो कि नगण्य है। इसमे वृद्धि की अपार सम्भावनाएँ है।

जलवायु तथा भूमि का चुनाव

केला की खेती सफलतापूर्वक आर्द्र उपोष्ण एवं उष्ण क्षेत्रों में समुद्र की सतह से 2000 मीटर की उँचाई तक की जा सकती है। भारत में 80 से लेकर 28^0 उत्तर अक्षांस तक 10–40 सेल्सीयस तापक्रम एवं 500–2000 मीलीलीटर वार्षिक वर्षा वाले क्षेत्रों में इसकी खेती होती है। केला की खेती के लिए आर्दश तापक्रम 20^0 से 30^0 सेल्सियस है। इसके उपर या नीचे केला की वृद्धि प्रभावित होती है। 10^0 सेल्सियस से नीचे के तापक्रम पर पौधे की वृद्धि रुक जाती है। यदि केला का पौधा जाड़े के मौसम में निकलता है तो पौधों की बाढ़ कम होती है। कई किस्में जाड़ा की वजह से प्रभावित होती हैं। गहर तना के भीतर फँसा हुआ प्रतीत होता है और कभी–कभी विलम्ब से तना को फाड़ते हुए बाहर निकलता है। अत्याधिक जाड़े के समान ही 38^0 सें0 से अधिक गर्मी भी केले की वृद्धि हेतु घातक साबित होती है। अतः अत्यधिक जाड़ा एवं गर्मी दोनो ही केला के पोधे के लिएहानिकारक है। खेत

में जल जमाव कि स्थिति भी इसकी वृद्धि को प्रभावित करती है यद्यपि केला पानी को अधिक पसन्द करने वाली फसल है। केले के पौधे की गर्म एवं तेज हवाओं से रक्षा करने के उद्येश्य से वायुरोधक पौधे या वृक्ष खेत के किनारे या मेड़ पर लगाये जाने चाहिए।

बिहार में उगाई जाने वाली केले की किस्में

1. कोठिया 2. माल भोग 3. ग्रैंडनेने 4. अल्पान
5. गोल्ड फिंगर 6. रोबस्टा 7. हरीछाल 8. कचकेल

केले की प्रजातियाँ

भारत में लगभग 500 किस्में उगायी जाती है। लेकिन एक ही किस्म का विभिन्न क्षेत्रों में भिन्न –भिन्न नाम है। राजेन्द्र कृषि विश्वविद्यालय, पूसा के पास केला की 100 से ज्यादा प्रजातियाँ बिरौली एवं केला अनुसंधान क्रेन्द्र हाजीपुर में संग्रहित हैं। पौधों की उँचाई 1.8 मी0 से लेकर 6 मी0 होती है। इसके तना को झूठा तना या आभासी तना कहते हैं, क्योकि यह पत्तियाँ के नीचले हिस्से के संग्रहन से बनता है। असली तना जमीन के नीचे होता है जिसे प्रकन्द कहते हैं। इसके मध्यवर्ती भाग से पुष्पक्रम निकलता है। हमारे देश की मुख्य व्यवसायिक किस्मों का वर्णन निम्नलिखित है।

डवार्फ कवेंडिश

इसके अन्य नाम हैः– बसराई, काबुली, वामनकेली,भूसावल,जहाजी,मोरीस, मोरीसस आदि। इसका पौधा काफी छोटा केवल 1.6–1.8 मीटर उँचा होता है। फल लम्बे,झुके हुए, छाल पीली या हरी, गूदा मुलायम तथा मीठा होता है। फलों के गुच्छे (घौद) का वजन 20–25 किलोग्राम के आसपास होता है, जिसमें सामान्यतः120–130 फल होते हैं। फसल चक्र सामान्यतः 14–16 महीने का हेाता है। केला की व्यवसायिक किस्मों मे यह सबसे महत्वपूर्ण है। इस प्रजाति में तेज हवा सहन करने की क्षमता होती है। ड्रिप सिंचाई तथा अत्याधुनिक उत्पादन तकनीक द्वारा प्रति इकाई क्षेत्रफल से अधिक लाभ देने वाली किस्म है। इस किस्म से कभी–कभी 30–40 किलोग्राम तक की घौद प्राप्त होती है। पानामा विल्ट के प्रति प्रतिरोधक पर गुच्छ शीर्ष रोग के प्रति रोगग्राही प्रजाति है। सर्दी (शीत ऋतु) में घौद पौधे के शीर्ष भाग मे फँस जाता है और जब बाहर आता है तब विकृत अवस्था में होता है। इस अवरोध के कारण फलियों/छिमियों का विकास सामान्य ढ़ग से नहीं हो पाता। यह विकृति दैहिक व्यतिक्रम मे व्यवधान के कारण उत्पनन होता है और इससे बचने के लिए इस किस्म को अगस्त या इसके बाद रोपने की सलाह नहीं दी जाती है।

रोबस्टा

इसके अन्य नाम हैः–जायॅट कवेन्डिस, पोयो, सेलरी, हनुमान। इस किस्म का आगमन हमारे देश में पश्चिम द्वीप समूह से हुआ है।इसका फल हरी छाल से मिलता जुलता है, लेकिन पकने पर छाल अपेक्षाकृत अधिक हरा रहता है। पौधा अधिक लम्बा 2.8 से 3.6 मीटर उँचा होता है। फलों के गुच्छे का वजन 25–30 किलोग्राम होता है। फल का आकार अच्छा होता है तथा थोड़ा सा मुड़ा होता है। इसका फसल चक्र लगभग 10 से 15 महीने का होता है। यह प्रजाति आर्द्रक्षेत्रों में सिगाटोका रोग के प्रति रोगग्राही होती है। जबकि पनामा विल्ट के प्रति रोगरोधी है।

बैलगाडी द्वारा केले के पौंच ले जाते हुए किसान

केले की उपज का निरीक्षण करते हुए डा. मौर्य, पूर्व कुलपति एवम् बागवान

मालभोंग

इसके अन्य नाम हैः— सिल्क, रसथेली, मर्त्तमान, अमृतपानी, आदि। यह बिहार एवं बंगाल की एक मुख्य किस्म है जो अपने विशिष्ट स्वाद एवं सुगन्ध की वजह से विश्व में एक प्रमुख स्थान रखती है। यह अधिक वर्षा को सहन कर सकती है। इसका पौधा लम्बा,

फल औसत आकार का पड़ा, छाल पतली तथा पकने पर कुछ पीलापन लिए हुए हो जाती है।फल धीरे–धीरे पकते है तथा गुदा कड़ा ही रहता है। फलों के गुच्छे का वजन 10–12 किलो तथा फल की संख्या लगभग 120 होती है। पनामा विल्ट की वजह से यह प्रजाति लुप्त होने के कगार पर है।

अल्पान

इस किस्म के अन्य नाभ है पूवन, चम्पा, चीनी चम्पा, चीनिया, पंचानकोदैन आदि। यह बिहार, तामिलनाडु, बंगाल तथा आसाम की एक मुख्य एवं प्रचलित किस्म है। इसका पौधा लम्बा तथा पतला होता है। फल छोटे उनकी छाल पीली तथा पतली कड़े गुदे, मीठा, कुछ–कुछ खट्टे या स्वादिष्ट होता है। फलों का गुच्छा 20–25 किलोग्राम का होता है। प्रति गुच्छा फलों की संख्या 150–300 होती है। फसल चक्र 16–17 महीने का होता है। इसकी खेती बहुतायत से होती है, क्योंकि इसका पौधा पनामा रोग के प्रति कुछ हद तक अवरोधी होता है। इसमें केवल धारीदार विषाणु रोग का प्रकोप ज्यादा होता है।

ने पूवन

इसका पौधा लम्बा एवं तना पतला होता है। फल छोटे आकार के होते है। छाल कागज की तरह पतला, गुदा सफेद मीठे तथा स्वाद में कुछ स्टार्ची होता है। गहर घौद लगभग 12 किलोग्राम का होता है। जिसमें फलों की संख्या लगभग 150 होती है।

लाल केला

इसका पौधा 3.5 –4.5 मीटर लम्बा होता है। फलों का रंग पकने पर लाल हो जाता है। फल लम्बा एवं मोटा होता है। छाल भी मोटा होता है। गुदा हल्का केसरिया रंग लिए कड़ा कुछ नम, मीठा तथा अच्छी गन्ध वाला होता है

विरुपक्षि

ये ऐसे केलों का समूह हैं जो निचले पहाड़ पर जैसे, मद्रास के नीलगिरी तथा मदुराई जिला, बम्बई तथा कर्नाटक मे उत्पनन होता है। ये समुद्र तल से 600–1500 मीटर की उँचाई पर पाया जाता है। ये अपनी विशिष्ट गंध एवं स्वाद के लिए इन क्षेंत्रो में प्रसिद्ध है। अन्य केलों की तुलना में इसकी बिक्री से दुगुना मूल्य मिलता है। इसका पौधा उँचें कद का होता है। गहर छोटा होता है। गहर का औसत भार 11–13 किलोग्राम तथा फलों की संख्या 60–70 के आसपास होती है।

केले के बागों से स्थानीय शहर तक की यात्रा ठेले पर

केले के बागों से दूर दूर के शहरों की यात्रा ट्रक से

नेद्रन (रजेली)

दक्षिण भारत की यह एक किस्म है। इस केला के बने उत्पाद चिप्स पाउडर आदि खाड़ी के देशो में निर्यात किया जाता है। इसे मुख्यतः सब्जी के रुप मे प्रयोग किया जाता है। इसका पौधा 2.7–3.6 मीटर लम्बा होता है। फलों का गुच्छा छोटा होता है। फल लम्बे 22.5–25 से0मी0 आकार वाले, छाल मोटी, गूदा कड़ा तथा स्टार्ची लेकिन मीठा होता है। फलों को उबालकर नमक एवं काली मिर्च के साथ खाया जाता है।

मोन्थन

अन्य नाम है कचकेल, बनकेल, बौंथा, कारीबेल आदि। यह सब्जी वाली किस्म जा केरल मे मालबार तमिलनाडु में मुदराई तंजावर कोयम्बट्र तथा तिरुचिरापल्ली में तथा बम्बई के थाने जिले में मुख्यतया पाई जाती है। इसका पौधा लम्बा तथा मजबूत पाया जाता है। केलों का गुच्छा छोटा तथा फल बड़े सीधे तथा एन्गुलर होते है। छाल बहुत मोटी तथा पीली होती है। गूदा नम, मुलायम, कुछ मीठापन लिए होता है। इसका मध्य भाग कड़ा होता है। कच्चा फल सब्जी तथा पके फल को खाने के रुप में प्रयोग करते है। फलों के गुच्छे का वजन 18–22.5 किलोग्राम होता है। जिसमें आमतौर पर 100–112 फल होते है।

ग्रैंड नैने

यह डवार्फ कवेंडीश से मिलती जुलती किस्म है। यह महाराष्ट्र एवं कर्नाटक के केला उत्पादकों के मध्य अति लोकप्रिय है। इसमें डवार्फ कर्वन्डीश के लगभग सभी गुण होते हैं। बजाय मजबूती पन के। गहर का वजन 25–30 किलोग्राम होता है। इसके फल लगभग समान होते हैं।

कोठिया

यह बिहार एवं तमिलनाडु की एक लोकप्रिय प्रजाति है। इसका पौधा अधिक सहिष्णु होता है जो, हवा, सुखा, पानी, उँची, नीची जमीन, पी0एच0 मान निरपेक्ष प्रजाति है। इसकी सबसे बड़ी विशेषता है कि विषम परिस्थितियों के प्रति सहिष्णु होती है। इसके गहर की औसत वजन 20–25 किलोग्राम होता है। यह मुख्यतः सब्जी हेतु प्रयोग में लाई जाती है। इसका फल पकने के पश्चात् भी गहर से अलग नहीं होता हैं इसमें कीड़े एवं बीमारियों का प्रकोप कम होता है।

केला की उन्नत संकर किस्में

जिस केले की हम खेती करते हैं वह स्वयं बन्ध्य होता है और बिना परागन और निषेचन के ही फल विकसित होते हैं। यही कारण है कि अधि ाकांश किस्मों को विकसित किया गया है जिसमें से कुछ उन्नत किस्मों का विवरण निम्नलिखित है।

फूटती हुयी केले की नई घौंद

हाइब्रीड–1

यह केला की एक उन्नत संकर किस्म है जिसमें मध्यम से लेकर उच्च स्तर की पूर्ण चित्ती एवं उखड़ा रोग के प्रति रोगरोधी गुण होता है। पौधे की उँचाई मध्यम आकार की होती है। इसमें 14–16 किलोग्राम का गहर निकलता है। फल पकने पर सुनहले पीले रंग का हो जाता है जिसका स्वाद खट्टापन लिए होता है।

केले के बागों मे हल्दी की अन्तरावर्ती खेती।

हाइब्रीड–2

इसके पौधे मध्यम उँचाई के होते हैं। फसल की अवधि एच–1 की अपेक्षा कुछ छोटी होती है। गहर का औसत वजन 15–20 किलोग्राम होता है। फल आपस में पास–पास व्यवस्थित होते हैं। फल का स्वाद हल्का खट्टा होता है, जिससे हल्की–हल्की मनपसन्द गन्ध निकलती है।

फिया (गोल्ड फिंगर)

यह संकर प्रजाति, पोम ग्रुप से संबंधित है। जिसकी जिनोमिक संरचना ए ए ए बी है। यह प्रजाति सिगाटोका एवं पनामा विल्ट के प्रति रोगरोधी है। इसके गहर का औसत भार 23–28 किलोग्राम होता है।

केले का प्रवर्धन

केला का प्रवर्धन सकर या प्रकन्द द्वारा होता है। ऊतक संवर्धन द्वारा भी पौधे तैयार किये जाते हैं। सकर दो प्रकार के होते है। सर्वाधिक उपयुक्त सकर पतली व नुकीली पत्तियों वाले 'तलवारी सकर' होते हैं। देखने में पतलें लगतें है, परन्तु प्रवर्धन के लिए अत्याधिक उपयुक्त होते हैं। इनकी पत्तियाँ तलवार की तरह पतली चौड़ाई वाली एवं नुकीली होती है।

वाटर सकर

यह सकर चौड़ी पत्तियों वाले होते हैं। देखने से मजबूत लगते हैं लेकिन आन्तरिक रुप से ये कमजोर होते हैं प्रर्वधन हेतु इनका प्रयोग वर्जित है। सकर सदैव स्वस्थ उच्च गुणवत्ता वाली किस्मों के पौधों से ही लेना चाहिए। जिसमें रोग एवं कीड़ो का प्रकोप बिल्कुल न हों। दो तीन माह पुराना ओजस्वी सकर प्रवर्धन हेतु अच्छा होता है। केले के प्रकन्द से ही नये पौधे तैयार हो सकते हैं। बहुत अधिक पौधे जल्द तैयार करने के लिए पूरा प्रकन्द या इसके टुकड़े काटकर प्रयोग में लाते हैं। इनसे पौधा बनने में थोड़ा अधिक समय लगता है। परन्तु पहली फसल के पौधे अधिक समरुप होते हैं। प्रकन्द का औसत वजन लगभग एक से ड़ेढ़ किलोग्राम होना चाहिए।

ऊतक संवर्धन विधि द्वारा केला का प्रवर्धन

विगत कुछ वर्षों से ऊतक संवर्धन (टिसु कल्वर) विधि द्वारा केले की उन्नत प्रजातियों के पौधें तैयार किये जा रहें हैं। इस विधि द्वारा तैयार पौधों से केले की खेती करने के अनेकों

लाभ है। ये पौधे स्वस्थ, रोग रहित होते हैं। पौधे समान रुप से वृद्धि करते है। अतः सभी पौधो में पुष्पन, फलन, कटाई तथा विपणन में सुविधा होती है। फलों का आकार प्रकार एक समान होता है। प्रकन्दों की तुलना में ऊतक संवर्धन द्वारा तैयार पौधों में फलन 2–3 माह पूर्व तैयार हो जाता है। इस प्रकार रोपण के बाद 13–15 माह में केला की फसल प्राप्त हो जाती है। जबकि प्रकन्दों से तैयार पौधो से फलत 15–17 माह बाद मिलती है। ऊतक संवर्घन विधि से तैयार पौधों से औसत उपज 30–35 किलोग्राम प्रति पौधा तक मिलता है। पहली फसल लेने के बाद दूसरी फसल (रैटून) गहर कटाई के 8–10 माह के भीतर पुनः ली जा सकती है। इस प्रकार 24–25 माह में केले की दो फसलें ली जा सकती है जो कि प्रकन्दों से तैयार पौधों से सम्भव नहीं है। ऐसे पौधों के रोपण में समय तथा धन की बचत होती है, परिणामस्वरुप, पूँजी की वसूली शीध्र होती है।

बाग संस्थापन

केला की खेती से अधिकाधिक आय प्राप्त करने हेतु खेत की तैयारी, बाग लगाने का समय, पौधे से पौधें, तथा पंक्ति से पक्ति की दूरी संकर का चुनाव (या ऊतक संवर्धन द्वारा तैयार पौधों का चयन) इत्यादि पर विशेष ध्यान देना आवश्यक होता है।

भूमि की तैयारी

गड्ढ़ा खोदने से पूर्व खेत की 2–3 जुताई करके खरपतवार खेत से निकाल देना चाहिए। तथा मिट्टी को भुरभुरी बना देना चाहिए। इसके बाद 30 X 30 X 30 सें0मी0 या 45 X 45 X 45 से0मी0 आकार के गड्ढ़े, 1.5 X 1.5 मीटर बौनी प्रजाति हेतु या 2 X 2 मीटर (लम्बी प्रजाति हेतु) की दूरी पर गड्ढ़े खोद लेते हैं। गड्ढ़ो की खुदाई का कार्य जून के प्रथम सप्ताह मे कर लेना चाहिए। खुदाई के उपरान्त उसी अवस्था में गड्ढ़ो को छोड़ देना चाहिए। कड़ी धूप की वजह से हानि –कारक कीट, फफूँद जीवाणु व कीट नष्ट हो जाते हैं। गड्ढ़े की मिट्टी 20 लिकलोग्राम सड़ी गोबर की खाद (कम्पोष्ट) एक किलो अंडी या नीम की खल्ली, 20 ग्राम फ्यूराडान मिट्टी में मिला देना चाहिए तथा गड्ढा भर देना चाहिए। गड्ढ़ा भरने के उपरान्त सिंचाई करना आवश्यक है, जिससे गड्ढ़ो की मिट्टी बैठ जाय।

उत्तक संवर्धन द्वारा तैयार पौधों या प्रकन्दों का रोपण

पालीथिन थैले में 20–25 से0मी0 उँचाई के उत्तक संवर्धन द्वारा तैयार पौधे रोपण हेतु उपयुक्त होते हैं। पालीथिन के पैक्टों को तेज चाकू या ब्लेड से काटकर अलग कर देतें है, तथा पौधों को निकाल लेते हैं, ध्यान देना चाहिए कि मिट्टी के पिण्डी न फूटने पाये।

पहले से भरे गये गड्ढ़ो के बीचो–बीच मिट्टी के पिण्डी के बराबर छोटा सा गड्ढ़ा बनाकर पौधे को सीधा रख देना चाहिए। पौधे की जड़ो को बिना हानि पहुचाए पिण्डी के चारो और मिट्टी भरकर अच्छी प्रकार दबा देनी चाहिए ताकि सिंचाई के समय मिट्टी गडढ़े में धंसे नहीं। बहुत अधिक गहराई में रोपण कार्य नही करना चाहिए। केवल पौधें की पिण्डी तक ही मिट्टी भरना चाहिए।

केला रोपण की दूरी

केला में पौध से पौधा एवं पंक्ति से पंक्ति की दूरी विभिन्न कारकों द्वारा प्रभावित होती है जैसे केला की किस्म, खेती करने की विधि, मृदा की उर्वरता इत्यादि। केला की परम्परागत खेती में विभिन्न किस्मों के लिए रोपण की दूरी भी भिन्न –भिन्न निर्धारित की गई है जो निम्नवत् हैः–

तालिका :प्रजाति के अनुसार रोपण की दूरी

क0 सं0	प्रजाति	दूरी	प्रति हेक्टेयर पौधों की संख्या
1	रोबस्टा, डावर्फ कावेन्डीश	1.5×1.5 मी0	4444
2	पूवन, मोन्थन, मालभोग, ने पूवान	2.0×2.0 मी0	2500

केला की सघन रोपण विधि

यह केला उत्पादन की एक विधि है, इसमें उत्पादन बढ़ाने हेतु प्रति इकाई क्षेत्रफल में केला के पौधों की संख्या बढ़ाने की सलाह दी जाती है। इस विधि में उत्पादन तो बढ़ता है लेकिन खेती की लागत घटती है। उर्वरक एवं देश के अन्य हिस्सों में हुए प्रयोंगो के आध ाार पर रोबस्टा एवं बसराई प्रजाति के पौधों की संख्या/हेक्टेयर बढ़ाकर अधिक उत्पादन प्राप्त किया जा सकता है। प्रकन्दों की संख्या एक स्थान पर एक न रखकर तीन रखकर तथा पौधों से पौधों तथा पक्ति से पंक्ति की दूरी 2×3 मी0 रख कर प्रति हेक्टेयर 5000 पौधें रखें जा सकते है। इसमें नेत्रजन, फास्फोरस एंव पोटाश की 50 प्रतिशत मात्रा परम्परागत रोपण की तुलना में बढ़ाना पड़ता है। इस व्यवस्था के फलस्वरुप उत्पादन में उल्लेखनीय वृद्धि संभव है।

रोपण का समय

केला रोपण का समय विभिन्न कारकों द्वारा निर्धारित होता है जैसे, प्रजाति, क्षेत्र विशेष की जलवायु, बाजार की माँग इत्यादि। पश्चिमी तथा उत्तरी भारत में केला लगाने का सबसे अच्छा समय दक्षिणी – पश्चिमी मानसून की शुरुआत यानि जून–जुलाई का महीना है। दक्षिण भारत के केरल –मालबार हिस्से में सितम्बर –अक्टूबर मे तथा इसके कुछ अन्य क्षे़त्रो में दिसम्बर माह में केला लगाते हैं पालिनी की निचली पहाड़ियो पर अप्रेल में कावेरी नदी के किनारों पर फरवरी, मार्च तथा तंजोर जिले में केला दिसम्बर जनवरी के महीने में लगाया जाता है। मैसूर, आंध्र प्रदेश तथा उड़ीसा में केला जून माह के अन्त में लगाते हैं। पश्चिम बंगाल, बिहार तथा आसाम में मानसून शुरु होने के बाद जून–जुलाई में केला लगाते हैं। बिहार में केला अगस्त के प्रथम सप्ताह के बाद नहीं लगाना चाहिए, क्योकि इस प्रकार गये केले में गहर जाड़ो मे निकलती है जो अत्याधिक ठंढ़क की वजह से असामान्य निकलती है। साथ ही अगस्त में लगाई गयी फसल की रोपाई से कटाई तक की अवधि लम्बी हो जाती है। क्योंकि सर्दी के कारण फलों को तैयार होने में अधिक समय लगता हैं।

केले के बागों की सिचाई

केला के प्रकन्द या उत्तक संवर्धित पौधों के रोपण के उपरान्त सिंचाई आवश्यक है। केला के पौधों को किसी भी अवस्था में पानी की कमी की कमी से नुकसान नहीं होना चाहिए। गार्मियों में पौधो को 7 दिनों के अन्तर सें सिंचना चाहिएं। सर्दियों में ठंडक से बचाने के लिए भी सिंचाई आवश्यक है। मानसून मौसम में यदि वर्षा देर से हो तो पौधों को 10–15 दिन के अन्तर पा सिंचाई करना अच्छा रहता है। जुलाई – सितम्बर में जब वर्षा हो रही हो उस समय सिंचाई की आवश्यकता नहीं पड़ती है। ड्रिप सिंचाई की केला उत्पादन में एक महत्वपूर्ण स्थान है। इस विधि द्वारा लगभग 40 प्रतिशत पानी को बचाया जा सकता है। इस विधि द्वारा केला की खेती करने से रोग एवं कीड़े कम लगते हैं तथा उपज अधिक प्राप्त होती है। पौधों की स्वस्थ बढ़वार के लिए 15–20 लीटर पानी प्रति दिन आवश्यक है।

उर्वरक के साथ ड्रिप सिंचाई

ड्रिप सिंचाई के साथ उर्वरक के प्रयोग से केला प्रति हेक्टैयर उत्पादन में भारी वृद्धि किया जा सकता है, 20 लीटर पानी के साथ जब 200 ग्राम नेत्रजन, 30 ग्राम फास्फोरस एवं 300 ग्राम पोटाश प्रति पौधा प्रति फसल दिया गया तो सर्वाधिक वजन का गहर प्राप्त होता है जिसमें फलों की संख्या भी सर्वाधिक रहती है। जिन प्रक्षेंत्रों पर ड्रिप सिंचाई की

सुविधा उपलब्ध हो वहाँ पर सिचाई के साथ–साथ उर्वरक का भी प्रयोग करना चाहिए। इस प्रकार के प्रयोग से लगभग 40 से 50 प्रतिशत उर्वरकों की बचत होती है और उत्पादन खर्च को उपज में बिना कमी लाये कम किया जा सके।

खाद एवं उर्वरक का व्यवहार

केला भारी मात्रा में पोषक तत्वों का उपयोग करने वाला पौधा है तथा इन पोषक तत्वों के प्रति धनात्मक प्रभाव छोड़ता है। कुल फसल उत्पादन का लगभग 30–40 प्रतिशत लागत खाद एवं उर्वरक के रुप में खर्च होता है उर्वरको की मात्रा,प्रयोग का समय प्रयोग की विधि प्रयोग की बारम्बारता प्रजाति, खेती करने का ढ़ग एवं स्थान विशेष की जलवायु द्वारा निर्धारित होती है। केला की सफल खेती हेतु सभी प्रधान एवं स्थान विशेष की जलवायु द्वारा निर्धारित होती है। तथा उनकी मात्रा उनके कार्य एवं उपलब्धता के अनुसार निर्धारित होती है। प्रमुख पोषक तत्वों में नाइट्रोजन सर्वाधिक महत्वपूर्ण पोषक तत्व है। केला का सम्पूर्ण जीवन काल को दो भागों में बाँट देते हैं वानस्पतिक वृद्धि की अवस्था एवं प्रजननकारी अवस्था। फूल लगने एवं फल विकास की अवस्था मृदा में उपलब्ध नाइट्रोजन एवं किस्म के अनुसार केला की सामान्य वानस्पतिक वृद्धि हेतु 250–300 ग्राम पौधा देना चाहिएं। नाइट्रोजन की आपुर्ति सामान्यतः यूरिया के रुप में करते हैं। बेहतर होता कि नेत्रजन का 25 प्रतिशत सड़ी हुई कम्पोस्ट के रुप में या खल्ली के रुप मे प्रयोग किया जाय। केला में फास्फोरस के प्रयोग की कम आवश्यकता होती है। सुपर फास्फेट के रुप में 100–150 ग्राम प्रति पौधें की दर से फास्फोरस देना चाहिए। फास्फोरस की सम्पूर्ण मात्रा को रोपण के समय ही दे देना चाहिए।

पोटैशियम की भूमिका केला की खेती में अति महत्वपूर्ण है। गहर में फल लगते समय पोटाश की लगातार आपूर्ति आवश्यक है क्योकि गहर में फल लगने की प्रक्रिया में इसकी महत्वपूर्ण भूमिका होती है। केला की वानस्पतिक वृद्धि के दौरान 200 ग्राम पोटैशियम तथा 100 ग्राम प्रति पौध फल बनते समय देना चाहिए। इसे म्यूरेट आफ पोटाश के रुप में देते है। 7.5 पी.एच मान वाली मृदा में पोटैशियम सल्फेट के रुप मे पौटेशियम देना अधिक लाभदायक होता है।

कैल्शियम, नेत्रजन, फास्फोरस एवं पोटाश के साथ प्रतिक्रिया करके अपना प्रभाव छोड़ता है। अम्लीय मृदा में भूमि सुधारक के रुप में डोलोमाइट एवं चुना पत्थर सामान्यतः प्रयोग किया जाता है। मैग्नीशियम, पौधो में क्लोरोफिल बनने में तथा सामान्य वृद्धि की अवस्था महत्वपूर्ण भूमिका अदा करता है।पौधों में इसकी अत्याधिक कमी की अवस्था में मैग्नीशियम सल्फेट का प्रयोग करने से पौधों में कमी के लक्षण समाप्त हो जाते हैं। यद्यपि

मृदा में सल्फर की कमी पाई जाती है। लेकिन केला की खेती में इसकी कोई अहम भूमिका नहीं है। सूक्ष्म या पोषक तत्वों में जिंक, आयरन, बोरन, कापर एवं मैग्नीज पौधों की सामान्य वृद्धि एवं विकास में अहम भूमिका अदा करते है। जिंक 0.1 प्रतिशत, बोरन 0.05 प्रतिशत तथा मैग्नीशियम 0.1 प्रतिशत का प्रयोग करने से अधिक उपज प्राप्त होती है।

खर–पतवार नियंत्रण के उपाय

केला की खेती में खर पतवार नियंत्रण की एक अहम भूमिका है क्योंकि यह लगभग 40–50 प्रतिशत तक मृदा एवं प्रजाति के अनुसार उपज को प्रभावित करती है। केला के बाग को पूर्णतया खर–पतवार से मुक्त रखना चाहिए। कही–कही केला की प्रारंभिक अवस्था में पंक्तियों के बीच में बैल चालित कल्टीवेटर चलाकर खर–पतवार को नियंत्रित किया जाता है। खर–पतवार के प्रबन्ध हेतु हाथ द्वारा निकाई –जुताई करना चाहिए जिससे खर–पतवार कम उगते हैं। इन शस्य क्रियाओं के अलावा कुछ कुषि रसायन भी खोजे गये जिनसे खरपतवारों को नियंत्रित किया जाता है। ग्लाइसेल की 0.4 प्रतिशत मात्रा का छिड़काव करने से भी खर–पतवार नियंत्रित होते हैं। लेकिन यह आवश्यक है कि खर पतवार को समेकित तरीके से नियंत्रित किया जाय। इसके लिए मिश्रित खेती जैसे लोबिया की खेती या मृदा को गन्ने की सूखी पत्तियों या धान के पुआल से ढ़कने से भी खर पतवार नियंत्रित होते हें। इन विधियो के साथ–साथ ग्लाईसेल का प्रयोग करना आर्थिक दृष्टि से लाभदायक रहता है। जब तक पौधे पूर्ण रुप से न बढ़ जायें, पौधों की निकाई–गुड़ाई आवश्यक है।

अनावश्यक पौधों की छटाई

केला की अच्छी फसल के लिए आर्थिक दुष्टि से लाभदायक उपज प्राप्त करने के लिए आवश्यक है कि मातृ पौधे के आस–पास उग रहे केला के पौधों को हटाते रहना चाहिए। लगभग 4.5 दिन में एक बार इस अवान्छित पौधों को काटते रहना सामान्य प्रक्रिया है। दो तीन माह के केला के बाग में उग रहे पौधों को काटते रहना सामान्य प्रकिया है। दो तीन माह के केला के बाग में उग रहे पौधों को किसी तेज धार के चाकू से काटते रहना चाहिए। बेहतर होगा कि इन पौधों के साथ–साथ इनके प्रकन्दो को भी काटते रहे। लेकिन इस बात का ध्यान रखना चाहिए कि मातृ पौधे को किसी भी अधोभूस्तारी के आगे वृद्धि नहीं होने देना चाहिए। जब मातृ पौधें मे गहर (घौंद) निकल आयें उस समय एक अधोभूस्तारी का आगे वृद्धि करने देना चाहिए। मातृ पौधे को फल काटने के पश्चात् काट देना चाहिए। उस समय पहला अधोभूस्तारी जो 4–5 माह का होता है मातृ पौधे का स्थान ग्रहन कर लेता है।

केले के बागों में अन्तरवर्ती फसल

केला के बागों में दो पंक्तियों के बीच की खाली जमीन में अन्तरवर्ती फसल बोयें। इसके मुख्यतः दो फायदे है (1) अतिरिक्त आय (2) खर पतवार नियत्रिंत होता है जो कभी–कभी 25–30 प्रतिशत तक उपज को प्रभावित करता है। केला की प्रांरभिक अवस्था में लोबिया, प्याज, हल्दी, अदरख आदि को लगा सकते है। ऐसी फसलों को कभी नहीं लगाना चाहिए जो सूत्रकृमि की जनसंख्या को बढ़ाने में सहायक हो, जैसे, बैंगन एवं कद्दू कुल की सब्जियाँ। केला में आच्छादन लगाने से मृदा में नमी एवं खरपतवार दोनों का प्रबन्धन होता है। आच्छादन हेतु लगभग प्रति हेक्टेयर 10 टन के आसपास गन्ने की सुखी पत्तियों की आवश्यकता होती है। पालीथीन का आच्छादन सर्वोत्तम होता है। पौधा जैसे–जैसे वृद्धि करता है, नीचे की पत्ती सूखती जाती है। सूखी पत्तियाँ तने से नीचे लटक जाती हैं। सूखी पत्तियों को तने से अलग रखना चाहिए। यह क्रिया दो महीने में एक बार अवश्य करना चाहिए। सुखी एवं रोगग्रस्त पत्तियों को तेज चाकू से समय–समय पर काटते रहना चाहिए। इस क्रिया से रोग की सान्ध्रता घटती है।रोग का फैलाव घटता है। हवा एवं प्रकाश नीचे तक पहुँचाता रहता है जिससे कीटों की सख्या में भी कमी होती है। अधिकतम उपज के लिए स्वस्थ 10–12 पत्तियाँ ही पर्याप्त हैं।

केले के पौधो की जड़ो पर मिट्टी चढ़ाना

पौधों पर वर्षा ऋतु के बाद सदैव मिट्टी चढ़ाना चाहिए, क्योंकि पौधों के चारो तरफ की मिट्टी धुल जाती है तथा अधोभूस्तारी निकलने से नीचे का सिरा भारी होकर तेज हवा में पौधा उलट जाता है।

केले के विपणन में लाखों लोगों को रोजगार प्राप्त है।

पौधों को सहारा देना तथा फसल सुरक्षा

केला की खेती को तेज हवाओं से भी भारी खतरा बना रहता है। लम्बी प्रजातियों में सहारा देना अति आवश्यक है। केले के गुच्छों का भारी होने के कारण पौधे नीचे की तरफ झुक जाते हैं। अगर उनको सहारा नहीं दिया जाता है तो वे उखड़ भी जाते हैं। अतः उनको बाँस की बल्ली–दो बाँसो को आपस में बाँधकर कैंची की तरह बना लेते है तथा फलों के गुच्छों को सहारा देते हैं। गहर निकलते समय सहारा देना आवश्यक है। फसल को कीड़ो एवं ब्याधियों से बचाने के लिए समुचित उपाय समय पर करना आवश्यक है।

घौद को ढ़कना

पौधों में गहर आ जाने पर वे एक तरफ झुक जाते है। यदि उनका झुकाव पूर्व या दक्षिण कि तरफ होता है तो फल तेज धुप से खराब हो जाता है, अतः केले के पौधे की उपर वाली पत्तियों से ढ़क देना चाहिए। गहर का अग्र भाग जिस पर पुष्प होता है बिना फल पैदा किये बढ़ता रहता है। गहर मे फल पूर्ण मात्रा में लग जाने के पश्चात् उनको काट कर अलग कर देना चाहिए जिससे वह भोज्य पदार्थ लेकर फलों की वृद्धि को अवरुद्ध न कर सके तथा इसको बेचकर अतरिक्त आय प्राप्त किया जा सके, क्योंकि इसका प्रयोग सब्जी बनाने में किया जाता है। क्वेन्डीश (बसराई, रोबस्टा) तथा सिल्क (मालभोग) ग्रुप के केलों में गहर का ढ़कना एक सामान्य क्रिया है, क्योंकि इससे केला के फल का रंग आकर्षक हो जाता है। ढ़क कर फल को खराब होने से बचा सकते हैं तथा सूर्य के प्रकाश से सीधे सम्पर्क में आने की वजह से फलों पर धब्बे बन जाते हैं जिससे कोलेटोट्राइकम् नामक फँफूद पैदा होता है।

कटाई एवं कटाई उपरान्त प्रबन्धन

फलों के कोण अपरिपक्व अवस्था में पूर्णतया स्पस्ट होते हैं जबकि परिपक्वता की अवस्था तक पहुँचते–पहुँचते यह कोण विलीन होने लगते हैं तथा फलों का रंग, गहरे रंग से हल्के रंग में बदलने लगता है। केला के गुच्छे का विकास लगभग 90 से 150 दिन में प्रजाति के अनुसार होता है। डवार्क क्वेन्डीश प्रजाति के गुच्छे का विकास लगभग 110 से 115 दिन में होता है। डवार्फ क्वेन्डीश प्रजाति के गुच्छे का परिपक्वता की अवधि को घटा देता है। दूर के क्षेत्रों में भेजने के लिए 75 प्रतिशत परिपक्व अवस्था में ही फलों के गुच्छों को तेज चाकू से काट लेना चाहिए। कटाई एवं ढुलाई के समय विशेष घ्यान देने की आवश्यकता होती है। फलों को आपस में रगड़ से बचाना चाहिए अन्यथा पकने की अवस्था में ये फल काले पड़ जाते हैं। भारत में केला को बन्द कमरों में पकाने की प्रथा ज्यादा प्रचालित है। गुच्छों को एक कमरे में इकट्ठा कर लेते हैं। इथेलिन गैस (1000

पी0पी0एम0) 24 घंटा के लिए को कमरे में समान रुप से प्रवाहित करते हैं जिससे फल समान रुप से पकते हैं। एसेटेलिन गैस का प्रयोग नहीं करना चाहिए। फलों के गुच्छों को केला की पत्तियों से बाँध देना चाहिए जिससे ये आपस में रगड़ से बच जाते है। निर्यात हेतु केला को 4–16 की संखया में लम्बाई एवं मोटाई में ग्रेडिंग करके महँगें बाक्सों में रखते है। इस बक्सों का वजन निर्यात की आवश्यकता के अनुसार 10 से 15 किलोग्राम के मध्य रखते हैं। पैकिंग के पूर्व फलों का पानी से या हल्के सोडीयम हाइपोक्लोराइड के घोल से धो देते है। रोबस्टा एवं बसराई प्रजाति के केला के फलों सोडीयम हाइपोक्लोराइड के घोल से धो देते है। रोबस्टा एवं बसराई प्रजाति के केला के फलों को अख्बार के कागज में लपेट कर महगें बक्सों मे रख कर बाजार में भेजते हैं। लेकिन इस प्रकार से भेजने से लागत मे वृद्धि होती है अतः यह विधि लोकप्रिय नहीं हो पाई है।

केला के फलों को पालीथीन (100 गेज तथा 0.2 प्रतिशत छिद्रयुक्त) में पैक करके रखने से इसकी उपयोगिता समय में वृद्धि दर्ज किया गया है। इस प्रकार से पैक किये गये फलों को कमरे के तापक्रम पर पशीतन होम में रखा जा सकता है। पालीथीन में छिद्र न करने पर पैकिंग के अन्दर आर्द्रता तथा कवक का संक्रमण बढ़ता है। केला के फलों को पकने से बचाने के लिए 12 प्रतिशत बैक्सोल के घोल में डाल देने से केला की उपयोगिता समय में लगभग 10–12 दिनों की वृद्धि दर्ज की गई है। बहुत सारी कटाई उपरान्त बिमारियों से बचाव के लिए कार्बेन्डाजीम कवकनाशक का 400 पी0पी0 एम0 का छिड़काव किया जा सकता है तथा पकने को अवधि को बढाया जा सकता है।

उपज

परम्परागत ढ़ग से की गई खेती के अनुसार केला की विभिन्न महत्वपूर्ण प्रजातियों की औसत उपज का विवरण निम्नवत् हैः–

पुवान,मालभोग कंथाली	40–50टन / हे. / वर्ष
रोबस्टा,बसराई	60–70टन / हें. / वर्ष
कोठिया,मोन्थन	40–50टन / हे. / वर्ष

केला की परिष्कृत ढ़ग से की गई खेती के अनुसार जिसमें सघन रोपण तथा ड्रिप सिचाई के साथ उर्वरकों का प्रयोग किया गया हो तो केला की उपज 100 टन / हे0 वर्ष प्राप्त किया जा सकता है। उन्नत वैज्ञानिक ढ़ग से खेती करके केला की वर्तमान उपज को लगभग दुगुना किया जा सकता है।

—•—

17

कैथ

कैथ रुटेसी कुल का एक फल है, जिसका वानस्पतिक नाम फेरोनिया लाइमोनिया है। देश के उष्ण, उपोष्ण, शुष्क एवं अर्द्धशुष्क क्षेत्रों में इसके वृक्ष पाये जाते हैं। कहीं–कही वन विभाग द्वारा भी इसके वृक्ष सड़को के किनारे लगाये जाते हैं। आमतौर पर इसके फलों का प्रयोग चटनी एवं अचार बनाने हेतु किया जाता है। देश के अर्धशुष्क क्षेत्रों की ऊसर, बंजर, कंकड, बीहड़ एवं बेकार भूमि में इसकी व्यावसायिक बागवानी की प्रबल संभावनाएँ हैं।

आयुर्वेद चिकित्सा पद्धति में इसे विभिन्न औषधीय उद्देश्यों की पूर्ति हेतु प्रयोग किया जाता है। सामान्य रुप से इसका प्रर्वधन बीज द्वारा किया जाता है, किन्तु बीजू वृक्षों में विविध ाता आ जाने के कारण इसके फलों की गुणवत्ता बदल जाती है अतः वानस्पति विधि द्वारा प्रवर्धित करने की आवश्यकता अनुभव की गयी। देश में उन्नत किस्मों के चयन हेतु संस्थान द्वारा प्रयास किया गया तथा विभिन्न क्षेत्रों में कैथ के वृक्ष अधिक संख्या में उगाये जा रहे है। अतः इस क्षेत्र का सर्वेक्षण किया गया। सामान्यतया फलों का वजन 641 ग्राम/प्रति फल तक पाया गया। विभिन्न संकलित जनन द्रव्यों में से चयन सी.आई.एस.डब्ल्यू.ए–16 अन्य जनन द्रव्यों की अपेक्षा बेहतर पाया गया। इनके विभिन्न गुणों एवं वानस्पतिक विधि द्वारा प्रसारण का विस्तृत आंकलन किया जा रहा है तथा कुछ सफलता प्राप्त हुई है।

कैंथ का वानस्पतिक प्रवर्धन

मूलवृंत की तैयारी

कैथ में वानस्पतिक प्रवर्धन

कैथ के फल दिसम्बर से पकना प्रांरभ करते हैं और जनवरी–फरवरी में फलों को डंठल सहित सावधानी से तोड़ लिया जाता है। कुछ दिनों तक कागज में लपेट कर बोरे आदि से ढ़क कर रखने से फल आसानी से पक जाते हैं। ऐसे पके फलों को तोड़ कर बीज निकाल कर छाया में सुखा लिया जाता है।

बुआई हेतु 15 से.मी. उँची बीज शैय्या बनाई जाती है। बुआई करने के बाद सूखी पत्ती,घास–फूस आदि से इन्हें ढ़क दिया जाता है। समय–समय पर हल्की सिंचाई की जाती है। लगभग 1–1.5 महीने बाद 3–4 पत्तियों की अवस्था हो जाने पर पॉलीथीन की थैलियों में पौधों को स्थानांतरित कर दिया जाता है। मिट्टी एवं सड़ी गोबर की खाद को 1:1 अनुपात में मिलाकर 25 X 10 सें.मी. आकार की पॉलीथीन की थैलियों में मिश्रण को भर कर बीज की बुआई की जाती है। लगभग 1 वर्ष बाद पौधों की मोटाई पेंसिल के बराबर हो जाने पर मूलवृंत हेतु प्रयोग किया जाता है।

कैथ में जैव विविधता

प्रसारण का समय एवं विधि

जनवरी से मार्च के बीच उन्नत किस्म की सांकुर शाख लाकर 8 महीने से 1 वर्ष पुराने पौध तैयार करते हैं। मूलवृंत पर क्लेफ्ट या वेज कलम बंधन द्वारा इसके लिए समान मोटाई वाले मूलवृंत को पॉलीथीन की थैली से 15–20 से.मी.की उँचाई पर सिकेटियर की सहायता

से काटा जाता है। इसके बाद चाकू की मदद से मूलवृंत के बीचो–बीच 3–4.5 से.मी.गहरा लंबवत् चीरा लगाया जाता है। सांकुर शाखा का चयन करते समय इस बात का ध्यान रखा जाता है कि वह समान मोटाई की हो एवं मातृवृक्ष से काटने के बाद उसकी पत्तियाँ निकाल दी गयी हों । 10–15 सें.मी.लम्बी समान मोटाई की सांकुर शाख लेकर उसके निचले सिरे पर दोनों तरफ से 3–4.5 से.मी. लम्बा एवं तिरछा काट कर नुकीला बानाया जाता है। इन नुकीले भाग को मूलंवृत में अच्छी तरह घुसा कर 200 गेज मोटी पॉलीथीन की पट्टी से कस कर बाँध दिया जाता है। बाँधने के बाद पौधे को लगभग 15–20 सें.मी.लंबी एवं 15 से0मी0 चौड़ी पॉलीथीन की नलिका से ढ़क जाता है। इन पौधों को पॉलीहाउस में 20–25 दिनों के लिए रखा जाता है। पॉलीहाउस की सुविधा न होने पर नेट हाउस या किसी छायादार स्थान पर पौधों को रखा जा सकता है।

सांकुर शाखा में 20–25 दिनों बाद नयी वृद्धि प्रारंभ हो जाती है। इसी समय पौधों को पॉलीहाउस से निकाल कर नेट हाउस में स्थानांतरित कर देना चाहिए। लगभग तीन महीने बाद कलमी पौधें रोपण हेतु तैयार हो जाते हैं। इस विधि द्वारा प्रसारण करने पर 82–96 प्रतिशत तक सफलता पाई गयी है। मार्च में तापमान बढ़ने पर एवं सांकुर शाखा में नयी वृद्धि प्रांरभ होने के कारण सफलता में कमी हो जाती है।

उपज

कैथ के एक 10–15 वर्ष के वृक्ष से औसतन 300–400 फल प्राप्त होते हैं। कैथ औषधि भी है।

कैथ का पका फल सुपाच्य, शीतल, उत्तेजक तथा विषरोधी होता है। इसके सेवन से कफ, दमा, ह्रदय रोग, वमन, स्वेत प्रदर तथा रक्त प्रदर में लाभ मिलता है। यह वात, पित्त, त्रिदोष, रक्त विकार, गले की सूजन, थकान, प्यास तथा हिचकी मिटाने में भी सहायक होता है। कच्चा फल विषरोधी तथा शरीर की खुजली मिटाने में कारगर साबित हुआ है।

कैथ के मूल्य–संवधित पदार्थ

कैथ के फलों में अधिक अम्लता तथा पेक्टिन होने के कारण इससे चटनी और जेली बनाई जाती है। कैथ के फल का गूदा गहरे हरे भूरे रंग का, संगन्धित तथा कषाय होता है। पके फलों के गूंदे का स्वाद खट्टा–मीठा होता है। राजस्थान के लोग इसके गूदे को सुखाकर तथा पीस कर चूर्ण बनाते हैं। जिसको दाल, सब्जी, कढ़ी आदि में मिला कर अमचूर के विकल्प के रूप में इस्तेमाल करते हैं। अतः आप भी कैथ के खटाई पाउडर, चटनी, जेली तथा शरबत बना सकते हैं।

—•—

18

कीवी

कीवी फल अपने उत्पादन, रंग, स्वाद तथा गुणवत्ता के कारण भारत में ही नहीं बल्कि पूरे विश्व में अपना स्थान बना लिया है। इसकी खेती के लिए विशेष जलवायु की आवश्यकता होती है, जो हमारे देश के कुछ ही क्षेत्रों में है। अतः इसकी खेती बहुत ही सीमित भू–भाग में की जा रही है। देश में कीवी की बागवानी मुख्यतः हिमाचल प्रदेश, उत्तरांचल (कुमाऊं एवं गढ़वाल), मेंघालय, अरुणाचल प्रदेश, सिक्किम, पश्चिम बंगाल, नीलगिरी एवं तमिलनाडु की पहाड़ियों में हो रही है।

उत्पत्ति, वितरण तथा इतिहास

कीवी फल की उत्पत्ति स्थल चीन है जहां इसे यांग–टाओ के नाम से जाना जाता है। यह एक लत्तरवाला पौधा है, जिसमें नर तथा मादा पौधे अलग–अलग होते हैं। इसे चाइनीज गूजबेरी भी कहते हैं। इसका वानस्पतिक नाम **एक्टिनीडिया चाइनेन्सिस** है। चीन से 1905 में विभिन्न देशों को इसके बीज की आपूर्ति हुई थी। लेकिन केवल न्यूजीलैण्ड में इसका प्रसारण हो पाया। अधिक उत्पादन एवं पोषकीय गुणों के कारण इसका फैलाव पश्चिमी देशों में बड़ी तेजी से हुआ। न्यूजीलैण्ड से आयातीत कीवी फल की छः किस्मों को राष्ट्रीय पादप अनुवांशिक संसाधन ब्यूरो, क्षेत्रीय केन्द्र, शिमला में भी लगाया गया तथा वहां से भवाली, क्षेत्रीय केन्द्र, नैनीताल उत्तरांचल में 1990 में लगाया गया। यहाँ पहली बार

एलीसन एवं हैवार्ड किस्में फलन में आयी। तोमुरी किस्म को नर किस्म के रुप में प्रयोग किया गया। इसके फल सहिष्णु, गोल, बेलनाकार होते हैं तथा हल्के भूरे रेशों से ढके रहते है। फल हरा गूदा, काले छोटे बीजों से भरा रहता है।

पोषणमान

कीवी फल पोषक तत्वों से भरपूर एवं स्फूर्ति दायक होते हैं। इसके फल मे 81.2 प्रतिशत पानी, 0.79 प्रतिशत प्रोटीन, 0.071 प्रतिशत वसा, 16 मि.ग्रा. कैल्शियम, 340 मि.ग्रा. पोटोशियम, 175 आई.यू. / विटामिन ए, 105 आई.यू. / 100 ग्रा.विटामिन सी, कार्बोहाइड्रेट एवं अन्य विटामिन भी प्रचुर मात्रा में पाये जाते हैं। कीवी फल मुख्यतः ताजे ही खाये जाते हैं, फिर भी इनके अनेक प्रकार से परिरक्षित पदार्थ जैसे जैम, जैली, पेय पदार्थ एवं डिब्बा बन्द उत्पादक बनाये जाते हैं।

उपयुक्त जलवायु

हिमालय के मध्य पहाड़ी क्षेत्र कीवी उत्पादन के लिए बहुत ही उपयुक्त पाये गये हैं। अच्छा फल उत्पादन तथा गुणवत्ता प्राप्त करने के लिए इसको विशिष्ट जलवायु की आवश्यकता होती है। इसे समुद्र सतह से 400 से 2000 मीटर ऊचाँई तक उगााया जा सकता है, जहां जाड़े का तापमान 600–700 घंटे–7^0 से0 से कम आ जाता है। कीवी पतझड़ी लत्तदार पौधा है जो सुषुप्तावस्था में शून्य से नीचे का तापमान सहन कर लेता है। इसकी शाखायें जनवरी से फरवरी प्रथम सप्ताह तक में अपनी पत्तियां गिरा देती हैं तथा नई पत्तियां मार्च के अन्तिम सप्ताह तक आ जाती हैं। मई में इसमें पुष्प आते हैं तथा कुछ दिनों बाद इसमें फल का विकास होने लगता है। मध्य पहाड़ी क्षेत्रों में अप्रैल–मई में, तापमान में वृद्धि एवं शुष्क जलवायु होने के कारण कीवी में फल एवं फूल आसानी एवं शीघ्रता से आता है। इस क्षेत्र में जून और जुलाई में गर्मी औसतन कम पड़ती है, साथ ही हल्की वर्षो होने के कारण फल के गूदे के विकास एवं गुणवत्ता में काफी सुधार होता है।

कीवी की उन्न्त किस्में

राष्ट्रीय पादप आनुवंशिक संसाधन ब्यूरो, क्षेत्रीय केन्द्र भवाली पर पिछले 12 वर्षो से कीवी जननद्रव्य का संकलन एवं तुलनात्मक अध्ययन कार्य चल रहा है। अब तक कीवी की कुल सात किस्मों का संकलन किया गया है। फलों के आकार, उपज, गुणवत्ता, एवं अन्य लक्षणों के तुलनात्मक कुछ प्रमुख एवं व्यावसायिक किस्मों का विस्तृत उल्लेख नीचे दिया गया है।

कीवी की भरपूर फसल

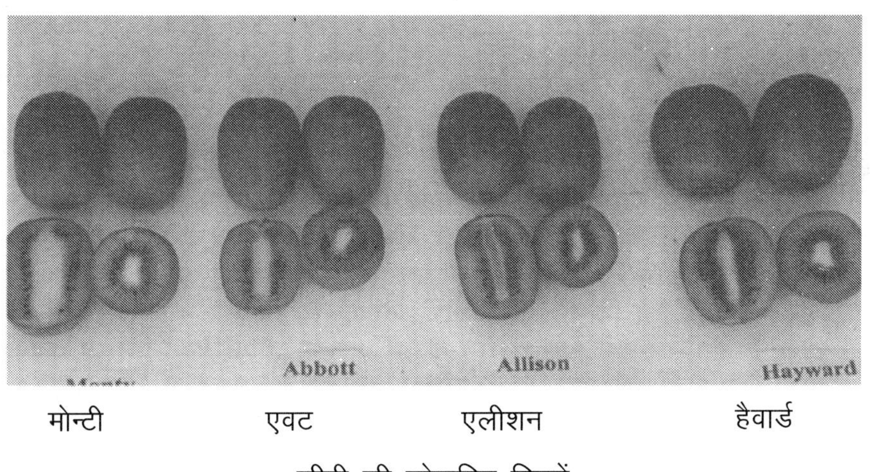

मोन्टी एवट एलीशन हैवार्ड

कीवी की लोकप्रिय किस्में

एवट : यह इस क्षेत्र के लिए अगेती किस्म है। इसके फल मध्यम आकार के तथा लम्बाई एवं चौड़ाई क्रमशः 5 से.मी.एवं 3.5 से.मी. होती है। फलों का औसत वजन 40–50 ग्राम तक होता है। इसके फल भूरे रेशों से ढके रहते हैं तथा इनमें अम्लता कम होती है। इसे मध्य पहाड़ी क्षेत्र एवं निम्न पहाड़ी क्षेत्रो में आसानी से उगाया जा सकता है।

एलीशन : यह प्रजाति सभी किस्मों से बड़ी होती है। फल की लम्बाई 5.5 से 6से.मी. तक होती है तथा यह चौड़ाई में कम होता है। फल की चौड़ाई 3.30 सें.मी. होती है। इसके फल दोनों सिरों पर दबे होते है। लेकिन इसमें खट्टापन थोड़ा ज्यादा होता है। छिलके का

वजन 5.5 ग्राम तक होता है।फल भूरे रेंशों से ढ़का होता है। इस किस्म के 7–8 वर्ष के पौधे से 55–60 कि.ग्रा. उपज प्रति पौधा प्राप्त की जा सकती है। यह अधिक उत्पादन देने वाली प्रजाति है जो मध्य पहाड़ी क्षेत्र के लिए उपयोगी पायी गयी है।

ब्रूनो : यह अच्छा उत्पादन देने वाली प्रजाति है जिसमें फलों का आकार मध्यम एवं रंग भूरा होता है।इसमें अम्लता कम होती है। इस प्रजाति के लिए कम तापमान की आवश्यकता होती है।

हैवार्ड : यह प्रजाति भवाली के क्षेत्र के लिए उपयोगी पायी गयी है। किसान इस किस्म को ज्यादा पसंद करते है। इसके फल दिखने में आकर्षक होते हैं और ज्यादा दिन तक रखे जा सकते हैं। फल में सुगंध युक्त गूदे की मात्रा ज्यादा होती है जो इस किस्म की प्रमुख विशेषता है। इसमें अम्लता कम पायी जाती है तथा गूदे एवं छिलके का अनुपात भी कम पाया जाता है। यह प्रजाति कम तापमान पर ज्यादा उत्पादन देती है। इसके लिए उच्च पहाड़ी क्षेत्र अच्छा रहता है। इस केन्द्र पर हैवार्ड किस्म के 5–7 वर्ष के पौधे से 50–55 कि.ग्रा. फल प्राप्त किया गया है।

मोन्टी : यह देर से फलने वाली प्रजाति है। लेकिन इसके पकने का समय कम होता है। फल मध्यम आकार का होता है तथा वजन 40–45 ग्राम होता है। इसमें कुल घुलनशील शर्करा लगभग 12–13 प्रतिशत तक मापी गयी है। इसमें अम्लता ज्यादा होती है।

तोमुरी : यह नर पौधा है जो इस केन्द्र पर पालिनाइजर के रुप में प्रयोग किया जाता है। इसमें पुष्प गुच्छे में आते हैं तथा मादा पुष्पों की अपेक्षा बलवान व आकर्षक दिखतें है।

रेड कीवी : इसके फलों के ऊपर रोम नहीं पाये जाते तथा लाल रंग का फल दूर से ही अपनी पहचान बताता है। इसका पौधा आयातित बीज से लगाया गया है। अभी इस पर शोध कार्य जारी है।

कीवी के लिए भूमि का चुनाव

कीवी की खेती के लिए गहरी दुमट मिट्‌टी, जिसमें जल निकास की समुचित व्यवस्था हो, उपयुक्त मानी जाती है। इसकी वल्लरी ज्यादा लवण युक्त भूमि के प्रति सहनशील होती है और साधारणतः पी.एच.मान 7.3 से कम हो,उपयुक्त पायी गयी है।

कीवी की पौध प्रसारण की विधियाँ

कीवी की व्यावसायिक खेती के लिये कलम लगाकर (टंग कलम, स्लाइस कलम) तैयार पौधे का उपयोग किया जाना चाहिए। बीजू पौधें में पैतृक गुणों के अभाव के कारण

अच्छी गुणवत्ता के फल प्राप्त नहीं होते हैं तथा इनमें फलन भी देर से आता है और बाजार भाव भी ठीक प्राप्त नहीं हो पाता है। मुख्यतः दो तर ह की प्रसारण विधि का प्रयोग किया जाता है– बीज एवं वानस्पतिक प्रसारण द्वारा।

बीज द्वारा : बीज द्वारा तैयार किये गये पौधे में अच्छी गुणवत्ता का अभाव होता है। इसके द्वारा पौधे केवल मूल–वृंत के लिए तैयार किये जाते हैं। इस पर अच्छी प्रजाति के पौधे की कर्तन को लेकर उसके मूल–वृंत पर कलम कर दिया जाता है। बीज द्वारा पौधे तैयार करने के लिए ताजा तुड़ाई किये फल से बीज निकाल कर तुंरत बुआई कर देनी चाहिए, जिससें 45 प्रतिशत अंकुरण केवल 90–100 दिन के भीतर हो जाता है। यदि बीज को सुखाकर बोते हैं तो अंकुरण की क्षमता बहुत ही कम होती है। बीज को 24 घंटा पहले 30 पी.पी.एम., आई.बी.ए. में भिगोकर बोने से अंकुरण में अच्छी सफलता मिलती है।

वानस्पतिक प्रसारण : यह प्रसारण मुख्यतः कर्तन एवं कलम से किया जाता है।

(अ) **कर्तन** : यह विधि ज्यदातर किसानों द्वारा प्रयोग में लायी जाती है क्योंकि यह सरल एवं आसान है तथा इससे तेजी से पौधे प्राप्त होते हैं। जब पौधों सुषुप्तावस्था में होता है और इसकी पत्ती गिर जाती है तो वहां से पेंसिल की मोटाई जितनी 0.5 से 1.0 से.मी. के आकार का कटिंग लेनी चाहिए जिससे कली 3–5 से.मी. तक तथा उसकी लंबाई 15–20 सें.मी. हों। कटिंग को लगाते समय इसके आधार को इन्डोल ब्यूटरिक एसिड (आई.बी.ए.) के पाउडर या घोल (1000 पी.पी.एम.) के रुप में प्रयोग कर लगाना चाहिये, इससे पौधे मे जड़ आसानी से निकलती है।

(ब) **कलम** : कलम द्वारा पौधे तैयार करने के लिये बीजू पौधों पर जनवरी –मार्च में चुनी हुई डाली पर शाखा को 15–20 सें.मी.जमीन से ऊपर काटकर उस पर पेंसिल के आकार की पतली कटिंग को लेकर मूल–वृंत पर जीभ के आकार का कट बनाकर दोनों को आपस मे फैलाकर बहुत ही सावधानी से पालिथीन के टुकड़े से बांध देना चाहियें। इसमें शाखा लकड़ी की माप बिलकुल मूल–वृंत के माप के बराबर होनी चाहिए। कीवी की कलम मुख्यतः टंग विधि या स्लाइस विधि से की जाती है जिससे पौधों में सफलता ज्यादा प्राप्त होती है। लगभग एक से डेढ़ महीने के भीतर शाखा पर पत्तियां दिखाई देने लगती है। यह पत्ती मूल–वृंत पर भी दिखाई देती है, जिसको तुरंत तोड़ देना चाहिये। इस प्रकार कलम विधि के द्वारा किसान आसानी से पौध तैयार करके इसे मुख्य प्रक्षेत्र पर रोपकर लाभ प्राप्त कर सकते हैं।

पौधे की रोपाई

कीवी का पूर्ण तैयार पौधा आकार में बड़ा होता है। अतः इसे औसतन 5 x 5 मीटर की दूरी पर लगाना चाहिये। इसको लगााने से पहले जगह का चुनाव, जल निकास, सिंचाई की सुविधा एवं जाड़े के नियंत्रण को ध्यान में रखकर करना चाहिए। धूप को अधिकतम प्रयोग में लाने के लिए पंक्ति का चुनाव उत्तर से दक्षिण की दिशा में करना चाहिए। कीवी के पौधे लगाने से पहले खेत में रेखांकन करके पौधा लगाने का स्थान सुनिश्चित कर लेना चाहिए। तत्पश्चात चिन्हित स्थान पर 1 x 1 x 1 मीटर के आकार के गड्ढ़े बनायें तथा उनका एक तिहाई भाग गोबर की सड़ी हुई खाद से तथा दो तिहाई मिट्टी से भर देना चाहिए। पौधे लगाने से कुछ दिनो पूर्व खल्ली एवं 20 ग्राम थीमेट 10 –जी गड्ढे में मिला देना चाहिए। पौधा लगाते समय गड्ढे के बीच खोदकर पौधा रोपण करने वाली मिट्टी में गोबर की खाद मिलाकर अच्छी प्रकार से पौधे लगाकर दबा देना चाहिए और तुरन्त 25 से 30 लीटर पानी डाल देना चाहिए तथा समय–समय पर इसकी देखभाल करते रहना चाहिए।

कीवी की बागवानी करते समय ध्यान रखना चाहिए कि इसमें नर व मादा पौधे अलग–अलग होते हैं। मादा पौधों से हमें फल की प्राप्ति होती है। लगभग 8 मादा पौधों के लिए एक नर पौधा लगाना आवश्यक होता है जिससे मादा पौधो में परागण आसानी से हो तथा अच्छी उपज प्राप्त हो सके।

खाद तथा उर्वरक का व्यवहार

प्रांरभ के 2–3 वर्षो तक कीवी के पौधों को 30 कि.ग्रा सड़ी हुई गोबर की खाद, 0.5 कि.ग्रा. नाइट्रोजन, फास्फोरस एवं पोटाश (120:60:60) रासायनिक खाद प्रति पौधा देना चाहिए। तत्पश्चात् पौधे की बढ़वार के साथ खाद की मात्रा में वृद्धि करते जाना चाहिए। रासायनिक खाद की बाद पूर्ण विकसित पौधें में 50–60 कि.ग्रा. गोबर की खाद एवं रासायनिक खाद भी उसकी क्षमतानुसार बढ़ाकर देनी चाहिए। वर्मी कम्पोस्ट के प्रयोग से कीवी की गुणवत्ता एवं पैदावार में वृद्धि होती है। खाद देने के बाद यदि तुरन्त वर्षा नहीं होती है तो सिचांई अवश्य करनी चाहिए।

सिंचाई एंव जल संरक्षण

कीवी के अधिक तथा सफल उत्पादन के लिए मृदा में उपयुक्त नमी रहना आवश्यक है, जिसके लिए जल संरक्षण एवं मल्चिंग का प्रयोग किया जा सकता है। प्रारम्भिक अवस्था में 3–4 वर्ष तक सिचांई की आवृति ज्यादा रखनी चहिए।

पौधे की सधाई

कीवी की लत्तर अंगुर के पौधे के समान होती है। यहा पर टी.बार.ट्रेनिंग विधि एवं परगोला विधि द्वारा ट्रेनिंग का प्रयोग किया जाता है। परगोला विधि ज्यादा खर्चीली होती है लेकिन इसमें टिकाऊपन 40 वर्षो तक होता है और यह फल को हवा की मार तथा ओले के नियंत्रण में लाभदायक होता है। यहां पर टी.बार. ट्रेनिंग विधि का प्रयोग उपयुक्त पाया गया है।

टी.बार.विधि पर पौधे को ट्रेन करना

इस विधि में सर्वप्रथम पहले वर्ष पौधे की एक शाखा को तार पर बढ़ाने की अनुमति देते हैं, यही इसकी मुख्य शाखा होती है। दूसरे वर्ष दो शाखाओं का चयन कर दोनों तरफ बीच वाले तार में बांध दिया जाता है और यह उसकी दूसरी मुख्य शाखा होती है और तीसरी शाखा बाहर वाली तार पर बाधं देते है।

पौध की कटाई तथा छंटाई

शाखाओं की कटाई करके प्रबंध करना फल की गुणवत्ता एवं उत्पादन पर प्रभाव डालता है। कटाई घनी एवं अवांछनीय शाखा वृद्धि को रोकता ही नही बल्कि यह फूल खिलने के समय मधुमक्खी एवं परागकण के आदान–प्रदान को भी सुलभ बनाता है। इससे परागण अच्छी प्रकार होता है और फल निर्माण ठीक समय पर हो जाता है तथा धूप को अन्दर तक जाने एवं फफूंदी नाशक व कीटानाशक दवाओं के छिड़काव के लिए लाभदायक सिद्ध होता है। खुली हुई शाखायें अधिकतम प्रकाश का शोषण कर फलों के पकने में सहायता करती है। इसकी कटाई तथ छंटाई गर्मी तथा जाड़े दोनो मौसम में की जाती है। गर्मी के मौसम मे पूर्ण विकसित छत्रक के अन्दर उचित प्रकाश के लिए अन्दर की ओर की शाखाओं को जिनमें फल नहीं आता है, काट देना चाहिए। सूखी, रोगग्रस्त अथवा कमजोर शाखाओं को समय–समय पर काटते रहना चाहिए। कीवी के फल देने वाले पौधे में प्रतिवर्ष उपज के लिए कटाई एवं छंटाई लाभकारी पायी गई है। जाड़ो में 5–6 फलन वाली कलियां छोड़कर शेष शाखाओं को छांट दिया जाता है।

अन्तराशस्य

कीवी के पौधे को पूर्ण रुप से तैयार होने में लगभग 5–7 वर्ष का समय लगता है, अतः कीवी के पौधों के बीच खाली पड़ी जमीन का सदुपयोग अन्य दलहनी फसलों/सब्जियों को लगाकर किया जा सकता है।

कीवी में फूल तथा फल उत्पादन

कलम द्वारा तैयार किये गये पौधे में 3–4 वर्षो के बाद फूल तथा फल आना प्रांरभ हो जाता है लेकिन फल की मात्रा काफी कम होती है। लगभग 5–7 वर्षों बाद पौधे का पूर्ण रुप से विकास हो जाता है और पौधा पूर्णतः फलन मे आ जाता है। कीवी में परागण वायवीय तथा मधुमक्खियों द्वारा होता है, अतःफूल आने के समय कीटनाशक दवाओं का प्रयोग नहीं करना चाहिए अन्यथा फलन प्रभावित होती है। कीवी में नर फूल द्वारा मादा पुष्प का परागण आवश्यक होता है। मादा पुष्प की परागणकणों की समाहित क्षमता 5–6 दिनों तक पायी गयी है।

फलों की उपज तथा आय–व्यय का लेखा–जोखा

समान्यतः देखा गया है कि अच्छी बागवानी से 50–60 कि.ग्रा. फल प्रति पौधा (20–25 टन) प्रति हैक्टर प्राप्त किया जा सकता है। यदि कीवी के 250 क्विंटल फलों को स्थानिय बाजार में प्रचलित दर 25 रुपये प्रति किलो की दर से बेचा जाय तो कुल 6,25,000/– प्राप्त होंगें जिसमें से लागत खर्च के 2 लाख रुपये निकाल देने पर 4,25,000/– रुपये की शुद्ध आय प्राप्त होगी जो बहुत बड़ी रकम है।

—•—

19

खजूर

भारत में खजूर की खेती बहुत प्राचीन काल से हो रही है और कुछ लोगों का विचार है कि यह प्राचीनतम फल है जो मनुष्य के इतिहास में सर्वप्रथम उत्पन्न किया गया। डीकान्डोल का कथन है कि खजूर के वनं प्राचीन मिश्री राजवंशो से बहुत पहले पाये जाते थे। उनका विचार है कि सैलानी फिर्के के लोग यूकेरेटिस नदी से लेकर कनारिज के मध्य की भूमि में खजूर के वृक्ष कहीं–कहीं लगा दिया करतें थे। खजूर लगाने का उनका कोई ध्येय नहीं था। लगभग 5,000 वर्षो तक यही स्थिति रही, बाद में इसकी खेती चीन और कैलीफोर्निया में प्रारम्भ की गई और अब यह संसार के बहुत से देशों में सफलतापूर्वक उगाया जाता है। इसका जन्म–स्थान जहाँ तक लोगो का विचार है फारस की खाड़ी के निकटवर्ती प्रदेश में है। डब्ल्यू0बी0 हेज का कहना है कि यह आधुनिक इराक में ही सर्वप्रथम अधिक प्रसिद्ध हुआ। अरब में भी खजूर की खेती बहुत प्राचीन काल से हो रही है। भारत में इसका सूत्रपात्र कब हुआ, यह नही कहा जा सकता यद्यपि यह निश्चित है कि खजूर इस देश में प्राचीनतम काल से ही उगाया जा रहा है। दक्षिणी अफ्रिका, ईरान और पैलेस्टाइन मे भी खजूर बहुत दिनों से उत्पन्न किया जा रहा है।

खजूर की खेती आजकल अमेरिका में भी बहुत जोर–शोर से हो रही है। यहाँ यह सबसे पहले मैक्सिको में उगाया गया और तत्पश्चात् कैलिफोर्निया में। यहाँ इस समय लगभग 1,50,000 खजूर के वृक्ष लगाये जा रहे हैं। विश्व में अधिक खजूर पैदा करने वाले

देश अरब, मिश्र,अल्जीरिया, मोरिक्को, टयूनीसिया, लीबिया, सीरेनायका, दक्षिणी अफ्रिका, स्पेन, आस्ट्रेलिया तथा भारत है। भारत में खजूर के वृक्ष उत्तर–प्रदेश, बिहार, बंगलोर, राजपूताना, मैसूर, मद्रास, पंजाब आदि में पाये जाते हैं। वितरण के विचार से पोपेना ने निम्नलिखित आँकड़े प्रस्तुत किये है–

देश	वृक्ष की संख्या
अरब	90,00,000
मिश्र	90,00,000
लीबिया	90,00,000
अल्जीरिया	72,00,000
टयूनिसिया	21,38,000
सीरेनायका	12,00,000
मोरक्को	10,00,000
पश्चिमी अफ्रिका	5,00,000
स्पेन	1,15,000

ऊसर में खजूर का व क्ष।
खजूर से ताड़ी चुआने में लाखों गरीबो को रोजगार प्राप्त है।

भूमि

खजूर के लिए रेतीली दोमट भूमि उत्तम होती है क्योकि यह कम पानी चाहने वाली पौध है। यद्यपि इसे कई प्रकार की भूमियों में सरलतापूर्वक उगाया जा सकता है किन्तु बलुआर दोमट में यह फसल शीघ्र देना प्रारम्भ कर देता है। इराक और मिश्र में खजूर चिकनी मिट्‌टी में उगाये जाते हैं। भूमि का जल निकासयुक्त होना अधिक महत्वपूर्ण है। यदि भूमि में क्षार हो तो अच्छा रहता है क्योकि खजूर में इसे सहन करने की क्षमता अधिक होती है। स्विंगिल का कथन है कि खजूर के पौधे 3 प्रतिशत से 4 प्रतिशत सफेद अलकली भूमि में अच्छी उपज दे सकते हैं।

खजूर की किस्म समरन।

खजूर की किस्म जहीदी।

जलवायु

खजूर को कम पानी वाले और देर तक गर्मी मिलने वाले स्थान उत्तम रहते हैं। यह पानी की केवल उतनी ही मात्रा चाहता है कि जड़े नम रह सके। इसके साथ ही गर्मी की ऋतु का लम्बा होना इसके लिए अच्छा रहता है। नमी की मात्रा यदि 70 प्रतिशत तक हो तो भी फसल पर बुरा प्रभाव नही पड़ने पाता, बल्कि ऐसा होता है कि फूल या फल सुखने से बच जाते हैं। खजूर को सूर्य की सीधी किरणे मिलनी चाहिए। इसके लिए 33,000 ताप की इकाई आवश्यक होती है। खजूर में पाले सहने की शक्ति कुछ सीमा तक पायी जाती

है। इसलिए तापक्रम के 5 डिग्री फा0 तक गिर जाने पर भी यह जीवित रह सकता है। किन्तु अच्छी उपज के लिए निम्नतर तापक्रम बाधक होता है। विशेषकर उस समय जबकि सेचन क्रिया होती रहती है, तापक्रम का अधिक होना आवश्यक है। फलों के पकने के समय भी अधिक गर्मी का मिलना फलों के लिए हितकर है। इस समय तापक्रम के गिरने से उत्पादक को अधिक हानि उठानी पड़ती है।

वानस्पतिक विवरण

खजूर पामेसी कुल का सदस्य है जिसका एक महत्वपूर्ण सदस्य नारियल भी है। खजूर का पौधा लम्बा ताड़ के जैसा होता है किन्तु इसकी उँचाई ताड़ से कम पायी जाती है। यह उचाँई 80 से 100 फीट तक मिलती है। किन्तु खजूर की देशी जातियाँ, जो भारत में अधिकता से पायी जाती हैं और अधिकतर ताड़ी निकालने के काम में लायी जाती हैं, 40 फीट से 50 फीट की उँचाई की होती हैं। खजूर के बीज कठोर और लम्बाकार होतें हैं। खजूर एक डाल वाला पौधा है और अन्य पौधें की अपेक्षा कई अन्तर लिए रहता है। उद्यानों में ये पपीता की भाँति नर और मादा अलग–अलग पाये जाते हैं क्योकि ये गुण से डायोसियस पौधे हैं। एक पौधा नरफूल पैदा करता है तो वह फल नहीं तैयार कर सकता जबकि मादा पौधे फल पैदा करने के लिए सेचन क्रिया में नर पौधे से ही सहायता लेते हैं।

कभी–कभी ऐसे भी वृक्ष पाये जाते हैं जिनमें नर और मादा दोनों प्रकार के फूल पाये जाते है। इसके अतिरिक्त कुछ पूर्ण फूल भी मिलते हैं। जिनमें नर–मादा दोनों अंग उपस्थित होते हैं। इस प्रकार खजूर में प्राकृतिक सेचन के अधिक अवसर होतें है। कभी–कभी वांछित फल लेने के लिए कित्रिम सेचन भी कराया जाता है। इसके लिए नरफूल चुन लिये जाते हैं और उनके परागकण को मादा फूलों पर छिड़क दिया जाता है।

जातियाँ

खजूर की मुख्यतः दो जातियाँ प्रचलित है। एक अरबी और दूसरी देशी। अरबी खजूर के वृक्ष पुत्तियों द्वारा उत्पन्न होतें हैं। इनकी लम्बाई अधिक होती है इनकी लम्बाई लगभग 70 से 80 फीट तक होती है। देशी खजूर बीज से पैदा किये जाते है। इन्हे जंगली तौर पर जंगलों में सरलतापूर्वक पाया जा सकता है। इनके बीच वर्षा के प्रांरभ में अंकुरित हो जाते हैं और लगभग 40–50 फीट लम्बे वृक्ष तैयार करते हैं। देशी जातियाँ प्रायः ताड़ी निकालने के काम में लायी जाती है।

इराक की उत्तम जातियों में हैलोवी, जहीदी, देरी खुद्रवी, और सेयर का नाम मुख्य है जो पंजाब में उगायी जा रही हैं। उत्तरी अफ्रिका में सर्वोत्तम जाति दिगलेत नूर है जिसे

आजकल अमेंरिका में सफलतापूर्वक उगाया जा रहा है। मिश्र की प्रसिद्ध जाति सैदी है जो अन्य देशों में वृहत रुप से पैदा की जाती है। खजूर का विभाजन अन्य विधियों से भी किया जाता है। चीनी की उपस्थिति के अनुसार इसके दो वर्ग होते हैं– प्रथम केन और दूसरा इन्वर्ट सुगर खजूर। दिगलेत नूर जाति दूसरे वर्ग में सम्मिलित की जाती है। फलों की बनावट के अनुसार खजूर को तीन भागों में विभक्त किया जाता है। 1–कोमल, 2–अर्ध–कोमल और 3–शुष्क अथवा ब्रेड। शुष्क अथवा ब्रेड जाति के खजूर अरब देश में भोजन में प्रयुक्त होते हैं। समरन खजूर की भारतीय नयी किस्म है।

पौधे तैयार करना

खजूर अधिकतर पुत्तियों द्वारा तैयार किये जाते हैं। यद्यपि इन्हे बीज द्वारा भी तैयार किया जा सकता है। किन्तु आर्थिक दृष्टिकोण से इस प्रकार तैयार किये गये पौधे अच्छे नहीं होते क्योंकि पौधें में लगभग आधे पुरुष पौधे बन जाते हैं और आधे का पाचँवा भाग ही अच्छी उपज देने वाले होते हैं। पुत्तियों का प्रयोग अधिक वैज्ञानिक होता है क्योंकि इनके पौधे अधिक उपज देने वाले होते हैं। पुत्तियाँ खजूर से लगभग 6 पौंड़ तौलवाली ली जाती है। जिनमें आँखों की संख्या अधिक होती है। इन्हे बसन्त ऋतु के प्रारम्भ में भूमि में लगा दिया जाता है। यदि पुत्तियाँ बड़ी रहे और उनकी तौल भी अधिक रहे तो उन्हे शिशिर या बसन्त दोनें ऋतुओं में लगाया जा सकता है। किन्तु बीयड़ में लगाने वाली पुत्तियाँ पौधे से शिशिर में ही निकाली जाती हैं ताकि उनके बढ़ने के लिए पर्याप्त समय मिल सके। मातृ–वृक्ष से इन्हे बड़ी सावधानी के साथ निकालना चाहियें और जिस स्थान पर इसे काटा जाय वहाँ तारकोल की लेप लगा देनीं चाहिए, तत्पश्चात् पुत्तियाँ कई दिनो तक धुप में सुखाई जाती हैं बीयड़ लगाने के पश्चात् इनकी आवश्यतानुसार सिंचाई करते रहना चाहिये। कुछ स्थानों पर इन्हे प्रति दिन सीचा जाता है। यदि पुत्तियाँ बाहर भेजनी हो तो इन्हे बीयड़ मे ही तैयार किया जाता है और जब वे अधिक जड़े उत्पनन कर ले तो बीयड़ से निकालकर उन्हें सावधानी के साथ बाहर भेजा जा सकता है।

स्थानान्तरण

बीयड़ में तैयार किये गये पौधे 60 से0मी0 x 60 से0मी0 x 60 से0मी0 आकार वाले गड्ढ़ो मे रोंप दिये जाते हैं। गड्ढ़ो की आपस की दूरी खजूर की जातियों के अनुसार रखी जाती है। कुछ स्थानो पर इसे 3 मी0 से 5 मी0 की दूरी पर स्थानान्तरित करते हैं। किन्तु यह दूरी बहुत कम पड़ती है और पौधे काफी घने हो जाते हैं। खजूर जातियों के अनुसार 8–10 मीटर की दूरी पर रोपा जा सकता है। रोपाई में इस बात का ध्यान रखा जाता है कि उद्यान में नर और मादा पौधें उपस्थित होने चाहिए। साधारणतया लागों का ऐसा विचार

है कि 100 मादा पौधों पर एक नर पौधा पर्याप्त होता है। रोपाई के समय गड्ढ़ो में सड़ी गोबर की खाद डाल देने से पौधे जड़ शीध्र उत्पन्न करने लगतें हैं।

खाद

उद्यान के गड्ढ़ो में 20–25 किलोग्राम गोबर की खाद 2–3 किलोग्राम हड्डी का चूर्ण साथ प्रति वृक्ष के हिसाब से दी जाती है। हरी खाद का भी प्रयोग किया जा सकता है। उद्यान में जब नाइट्रोजन की आवश्यकता हो तो फर्टिलाइजर भी प्रयोग किये जा सकते हैं।

सिंचाई

उद्यान में गर्मी के दिनो में सिंचाई की अधिक आवश्यकता पड़ती है। क्योकि खजूर के पौधें जड़ो के निकट बराबर नमी चाहतें हैं। ग्रीष्म ऋतु में प्रति दूसरे सप्ताह सिंचाई करनी चाहिये किन्तु अत्यधिक सिंचाई से भी हानि हो सकती है। सहारा में खजूर की सिंचाई भूमि के ढ़ग से की जाती है किन्तु हमारे देश में ऐसी कोई विधि नहीं है। खजूर के उद्यान में यदि पानी जमा हो जाता है तो पौधे क्षतिग्रस्त हो जाते हैं। अतः उत्पादक को इस बात का ध्यान रखना चाहिए। यही बात पौधों में सेचन क्रिया होने तथा फलों के पकने के समय सिंचाई नही करनी चाहिए। जाड़े के दिनो में 1–2 सिंचाई काफी होती है क्योंकि इस समय पौधे नमी की आवश्यकता नहीं रखते। मानसून में इनकी सिंचाई नहीं की जाती किन्तु गर्मी के दिनों में कभी–कभी तनों के ऊपर जल का छिड़काव किया जाता है।

छँटाई

खजूर के लिए छँटाई की क्रिया अधिक महत्वपूर्ण नहीं है किन्तु वे पत्तियाँ जो सूख जाती हैं अथवा काँटे,जो अन्य क्रियाओं में बाधा उपस्थित करतें है, छाँट देने चाहिए। वृक्ष की वे पुत्तियाँ भी निकाल देनी चाहिए जो अनावश्यक प्रतीत हों। क्योंकि ये पानी की अधिक मात्रा उड़ा देती है। कुछ स्थानों पर जड़ो की भी छँटाई की जाती है। किन्तु यह छँटाई भूमि की जुताई–गोड़ाई द्वारा सम्पादित होती है। इराक में यह प्रथा है कि उद्यान का लगभग चोथाई भाग प्रति वर्ष 4 फीट की गहराई तक खोदा जाय। इससे वृक्ष की अधिक जड़े कट कर निकल जाती हैं।

फल आना

उद्यान में खजूर के फल प्राप्त करने के लिए मादा पौधों के साथ नर पौधों का भी उपस्थित होना आवश्यक है। यदि उद्यान में प्राकृतिक सेचन क्रिया होती है तो नर ओर

मादा की बराबर संख्या लेनी चाहिए। किन्तु यह आर्थिक दृष्टिकोण से अच्छा नही पड़ता क्योंकि एक नर पौधा 30 मादा पौंधो के लिए पर्याप्त होता है। पौधे 7–8 वर्ष की अवस्था में फल देना प्रांरभ करतें है और 70–80 वर्ष की आयु तक फल देते रहते हैं, 15 व 16 वर्ष की आयु में ये अधिक उपज देते हैं।

फलों की तोड़ाई

यद्यपि बाजारों में खजूर के पके फल ही देखने को मिलते हैं किन्तु पकने से बहुत पहले ही ये वृक्ष से तोड़ लिए जाते हैं। पंजाब में पूर्ण परिपक्वता तक पहुँचने के पूर्व ही फलों की तोड़ाई कर ली जाती है तत्पश्चात् उन्हे शीतगारों में रख दिया जाता है। इन्हे इस समय इसलिए तोड़ा जाता है कि फलों पर नम मौसम का कोई प्रभाव न पड़ने पावे। जब सुखे फल तैयार करने होते हैं तो उन्हे पकने पर वृक्ष से तोड़ा जाता है। खजूर के फल की पूर्ण पकी अवस्था रुताब अथवा डॉग के नाम से सम्बोधित की जाती है। पके फल गुच्छों से चुन लिए जाते हैं अथवा पूरे गुच्छे ही तोड़ लिए जाते हैं। पकें फल सूखाने के लिए धुप मे फैला दिए जाते हैं। पंजाब में चटाइयों पर सुखाये जाते है। इन्हें खुले मौसम में 3 से 7 दिनों तक सुखाया जाता है जबकि इनकी लगभग 1/3 तौल कम हो जाय। सुखाते समय घटिया किस्म के फल तेल या घी मिले हुये पानी में खौला लिये जाते है और तत्पश्चात् उन्हे सुखा लिया जाता है। खजूर की उपज प्रति वृक्ष पंजाब में 160 से 225 किलो मिलती है।

फलों की बक्साबन्दी

सुखाये गये फल ढ़ेर के ढ़ेर बाजार में भेजे जाते हैं किन्तु ऐसा केवल उन्ही फलों में किया जाता है जो घटिया किस्म के होते हैं। बढ़िया फल हल्की लकड़ी के बक्सों में, जिनका आकार 500 से 1000 ग्राम तक होता है, भरकर भेजे जाते हैं। कुछ स्थानों पर खजूर गुच्छों सहित ही बेचे जाते हैं।

खाद्य अंश

खजूर के फल भोजन की दृष्टि से अधिक महत्वपूर्ण हैं। इनमें चीनी की मात्रा बहुत अधिक पायी जाती है। सुखे फलों में कार्बोहाइड्रेट 70 प्रतिशत, प्रोटिन 2 प्रतिशत, चर्बी 2.5 प्रतिशत

खजूर में विटामिन ए और बी–1 पाये जातें हैं। इसके फल बंगाल में गुड़ बनाने के काम में आते हैं। बिहार तथा उत्तर प्रदेश में इनसे ताड़ी निकाली जाती है और मद्रास में इनसे मिश्री बनाते हैं। इसकी पत्तियाँ चटाई, झाड़ू, डलिया, टोकरी बनाने के काम में आती

है। रेशों से रस्सी बनती है। इसके अतिरिक्त खजूर की लकड़ी बहुत मजबुत होती है। इसके फल स्वास्थ्य के दृष्टिकोण से बहुत लाभकर होते हैं। इन्हे कई रुपों में खाने के काम में लाया जाता है। खजूर का जैम बहुत स्वादिष्ट होता है।

रोग और कीड़े

खजूर पर अधिक भंयकर रोग अथवा कीड़े नही पाये जातें, किन्तु कभी–कभी उद्यानों में कुछ बिमारियाँ अवश्य पायी जाती है,जिनसे काफी क्षति उठानी पड़ती है। पंजाब में पाम लीफ पस्चूल नामक रोग पाया जाता है, जो फंगस ग्रैफियोला फोयेनीयस से उत्पन्न होता है। इससे पत्तियों की दोनो धरातल में छोटे और कठोर काले धब्बे निकल आते हैं। इसकी रोकथाम करने के लिए बोर्डोमिश्रण अथवा पोटाशियम परमैगनेट का घोल प्रयोग किया जा सकता है । प्रभावित पत्तियों की छँटाई से भी रोग पर कुछ सीमा तक नियंत्रण रखा जा सकता है। यह रोग मिश्र में अधिक महत्वपूर्ण है। इस रोग के अतिरिक्त कुछ और भी रोग हैं जो खजूर के उद्यान में पाये जाते हैं। इनमें फ्रुट–राट,डिक्लाइन आदि सम्मिलित हैं।

उपर्युक्त रोगों के अतिरिक्त खजूर के उद्यान कीड़ो द्वारा भी अधिक क्षतिग्रस्त होते हैं। पंजाब में लाल घुन पाये जाते हैं जो पौधों के तने के उपरी सिरे पर आक्रमण करते हैं। इन्हें दूर करने के लिए प्रभावित पौधों के सिरे काट कर पृथक कर देना चाहिए और घुन यदि पकड़ में आ सके तो उन्हें मार डालना चाहिए। इनसे बचाव के लिए कटे हुए स्थान पर तारकोल से लेप कर देना चाहिए।इस कीड़े के अतिरिक्त स्केल कीड़ा एक अन्य कीड़ा है, जो खजूर की पत्तियों पर धावा बोलता है। यह पंजाब में अधिकतर पाया जाता है। इसे दूर करने के लिए प्रभावित पत्त्यिों की छँटाई की जाती है। और तत्पश्चात रोजिन यौगिक का छिड़काव कर दिया जाता है। काला पाम बीटिल एक अन्य कीड़ा है, जो भारतवर्ष में अधिकतर पाया जाता है। इसे दूर करने के लिए बोर्डो मिश्रण का प्रयोग किया जाता है। संचित खजूर पर कुछ कीड़े आक्रमण करते हैं जिन्हें सरलतापूर्वक दूर किया जा सकता है। फलों की बक्साबंदी के पूर्व स्टरलाइज कर लेना प्रभावकारी सिद्ध होता है।

—•—

20

खिरनी (मैनिलकारा हैक्सैण्ड्रा)

खिरनी को रानी मेवा भी कहते है। यह मरुभूमि मृदा में पानी की कमी के होते हुए भी त्वरित रुप से बढ़ने वाला एवं जन, पशु एवं वन्य जीवों के लिए भोजन प्रदान करने वाला फल वृक्ष है। इस वृक्ष का वानस्पतिक नाम मैनिलकारा हैक्सैण्ड्रा है।

इस वृक्ष को हमारे देश में विभिन्न राज्यों की विभिन्न भाषाओं में भिन्न–भिन्न नामों से जाना जाता है–जैसे हिन्दी–खिरनी, बंगला–खिरखेजुर, मराठी–रंजना, रयान, रैनीच गुजराती–रयान, खिरनी, तेलगू–मंजीपाला, पाला, तमिल–पाल्ला, पालाई, कन्नड़–वाकुला, मलियालम –पाला, उड़िया–खीरी, खीराकुली, राजस्थान–रानी–मेवा, खिरनी तथा मौलश्री एवम् बकुल भी कहते हैं। रामचरित मानस में वर्णन है कि चित्रकूट में भगवान राम, माता सीता तथा लक्ष्मण जी अपनी कुटी के आस–पास बकुल, आम तथा केला लगाये थें।

मौलश्री मध्य भारत एवं दक्षिण प्रायद्वीप में पाया जाने वाला मध्यम आकार का (5–7 मीटर ऊचाँई), सदा हरित, वृक्ष है जिसका शिखर विस्तृत तथा प्रस्तम्भ सीधा स्थुल होता है। भारत के अधिकांश भागों में (शुष्क इलाके को छोड़कर) केवल बाग–बगीचों में ही एक या दो वृक्ष छाया प्राप्त करने के उद्देश्य से लगाये जातें हैं। इस वृक्ष की पत्तियाँ दीर्घ वृतीय–प्रति अंडाकार अथवा दीर्घायत,चर्मिल,व फूल ज्यादातर गुच्छों व अकेले भी लगतें हैं। इनका रंग हल्का हरा या पीले रंग का होता है। खिरनी का वृक्ष (मै. हैक्सैण्ड्रा) दक्षिण के

शुष्क सदाबहार जंगलों विशेषतया, बालुकशम एवं लैटेराईट में सामान्य रुप से मिलता है व अत्याधिक शुष्क परिस्थितियों में यह नहीं पाया जाता है। इस वृक्ष का कृत्रिम पुनरुद्धवन वर्षाकाल में बीजों द्वारा किया जा सकता है। वृक्ष 6 से 8 वर्ष में पूर्ण रुप से विकसित हो जाता है। शुष्क इलाके में नवम्बर माह के दूसरे सप्ताह मे फूल लगने आरम्भ हो जाते हैं। यदि इन फलों को इस समय दबाकर देखा जाय तो सफेद दूध निकलता है। फल एकल या दो से छः के गुच्छे में लगते हैं। मई माह के अन्त तक अधिकतर फल पक जातें हैं व अधिक गर्मी पड़ने के कारण काफी फल पेड़ पर सुख कर लगे रह जाते हैं। लेकिन जिन राज्यों में गर्मी का प्रकोप कम रहता है वहाँ जुलाई माह तक फल लगते हैं। पके हुए फलों को ताजा या सुखाकर भी खायाजा सकता है। फल मधुर किन्तु कषाय होते हैं। सुखे फल मौसम समाप्त होने के बाद तक बाजार मे बिक्री हेतु आतें रहते हैं। पके व मीठे फलों से चटनी, मुरब्बा,जैम भी बनाकर उपयोग में लाया जा सकता है व लम्बे समय तक रखा जा सकता है। फलों में प्रोटिन, वसा, खानिज पदार्थ लौह तत्व, कैरोटीन, थायमीन, राईबोफलेबिन, निकोटिनिक अम्ल, एस्कार्बिक अम्ल के अलावा अधिक मात्रा में फास्फोरस कैल्सियम, कार्बोहाइड्रेट भी विद्यमान होते हैं। ज्यादातर फलों में एक बीज व कभी–कभी दो बीज भी निकलते हैं जो हल्के भूरे या हल्के काले रंग के होते हैं। इसके बीजों को परिष्कृत करने से हल्का पीले रंग का रेयान नामक तेल प्राप्त होता है तथा बीजों की खली में एक तिक्त सैपोनिन पदार्थ बचा रह जाता है।

मौलश्री या खिरनी के पके फल, शाखाओं पर

बाजार में खिरनी के फल बेचती एक महिला

इसके फलों को गिलहरी व तोते सबसे ज्यादा चाव से खाते हैं। वैसे बुलबुल (तीन प्रजातियाँ), घरेलू चिड़ियाँ व कोयल भी इसको देखने पर छोड़ती नहीं है।

पत्तियाँ पशु चारे के रुप में प्रयुक्त की जाती है व शुष्क क्षेत्र में जानवरों के लिए वरदान सिद्ध हो सकती हैं। पतझड़ आम तौर पर जून माह के दूसरे सप्ताह में शुरु होता है व तीसरे सप्ताह मे पूर्ण हो जाता है तथा उसी के साथ नये पत्ते आने शुरु हो जाते हैं। सूखी पत्तियों को मिट्टी मे दबाकर व सड़ा कर उत्तम किस्म का खाद प्राप्त किया जा सकता है

खिरनी के वृक्ष से सुदृढ़ सघन लकड़ी प्राप्त होती है, जिसको दीमक भी आसानी से चट नहीं कर सकते तथा जल सम्पर्क में अत्याधिक टिकाऊ होती हैं, इसी कारण इसको ऐसे निर्माण कार्य, बल्लियों, खम्भों तथा कृषि औजारो के हत्थे, मूंगरी के सिरो, बेलनों, फर्नीचर, गमन छड़ियों एवं अन्य किसी वस्तुओं के बनाने में प्रयुक्त किया जा सकता है जिसमें सहनशीलता तथा कठोरता की आवश्यकता होती है।

वृक्ष से गोंद भी प्राप्त किया जा सकता है, व छाल से टेनिन नामक पदार्थ, जिसका उपयोग चमड़ा साफ करने में किया जाता है। शुष्क क्षेत्र में इसके सफल परीक्षण हेतु सन् 1993 में जोधपुर स्थित शुष्क वन अनुसंधान संस्थान (आफरी) नर्सरी में पौध तैयार करने पर बल दिया गया है ताकि इसे व्यापक रुप से लगाने का प्रयास किया जाय। जहाँ एक ओर

इससे जनता एवं ग्रामीणों को ईधन, लकड़ी, चारा फल व छाया मिलेगी वही दूसरी ओर यह पर्यावरणीय सुधार हेतु बंजर व ऊसर भूमि में मृदा संरक्षण के लिये सार्थक सिद्ध होगा।

मौलश्री के औषधीय गुण

मौलश्री के फल रूचिकर, मूत्रल, ज्वरहर, उद्वेष्टहर, तथा किटाणुनाशक होते हैं। इस फल के वृक्ष शीतल छाया प्रदान करते हैं जिसकी छांव में तथा फलों की मधुर खूश्बू में कोई थका हुआ व्यक्ति की थकावट दूर हो जाती है और वह अपने को तरोताजा महसूस करने लगता है।

मौलश्री के सूखे फूलों का चूर्ण शिरःशूल, कास, कृमिरोग में काफी प्रभावशाली होता है। वृक्षों की छाल का क्वाथ पुराने ज्वर को समाप्त कर देता है। पुरानी पेचिश होने पर पके फलों का सेवन लाभप्रद होता है। दन्त विकारों में मौलश्री की दतुअन करना लाभकारी होता है तथा इसके बाद कच्चे 4–5 फलों को चबा कर खाना चाहिए।

मौलश्री के छाल का क्वाथ पीने तथा ताजे फूलों का हार पहनने से हृदय रोग में लाभ होता है। मौलश्री के 20 ताजे फूलों को तीन बादाम, तथा तीन ग्राम चीनी के साथ पीस कर पिलाने से 21 दिनों में किसी भी प्रकार का प्रदर रोग समाप्त हो जाता है। मौलश्री का सेवन विसूचिका रोग में, अर्श में, तथा मुख रोग में फायदेमन्द साबित हुआ है।

—•—

21

गूलर

औषधीय फलों में गूलर की विशेष अहमियत है। गूलर भरत की ही धरती की बहुमूल्य धरोहर है। गूलर को विभिन्न भाषाओं में अलग–अलग नाम प्राप्त है। इसे संस्कृत मे उदुम्बर कहते हैं। परन्तु इस फल को हिन्दी भाषी लोग गूलर तथा अँग्रेज लोग कलस्टर फिग या कन्ट्री फिग कहते हैं। गुजरात के लोग इसे उम्बरी, मराठी लोग उम्बर तथा बंगाली लोग यज्ञडुम्बर कहते हैं। तमिल में गूलर को अति परन्तु फारसी में अंजीरे–आदम नाम से नवाजा गया है। लैटिन भाषा में गूलर को फाइकस् ग्लोमेराटा कहा जाता है जो मोरेसी पौध कुल का सदस्य फल है। गूलर के तने और टहनियों के उपर छाल को चीर देने से सफेद दूध निकलता है जिसे थोड़ी देर तक रखदेने से पीला हो जाता है। अतः गूलर का एक नाम हेमदुग्धक भी है। गूलर के फल के भीतर अनेक कीड़े रहते हैं इसलिए इसे जन्तुफल भी कहते है। गूलर के तनों तथा टहनियों पर वर्ष के अधिकांश महीनों में फल लगे रहते हैं इसलिए इसका एक नाम सदाफल भी है।

भारत तथा विश्व में गूलर का वितरण

गूलर के वृक्ष भारत में कश्मीर से कन्याकुमारी तक तथा गुजरात से गुवाहाटी तक सभी राज्यों मे अधिकता से पाये जाते हैं। ऐसे स्थान जहाँ नमी अधिक हो, वहाँ गूलर अधिक पाया जाता है। नदियों तथा तालाबों एवं झरनों के किनारे, पहाड़ो पर भी गूलर के वृक्ष खूब मिलते हैं।

भारत के अतिरिक्त गूलर के वृक्ष बंग्लादेश, नेपाल, पाकिस्तान, चीन, थाईलैंड तथा दक्षिण–पूर्वी एशिया के अनेक देशों में पाये जाते हैं।

गूलर की उपयोगिता

गूलर एक औषधीय फल वृक्ष है। ग्रामीण भारत के लोग इसके कच्चे–फलों की सब्जी बनातें हैं परन्तु कच्चे फलों को उसीन कर बनाया गया भर्त्ता अधिक स्वादिष्ट होता है। गूलर के फल पकने पर हल्के गुलाबी रंग के हो जाते हैं और उनसे हल्की सुवास आने लगती है तब उन्हें तोड़ कर खाया जाता है। गूलर की छाल में 14 प्रतिशत टैनिन पाई जाती है। गूलर की लकड़ी लचीली परन्तु कम मजबूत होती है जिससे कई प्रकार की वस्तुएँ बनाई जाती है। गूलर की लकड़ी पानी में जल्दी सड़ती नहीं है।यही कारण है कि इससे कुएं की जमोट बनाई जाती है। गूलर के कच्चे तथा पके फलों को खाने से पेट दर्द दूर हो जाता है तथा ये फल कृमिनाशक का कार्य करते हैं। फलों की ताशीर शीतल होती है। गूलर की पत्तियाँ पालतू पशुओं के लिए उच्च कोटि का चारा भी है जिसे गाय, भैंस, भेड़–बकरियाँ तथा हाथी बड़े चाव से खाते हैं। गूलर की पत्तियों में 12–13 प्रतिशत क्रुड प्रोटिन तथा 71–72 प्रतिशत कार्बोहाइड्रेट पाया जाता है जो चारा को अधिक पौष्टिक बना देता है।

गूलर के वृक्षों का वर्णन

गूलर द्विबीज पत्री फल वृक्ष है। गूलर के वृक्ष पीपल, बरगद तथा पाकड़ की तरह बड़े–बड़े होते हैं परन्तु इनकी वृद्धि मध्यम गति से होती है। गूलर का तना लम्बा, मोटा तथा टेढ़ा होता है। इसकी टहनियाँ पार्श्वो में नही फैलती हैं बल्कि सीधी उपर की और बढ़ती है। टहनियों का रंग रक्तभार धूसर होता है। पत्तियाँ भालाकार तथा तीन शिराओं वाली होती है। फल गुच्छों में मुख्य तने और डालियों पर लगतें हैं। फलों का आकार 4–5 सें0मी0 व्यास के होते हैं। गूलर के फूल सिन्कोनियम किस्म के होते हैं। कच्चे फल हरे रंग के होते हैं जो पकने पर हल्के लाल हो जाते हैं। पके फलों को मनुष्य तथा पक्षियों के अलावे नील–गाय, खरहा, सियार, लोमड़ी, बन्दर तथा चमगादड़ बड़े चाव से खाते हैं। गूलर के बीज सफेद रंग के बरगद तथा पीपल के बीज की तरह सूक्ष्म होते हैं।

गूलर के लिए आबोहवा तथा भूमि

गूलर उष्ण तथा समशीतोष्ण जलवायु का फल है। इसके पौधे 4 डिग्री सें0 से लेकर 45 डिग्री सें0 तक अच्छी प्रकार फूलते–फलते हैं। गूलर अत्यधिक सहिष्णु फल है। इसे

लवणीय, क्षारीय तथा अम्लीय भूमियों में भी सरलता से उगाया जा सकता है। जल जमाव का इस वृक्ष पर कोई हानिकारक असर जल्दी नहीं होता है। अभी इस फल वृक्ष पर शस्य संबंधी अनुसंधान की अति आवश्यकता है।

गूलर के पौध प्रसारण की विधियाँ

प्राकृतिक अवस्था में गूलर का पौध–प्रसारण बीज द्वारा होता है। इसके बीजों को एक जगह से दूसरी जगह पहुँचाने का माध्यम चिड़ियाँ तथा पशु हैं। शुरु के वर्ष में गूलर का नन्हा पौधा बड़ी सुस्ती से बढ़ता है परन्तु दूसरे वर्ष से इसकी वृद्धि बहुत तेज हो जाती है। गूलर की पेंसिल के आकार की टहनियों की कलम भी लगा कर प्रसारित किया जा सकता है। गूलर के पौध–प्रसारण का कारगर तरीका खोजने हेतू अनुसन्धान की आवश्यकता है।

तनों पर लगे गूलर के फल

पौधों की रोपाई एवं दूरी

गूलर के फलों का केवल औषधीय महत्व होने के कारण इसकी बागवानी नहीं होती हैं गूलर के पेड़ काफी विशाल होते है अतः इनके फैलने के आधार पर 10 मीटर कीदूरी पर लगाना चाहिए।वायुरोधक के रुप में गूलर लगानी हो तो इसे कम से कम 8 मीटर की दूरी पर लगाना चाहिए। गूलर के जो पौधे टहनियों के कलम से तैयार किये जाते हैं उनकी जड़े जमीन में उथलीं रहती हैं और पौधें की वृद्धि कम होती है। इस तरह के कलमी गूलर के पौधे 10 मीटर की दूरी पर लगाना चाहिएं।

गूलर में फलन

गूलर के पेड़ पर साधारणतया 8–10 साल बाद फल लगते हैं। फल साधारणतया पत्ती विहीन टहनियों और तनों पर गुच्छे में लगते हैं जब गूलर की सब्जी या भर्त्ता बनाना हो तो फलों को कच्ची अवस्था में गुच्छों के साथ तोड़ना चाहिए। क्योंकि फलों के एक–दो दिन तक भंडारित करने पर इनका स्वाद बदल जाता है। एक पूर्ण व्यस्क पेड़ पर साधारणतया एक से डेढ़ क्विंटल फल लगते हैं।

गूलर के रोग तथा व्याधियाँ

गूलर एक ऐसा औषधीय फल है जिस पर कीट तथ व्याधियाँ का आक्रमण नहीं होता है। फिर भी इस फल पर कभी–कभी फोलिएज रस्ट का आक्रमण देखा गया है जो एक कम नुकसान करने वाला रोग है।

गूलर औषधि के रुप में

- गूलर कई रोगों की अचूक ओषधि भी है। गूलर के पत्तों पर जो फफोले जैसा आकार के श्यामवर्ण के दाने उत्पन्न होते हैं उन्हें पत्तियों से निकालकर 3–4 ग्राम देशी गाय के दूध में पीसकर छान लें तथा उसमें मधु मिलाकर सुबह–शाम चेचक के रोगी को पिलाने से चेचक के दाने में मवाद नहीं हो पाता है।

- नाक से खून बहना,पेशाब के साथ रक्त आना, मासिक धर्म अधिक होना, गर्भपात इत्यादि रोगों मे गूलर की दो–तीन पके फलों को खाडँ के साथ दिन में तीन चार बार खाने से तुरन्त आराम पहुचँता है।

- गूलर के कच्चे सुखे फलों का चूर्ण तथा मिश्री बराबर मात्रा में मिलाकर, 5–10 ग्राम की मात्रा सुबह तथा शाम 21 दिनों तक खाने से रक्त प्रदर, अधिक रक्त श्राव, गर्भपात, रक्त प्रमेह, रक्त अतिसार में अधिक लाभ होता है।

- गूलर के पके सूखें फलों को कमल गट्टे के साथ पीसकर 5 ग्राम चूर्ण दूध के साथ रोगी को दिन में तीन बार देने से खूनी उल्टी बन्द हो जाती है।
- गूलर की ताजी जड़ो को कूटकर 30 ग्राम जड़ का क्वाथ बनाकर नियमित रुप से तीन महीने तक सुबह–शाम पिलाने से गर्भपात नहीं होता है तथा गर्भाश्राव रुक जाता है।
- आँव तथा अतिसार में गूलर की जड़ो का चूर्ण 5 ग्राम दिन में दो बार देने से आँव तथा अतिसार दोनों ठीक हो जाता है।
- गूलर के पके फलों का रस 5–10 ग्राम रोज सुबह–शाम मिश्री मिलाकर पिलाने से स्त्रियों का श्वेत प्रदर ठीक हो जाता है तथा चेहरे पर रौनक आ जाती है।
- गूलर की ताजी छाल 10–15 ग्राम कूटकर 250 मि0ली0 पानी में पकाना चाहिए। जब आधा पानी शेष रह जाये तब इसे छानकर ड़ेढ़ ग्राम सफेद जीरा चूर्ण तथा इच्छानुसार मिश्री मिलाकर सुबह–शाम पिलाने से स्त्रियों का श्वेत प्रदर समाप्त हो जाता है। इस रोग में भोजन में गूलर के कच्चे फलों का रायता अवश्य खिलाना चाहिए।

गूलर–अनुसंधान की भविष्य की योजनाएँ

गूलर भारतीय मूल का औषधीय फल हैं। इसकी आयुर्वेद में अनेक विशेषताएँ बतायी गई हैं। यह अंजीर वर्ग का फल है तथा उससे अधिक पौष्टिक है। अंजीर के लिए गूलर निमेटोड अवरोधी रुट स्टाक है। भारत के विभिन्न प्रान्तों में पाई जाने वाली गूलर की किस्मों को एकत्रित करके उच्च उपज तथा गुणवत्ता वाली किस्मों का विकास करने की नितांत आवश्यकता है। गूलर गरीबों का फल ही नहीं डाक्टर भी है। यह स्त्रियों तथा पुरुषों दोनों को अच्छी सेहत तथा सूखी जिन्दगी प्रदान करने वाला फल है। इसके पके फलों से विभिन्न प्रकार के परिरक्षित पदार्थ ग्रामीण क्षेत्रों में रह रहे बेरोजगार गरीबों को अच्छी आमदनी का जरिया हो सकता है।

—•—

22

चकोतरा

भारत के नींबू वगीर्य फलों में चकोतरा अपना अलग अहमियत रखता है। बिहार, बंगाल, मेद्यालय, असम, मनीपूर, त्रिपूरा, मिजोरम तथा अरुणाचल प्रदेश में चकोतरा प्रत्येक गाँव के हर घरों में आगें या पीछे एक दो पेड़ अवश्य देखने को मिलता है। चकोतरा को असमवासी रबाबटेंगा, बंगाली लोग बटाबी कहते हैं परन्तु कछार के लोग इसे जम्बूरा तथा मेद्यालय की जनता इसे सोह मिन्नोर के नाम से पुकारती है परन्तु बिहार में चकोतरा, गागर नींबू, गलगल तथा महानींबू के नाम से विख्यात है। चकोतरा का वानस्पतिक नाम सिट्रस ग्रैडिस या सिट्रस मैक्सिमा है जो रुटेशी पौध कुल का सदस्य हैं। भारत में चकोतरा की व्यावसायिक बागवानी की वृहत सम्भावनायें इसलिए हैं क्योकिं आजकल इस फल को ताजा सलाद के रुप में खाने तथा इसका ताजा रस पीने का शोक तेजी से बढ़ा है। चकोतरा के विभिन्न समय मे पकने वाली किस्मों को लगाकर इसकी उपलब्धता लम्बे समय तक बढ़ाकर अच्छी आमदनी प्राप्त किया जा सकता है जिससे ग्रामीण जनता की माली हालत सुधरेगी। आवश्यकता चकोतरा की व्यावसायिक बाग लगाकर विभिन्न प्रकार के मूल्य सम्वर्द्धित पदार्थ बनाने हेतू लघु उद्योग लगाने की है।

चकोतरा की उत्पत्ति तथा वितरण

विद्वानों का मत है कि चकोतरा की उत्पत्ति थाईलैंड में हुयी थी जहाँ से यह फल चीन,भारत, म्यानमार, कम्बोडिया, वियतनाम, सिंगापुर तथा विश्व के अन्य देशों में पहुँचा है।

भारत में चकोतर के वृक्ष बिहार, बंगाल, असम, त्रिपुरा, नागालैंड, मनीपुर तथा मिजोरम, उत्तर प्रदेश, हरियाणा, पंजाब, उड़ीसा में गृह वाटिका में लगाये जाते हैं। तेज गति से चलने वाली रेलगाड़ियों के उपलब्ध होने से चकोत्रा दिल्ली, कलकत्ता तथा चेन्नई और मुम्बई के बाजारों में बहुतायत से उपलब्ध होने से उत्पादको को अच्छी आय मिल रही है।

चकोतरा का वानस्पतिक विवरण

भारत में चकोतरा के वृक्ष साधारणतया 5 से 8 मीटर ऊँचे होते है। इनकी शाखायें उपर की ओर बढ़ती हैं तथा शाखाओं का रंग गहरा भूरा हरापन लिये हुए होता है। पत्तियाँ 15 सें0 मी0 लम्बी तथा 4–5 सें0मी0 चौड़ी होती हैं जिनका किनारा कटावरहित होता है। फूलों का रंग सफेद तथा उनके एन्ड्रोसियम पीले रंग के होते हैं। फूल मार्च मे आते हैं। फल गोल तथा चकरीनुमा तथा अन्डाकार भी होते हैं। जिनकी लम्बाई 15–20 से0मी0 तथा व्यास 16–18 सें0मी0 होता है। फल नवम्बर–दिसम्बर में पकते हैं। फलो का भीतरी प्लेसेन्टल रोम रस से भरा रहता है जो खाया जाता है। चकोतरा हैस्पेरीडियम वर्ग का फल है। फलों का वजन विभिन्न किस्मों में अलग–अलग होता है जो 250 ग्राम से 850 ग्राम तक होता है।फलों के भीतर बड़े–बड़े चपटे तथा हल्के पीले रंग के बीज पाये जाते हैं। बीज एक भ्रुणीय होता है। बीज द्वारा प्राप्त पौधों में अधिक भिन्नता पायी जाती है। यह भिन्नता परपरागण के कारण होती है। पर परागण मधुमक्खियों द्वारा सम्पन्न किया जाता है।

चकोतरा के फलों के रंग रुप में विभिन्नता (जननद्रव्य)

चकोतरा के फल की भीतरी रसदार फाँके

चकोतरा की उन्नत किस्में

चकोतरा की भारत में कोई खास प्रचलित किस्में नहीं हैं लेकिन इसकी किस्मों को गुदे के रंग के आधार पर दो वर्गों में बाँटा गया है–(1) सफेद गुदे वाली (2) गुलाबी गुदेवाली। गुदे के रंग के अतिरिक्त फलों के आकार के आधार पर भी इन्हे अलग–अलग वर्गो में विभाजित किया गया है। असम में कुल आठ किस्में चिन्हित की गई है जो निम्नलिखित है:

1. दोआडी

इस किस्म के फलो का गुद्दा हल्का गुलाबी होता है। फलों का आकार पगड़नुमा होता है जिनकी उँचाई 13–14 सें0मी0 तथा ब्यास 12–13 सें0मी0 तथा वजन 675 ग्राम होता है। फलों का एलबेडो हल्का गुलाबी तथा गुद्दा हल्का गुलाबी रंग का होता है। फलों की सतह मुलायम होती है।फलो का रस मीठा, हल्का कड़वा तथा वजन 250–280 ग्राम तक होता है। एक फल में कई बीज पाये जाते हैं।

2. नवगाँव

इस किस्म के फलों के गुद्दे का रंग हल्का गुलाबी रंग का होता है। फलों की सतह का रंग हल्का पीला होता है तथा आकार स्फेरीकल होता है। फलों की उँचाई 13.5 से0मी0 से 15.5 सें0मी0 तक तथा ब्यास 14–16 सें0मी0 होती है। फलों का वजन 100 ग्राम तक होता है जो रस से भरे रहते हैं। फलों का एलबेडो सफेद रंग का होता है। प्रतिफल रस की मात्रा 224–350 ग्राम तक होती है जो सभी को अच्छा लगता है।

3. जोरहट

यह उपरी असम की किस्म है जिसका गुदा गुलाबी होता हैं। फलों का आकार इलिप्सायड होता है तथा उँचाई 17–19 सें0मी0 तथा व्यास 14–16 सें0मी0 और वजन 1350 से 1800 ग्राम तक होता है। फलों की सतह हल्की पीली होती है जिस पर गुलाबी रंग की छोटी–छोटी विन्दुये पायी जाती हैं। रस गुलाबी 335–420 ग्राम तक हल्का खट्टापन लिए हुए मीठा होता है।

4. खानापारा

इस किस्म के फलों का आकार ओबलेट होता है जिनकी उँचाई 9–12 सें0मी0 तथा व्यास 15–17 सें0मी0 होता है। प्रतिफल वजन 1350–1700 ग्राम होता है। गुद्दा का रंग गुलाबी, ऐलबेडो का रंग हल्का गुलाबी तथा रस का रंग गुलाबी तथा प्रति फल 700–800 ग्राम तक होता है। फलों की सतह मटमैले पीले रंग की होती है।

5. कामरुप

यह किस्म निचले असम में ही लोकप्रिय हैं इसके गुद्दे का रंग लाल गुलाब के फूल के रंग का होता है। फलों की उँचाई 14–16 सें0मी0 तथा व्यास 13–15 सें0मी0 तथा वजन 950–1200 ग्राम तक होता है। एलबेडो का रंग सफेद तथा मध्यम रसदार 168–224 ग्राम तक होता है जिसमें हल्का तीतापन होता है।

6. खासी

यह मेद्यालय की किस्म है जिसके गुद्दे का रंग गौमांस के रंग की तरह होता है। इसके फल 250–650 ग्राम वजन के होते हैं तथा अन्य किस्मों की तुलना में कम रसदार तथा देर से पकने वाले होते हैं। इसमें रस की मात्रा मध्यम होती है जो स्वादिष्ट होता है।

7. बर्नीहट

यह एक पहाड़ी किस्म है। इसके फलों के गुद्दे का रंग सफेद होता है।फलों की उँचाई 11–13 सें0मी0 तथा ब्यास 10–12 सें0मी0 तथा वजन 1100–1350 ग्राम तक होता है तथा रस की मात्रा 140–280 ग्राम तक होता है इसका एलबेडो सफेद तथा फलों की सतह मुलायम, छुने पर हल्का रोयेदार महसूस होता है। इसमें बीज कम संख्या मे होते हैं। रस अधिक मीठा होता है जिसे अधिक लोग पसन्द करते है।

चकोतरा की उन्नत किस्म –सी.जी.(पी.) 16/06 का वृक्ष

गृह वाटिका के लिए उत्तम फल चकोतरा

आईजोल

यह मिजोरम की एक लोकप्रिय किस्म है जिसके फल 6–10 सें0मी0 ऊँचें, 10–11 सें0मी0 ब्यास के 335–560 ग्राम तक वजन के होते है। फलों की सतह मुलायम, तथा एलबेडो का रंग सफेद तथा रस हल्के पीले रंग का 224 से 350 ग्राम तक होता है। रस खट्टा –मीठा होता है जिसे लोग अधिक पसन्द करते हैं। इसका रस माल्टा के रस से मिलता–जुलता है।

बिहार की चकोतरा की कुछ उन्नत प्रजातियाँ

उत्तरी बिहार में चकोतरा प्रत्येक घरों के आगे या पीछे देखने को प्रायः मिलता है। छठ के त्योहार में यह फल भगवान सूर्य को बिहार के नर–नारियों द्वारा अर्पित किया जाता है। चकोतरा को साधारणतया बीज से उगाने से इसमें काफी भिन्नता आ जाती है। राजेन्द्र कृषि विश्वविद्यालय,पूसा के फल वैज्ञानिकों ने चकोतरा का वृहत सर्वेक्षण करके निम्नलिखित किस्मों को चिन्हत किया है–

बिहार में उपलब्ध विभिन्न प्रकार के चकोतरा के किस्मों के फलों का विशेष गुण तालिका 1 में दिया गया है।

चकोतरा के लिए जलवायु

चकोतरा शीतोष्ण कटिबन्ध का फल है। यह फल अधिक लम्बी अवधि तक पड़ने वाली ठंढक को बर्दास्त नही कर पाता है। माइनस दो डिग्री से0 तापमान पौधों को नुकसानदेह सिद्ध हुआ है। चकोतरा के पौधे अधिक उच्च तापक्रम भी सहन नहीं कर पातें हैं। अधिक उच्च तापक्रम पर पत्तियाँ, फूल तथा छोटे–छोटे फल झड़ने लगते हैं। उच्च तापक्रम पर चकोतरा के फलों का छिलका भी झुलस जाता है जिससे इसकी कीमत घट जाती है।

चकोतरा के उच्च गुणवत्ता वालें फल उत्पादन मे तापक्रम का विशेष महत्व है। ऐसे स्थान जहाँ फसल अवधि के दरम्यान तापक्रम अधिक रहता है, चकोतरा के फल जल्दी पक जाते है तथा उनके भीतर कुल घुलनशील ठोस की मात्रा अधिक होती है परन्तु कम तापक्रम वाले स्थानों पर इसके फल देर से पकते हैं। चकोतरा के सफल उत्पादन के लिए 1200–1500 मि0मी0 वार्षिक वर्षा पर्याप्त होती है।

तालिका–1 चकोतरा के विभिन्न किस्मों के फलों का भौतिक तथा रासयानिक गुण

विभिन्न किस्मों का नाम	फल का वजन (ग्राम)	फल की उँचाई (से.मी.)	फल का अर्धव्यास (से.मी.)	बीज की संख्या प्रति फल	छिलके का वजन (ग्राम)	गुदे का वजन (ग्राम)	रसहीन अवशेष की मात्रा	गुदा/रसहीन अवशेष	गुदे का रंग	कुल घुलनशील ठोस (0B)	रस (%)
सी.जी.(पी.) 1/03	1980	15.0	12.8	63	45	1360	401	3.39	लाल	10.0	26.0
सी.जी.(पी.) 2/03	1000	10.2	10.5	44	30	730	195	3.74	हल्का लाल	9.3	31.0
सी.जी.(पी.) 3/03	650	8.8	10.0	67	35	445	200	2.25	भूरा	11.8	12.5
सी.जी.(पी.) 4/03	1760	11.7	11.2	बीजहीन	40	1207	360	3.35	भूरा	11.4	31.3
सी.जी.(पी.) 5/04	660	9.3	9.5	22	15	453	210	2.15	हल्का लाल	9.4	11.7
सी.जी.(पी.) 6/04	1630	12.2	17.0	131	40	900	720	1.25	हल्का लाल	10.4	31.3
सी.जी.(पी.) 7/04	1200	13.4	11.1	112	30	833	272	3.06	पीला	9.9	28.4
सी.जी.(पी.) 8/04	1800	17.0	14.2	149	55	1050	600	1.75	भूरा	9.8	30.2
सी.जी.(पी.) 9/05	650	8.2	10.4	62	15	464	150	3.09	लाल	11.5	13.0
सी.जी.(पी.) 10/05	1160	12.7	14.3	46	30	710	326	2.17	लाल	9.5	17.4
सी.जी.(पी.) 11/05	800	20.0	13.0	144	25	570	230	2.47	हल्का गुलाबी	–	24.1
सी.जी.(पी.) 12/05	1700	15.0	18.0	47	65	952	660	1.44	हल्का लाल	11.9	21.7
सी.जी.(पी.) 13/06	1370	13.3	15.0	63	41	800	465	1.72	हल्का गुलाबी	9.8	32.0
सी.जी.(पी.) 14/06	1000	10.5	12.0	110	35	614	210	2.92	हल्का लाल	11.0	35.0
सी.जी.(पी.) 15/06	920	9.7	11.5	19	25	710	180	3.94	गुलाबी	10.8	35.0
सी.जी.(पी.) 16/06	2200	12.3	18.3	124	44	1630	530	3.07	गुलाबी	10.4	27.0

अनुंशसा : बड़े तथा अधिक रस के लिए सी. जी. (पी.) 16/06 उगायें जिसमें रस की मात्र 270 ग्राम होती है।

चकोतरा सी.जी. (पी.) 16/06 के स्वस्थ फल

चकोतरा के फलों का ग्रेडिंग करते व्यापारी

भूमि का चुनाव तथा तैयारी

चकोतरा के व्यावसायिक बाग लगाने के पूर्व भूमि का चुनाव नितान्त आवश्यक है। फलों की उत्पादकता तथा क्वालिटी भूमि के किस्म पर निर्भर करती है। ऐसी भूमि जो क्षारिय हो, उसमें चकोतरा के पौधे भोज्य तत्वों को अच्छी तरह से शोषित नहीं कर पाते है तथा उनकी वृद्धि रुक जाती है। अधिक लवणीय मिट्टी में पौधों की पत्तियों का किनारा भी जलने लगता है। इस तरह की दशा होने पर पौधों की वृद्धि बाधित हो जाने से उपज घट जाती है।

मिट्टी की क्षारीयता तथा अम्लीयता का भी चकोतरा के पौधों पर प्रभाव पड़ता है। ऐसी भूमि जो हल्की अम्लीय हो चकोतरा के पौधों की वृद्धि तथा फल उत्पादन के लिए अच्छी होती है इस प्रकार की मिट्टी में सभी प्रकार के आवश्यक तत्व चकोतरा के पौधों को उपलब्ध हो जाते हैं। ऐसी भूमि जिसमें पानी का स्तर घटता–बढ़ता हो चकोतरा के लिए उचित नही होती है। जिस भूमि में पानी की सतह उपर होती है उसमें जड़ो को आक्सीजन की आपूर्ति नही हो पाती है और श्वसन बाधित होने से पौधों की वृद्धि कम होती है। ऐसी भूमि में पौधों की जड़ो के सड़ने से उनकी मृत्यु भी हो जाती है। भारी मटियार मिट्टी में पौधो की वृद्धि कम होती है तथा चकोतरा के पौधे जल्दी मर जाते हैं। बलुआर भूमि को भी चकोतरा के व्यावसायिक बागवानी के लिए नही चुनना चाहिए।

चकोतरा के फल बेचती महिला। ताजे रस के लिए इसकी माँग दिनों दिन बढ़ रही है।

अतः चकोतरा की सफल बागवानी के लिए बलुआर दोमट मिट्टी का चुनाव करनी चाहिए जिसमें जल जमाव की समस्या बिल्कुल नहीं हो। पहाड़ी ढालों पर भी इसकी सफल बागवानी होती है।

पौध प्रसारण की विधियाँ

चकोतरा का प्रसारण वर्ततान समय में बीज द्वारा पूरे भारत में होता है परन्तु इस विधि द्वारा तैयार पौधों मे अनेक विविधता आ जाती है जिसे फलों की विभिन्न गुण अलग–अलग हो जातें है। अतः चकोतरा की गुणवत्ता कायम रखने के लिए इसे एयर लेयरिंग (गुट्टी) विधि द्वारा प्रसारण करनी चाहिए। इस विधि में पौधों से पौधों की दूरी 7 मीटर तथा पंक्ति से पंक्ति की दूरी भी 7 मीटर रखनी चाहिए। ऐसी भूमि जिसकी उर्वरा शक्ति बहुत कम हो चकोतरा के पौधों को वर्गाकार विधि में 5 मीटर की दूरी पर लगाना चाहिए। पौध लगाने के लिए रेखांकित जगह पर 75 सेंमी0 X 75 सें0मी0 X 75 सेंमी0 आकार का गड्ढ़ा बना लेना चाहिए। गड्ढ़ा बनाते समय 50 सें0मी0 उपर की उर्वर मिट्टी को अलग रखना चाहिए। इस उर्वर मिट्टी के साथ 50 किलो कम्पोस्ट, 1 किलो हड्डी का चूरा तथा 5 किलो राख मिलाकर गड्ढ़े को 6 इंच उपर तक भर देना चाहिए। यह कार्य अप्रैल, मई के महीने मे पूरा कर लेना चाहिए। मानसून की वर्षा शुरु होने पर पौध रोपाई का कार्य जुलाई, अगस्त में किया जाता है। गड्ढ़े में गुटी द्वारा तैयार पौधों को सीधे लगाना चाहिए तथा जड़ों के चारो तरफ की मिट्टी को दबा देना चाहिए।

सिंचाई तथा निकाई –गुड़ाई

बरसात में रोपे गये पौधो को किसी प्रकार की सिंचाई की आवश्यकता नही पड़ती है परन्तु अक्टूबर के बाद पौधों की सिंचाई मिट्ठी में नमी की मात्रा वर्षा के दशा के अनुसार करनी चाहिए। रबी के मौसम में नये लगाये गये पौधों की पंक्तियों के बीच की खाली जगह में मटर, बाकला, राजमा,दलहनी फसलें उगानी चाहिए, परन्तु खरीफ़ में मूँग, उड़द तथा लोबिया उत्तम अन्तरावर्ती फसलें हैं। 8–10 वर्षों में चकोतरा के पौधे पूर्णतया विकसित हो जाते हैं इसलिए उसके बाद कोई अन्तरावर्ती फसल नहीं उगानी चाहिए। परन्तु समय–समय पर बगीचे में उगे हुए खर–पतवार को निकालकर बाग की निकाई–गुड़ाई अवश्य करनी चाहिए। इससे पौधों की वृद्धि अच्छी होती है। चकोतरा के पौधों को जाड़े के मौसम मे 25–30 दिनों के अंतर पर तथा गरमियों में 12–15 दिन के अंतर पर सिंचाई करनी चाहिए।

कटाई–छँटाई

चकोतरा के 8–10 वर्ष की उम्र के वयस्क वृक्षों की ऐसी टहनियाँ जो भूमि को छू रही हों या सूख गई हों उन्हे काट कर निकाल देना चाहिए तथा कटे स्थान को चौबटिया पेस्ट से बन्द कर देना चाहिए।

चकोतरा का पुष्पण फलन तथा उपज

चकोतरा में वर्ष में एक ही बार पुष्पण तथा फलन होता है। फूल झरने के बाद से फलों के पकने तक 5–6 महीने का समय लगता है। जब फलों का रंग हरा से पीला होना शुरु हो जाय तब तोड़ाई के लिए यह अवस्था उपयुक्त होती है। तोड़ाई के बाद फलों को उनके आकार के अनुसार ग्रेडिंग करके बाजार भेजना चाहिए। चकोतरा के एक व्यस्क पेड़ पर 50 से 60 फल लगतें हैं। फलों की संख्या उनके आकार पर निर्भर करती है। बीजू चकोतरा के वृक्षों पर फलों का आकार छोटा लेकिन संख्या अधिक रहती है।

नींबू वर्गीय फलों में चकोतरा का फल अपने वृहत आकार के लिए प्रसिद्ध है। इसके फलों का रसीला गूदा ताजा ही सलाद के रुप में खाया जाता है। इसके फलों का रस तथा शर्बत उम्दा किस्म का होता है जिसकी माँग के आधार पर अब आवश्यक हो गया है कि इसे गृह वाटिका से निकाल कर व्यवसायिक बागों में पहुँचाया जाये। आवश्यकता इस बात की है कि इस फल के उच्च गुणवत्ता वाली किस्मों का विकास किया जाये, तथा चकोतरा के अच्छी किस्मों के पौधे किसानों को उपलब्ध कराये जाएं तभी बिहार चकोतरा उत्पादन मे पूरें देश में एक अग्रणी राज्य बन सकेगा।

—•—

23

चिरौंजी

चिरौंजी को हिन्दी मे प्याल या पियारा भी कहते हैं। यह शब्द संस्कृत के प्रियाल शब्द से निकला है। क्षीरस्वामी ने इसका अर्थ बताया है–अपने रस से संतुष्ट करने वाला फल (प्रियति सरसवात् पियालः)। औदिभ्दी के विद्वान रौक्सबर्घ ने इसे **बुकानानिया लेटिफोलिया रौक्सब** नाम दिया। इसका दूसरा पर्याय है **बुकानानिया नान्जन स्प्रेंग**। भारत में सर्वत्र शुष्क प्रपाती वनों में उत्तर–पश्चिम भारत में सतलज से नेपाल तक चिरौंजी के वृक्ष मिल जाते हैं। ये वृक्ष पर्वतों के निचले भागों में उगते हैं। समुद्र तल से 915 मीटर से उपर नहीं मिलते। चिरौंजी के वृक्ष उँचे नहीं होते। ये पहाड़ के ढ़ालो पर छोटे–छोटे समूहों में उगे होते है।

वानस्पतिक विवरण

चिरौंजी के वृक्षों का तना भूरा और पत्ते श्याम हरित रंग के होते हैं। इन विशेषताओं के कारण यह दूर से ही पहचाना जाता है। शाखाएँ बहुत कच्ची होती हैं। वृक्षों के नीचे प्रायः टूटी हुए शाखाएँ दीख पड़ती हैं जो स्वादिष्ट फलों की इच्छा से तोड़ी गई होती हैं। पत्ते नोकदार, अखंड किनारा वाले, बीस से तीस सें0मी0 लंबे और बारह से पन्द्रह सें0मी0 भी खिल उठती है। शाखा के अग्रभाग पर सफेद पीले

रंग के छोटे–छोटे फूल मंजरियों पर लगते हैं। चिरौंजी के फूलों की रचना आम के फूलो से कुछ मिलती है इसलिए वर्गीकरण में यह आम परिवार–**एनाकार्डिसी** का सदस्य है।

पुरानों में चिरौंजी का वर्णन

संस्कृत कवियों को चिरौंजी के फूलों ने बहुत आकृष्ट किया है। राजशेखर ने ग्रीष्म ऋतु में खिलनेवाले फूलों में चिरौंजी को गिनाया है। सीता को खोजते हुए हनुमान जब लंका पहुँचे तो वहाँ सुंदर फलों से झुके हुए जिन वृक्षों को उन्होने देखा, उनमें एक चिरौजीं भी था। अपहरण के बाद सीता की खोज हो रही है। कंबध राक्षस श्रीराम को कल्याणकारी मार्ग बता रहा है। पश्चिम दिशा में वह सुदंर पुष्पित द्रुमों में चिरौंजी का भी उल्लेख करता है चित्रकुट पर्वत के जंगलो में श्रीराम ने जिन फूलदार और फलदार छायाकार मनोहरी वृक्षों को सीता को दिखाया, उनमें चिरौंजी भी था। कालिदास ने वंसत सुषमा का वर्णन करते हुए चिरौंजी के फूलों का कितना मनोहारी चित्र खींचा है। वे कामदेव के मुंह से कहलाते हैः चिरौजी की पुष्प–मंजरियों में से पराग की धूल उड़ रही है। हिरणों की आंखों में इस धूल के पड़ने से उनकी दृष्टि में विघ्न पड़ गया है। रास्ता न दीखने के कारण मद से उद्धत हिरण हवा के रुख के प्रतिकूल ही चलने लगे। गिरे हुए पत्तों पर जब उनके पैर पड़ते है, तो चर–मर की आवाज पैदा हो रही है।

वाल्मीकि ऋषि को चिरौंजी इतना अधिक प्रिय था कि उन्होनें अपनी कल्पनाओं में कैलास पर्वत के जंगलों में भी चन्द्रज्योत्सना से शोभित चिरौंजी वृक्षों का वर्णन कर दिया है। औदिभ्दी का विद्यार्थी जानता है कि कैलास पर्वत जैसी उँचाई पर चिरौंजी सरीखी वनस्पतियों का उगना संभव नहीं है। सीता को खोजने के लिए ऋष्यमूक पर्वत की ओर जाते हुए श्रीराम ने चिरौंजी के स्वादिष्ट फल चाव से खाये थे, क्योंकि कबंध ने उन्हे कहा था कि चिरौंजी के अमृत जैसे फलों को खाकर आगे जाना।

फल का वर्णन

चिरौंजी के आठ–दस सेंटीमीटर सीखों पर छोटे गोल चपटे फल लगते हैं। हरें रंग के कच्चे फल पकने के साथ–साथ लाल जामनी श्याम वर्ण में परिणित हो जाते हैं। फल के उपर के झिल्ली सदृश छिलके का बाहरी पृष्ठ चिकना–चमकीला होता है। कच्चा फल खट्टा होता है। मई–जून में जब गर्मी पूरे यौवन पर होती है, पक

जाने से फल का गूदा मृद, रसीला और खटमिट्ठा हो जाता है। फालसे के समान ही यह चाव से खाया जाता है। आदिवासी महिलायें जंगलो स फलों को इकठ्ठा करके बाजारों में बेचती हैं। सामान्यतया यह फल बीस रुपये प्रति किलोग्राम की दर से बिक जाता है। नाजुक पके सुकुमार फल अधिक देर तक टिक नहीं सकतें। प्रायः एक रात में ही खराब हो जाते हैं। इसलिए इनको दूर नगरों में नही भेजा जाता है। इस लाभदायक फल का पूरा लाभ उठाने के उद्येश्य से मेरा सुझाव है कि इनका मीठा शर्बत तैयार कर लेने चाहिए। अपने उन्नत, खटमिटठे स्वाद के साथ–साथ यह शर्बत श्रमहर तथा तृषाशामक होता है।

चिरौंजी का वृक्ष   फलों से लदी चिरौंजी की डालियाँ

चिरौंजी का औषधीय गुण

चिरौंजी के पके फल कसैले, खट्टे, मीठे स्वादिष्ठ, शीतल, तृषशामक, श्रमहर, शरीर की गरमी को कम करने वाला होता है। शरीर में स्निग्धता लाने वाले,देर से पचने वाले, बलदायक, शरीर को पुष्ट करने वाला, उदर–प्रशमन,मलबंध को नष्ट

करने वाला भी होता है। फलों के सेवन से वात तथा पित रक्त विकार और क्षय नष्ट हो जाता है। त्वचा के रोगों में चिरौजी को पीसकर उबटन की तरह इस्तेमाल करना चाहिए। चिरौंजी को दौरी–ड़ंडे में रगड़कर मीठा बना लें। इसे जरा से घी में छौंककर दूध डाल दें। एक–दो उबाल देकर उतार लें। इलायची की बुकनी से सुगंधित करके और चीनी डाले तथा इस पेय को खांसी और जुकाम के रोगियों को पिलावें। दूध में पकाए जाने से इस पेय को दोषी कहते हैं। चिरोंजी के तेल को सिर पर लगाना, कपाल तथा बालों दोनों के लिए हितकर है। बालों को काला करने के लिए भी इसका इस्तेमाल होता है। यह फल अतिसार के रोगी को आराम पहुँचाता है।

चिरौजीं का खाद्यमान

छाल में 13.4 प्रतिशत नमी होती है। गुठली को तोड़कर गिरी निकाली जाती है,उसे हिन्दी में **चिरौंजी** और मराठी तथा गुजराती में चारोली कहते हैं। भारत के जगंलो से यह बड़े पैमाने पर इकठ्ठा की जाती है। इसमें प्रोटिन–30 प्रतिशत, स्टार्च 2.5 प्रतिशत तथा वसा 58 प्रतिशत होता है।

चिरौंजी के विविध उपयोंग

चिरौंजी के फलों का पोषण उपयोगिता के कारण इसे बादाम के प्रतिनिधि के रुप में मिठाईयों और पकवानों में डालते हैं। मधुर, पुरुषत्व, शक्ति को बढ़ाने वाली, पित्त और वायु के रोगों को नष्ट करनेवाली, सर्दियों में खाए जानेवाले पुष्टदायक पाकों में चिरौंजी को डालते हैं।

आयुर्वेदिक फार्मेसियों में बिक्री के लिए तैयार किए जानेवाले बादाम, पाक, सुपारी पाक आदि में चिरौंजी भी एक महत्वपूर्ण अंग है।

चिरौजी को कोल्हू में पेर कर तेल निकाल लेते है। इसे प्याल का तेल कहते है। आयुर्वेद में इसे मीठा, भारी और श्लेष्मा बढाने वाला बताया है। वैद्य और हकीम इसे बादाम के तेल का प्रतिनिधि मानते हैं। देशी चिकित्सा में अनेक प्रकार की निर्मातियों में बादाम के तेल के स्थान पर इस तेल को काम में ले आते हैं।

—•—

24

जामुन

जामुन को अनेक नामों से सम्बोधित करतें हैं स्थनीय नामों में जामुन, जामन, जाम, जम्बुल, काला जामुन, फलानी, फलिन्दा आदि अधिक विख्यात है। अग्रेंजी भाषा में इसे ब्लैक प्लम, जामा प्लम या भारतीय ब्लैक बेरी कहते हैं।

जामुन का जन्म स्थान भारत या पूर्वी द्वीप समूह माना जाता है। यद्यपि इसके वृक्ष थाइलैड, फिलीपाइन्स, मेडाागास्कर और अन्य कुछ देशों में भी पायें जाते हैं किन्तु भारत में इसकी जंगली जातियाँ भी मिलती हैं जो अन्य देशों में नही मिलती।

भारत में इसे दक्षिण में मद्रास से लेकर उत्तर में गंगा–सिंधु के मैदान तक उत्पन्न किया जाता है। हिमालय के निकट तराई प्रदेश में लगभग 3,000फीट की ऊँचाई तक इसके वृक्ष देखे जाते हैं, कुमायूँ की पहाड़ियों पर इसे 5,000 फीट की ऊँचाई तक उगते हुए पाया गया है। इसे उद्यान में आम अमरुद की भाँति उगाया जा सकता है किन्तु साधारणतः इसे उद्यान के किनारे–किनारे वायु–रोधक की भाँति उगाते हैं। यही कारण है कि इसके वितरण का कोई निश्चित आँकड़ा प्रस्तुत नहीं किया जा सकता । इतना सत्य है कि जामुन के वृक्ष इस देश में लाखों हैं किन्तु वे इधर–उधर उद्यानों, पार्क या सड़कों के किनारे–किनारे बिखरे पड़े हैं, इसलिए इसका क्षेत्रफल निकालना कठिन सा है।

इसके लिए जल–निकास युक्त गहरी दोमट भूमि सर्वश्रेष्ठ मानी जाती है किन्तु इसे सामान्यतः सभी प्रकार की भूमियों में उत्पन्न किया जा सकता है। अधिक भारी या हल्की बलुवार भूमि में वृक्षों का बढ़ाव उपयुक्त नहीं हो पाता और उपज भी सन्तोषप्रद नहीं होती। अच्छी उपज के लिए भूमि का चयन इस प्रकार होना चाहिए जो नमी शोषित करे और उसे अधिक समय तक स्थिर रख सके।

जामुन की बागवानी –ग्रामीण अर्थव्यवस्था का आधार

जामुन का फल बेचती ग्रामीण –महिला

जामुन का वृक्ष उष्ण कटिबन्ध या समशीतोष्ण कटिबन्धीय जलवायु पसन्द करता है और समुद्रतल से लगभग 750 मीटर की उँचाई तक अच्छी उपज देता है। 750 मीटर से अधिक उँचाई पर इसके वृक्ष उगते हुए अवश्य मिलते है परन्तु किंचित ही फलन करते हैं। ये सर्दी और सूखे से अधिक प्रभावित होतें हैं। इसे फूल निकलने और फलने के समय सुखा मौसम चाहिए किन्तु पकने के समय फलों के आर्कषक रंग, उनके आकार और बढ़िया स्वाद के लिए पानी बरसना लाभकर होता है।

जामुन का पौधा यूजेनिया जम्बोलाना है और यह मिरटेसी कुल का सदस्य है। इसके वृक्ष दो प्रकार से होते हैं। प्रथम खट्टे तथा घटिया किस्म वाले वृक्ष बड़े होतें है जो बीजू आम के वृक्षों से भी बड़े होतें है और कुछ तो बीजू आम के वृक्ष की उँचाई के होतें हैं। द्वितीय मीठे या बढ़िया किस्म वाले वृक्ष आकार और उँचाई में अपेक्षाकृत छोटे होते हैं। इसके फल अधिक गूदेदार, छोटी गुठली वाले और स्वादिष्ट होतें हैं।

राजेन्द जामुन की एक उन्नत जाति है जिसके फल बड़े आकार वाले, गहरे बैगनी रंग, छोटी गुठली और अधिक स्वादिष्ट होतें हैं फल जून–जुलाई में पक कर तैयार होते हैं।

जामुन का प्रवर्धन मुख्यतः बीज द्वारा करतें है परन्तु बीजू वृक्ष के फल आकार और गुण में सदैव परिवर्तित होते हैं। इन दोषों से बचने के लिए वानस्पतिक प्रजनन का ढ़ग अपनातें है जिसमें प्रयुक्त होने वाली दो विधियाँ इनार्चिंग तथा चश्मे का रुपान्तरित फारकर्ट ढ़ग है। जामुन की कलम भी सफलता पूर्वक लगायी जाती है।

बीज द्वारा पौधे उगाने पर ताजे बीज चुने जाते हैं क्योकि इनका जमाव अधिक अच्छा होता है। जिस खेत में बीज बोना होता है, उसे भली–भाँति जोत लेते हैं और तब 1 मीटर चौड़ी तथा 10 मीटर लम्बी क्यारियाँ बना लेते हैं। इन क्यरियों में गोबर की सड़ी खाद एक क्विंटल।

प्रति क्यारी के हिसाब से मिलाते हैं और फिर बीज 4–5 से0मी0 की गहराई पर 25 से0मी0 के अन्तर पर बनी पक्तियों में बो दिये जाते हैं। बीज से बीज की दूरी 15 से0मी0 रखी जाती है। लगभग 2–3 सप्ताह पश्चात बीजों का जमाव प्रारम्भ हो जाता है। पौधों के उपयुक्त बढ़ाव के लिए आवश्यकतानुसार सिचाई, निकाई, गुड़ाई करते रहते हैं। अगले बसन्त या मानसून में इन्हे स्थानान्तरित कर दिया जाता है।

वानस्पतिक प्रजनन विधि में इनाचिर्ग का प्रयोग बहुधा होता है। इसमें रुट–स्टाक बीजू जामुन के पौधे होते हैं जिन्हे अच्छे फल देने वाले वृक्ष के बीजों से नर्सरी में उगाया जाता हैं। ये पौधे जब उपयुक्त आयु और मोटाई के हो जाते हैं तो इन्हे विकसित सायन के साथ इनार्च कर दिया जाता है।

फारकर्ट विधि का प्रयोग इन्डोनेशिया में अधिक होता है, भारत में इसका प्रचलन बहुत ही कम है किन्तु जब भूमि के समीप उपयुक्त शाखाएँ नही मिल पाती जिनके बिना इनार्चिग हो ही नही सकती तो विवश हो कर यह ढ़ग अपनाना पड़ता है। इस ढ़ग में आँखें किसी एक या दो वर्ष की आयु वाली विकसित शाखा से ली जाती हैं और उन्हे इसी आयु के रुट–स्टाक में अन्तर्निवेशित कर दिया जाता है।

जामुन के पके फलों से लदी डाली

चिडियो द्वारा नष्ट किये गये फलों का बीज निकालती ग्रामीण महिला।

कुछ स्थानों पर टाप वर्किंग भी की जाती है जिसमें वृक्ष की शाखाएँ काट दी जाती है और कटे हुए सिरों पर चश्मा लगा दिया जाता है। ये चश्में कुछ दिनों पश्चात् नई शाखाएँ उत्पन्न करते हैं।

पौधों का स्थानान्तरण उस समय किया जाता है जबकि उनकी जड़े पूर्ण रुप से विकसित हो जाती हैं। इनका स्थानान्तरण सड़क के किनारे, पार्क या आम, अमरुद, नीबू आदि के उद्यानों के किनारे वायुरोधक की भाँति होता है। वृक्ष सें वृक्ष की दूरी सदैव एक सी नहीं होतीं। सड़क के किनारे इनकी पारस्परिक दूरी 12 मीटर से कम नहीं होती परन्तु वायु–रोधक रुप में इन्हे 7 मीटर के अंतर पर ही स्थानान्तरित करना चाहिए। जामून के

व्यावसायिक बाग 15 मी0 X 12 मी0 की दूरी पर लगानी चाहिए। इस प्रकार प्रति हेक्टेयर वृक्षों की संख्या 55 होती है। स्थानान्तरण जुलाई–अगस्त या फरवरी–मार्च में किया जाता है। परन्तु मानसून का समय अधिक समझा जाता है पौधे लगाने के पूर्व 60 से0मी0 व्यास का 60 से0मी0 गहरा गडढ़ा खोद लिया जाता है। और उसे मिट्टी से मिली गोबर की खूब सड़ी खाद से भर दिया जाता है।

साधारणतः जामुन के वृक्ष को खाद नहीं दी जाती किन्तु ऐसा देखा गया है कि गोबर की खाद फलन के पूर्व यदि प्रति वर्ष 20 किलोग्राम और फलन होने पर 2 किलोग्राम के हिसाब से दी जाय तो उपज अच्छी मिलती है। खाद देते समय वृक्ष की आवश्यकता पर विशेष ध्यान देना चाहिए।

सिंचाई

प्रारम्भ में पौधो को पानी की अधिक आवश्यकता होती है इसलिए दो सिंचाइयों के बीच का अन्तर बहुत कम होता है परन्तु जब जड़े पूर्ण विकसित हो जाती है तो सिंचाई की संख्या कम कर दी जाती है। फलन के समय वृक्षों को अधिक पानी चाहिए। सर्दी के समय एक या दो सिंचाई कर देने से पाले का भय कम हो जाता है।

कटाई–छंटाई

वृक्ष को एक निश्चित आकार देने के लिए इसकी छँटाई अवश्य करते रहना चाहिए। छँटाई की क्रिया प्रारम्भिक समय में अधिक की जाती है। अनावश्यक शाखाएँ ,सुखी टहनियाँ आदि निकाल देने से वुक्ष का आकार सुन्दर होता है और इसका उपज पर अच्छा प्रभाव पड़ता है।

फलों की तोड़ाई

फल जून–जुलाई में पकना आरम्भ कर देंते है। पकने पर इनका रंग गहरा बैगनी या काला हो जाता है और इनका आकार पूर्ण विकसित हो जाता है। पके फल वृक्ष से हाथ द्वारा एक–एक करके तोड़ लिए जाते है और ताजे फल बाजार में प्रतिदिन भेज दिये जाते है।

जामुन के उत्पाद

जामुन को अनेक अर्थो में प्रयोग किया जाता है।इसे ताजी खाने के अतिरिक्त रक्वाश शराब, सिरका इत्यादि बनाने के अर्थ में लाया जाता है। फलों के अतिरिक्त पत्तियाँ छिल्के

और बीज को औषध की भाँति प्रयोग करते है। तने पर हानिकारक कीड़ों का आक्रमण नहीं होता जिससे अधिक समय तक स्थिर रहते है।

जामुन के रोग तथा कीड़े

इस वृक्ष पर साधारणतः कोई भयानक रोग या हानिकर कीट–पतंगे आक्रमण नहीं करतें। पक्षी और गिलहरी से अवश्य ही फल की क्षति होती है। एक प्रकार की फलों की मक्खी भी कभी–कभी आक्रमण करती हुई पाई जाती है। इनकी रोकथाम उद्यान में स्वच्छता रख कर ही किसी सीमा तक की जा सकती है।

—•—

25

ताड़

प्रकृति ने मानव हित के लिए भिन्न–भिन्न प्रकार का फल बनाया है। जिसमें कुछ ऐसे फल हैं जो मनुष्य की लगभग सभी आवश्यकताओं की पूर्ति करते हैं। ऐसे वृक्षों को कल्प–वृक्ष कहते हैं। इसी श्रेणी का ताड़ एक महत्वपूर्ण फल है जो भारत, म्यनमार, श्रीलंका, दक्षिण फ्लोरिडा, थाईलैंड, मलेशिया, इन्डोनेशिया, बंगलादेश, वियतनाम में पाया जाता है। यह फल अफ्रीका महाद्वीप का मूल निवासी है। विश्व में ताड़ का क्षेत्र 44 डिग्री दक्षिणी अक्षांश से लेकर 45 डिग्री उत्तरी अक्षांश तक फैला हुआ है। ताड़ के वृक्ष फारस की खाड़ी से कम्बोडिया–वियतनाम की सरहद तक सफलतापूर्वक उगते हैं। हवाईद्वीप समूह में भी ताड़ के वृक्षों की अधिकता है।

ताड़ का इतिहास

ताड़ का इतिहास बहुत पुराना है। ताड़ परिवार के सदस्यों के मिले जीवाश्म् से पता चलता है कि ये 1200 लाख वर्ष पुराना है। इसका मतलब यह है कि ताड़ के वृक्ष लाखों वर्षो में प्राकृतिक चयन विधि द्वारा विकसित हुए हैं। ताड़ का वर्णन मनुनिधि शास्त्र में चार हजार वर्ष पहले अंकित किया गया था। यूनानी यात्री मेगस्थनीज अपने यात्रा वर्णन में

लिखता है कि भारत के लोग ताड़ के वृक्षों से प्राप्त नीरा से मिश्री बनाते हैं, जिसे वह खाया तो उसका मन प्रसन्नता से भर गया। मेगास्थनीज भारत से स्वदेश लौटते समय अपने साथ ताड़ का गुड़ तथा मिश्री ले गया था।

चीनी यात्री हेनसांग अपने यात्रा विवरण में नालन्दा विश्वविद्यालय के आसपास के गाँवों में ताड़ के वृक्षों के लगे होने का वर्णन किया है। ताड़ के वृक्ष से प्राप्त सफेद रंग का रस लोग पीते हैं तथा उससे गुड़ तथा मिश्री बनाते हैं जो मगध सम्राज्य के लोगों के जीवकोपार्जन का एक उत्तम साधन था।

मानव जीवन में ताड़ की उपयोगिता

ताड़ के वृक्ष के सभी भाग अत्यन्त महत्वपूर्ण एवं उपयोगी हैं। ताड़ के वृक्ष के 800 महत्वपूर्ण उपयोग बताये गये हैं। इसलिए इसे जिंदगी का वृक्ष कहा गया है, क्योंकि इसका मनुष्य के भोजन एवं आश्रय (घर) में अत्याधिक महत्वपूर्ण योगदान है। ताड़ के वृक्ष के अधिक उत्पाद देशी विधि द्वारा प्राचीन काल से तैयार किये जाते रहें हैं। ताड़ के बहुपयोगी आयाम के चलते ही तामिलनाडु सरकार ने सन् 1978 में ताड़ को अपने राज्य का राजकीय वृक्ष घोषित कर दिया।

भारत में पाल्मी पौध परिवार के चार ऐसे वृक्ष हैं जिनसे ताड़ी निकाली जाती है। इस ताड़ी से गुड़ तथा मिश्री बनायी जाती है। इन वृक्षों मे ताड़ (बोरेसस फलैबेलिफर), खजूर (फोनिक्स डेक्टिलिफेरा), सागों (कैरियोटा यूरेन्स) तथा नारियल मुख्य हैं। ताड़ी नर तथा मादा दोनों प्रकार के वृक्षों के पुष्पदंड से निकलती है। गन्ना के अतिरिक्त ताड़ी गुड़ तथा मिश्री बनाने का मुख्य स्रोत है। ताड़ के प्रत्येक फल में तीन बीज होते है, जिसे आंठी कहा जाता है। कोमल फलों के आंठी लोग चावपूर्वक खाते हैं। पके फलों के उपर से छिलका हटाकर रेशेदार भाग से स्वादिष्ट तथा मुलायम फलों का गुद्दा निकाला जाता है। इस गुद्दे से तरह–तरह के मूल्यसंवर्धित पदार्थ भारत म्यनमार, श्रीलंका, बंग्लादेश, अफ्रीका में बनाये जाते हैं। श्रीलंका में 24 हजार हेक्टर भूमि में ताड़ की बागवानी होती है। वहाँ ताड़ के वृक्षों की कुल संख्या 106 लाख है जिसमें से 30 लाख वृक्ष प्रतिवर्ष फल देते हैं। श्रीलंका में ताड़ से लगभग 40–50 करोड़ रुपये मूल्य की खानेवाली चीजे बनाई जाती हैं तथा 9–10 करोड़ रु0 के अन्य उत्पाद बाहर निर्यात किये जाते है। ताड़ के नीरा से अल्कोहलिक ड्रिंक तथा ताड़–मिश्री का निर्माण किया जाता है। ताड़ के नीरा को सड़ाकर एक शक्तिशाली शराब बनाई जाती है जिसे श्रीलंका के लोग अधिक चाव से पीते हैं।

ताड़ के व क्षों की वायु–रोधक पट ी–बागों के किनारे

ताड़ का ताड़ी निकाल कर बेचता हुआ एक ग्रामीण युवक

ताड़ का वितरण

एक आंकड़े के आधार पर 8.59 करोड़ ताड़ के वृक्ष वर्तमान में भारत में विभिन्न राज्यों में फैले हुए हैं जिसमें केवल तमिलनाडु में 5.02 करोड़ तथा आन्ध्र प्रदेश में 3.57 करोड़ तथा शेष बिहार, बंगाल, मध्य प्रदेश, उड़ीसा, उत्तर–प्रदेश एवं अन्य राज्यों में फैले हुए हैं। भारत में 3.16 करोड़ ऐसे वृक्ष हैं जिनसे ताड़ी चुआया जा सकता है परन्तु इनमें से केवल 1.16 करोड़ वृक्षों से ही ताड़ी चुआने का काम प्रतिवर्ष चल रहा है। तमिलनाडू मे ताड़ के वृक्षों के बागों के अन्तर्गत कुल क्षेत्रफल 22500 हेक्टर है। श्री लंका में 24 हजार हेक्टर भूमि में ताड़ की बागवानी होती है। वहाँ ताड़ के वृक्षों की कुल संख्या 106 लाख है जिसमें से 30 लाख वृक्ष प्रतिवर्ष फल देते है।

भारत में बिहार एक ऐसा राज्य है जहाँ ताड़ के लगभग 22 लाख वृक्ष हैं। यहा ताड़ी उत्पादन तथा वितरण में लाखों परिवार लगे हुए है। यही इनके जीवकोपार्जन का मुख्य साधन है।

वानस्पतिक विवरण

ताड़,जिसे लैटिन भाषा में बोरैसस फ्लैबेल्फिर कहते हैं, पाल्मी पौध–कुल का एक महत्वपूर्ण सदस्य हैं। यह पौध परिवार फूलदार पौधों का सबसे पुराना पौध परिवार है।

ताड़ के नर वृक्ष तथा मादा वृक्ष अलग–अलग होतें हैं। नर वृक्षों पर नर फूल तथा मादा वृक्षों पर मादा फूल लगते हैं परन्तु ताड़ी उत्पादन दोनों प्रकार के वृक्षों से होती है। ताड़ के वृक्षों पर 12–15 वर्षो के बाद फूल आते हैं। ताड़ के वृक्षों की लंबाई 60–80 फीट तथा तनों की चौड़ाई 12–18 इंच होती है। एक पेड़ पर 25–40 पंखो के आकार की पत्तियाँ होती हैं। जिनकी लंबाई 1–3 मीटर तक होती है तथा चौड़ाई 1–1.2 मीटर होती है। पत्तियों की मध्यशिरायें भीतर की तरफ मुड़ी होती हैं तथा पत्तियों का किनारा काँटेदार होते हैं। एक पूर्ण विकसित मादा वृक्ष पर फलों के 10–12 घौंद लगती हैं, जिनमें 60–80 फल प्रति वृक्ष होते हैं। परन्तु श्रीलंका में ताड़ के एक वृक्ष पर 300–350 फल लगते हैं। फल जितने अधिक संख्या मे होंगे उनका आकार उतना ही छोटा होगा।

ताड़ के वृक्ष से ताड़ी चुआने का कारोबार विश्व के अनेक देंशों में प्रचलित है। ताड़ मे उन पुष्पदण्ड़ो से ताड़ी चुआते हैं जिस पर फूल खिलें न हों। भारत में एक पुष्पवृन्त से प्रतिदिन लगभग 3–3.5 लीटर ताड़ी प्राप्त होती है। यह सिलसिला एक महीना तक चलाता है। ऐसे वृक्ष जिसपर अधिक फल लगते हैं औसतन एक वृक्ष से एक दिन में कुल 3–3.5 लीटर ताड़ी प्राप्त होती है जिसमें सुक्रोज की मात्रा की भरमार होती है। इसमें विटामिन सी

भी पाया जाता है। ताड़ी से गुड़ बनाने की प्रथा भारत श्रीलंका एवं इंडोनेशिया में बड़े पैमाने पर गॉवो में प्रचालित है। 100 किलो ताड़ी से औसतन 10–12 किलो गुड़ तैयार होता है। गन्ना के गुड़ से ताड़ का गुड़ अत्यधिक फायदेमंद होता है तथा इसमें औषधीय गुण भी पाया जाता है। ताड़ का गुड़ गन्ना के गुड़ से अधिक साफ तथा सुगंधित भी होता है।

भारत में ताड़ की बागवानी की वर्तमान स्थिति

भारत में ताड़ के वृक्षों को खेतो के बार्डर पर लगाने की पुरानी परम्परा है क्योंकि इन वृक्षों की उँचाई अधिक होने से छाया खेत में नही पड़ती है। बिहार में आम, लीची,अमरुद के बागों के चारो तरफ वायुरोधक वृक्ष के रुप में ताड़ के वृक्ष लगाये जाते है।गॉवों के बस्तियों में भी घरों के आसपास आगे–पीछे ताड़ के वृक्ष उग आते हैं क्योकि ये बहुत सख्त होते हैं तथा पानी के अभाव में भी जल्दी मरते नहीं है।

जलवायु

ताड़ एक उष्ण कटिबंधीय वृक्ष है जो शुष्क जलवायु वाले क्षेत्रों में बहुलता से पाया जाता है। इसके लिए शुष्क जलवायु जहां औसत वार्षिक वर्षा 750 मिली मी0 हो, उपयुक्त होती है। इसके अतिरिक्त नम जलवायु वाले क्षेत्रों में भी इसे आसानी से उगाया जाता है क्योंकि यह बाढ़ से कम प्रभावित होता है। समुद्रतल से 800 मीटर तक की उँचाई पर भी इसके वृक्ष पाये जाते हैं। इसकी जड़े गहरी तथा जमीन में दूर तक फैली होती है जिसके कारण मिट्ठी के कटाव को रोकता है।

मिट्टी

ताड़ की बागवानी के लिए बलुई मिट्टी काफी उपयुक्त होती है। इसके अतिरिक्त इसकी खेती लाल मिट्टी, काली मिट्टी तथा बाढ़ की जलोढ़ मिट्टी पर आसानी से की जा सकती है।

बुआई का समय एवं बीज

भारत में ताड़ की बुआई मानसून प्रांरभ होने के बाद करते हैं। इसकी बुआई सीधे बीज द्वारा की जाती है। बुआई के पूर्व छोटे मघ्यम आकार की आँठी (बीज) को एक सप्ताह तक ढ़ेर बनाकर रखते हैं। इसके बाद इन आँठियों को कार्बेन्डाजीम नामक फँफूदनाशी रसायन के 0.1 घोल में 24 घंटे तक उपचारित करते हैं। इससे कन्द सड़न रोग से आँठियों का बचाव हो जाता है तथा इनका जमाव अच्छा होता है।

जल व्यवस्था

चूँकि ताड़ की बुआई मानसून मौसम में किया जाता है इसलिए इसको वर्षात के समय में अलग से पानी देने की आवश्यकता नहीं पड़ती है। यदि मानसून के समय वर्षा का अभाव हो तो बुआई के तुरन्त बाद गड्ढ़े के चारो तरफ पानी दें, इसके बाद एक दिन के अन्तराल पर लगातार एक वर्ष तक पानी दें। वृक्षों से नीरा तथा फल का उत्पादन बढ़ाने के लिए नीरा निकालने की अवधि में वृक्ष के चारों तरह गड्ढ़ा बनाकर महीने में दो बार 15 दिन के अन्तराल पर पानी देंना चाहिए।

खाद का व्यवहार

ताड़ के बुआई के समय प्रति गड्ढ़ा 10 किलोग्राम अच्छी सड़ी गोबर की खाद का व्यवहार करें। इसके बाद प्रति दूसरे वर्ष 10 किलोग्राम प्रति गड्ढ़ा गोबर की खाद की मात्रा बढ़ाते रहें। इससे ग्यारवें वर्ष के बाद प्रति वर्ष 60 किलोग्राम हो जायेगा। ग्यारवें वर्ष के बाद प्रति वर्ष 60 किलोग्राम अच्छी सड़ी गोबर की खाद का व्यवहार प्रति वृक्ष करें।

अत:कर्षण

प्रत्येक वर्ष मानसूनी वर्षा के पूर्व दो कतारों के बीच की जमीन का जुताई कर नये पौधें के चारो तरफ 45 सेंमी0 तथा पुराने पौधों के चारो तरफ 2 मीटर व्यास का गड्ढ़ा बनायें। जिससे वर्षा जल का समुचित उपयोग हो सके। दो मीटर से कम उँचाई वाले वृक्षों की पत्तियों की कटाई का कार्य कदापि नहीं करें तथा दो मीटर से लम्बे वृक्षों की कुछ पत्तियाँ काटकर निकाल दें। पूर्ण विकसित पौधों के उपर की 16–22 पत्तियों को छोड़कर बाकी पत्तियों को काटकर निकाल दे।

ताड़ के साथ अन्तरावर्ती खेती

ताड़ के वृक्षों की कतारों के बीच में खरीफ मौसम मे अन्तरावर्ती फसल के रुप में अदरक, हल्दी, अरहर, मूँग, उड़द, लोबिया तथा मूँगफली की खेती बहुलता से की जाती है। इसके अतिरिक्त फल वाले वृक्ष जैसे अमरुद, नीबू, बेर एवं शरीफा की खेती की जाती है। परन्तु रबी में आप मटर, चना, मसूर, बाकला, सरसों आदि फसले ले सकते है।

ताड़ विकास की दिशा में प्रमुख कार्यक्रम

- ताड़ के विकास के लिए इसके सघन अध्ययन की आवश्यकता है। इसके लिए बीज बोने से लेकर फल उत्पादन की क्रियाओं की विस्तृत अध्ययन करके प्रलेख तैयार करना होगा।

- भारत में ताड़ की विभिन्न किस्में उपलब्ध हैं जिनके जनन द्रव्य को एकत्र करके वैज्ञानिक तरीके से उसके वानस्पतिक तथा पुष्पन एवं फलन का अध्ययन अत्यन्त आवश्यकता है। इस प्रकार ताड़ के पौधें के किशोरावस्था से प्रौढ़ावस्था के बीच के क्रियाकलापों की जानकारी मिलेंगी।
- ताड़ के वृक्ष से नीरा निकालने के लिए एक सीमित उँचाई तक ही उसपर चढ़ा जा सकता है। मनुष्य का समय, कार्यक्षमता एवं जोख्मि वृक्ष की उँचाई पर निर्भर करता है। बौने आकार का पौधा तथा समय से पहले फल का पकना इसके विकास में काफी सहायक सिद्ध हो सकते है इन दोनों बिन्दुओं पर सघन अनुसंधान कार्य की आवश्यकता है।
- ताड़ के वृक्ष में पुष्पन देश के विभिन्न स्थानों पर गर्मी तथा जाड़ें के मौसम में होता है। इसमें वर्षभर पुष्पन करा पाना संभव नहीं है। ताड़ के बाग में वृक्ष के जातीय प्रवृति के कारण कुछ में पुष्पन अक्टूबर के प्रांरभ तथा कुछ में विलम्ब से मई माह तक होता है। इसपर मौसम का प्रभाव नहीं पड़ता। वृक्ष के इस पुष्पन प्रवृति को उपयोग में लाने की जरुरत है जिससे वर्ष भर नीरा प्राप्त किया जा सके।
- ताड़ के वृक्ष से प्रतिदिन प्रति वृक्ष 2 से 20 लीटर तक नीरा प्राप्त होता है, यह पौधों की प्रकृति तथा उम्र पर निर्भर करता है। इस प्रकार अधिक नीरा देने वाले पौधों के पेड़ो का चयन कर फल पकने के लिए छोड़ देना चाहिए। इसके पके फल से बीज निकालकर नये बाग लगानें के काम में लाना चाहिए। बाग में नर तथा मादा पौधों का अनुपात 1:10 रखें।
- ताड़ के पौधों में फाइटोएलेक्जीन नामक रसायन की अधिकता के कारण इसके पौधे नारियल में लगने वाले कीड़े–मकोड़े तथा प्रमुख बीमारियों के प्रति प्रतिरोधी होते हैं।

ताड़ बहुआयमी उपयोग वाला वृक्ष हैं। बावजूद इसके इसकी संख्या जलावन के लिए अंधाधुन कटाई के कारण दिनों दिन घटती चली जा रही है। इसकी संख्या बढ़ाने के लिए ताड़ का बाग लगाने वाले किसानों के बीच इसकी अंधाधुन कटाई रोकने एवं नया पौधा लगाने के बारे में जागरुकता अभियान चलाने की आवश्यकता है। यह जागरुकता अभियान खादी एवं ग्रामीण औद्योगिक आयोग, ताड़–गुड़ तथा रेशा विवरण संघ, स्वयंसेवी संस्था जो ताड़ समृद्धि योजना से संबंधित हैं और कृषि विश्वविद्यालय तथा अखिल भारतीय पाम अनुसंधान कार्यक्रम से जुड़े कृषि वैज्ञानिकों के सामुहिक प्रयास से संभव हो सकेगा।

—•—

26

नारियल

नारियल मनुष्य को जीवन प्रदान करने वाला फल है। नारियल के वृक्ष से जीवन की दस महत्वपूर्ण आवश्यकताओं की पूति होती है जैसे हवा, पानी, भोजन, वस्त्र, घर, ईधन, दवा, उपष्क, उर्वर भूमि तथा उद्योग धंधे। नारियल एक ऐसा फल है जिसकी खेती तथा मूल्य सम्बर्द्धन में लाखों कृषक परिवार को रोजगार प्राप्त है। केवल हिन्दुस्तान में नारियल पर आधारित उद्योगों में लगभग एक करोड़ लोगों को जीविकोपार्जन होता है। इस फल वृक्ष की सबसे बड़ी विशेषता यह है कि जनवरी से दिसम्बर तक किसानों को लगातार फल प्रदान करता रहता है। इसके अतिरिक्त नारियल के बाग–बगीचे वातावरण में आशातीत सुधार करने में तथा धरती की उपरी परत–मृदाक्षरण को रोकने में आशातीत योगदान देते हैं।

नारियल के वृक्ष का दुसरा दिव्य गुण यह है कि यह वृक्ष जहाँ भी लगाया जाता है अपने को धरती से दूर वायुमंडल में बिना शाखा के उपर आकाश में अवस्थित करके छोटे–छोटे पेड़ पौधे को अपनी छाया के नीचे पनपने हेतू सुअवसर प्रदान करता है। पृथ्वी पर बहुत सारे ऐसे वृक्ष हैं, जिनके नीचे कोई अन्य पेड़–पौधे उग ही नही सकता है। नारियल के इन आलौकिक गुणों के कारण ही मनुष्य नारियल के बगीचों में अपने सीमित साधनों के अर्न्तगत बहुस्तरीय नारियल पर आधारित टिकाउ खेती की विधि विकसित किया

है, जिसके अर्न्तगत मिट्टी की उर्वरा तथा उत्पादक शक्ति बिना क्षीण हुए अच्छी आमदनी प्राप्त होती है। केरल जैसे राज्यों मे बहुस्तरीय नारियल आधारित खेती प्रणाली के अर्न्तगत गाय–पालन, मुर्गी –पालन तथा मत्सय–पालन एक साथ किया जाता है यदि केरल में इस कृषि प्रणाली में 0.2 हेक्टेयर के फार्म का रख–रखाव किया जाता है तो उससे 37246,/– रुपये की शुद्ध आमदनी प्राप्त होती है, जिसमें 25,000/– रुपये लागत खर्च आता है। केरल में नारियल के बागों में औषधीय पौधें, केला, काली मिर्च, गाय–पालन, मत्सय तथा मुर्गी पालन साथ–साथ करते हुए प्रक्षेत्र के अवशेष पदार्थों को रिसाईक्लिंग करके 85,000/– रु0 तक शुद्ध आमदनी प्राप्त की गई है।

भारतीय साहित्यों में नारियल को कल्प वृक्ष के नाम से पुकारा गया है। यह वृक्ष एक बार लगाने से 80–100 वर्षों तक लगातार फल प्रदान करता रहता है। मनुष्य के जीवन की कोई ऐसी आवश्यकता नहीं है जिसे नारियल का वृक्ष पुरा न करता हो। यही कारण है कि इसे कल्प वृक्ष की संज्ञा दी गई है। इस वृक्ष के सभी अंगों से कोई–न–कोई उपयोगी वस्तु अवश्य बनती है। इसका कोई अंग जैसे–जड़, तना, पत्तियॉ, फूल तथा फल बेकार नहीं होता है,सभी का हमारे जीवन में उपयोग है।

आदमी चाहे भारत का या मलाया का हो, चीन का हो या श्रीलंका का हो, बंगला देश का हो या जावा का, सभी इस फल को विशेष अहमियत,प्राचीन काल से देते आये हैं। इसे जन्नत का फल कहा जाय तो अतिशयोक्ति नहीं होगी। कारण यह है कि यह फल मध्य अमेरिका के पश्चिमी तट पर जन्मा था, परन्तु पानी के मध्यम से तैरते हुए यह दुनिया के अन्य देशों में पहुँचकर अपनी पहचान शीध्रता से बना लिया। कैप्टन कुक नामक नाविक ने अपने ऐतिहासिक रिकार्ड में इस बात का जिक्र किया है कि नारियल उस समय क्यूबा, पोर्टरिको, ब्राजील तथा कोलम्बिया में पहले से ही उगाया जाता था।

भारत की खोज में निकला वास्कोडिगामा जब भारत के पश्चिमी तट पर कालीकट की धरती उतरा तो वह नारियल के पेड़ो को देखा तो इसे नक्स इंडिका नाम से पुकारा। भारत में नारियल अफ्रिका से समुद्र की लहरों के माध्यम से पश्चिमी तट पर पहॅुचा होगा। चाईना तथा मलाया में इस फल की तरह–तरह की किस्में विद्यमान होने का वर्णन चाईनीज साहित्य में मिलता है। चीन के वासी नारियल का ताड़ी तथा गुड़ बनाने में प्राचीनकाल से दक्षता प्राप्त किये हैं, जिससे यह जाहिर होता है कि यह फल चीन में भी प्राचीन काल से लोकप्रियता हॉसिल किया था।

नारियल वृक्ष के विभिन्न प्रकार के गुणों के कारण ही इसे कल्प वृक्ष की संज्ञा दी गई है क्योकि यह फल मनुष्य के लिए अत्यन्त उपयोगी है नारियल के फल 110 दिनों तक

समुद्र के जल पर तैरते रहने पर भी खराब नहीं होते हैं। यदि नारियल का फल समुद्र के पानी के सम्पर्क में आता है तो फल का बाहरी आवरण समुद्र के पानी को काफी शोषित कर लेता है और नया स्प्राउट पानी पर ही निकल जाता है तथा फल के भीतर विद्यमान गड़ी उसे 3–4 महीनों तक भोजन प्रदान करती रहती है। यह गुण अन्य फलों के बीज में दुर्लभ है। प्रकृति ने इस धरातल पर तरह–तरह के फलों को मनुष्य के हित के लिए बनाया है परन्तु जो गुण नारियल में विद्यामन हैं, वे अन्य फलों में दुर्लभ हैं। यही कारण है कि दुनिया के सभी देशों के लोग एक स्वर में इसे कल्प वृक्ष की संज्ञा दे डाले हैं। हमें भी अपने गॉव, जिले तथा राज्य में इस दैवीय वृक्ष को लगाकर मनचाहा फल प्राप्त करना चाहिए।

नारियल टी.× डी. हाईब्रीड

नारियल एक बहुपयोगी वृक्ष है। नारियल की कच्ची या पक्की गड़ी विभिन्न प्रकार के स्वादिष्ट व्यंजन बनानें में,इसका तेल खाद्य एवं अखाद्य उपयोंगो के लिए, डाब पानी पोषक एव स्फूर्ति दायक पेय के रुप में तना धर बनाने के लिए लकड़ी के रुप मे, पत्ते छप्पर बनाने हेतू, जड़ एवं सूखें पत्ते घरेलू इंधन के रुप मे और फलों के छिलके का रेशा गद्दे एवं चटाईयॉ बनाने में प्रयुक्त होता है। इसके अलावा देवी देवताओं की पूजा एवं अन्य मांगलिक

कार्यो में नारियल को बहुधा फोड़ने का प्रचलन है। इन गुणों के कारण ही इसे 'कल्पवृक्ष' की संज्ञा दी गयी है। विश्व मे नारियल उत्पादन के क्षेत्र में भारत का तीसरा स्थान है। जबकि फिलिपाइन्स तथा इन्डोनेशिया का क्रमशः प्रथम एवं दूसरा स्थान है। आजकल भारत में करीब 19 लाख हेक्टर क्षेत्र में नारियल की बागवानी की जा रही है। औसतन इसे प्रति हेक्टर क्षेत्र से 7790 फल प्राप्त होते हैं। अधिक उत्पादन लेने के लिए यह आवश्यक है कि उत्पादन से जुड़े हर पहलू पर समुचित ध्यान दिया जायें तथा उन्नत किस्मों के बाग लगाये जायें।

जलवायु तथा भूमि का चुनाव

नारियल के लिए उष्ण एवं आर्द्र जलवायु आवश्यक है। यदि स्थान विशेष का वार्षिक औसत तापक्रम21^0 से0 से कम हो तो नारियल के पौधों मे फूल लगने की प्रक्रिया बाधित होती है, परन्तु जिन क्षेत्रों में जाड़े में तापमान 10^0 सेल्सियस से कम तथा गर्मी मे अधिकतम तापमान 40^0 सेल्सियस से अधिक अवधि तक नहीं रहता हो तो उन क्षेत्रों में भी इसे सफलतापूर्वक उगाया जा सकता है। इसके लिए वर्षा समानुपातिक रुप से साल भर उपलब्ध हो तो 700 मि0 मी0 वर्षा से भी उपज प्राप्त होती है। समानुपातिक वर्षा के अभाव में सिंचाई की आवश्यकता पड़ती है खास कर गर्मी के महीनों में जब मिट्टी में नमी की कमी होती है।

नारियल की सफल खेती के लिए उर्वर, अच्छी जलधारण एवं जल निकास वाली मिट्टी जिसका पी0एच0मान 5.2 से9.9 तक हो, उपयुक्त होती है। केवल काली एवं पथरीली मिट्टियों के अलावा इसे सभी प्रकार की मिट्टयॉ जिसकी निचली सतह मे चट्टान न हो नारियल की खेती के लिए उपयुक्त होती है। दोमट या बलुई दोमट मिट्टी इसकी खेती के लिए सर्वोतम पायी गयी है।

नारियल की किस्में

मुख्तया नारियल की किस्मों को दो भागों में बॉटा गया हैं लम्बी किस्में एवं बौनी किस्मे। इन दोनों किस्मों के संकरण के फलस्वरुप जो किस्में विकसित की गयी है उन्हें संकर किस्म की संज्ञा दी गयी है। लम्बी किस्में विषम परिस्थितियों में भी बौनी किस्मों की अपेक्षा अधिक उपज देने में सक्षम होती है। चूँकि इनमें पर–परागन अत्यधिक मात्रा में होता है अतः इनके वंशजों में बड़ी भिन्नता पायी जाती है। लम्बी किस्मों की उत्पादकता अधिक है एवं इससे प्राप्त गड़ी की गुणवत्ता एवं तेल की मात्रा अधिक होती है। साधारणतया 7–8 वर्षो के बाद इनसे फल मिलना शुरु होता है और 80–90 वर्ष तक लाभकारी उपज मिलती

रहती है। लम्बी किस्मों में ईस्ट् कोस्ट टोल, वेस्ट कोस्ट टोल, चन्द्रकल्प, बेनाउलीम टॉल इत्यादि हैं।

बौनी किस्में रोपाई के 3–4 वर्षों के बाद फल देना आंरभ कर देती हैं। पूर्णतया विकसित वृक्ष 5 मीटर से अधिक लम्बा नही होता है। 70–80 प्रतिशत तक स्वपरागण होने के कारण इसमें कम भिन्नता पायीं जाती है। इनकी फल क्षमता कम होती है तथा इनकी गड़ी में तेल की मात्रा कम होती है एवं फल की गुणवत्ता भी न्यून होती है। ये वृक्ष 35–40 वर्षो तक ही लाभकारी उपज देते हैं। बौनी किस्में डाब के लिए सर्वोतम होती हैं।

उन्नत किस्मों तथा बौनी किस्मों की तालिका

किस्में	**फलो की संख्या प्रति वृक्ष/ प्रतिवर्ष**	**प्रति फल गड़ी का वनज (ग्राम में)**
उँची किस्मे		
ईस्ट कोस्ट टॉल	80	125
वेस्ट कोस्ट टॉल	80	175
चन्द्रकल्प	100	193
लक्षद्वीप माइक्रो	160	90
अन्डमान ऑर्डिनरी	80	186
कप्पादम्	50	240
स्पिक्टर	116	175
लगूना	80	260
बेनाउलिम टॉल	150	150
बौनी किस्में		
चौघट औरेंज डवार्फ	50	125
चौधट ग्रीन डवार्फ	75	90
मलायन डवार्फ ग्रीन	60	125
मलायन डवार्फ औरेंज	50	150
गंगावोदम्	60	140

गैर –परम्परागत सिंचित क्षेत्रों हेतू लंबी एवं संकर किस्में अनुशंसित हैं, जबकि पर्याप्त सिंचाई सुविधाये न होने पर केवल उँची किस्मों का उपयोग लाभप्रद है। बौनी किस्मों गैर–परम्परागत क्षेंत्रों की जलवायु के लिए उपयुक्त नहीं पायी गयी हैं। बोनी किस्में गैर

–परम्परागत क्षेत्रों की जलवायु के लिए उपयुक्त नहीं पायी गयी है। फिर भी विशेष देख–रेख में बौनी किस्मों की खेती भी संभव है। अधिक उपज क्षमता वाली संकर किस्मों का उल्लेख निम्नलिखित है–

संकर किस्में	फलों की संख्या प्रति वृक्ष	प्रति फल गड़ी का वजन (ग्राम में)
चन्द्र संकर	116	215
केरा संकर	108	187
चन्द्रलक्ष	109	195
लक्षगंगा	108	195
गोदावरी	140	150
चयनित किस्में		
एस0एस0 ग्रीन	108	196
चन्द्रकल्प	98	176
प्रताप	151	153
वेस्ट कोस्ट टॉल	80	175

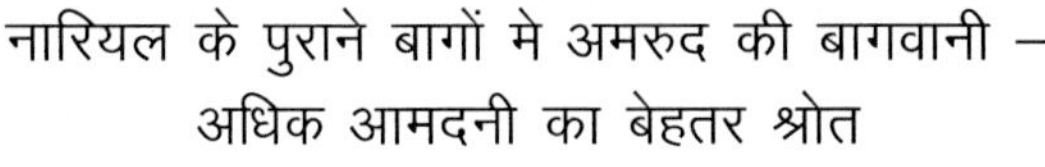

नारियल के पुराने बागों मे अमरुद की बागवानी – अधिक आमदनी का बेहतर श्रोत

दक्षिण भारत की एक नारियल मण्डी

नारियल की रोपाई

नारियल खेती की सफलता रोपण सामग्री, अपनाई गई विधि एवं इसकी वैज्ञानिक देखभाल पर निर्भर करती है। गुणवत्तायुक्त पौधों का चुनाव करते समय इस बात का ध्यान रखना आवश्यक है कि बिचड़े की उम्र 9–15 माह के बीच हों तथा उनमें कम से कम 5–7 हरे भरे पत्ते हो। बिचड़ो के गर्दनी भाग का घेरा 10–12 सें0मी0 हो तथा पौधे रोगग्रसित न हों। केवल ओजस्वी पौध हीं रोपाई के लिए चुनें।

चयनित जगह पर अप्रैल–मई महिने में 7.5 X 7.5 मीटर की दूरी पर 1 X 1 X 1 मीटर आकार के गड्ढे बनाए जाते हैं। प्रथम वर्षा होने तक गड्ढ़ा रखा जाता है। जिसे 30 किलो गोबर की खाद अथवा कम्पोस्ट उपरी सतह की उर्वर मिट्टी को मिलाकर इस तरह भर दिया जाता है ताकि गड्ढ़ा जमीन की सतह से 20 सें0 मी0 उपर उठा रहे। शेष बची हुई मिट्टी से पौधा लगाने के बाद गड्ढ़े के चारो ओर भर कर उँचा कर दिया जाता है, ताकि गड्ढ़े में वर्षा का पानी इकट्ठा न हों।

नारियल लगाने का उपयुक्त समय जून से सितम्बर तक का है, लेकिन जहॉ सिचाई की व्यवस्था हो वहॉ अत्याधिक शर्दी तथा भारी वर्षा का समय छोड़कर कभी भी लगाया जा सकता है। उपरोक्त विधि से तैयार किये गड्ढ़े के ठीक बीचों बीच खुरपी या हाथ से नारियल फल के आकार का गड्ढ़ा बनाकर पौधों को रखकर चारों और से मिट्टी को अच्छी तरह से दबा दिया जाता है। यदि लगाने का समय वर्षाकाल न हो तो पौधा लगाने के उपरांत सिंचाई की आवश्यकता होती है। गड्ढ़ों में नारियल के पौध को रोपते समय यह ध्यान रखना आवश्यक है कि बिचड़ो के ग्रीवा स्थल मे 2 ईच व्यास के बीजनट अंश को मिट्टी से नही ढ़का जाय, अन्यथा बिचड़ो में श्वासन क्रिया ठीक से नही होने के कारण उसकी वृद्धि पर बुरा प्रभाव पड़ेगा। साथ ही पौधे के मरने की भी सम्भावना बढ़ जाती है। जिन क्षेत्रों में दीमक या ग्रब्स का प्रकोप हो वहॉ गड्ढा भरते समय 10 ग्राम फोरेट या थीमेट मिट्टी के साथ मिला दें।

पौधों की देखभाल

नव रोपित बिचड़ो को अत्यधिक ठंडक एवं गर्म हवा से बचाव समुचित छाया एवं सिंचाई की व्यवस्था आवश्यक है। रोपनी के बाद 2 वर्ष की अवधि तक तना और बीजनट की गर्दनी भलिंभाति खुला रखें, क्योकि समुचित वृद्धि के गर्दनी भाग पर हवा का संचार जरुरी है। नारियल के वयस्क वृक्षों की उत्पादकता बनाये रखने के लिए ग्रीष्म तथा अनावृष्टि काल में सिंचाई बहुत जरुरी है। आवश्यकतानुसार 4–6 दिनों के अन्तराल पर सिंचाई करें। जल की मात्रा पौधों की उम्र एवं उसके विकास पर निर्भर है। लंबी अवधि तक अधिक उत्पादन

के लिए अनुशंसित मात्रा में खाद एवं उर्वरकों को नियमित प्रयोग आवश्यक है। वयस्क नारियल पौधों को प्रतिवर्ष प्रथम वर्षा के समय जून में 30–40 किलो सड़ी हुई गोबर की खाद या कम्पोस्ट का प्रयोग करें। इसके अलावा अनुशंसित मात्रा का प्रयोग करना लाभप्रद होता है जो निम्नलिखित हैः–

पौधो की उम्र	उपयोग किये जानेवाले उर्वरकों की मात्रा		
	यूरिया (ग्राम)	सिंगल सुपर फार्स्फेट (ग्राम)	म्युरेट ऑफपोटाश (ग्राम)
प्रथम वर्ष			
पौधा लगाने के तीन महीन बाद	100	200	200
द्वितीय वर्ष	333	666	666
तृतीय वर्ष	666	1332	1332
चतुर्थ वर्ष एवं तदुपरान्त	1000	2000	2000

उपरोक्त उर्वरको की मात्रा एक पेड़ हेतू एक वर्ष के लिए अनुशंसित है, जिसे तीन किस्तों में विभाजित कर के देने से उर्वरको का अधिकतम उपयोग होता है। उर्वरको की तीन किस्तों में से प्रथम किस्त के रुप में उपरोक्त मात्रा का आधा भाग (50 प्रतिशत) वर्षा ऋतु के आरम्भ में तथा द्वितीय एवं तृतीय किस्त के रुप में एक चौथाई (25 प्रतिशत) मात्रा क्रमशः सितम्बर माह में तथा शेष एक चौथाई (25 प्रतिशत) मात्रा मार्च में दी जानी चाहिए। वयस्क पौधों को खाद एवं उर्वरक मुख्य तने से 1–1.25 मीटर की दूरी पर पेड़ के चारो तरफ बनी एक 30 सें0मी0 चौड़ी तथा 15 सें0 मी0 गहरी पट्टी मे देना चाहिए।

उपरोक्त उर्वरको के अलावा जिन क्षेत्रो में बोरॉन सूक्ष्म तत्व की कमी हो उन क्षेत्रो में 100 ग्राम प्रति वयस्क पेड़ प्रति वर्ष बोरोक्स के प्रयोग करने से शिखर अवरुद्ध मैग्नेशियम नामक सूक्ष्म पोषक तत्व की कमी वाले क्षेत्रों में मैग्नेशियम सल्फेट 500 ग्राम प्रति वयस्क पेड़ प्रति वर्ष देना लाभदायक पाया गया है।

निकाई–गुडाई

नारियल का अधिक उत्पादन प्राप्त करने के लिए निकाई–गुड़ाई एवं जुताई आवश्यक है। इन क्रियाओं से खर–पतवार नियंत्रण तो होता ही है, साथ ही जड़ों में वायु का संचालन पर्याप्त रुप में होता है। आच्छादन कृषि के माध्यम से मिट्टी की आर्द्रता बनी रहती है। मृदाक्षय नहीं होता है तथा इसमें भूमि में जैविक पदार्थो की उपलब्धता में वृद्धि होती है। इसके लिए मूँग, उड़द, बिना काँटे वाली छुई–मुई, लाजवन्ती, सेसबेनिया इत्यादि की बुआई कर सकते है।

अन्तरवर्ती एवं बहुस्तरीय फसल प्रणाली

नारियल के बाग मे अनेक प्रकार की अन्तरवर्ती तथा मिश्रित फसलें उगाने की अनुशंसा की जाती है। इन फसलों से नारियल उत्पादकतों को अतिरिक्त आय प्राप्त होती है। अन्तरवर्ती तथा मिश्रित फसलों का चयन करते समय उस क्षेत्र की कृषि जलवायु की स्थिति, विपणन की सुविधा तथा परिवार की आवश्यकता को ध्यान में रखना आवश्यक है।

उचित वातावरण एवं अच्छी देख–रेख में विकसित एक वयस्क वृक्ष में करीब 5000 से 7000 तक बारीक जड़ो की संख्या होती है। इनमें 75 प्रतिशत जड़े तना से 2 मीटर के घेरे के अन्दर होती है और 82 प्रतिशत जड़े 30 से0मी0 से 120 सें0मी0 की गहराई तक सीमीत रहती है। आमतौर पर तने से2 मीटर की दूरी तक ही जड़े कार्यशील होती है। अतःएक वृक्ष के अर्न्तगत कुल क्षेत्र का 25–30 प्रतिशत भाग ही पूर्णतया नारियल के वृक्ष द्वारा उपयोग में लाया जाता है।शेष क्षेत्र का समुचित उपयोग नहीं हो पाता है। अन्तवर्ती खेती से इस क्षेत्र का भरपूर उपयोग हो जाता है। नारियल के पत्तियों की बनावट कुछ इस प्रकार की होती है कि उसके सूर्य की रोशनी छन–छन कर भूमि की सतह पर पहुँचती है। नारियल के बगीचा में आम या लीची के बगीचों की तरह छाया नहीं होती है। अतःवैसी फसले जो थोड़ी छाया सहन करती हों अन्तरवर्ती फसल के रुप में उगायी जा सकती हैं।

अन्तरवर्ती तथा मिश्रित फसलों के रुप मे केला, अनानास, ओल, मिर्च, शकरकन्द, पपीता, नीबू, हल्दी, अदरक, मौसम्बी, टेपीओका, तेजपत्ता, पान तथा फूल एवं सजावटी पौधे बड़ी सफलतापूर्वक उगाये जा सकते हैं। बहुस्तरीय नारियल आधारित प्रणाली अपनाने से उपरोक्त लाभ के अलावा प्राकृतिक रुप मे जमीन में उपलब्ध पोषक तत्वों का उपयोग तथा जमीन से उपर प्राकृतिक श्रोत जैसे सूर्य का प्रकाश, वायुमण्डल नेत्रजन इत्यादि का भरपूर उपयोग होता है। साथ ही नारियल पौधे के लिए दिए गए खाद, उर्वरक, पानी इत्यादि जो नारियल पौधों के जरुरत से ज्यादा है, का सदुपयोग हो जाता है।

फसल संरक्षण

उत्पादकों को अच्छी उपज लेने के लिए कीड़े तथा व्याधियों से बचाव हेतू सामयिक उपचार आवश्यक करना चाहिए। ज्यों ही कीड़े या किसी बीमारी का प्रकोप नजर आये,त्यों ही उसके नियंत्रण हेतू दवा का छिड़काव करें या समन्वित प्रबंधन तक द्वारा उसे नियंत्रित करें।

उपज

नारियल के वृक्षों से प्राप्त उपज किस्म विशेष की अन्तर्निहित क्षमता जलवायु एवं बगीचे की देख–रेख पर निर्भर करती है चूँकि इसका प्रवर्धन बीज द्वारा होता है अतः वृक्षो की उपज

में भिन्नता पायी जाती है। जो वृक्ष प्रति वर्ष 80 या इससे अधिक फल देते हैं, उन्हे अधिक उपज वाले वृक्षों की श्रेणी में रखा जाता है। प्रति वर्ष 40 से अधिक एवं 80 से कम फल देने वाले वृक्ष के मध्यम फलन की श्रेणी में रखा जाता है। जो वृक्ष प्रति 40 से कम फल देता है उसे निम्न फलन की श्रेणी में रखते हैं। बगीचे में अधिक एवं मध्यम फलन वाले वृक्षों की संख्या अधिक रहने पर कुल उपज अधिक मिलती है। सिंचित क्षेंत्रो में 80 से 120 फल प्रति वृक्ष प्रति वर्ष की उपज मिलती है तो असिंचित क्षेत्र से 60–90 फल प्रति वर्ष प्राप्त किया जा सकता है। पर इसके लिए यह आवश्यक है कि समय पर उचित मात्रा में उर्वरकों का व्यवहार किया जाय तथा बगीचे की देख–रेख में कोई लापरवाही नहीं की जाये।

नारियल औषधि की तरह

- एक नारियल के पानी में एक मनुष्य के प्रति दिन के आवश्यकता के बराबर विटामिन–सी होता है।
- कच्चे कोमल फलों का बीज–पत्र पाचन प्रणाली के रोगों को दूर करता है।
- हरे नारियल के फल के भीतर का पानी पेशाब सम्बन्धी रोगों तथा किडनी स्टोन को दूर करता है। इसे निम में चार बार पीयें।
- हरे नारियल के फल का पानी उल्टी तथा डिस्पेप्सिया में लाभ पहुँचाता है।
- नारियल के एक गिलास पानी में एक चम्मच नींबू का रस मिला कर हैजा के रोगी को दो–दो घन्टे पर देने से लाभ पहुँचता है।
- नारियल की सूखी गड़ी अम्लता (एसिडिटी) को दूर करता है।

—•—

27

नोनी

नोनी एक अत्यन्त उपयोगी औषधीय फल है जिसे लोग नोनी, वर्माफल, पोंगी फल इत्यादि नाम से पुकारते है। इतना ही नहीं इसे यहां इंडियन मलबेरी, लोंरग, सुरोगी आदि नामों से भी जाना जाता है। यह रुबियेसी परिवार का पौधा है, जिसका वानस्पतिक नाम मोरिन्डा सिट्रिफोलिया है। इसके फल का उपयोग यहां कि जनजातियां जैसे निकोबेरी एवं बर्मिस लोग खाने तथा जूस के लिए करते हैं। इसकी सबसे बड़ी विशेषता यह है कि यह सभी प्रकार की मिट्‌टी जैसे अम्लीय मृदा, क्षारीय मृदा में उगाया जा सकता है तथा प्रतिकूल परिस्थितियो में भी वृद्धि करता रहता है। नोनी के औषधीय गुण एवं बाजार मूल्य के अधि ाक होने की वजह से इसकी व्यावसायिक खेती अत्यधिक लाभकारी है।

नोनी का महत्व देश–विदेश में काफी बढ़ता जा रहा हैं क्योकि इसके फलों में खानिज लवण एवं अन्य पोषक तत्वों के अतिरिक्त लगभग 160 प्रकार के विटामिन भी पाये जाते हैं। इन द्वीपों में ये मुख्यतः समुद्र के किनारे, बेकार भूमि, सड़को के किनारें पर बहुतायत से पाये जाते है।

यह एक सदाबाहर, छोटे आकार का वृक्ष है जिसकी ऊँचाई 6–7 मीटर तक पायी गयी है। इन द्वीपों में नोनी की प्रमुख रुप से दो प्रजातियों मोरिन्डा सीट्रिफोलिया तथा मोरिन्डा

ट्राइमेरा पायी जाती है। लेकिन मोरिन्डा सीट्रिफोलिया को व्यावसायिक रुप से लगाया जाता है, क्योंकि इसका महत्व अधिक है। इसका फल अंडाकार एवं 5–15 से0मी0 लम्बा व 7–25 सें.मी. तक चौड़ा होता हैं तथा इसका बीज भूरे रंग का नुकीला होता है।

उपयुक्त आबोहवा

नोनी समुद्र तट से लेकर 1000 मीटर की उंचाई के क्षेंत्रो में पाया जाता है। इसकी अच्छी वृद्धि एवं उपज के लिए 20–350 से0 तापमान और 2500 से 4000 मिलीमीटर सालाना वर्षा उपयुक्त मानी जाती है। इसकी एक बड़ी विशेषता है, कि यह पौधा पूरी तरह से धूप में तथा 50–60 प्रतिशत तक छाया में भी अच्छी वृद्धि करता है। इतना ही नहीं, यह बाढ़ से लेकर सूखें जैसी स्थिति में भी लम्बे समय तक जीवित रहता है तथा पौधे बढ़ते रहते है और फूल– फल आते रहते हैं।

नोनी के पके ताजे फल

नोनी के पके फलों के भीतर बीज तथा सफेद गुदा

पौधे प्रसारण की विधि

इसका प्रसारण बीज एवं कलम दोनों से होता है परंतु बीज से प्रसारित पौधों की आयु ज्यादा होती है तथा मजबूत एवं स्वस्थ होते हैं तथा प्रतिकूल अवस्था में भी अच्छी वृद्धि करते है। इसलिए ज्यादातर नोनी का प्रसारण बीज से ही करते है, जबकि कलम से तैयार किये गये पौधों में जड़ो का विकास ठीक प्रकार से नही होता, इसलिए ये तेज आंधी व तूफान में गिर जाते हैं। अतः इनकी आयु कम होती है। इसलिए कलम से पौधे तैयार नहीं करना चाहिए। फल से बीज निकालने के लिए मुलायम एवं पके फलों का ही प्रयोग करते हैं। इस प्रकार ऐसे फलों को हाथ से टुकड़ो में अलग करके बीज को अलग कर लेते हैं तथा गनी बैग या किसी कपड़े में रखकर पानी की तेज धार में धोते है,फिर कागज पर रखकर 3–4

दिनों तक छाया में सुखाकर पौधशाला में बुआई कर देतें है, जो 4–6 महीने में रोपाई के योग्य हो जाते हैं परंतु बेकार, बंजर व क्षारीय भूमि में 12–14 महीने का पौध रोपना चाहिए।

नोनी लगाने की विधि

पानी की उचित व्यवस्था वाली जमीन जिसमें कुछ समय पहले तक किसी अन्य फसल की खेती न की जा रही हो, नोनी की खेती के लिए उपयुक्त मानी जाती है, क्योकि शुरुआती अवस्था में इसे काफी जल की आवश्यकता पड़ती है। नोनी के पौधे लगाने के लिए खेत में उगे खरपतवार की सफाई करके, गड्ढ़े 4 मीटर X 4 मीटर की दूरी पर बनायें। अप्रैल–मई के महीने में 60 से0मी0 लम्बा, 60 से0मी0 चौड़ा एवं 60 से0मी0 गहरा गड्ढ़ा बनाये। परन्तु गड्ढ़ा बनाते समय इस बात पर विशेष ध्यान दें कि प्रत्येक गड्ढे के ऊपर की आधी मिट्टी जिसे टॉप स्वायल भी कहते हैं, अलग रखते हैं और शेष आधी मिट्टी अलग रखते हैं, तथा गड्ढों के 7–10 दिनों के लिए खुला छोड़ देते हैं। ताकि तेज धूप से गड्ढ़ो के कीड़े–मकोड़े मर जायें। इसके बाद गड्ढे बनाते समय निकाली गयी टॉप स्वायल में 10–15 कि.ग्रा. कम्पोस्ट तथा 2 ग्राम ट्राइकोडर्मा पाउडर को मिलाकर गड्ढ़ों को भर देते हैं ताकि ऊपर से 2–3 वर्षा गुजर जाये। फिर जून से लेकर अगस्त तक नर्सरी से स्वस्थ एवं रोगरहित पौधों का चुनाव करके, उसका पॉलीथीन बैग नीचे से फाड़कर गड्ढ़ो के बीचोबीच लगाकर अच्छी तरह मिट्टी से, सावधानी से दबा देते हैं, क्योंकि इन महीनों में पर्याप्त वर्षा होती रहती है, जिससे पौधों की समुचित वृद्धि के लिए पर्याप्त जल मिलता रहता है। और वर्षा खरपतवार की भी वृद्धि को प्रभावित करता है। इसलिए किसान भाईयों को चाहिए कि पौधें के चारों तरफ एक मीटर के दायरे में कम से कम 2–3 साल तक खरपतवार निकालते रहें ताकि शुरु के सालों में पौधे की वृद्धि प्रभावित न हो, साथ ही साथ सूखे के मौसम में पौधों के चारों तरफ पेड़–पौधो की सूखी पत्तियों से मल्चिंग कर दें।

पौधों की देखभाल

पौध रोपाई से 2–4 महीने के अंदर अगर कोई पौधा मर जाता है तो उसे उखाड़कर वहां नई पौध लगा देते हैं। तथा समुचित सिंचाई कर देते हैं, ताकि उसकी वृद्धि अच्छी हो इतना ही नहीं नोनी के पौधों को 2–3 वर्ष तक जानवरों जैसे गाय, बैल, भैंस, बकरी आदि से भी बचाना चाहिए।

नोनी में एक बड़ी विशेषता है कि यह प्रतिकूल परिस्थितियों जैसे सूखे जैसी अवस्था में भी वृद्धि करता रहता है परंतु शुरुआत के 2 वर्षों तक दिसम्बर से अप्रैल तक जो कि यहां सूखे का महीना होता है पर्याप्त सिंचाई की आवश्यकता होती है। क्योंकि नोनी का पौधा अधिक से अधिक सिंचाई करने पर अच्छी वृद्धि करता है।

पौंधो के चारों तरफ निरन्तर सफाई का ध्यान रखें ताकि कीड़े–मकोड़ो के प्रकोप से बचाया जा सके। अगर प्रकोप होता भी है तो सही समय पर समुचित विकास के लिए शुरु के दो वर्षो तक फलों को तोड़ दें तथा पौधे के मुख्य तने की लगभग 60–75 सें.मी. लम्बाई के ऊपर शाखा विहीन कर दें ताकि कृषि कार्य आसानी से किया जा सके।

पौध सुरक्षा

मुख्यतः नोनी के पौधे संक्रमण एवं बीमारियों से मुक्त रहते हैं। पंरतु आवश्यकता पड़ने पर नीम से बने जैव रसायन कीटनाशक या लार्वेक्स का प्रयोग सही समय पर उचित मात्रा में करना चाहिए।

फूलने का समय

पौध की रोपाई के लगभग 8–10 महीने में ही पौधों में फूल आना शुरु हो जाता है। पंरतु शुरु के दो वर्षो तक फूलों को फल बनने से पहले ही तोड़ देना चाहिए, जिससे पौधों का समुचित विकास हो सके।

फलों की तुड़ाई तथा उपज

नोनी के पेड़ से दूसरे वर्ष के अंत तक फल मिलने शुरु हो जाते हैं और पूरे साल लगते रहते हैं। जिन्हें समय–समय पर प्रति वर्ष 6 से 7 बार तक तोड़ सकते हैं दूसरे से तीसरे वर्ष में नोनी के एक पेड़ की वार्षिक उपज जहां केवल 10 कि.ग्रा. तक होती है, वहीं पाचवें से छठवें वर्ष तक 35 से 40 कि.ग्रा. तथा दसवें वर्ष तक पहुँचतें–पहुँचते यह 120 कि. ग्रा. तक मिलती है। सामान्य तौर पर नोनी का बाजार मूल्य 10 रु. प्रति कि.ग्रा. तय किया गया है। किसान भाई अपने उत्पाद को बाजार में 10 रु. प्रति कि. ग्रा. पूरे वर्ष एक समान मूल्य पर बेच सकते हैं।

नोनी की बागवानी में आय/व्यय का लेखा जोखा

शुरु के पहले वर्ष में किसान भाईयों को एक एकड़ नोनी की पौध लगाने में लगभग 17000 रूपये खर्च करनें पड़ते हैं, जबकि दूसरे वर्ष इसके रखरखाव व देखभाल के लिए किसान भाई को लगभग 1000 रूपये पुनः लगाने पड़ते हैं। फिर क्या है, तीसरे वर्ष से आमदनी शुरु हो जाती है और हर वर्ष लगभग प्रति पौध 100 रूपये प्रति वर्ष मिलने शुरु हो जातें है जो कि हर अगले वर्ष बढ़ते ही जाते है। इस प्रकार सही रखरखाव व देखभाल के बाद करीब 10 वर्ष के एक नोनी के पेड़ से लगभग 1000 रुपयें का शुद्ध लाभ प्राप्त होता

है जो 3,00,000 रूपये प्रति एकड़ प्रति वर्ष मिलता रहता है। आज विज्ञान क्रांति का युग है। उपरोक्त आमदनी एक उत्पाद के आधार पर है परंतु आगे चलकर अनुंसधान द्वारा अनेक उत्पाद तो बनें किसानों को और भी अधिक लाभ मिलेगा।

नोनी के विपणन की नई व्यवस्था की शुरूआत

केंद्रीय कृषि अनुंसधान संस्थान, पोर्ट ब्लेयर एवं हेल्थ इंडिया लेबोरेटरीज, चेन्नई के बीच में एक सहमति बनी है, जिसके अनुसार, अगले 10 साल तक अन्डमान–निकोबार द्वीपों के किसान अपना नोनी का फल, हेल्थ इंडिया लेबोरेटरीज द्वारा पोर्ट ब्लेयर में ही स्थापित फल संग्रहण केन्द्र को सौंपेंगें, जिसकी कीमत पूर्व निर्धारित रेट 10 रूपये प्रति किलो के दर से किसानों को दी जायेगी।

—•—

28

पपीता

पपीता शीध्र बढ़ने वाला शाखारहित फल है जो 12–18 महिने में फल देना प्रांरभ कर देता है। यह एक विदेशी फल है जो बहुत कम दिनों से भारत में उगाया जा रहा है। किन्तु इतने दिनों में ही सम्पूर्ण देश में इसका महत्व काफी बढ़ गया है और बढ़ता ही जा रहा है। यह खाने वाले फलों में लगभग सबसे सस्ता और सरल फल है जो अल्प मात्रा में हर घर में पैदा किया जा सकता है। यह उन लोंगों के लिए बहुत लाभप्रद हैं जों अधिक दिनों में फल देने वाले वृक्ष उगाने के पक्ष में नही हैं क्योकिं उन्हे ऐसे ही फल–वृक्ष मिलते हैं जिनके रोपण के पश्चात् उनसे फल प्राप्त करने के लिए लम्बी अवधि तक प्रतीक्षा करनी पड़ती है। और तब तक बिना किसी लाभांश के उन्हे श्रम और धन व्यय करना पड़ता है। किन्तु पपीते के उद्यान में ऐसी बात नहीं होती। यह रोपण के लगभग 12 या 18 माह पश्चात् पूर्ण प्रौढ़ हो जाता है और इस पर फूल–फल लगना प्रारम्भ हो जाते है। अतः उत्पादक को न तो अधिक दिनों तक फल के लिए प्रतीक्षा ही करनी पड़ती है और न श्रम तथा धन की अधिक इकाइयाँ ही व्यय करनी पड़ती हैं।

पपीता की जन्मस्थली

पपीते का जन्म स्थान अमेरिका का उष्ण कटिबन्धीय भाग है। यह वहीं से विश्व के अन्य स्थानों पर जहाँ भूमि और जलवायु उपयुक्त रही फैला है। आजकल यह अमेरिका

में कैलिफोर्निया तथा फ्लोरिडा में बहुत अधिक परिमाण मे पैदा किया जा रहा है। अमेरिका के अतिरिक्त यह हवाई, आस्ट्रेलिया, मलाया, प्रायद्वीप, वर्मा, लंका, चीन और भारत में सफलतापूर्वक उगाया जा रहा है। अमेरिका से यह विश्व के अन्य देशों में नई दुनिया की खोज के पश्चात् ही पहुँचा। पपीता प्रशान्त महासागर की द्वीपों में बहुत पहले ही पहुँच गया था क्योंकि यह हवाई नाम से प्रदर्शित किया जाता हैं जों साधारणतया उन पौधों के लिए नहीं प्रयोग किया जाता जिन्हे योरपवासियों ने खोज निकाला था। दूसरी ओर यह डान मार्टिन द्वारा 1831 ई0 में बनाई गई पौधों की सूची में भी सम्मिलित किया गया है। जिन्हे उन्होनें स्वयं पता लगया था। यह भारत में बान लिन्चोंटेन की समुद्री यात्रा द्वारा पहुँचने के पूर्व ही लाया जा चुका था।

पपीता – पूसा डेलिसियस की बाग

पपीता किस्म – अर्का सूर्या के पके फल

भारत में पपीते का वितरण

पपीता भारत के अधिकांश भागों में उगाया जाता है। जिनमें असम, बिहार, उत्तर प्रदेश, मुम्बई आदि क्षेत्र मुख्य हैं। असम में यह लगभग 10,000 एकड़ भूमि में उत्पन्न किया जाता है जो भारत में सबसे अधिक पपीता उगाने वाला प्रदेश है। दक्षिण भारत में पपीते की बागवानी अधिक लोकप्रिय है।

बिहार में इसकी खेती 9,700 एकड में होती है जबकि उत्तर प्रदेश में केवल यह 1672 एकड़ मे ही पैदा किया जाता है। बम्बई प्रदेश में गुजरात और दक्षिण के भागों में इसे अधिक परिमाण में उत्पन्न किया जाता है किन्तु अब अहमदाबाद, भड़ोंच और पूर्वी खानदेश में भी कुछ न कुछ मात्रा में इसकी खेती होने लगी है। बम्बई प्रदेश में पपीते की खेती का कुल क्षेत्रफल 1933–34 ई0 में 1856 एकड़ था। किन्तु 1937–38 में यह घटकर 927 एकड़ ही रह गया। पपीते के उद्यान प्रायः प्रत्येक बड़े–बड़े शहरों के निकट पाए जाते हैं। किन्तु गाँवों में भी लोग इसे कुछ मात्रा में घर के अगवाड़े–पिछवाड़े उगा लेते हैं जो उनकी फल की आवश्यकता थोड़ी बहुत पूरी करता है।

पपीता के लिये भूमि का चुनाव

पपीते की खेती दोमट भूमि में सफलतापूर्वक की जा सकती है। जिसकी गहराई लगभग 180 से0मी0 हों। भूमि का उर्वर होना और उसका टेक्स्चर समान होना भी पपीते के उद्यान की सफलता पर अधिक प्रभाव डालता है। पपीते के वृक्ष चूँकि सदैव हरे–भरे रहने वाले और लगभग एक ही बार फल देने वाले होते हैं अतः इसे जल–निकासयुक्त और आवश्यक तत्वों से पूरिपूर्ण भूमि की आवश्यकता होती है। इसकी खेती दुर्बल भूमि में भी की जा सकती है किन्तु इसके साथ खाद की अधिक मात्रा और आवश्यकतानुसार पानी का अच्छा प्रबन्ध होना चाहिए। गहरी चिकनी मिट्‌टी पपीता के लिए उपयुक्त नहीं होती। पश्चिम भारत में नासिक, खानदेश और पूना जिले की भूमि चिकनी है जहाँ पपीते की खेती सफल नहीं हुई। यही स्थिति चूने वाली भूमि में भी है जो अन्य आवश्यक तत्वों में निर्धन होती है। नीचे स्तर वाली भूमि या वह स्थान जहाँ पानी सदैव जमा रहता है और अत्याधिक नमी बनी रहती है वहाँ पपीते के वृक्षों की वृद्धि अनुकूल नहीं होती है। यदि ऐसे स्थान पर ये वृक्ष उगाने हों तो वहाँ जल–निकास का उत्तम प्रबन्ध होना चाहिए क्योंकि पानी जमा रहने से पपीते के वृक्ष रोगी हो जाते हैं और धीरे–धीरे पीले पड़ कर शुष्क होकर समाप्त हो जाते हैं। निरीक्षण से ज्ञात हुआ है कि पानी जमा हो जाने से वृक्ष की पत्तियाँ पीली होने लगती हैं और उनके अभाव में भोजन बनाने का कार्य शिथिल हो जाता है जिससे वृक्ष दुर्बल हो जाता है और अपना जीवन भी खो देता है। इसके अतिरिक्त भूमि में पानी की अधिकता से कभी–कभी एक रोग भी लग जाया करता है जिससे बागवानों को बहुत बड़ी हानि उठानी पड़ती है।

पपीता के लिये जलवायु का चुनाव

जैसा कि उपर बताया गया है, पपीता एक उष्ण कटिबन्धीय फल है और इस कटिबन्ध की लगभग सभी जलवायु में सफलतापूर्वक उगाया जा सकता है। फलों के बढ़ने या पकने के समय इसे ताप की एक निश्चित मात्रा चाहिए। यदि उक्त अवसर पर यह मात्रा इसे उपलब्ध नहीं होती तो फलों की वृद्धि रुक जाती है और ये पकने भी नहीं पाते। इसके विपरीत यदि ऐसे समय वायुमण्डल का तापमान उँचा हो गया तो फलों के उपर इसका अच्छा प्रभाव पड़ेगा। उनके स्वाद में परिवर्तन आ जायेगा और पहले की अपेक्षा अधिक मीठे और स्वादिष्ट हो जायेंगें। पपीते के वृक्ष पर तापमान के घटने अथवा पाले का गहरा प्रभाव पड़ता है। जब तापक्रम घटकर लगभग 4^0 से तक चला जाता है तो उद्यान अत्याधिक क्षतिग्रस्त हो जाता है। तापक्रम के घटने पर जब हवा तेज बहने लगती है तो फल बुरी तरह से बर्बाद होते हैं। वायुमण्डल में में अधिक नमी की उपस्थिति भी फलों की समुचित वृद्धि के लिए उपयुक्त नहीं होती। इससे फलों के स्वाद बदल जाते हैं। स्वादहीन फल बाजार में अच्छा मूल्य नहीं देते। पाले अथवा तेज हवाओं से उद्यान की रक्षा के लिए वायु–अवरोधक वृक्ष उपयोगी सिद्ध हुए हैं।

पपीते का वानस्पतिक विवरण

पपीता कैरिकेसी पौध कुल का सदस्य है। कुछ लोगा इसे पैसीफ्लोरी अथवा कुकुरबिटेसी कुल में सम्मिलित करना अधिक उपयुक्त मानते हैं क्योंकि यह कैरिका जीनस का एक सदस्य है। पपीता भिन्न–भिन्न देंशों में विभिन्न नामों से संबोधित किया जाता है। किन्तु जो पपीता हमारे यहाँ उगाया जा रहा है, वह कैरिका पपाया है। यद्यपि जीनस कैरिका में लगभग 25 स्पेसीज हैं किन्तु हमें अन्य से कोई मतलब नहीं, कयोंकि उद्यानार्थ पपीता का यही पौधा हमारे यहाँ उगाया जाता है।

पपीता एक डायोसियस् वृक्ष है जिसके पुरुष और स्त्री अंग पृथक वृक्ष पर उपस्थित होते हैं। यद्यपि कुछ ऐसे भी पुष्प पाये जाते हैं जो पूर्ण अर्थात् पुरुष और स्त्री अंगयुक्त होते है परन्तु इसकी संख्या अल्प होती है। डायोसियस वृक्ष होने के कारण परसेचन आवश्यक है जिससे फलों में बहुत परिवर्तन पाया जाता है। वृक्ष के लिंग की पहचान करने के लिए उनके फूलों में बहुत परिवर्तन पाया जाता है। वृक्ष के लिंग की पहचान करने के लिए उनके फूलों का अध्ययन करना होता है। नर फूल लम्बे रेंशों में उत्पन्न होते हैं और आकार में 2 से0मी0 से छोटे होते हैं किन्तु मादा फूल, नर फूल से लम्बा होता है। उसका आकार 2.5 से0मी0 के लगभग होता है। ये फूल पीले रंग के और भारी किस्म के होते हैं। इनमें 5 पंखुड़ियाँ भी लगी रहती हैं। पूर्णपुष्प मादा फूल से बहुत–कुछ मिलते–जुलते हैं। किन्तु

आकार मादा और नर–फूल के बीच की कोटि का होता है। ये फूल मादा फूल की भाँति नर फूल से कुछ बड़े होते है। ऐसा देखा गया है कि पूर्ण फूल समुचित रुप से फल नहीं देते।

पपीता की उन्नत किस्में

पपीते की मुख्य जातियाँ वाशिंगटन, आस्ट्रेलिया, हरा जावा, न्यूजीलैण्ड, गुजरात, मैडागास्कर, राँची, साउथ अफ्रीकन, राउण्ड, सीलोनीस राउण्ड, लौंग, सिगापुर, बंगलौर, हनीड्यू, सहारनपुर, सेलेक्शन आदि है। आई.सी.ए.आर बुलेटिन 'हार्टिकल्चर' के अनुसार क्षेत्र के आधार पर चार क्षेत्र किये गये हे और प्रत्येक क्षेत्र के लिए पपीते की जातियाँ निश्चित की गई हैं जो वहाँ अधिक सफल हैं।

पूर्वी क्षेत्र	वाशिगंटन हनीड्यू राँची साउथ अफ्रीकन सीलोनीस राउण्ड
उत्तरी क्षेत्र	हनीड्यू वाशिगंटन सहारनपुर सेलेक्शन
पश्चिमी क्षेत्र	वाशिगंटन गुजराती हनीड्यू
द्रक्षिण क्षेत्र	हनीड्यू लौंग राउण्ड

उपर्यक्त जातियों में हनीड्यू, वाशिगंटन और गुजराती जातियाँ अधिक महत्वपूर्ण है जिनकी विशेषताएँ निम्नलिखीत हैं।

हनीड्यू

यह जाति अपने गुणों के कारण आजकल बहुत प्रचलित है। इसके वृक्ष औसत दर्जे के होते है। फल तने पर लगते है फल का आकार लम्बा होता है, बीज कम पाये जातें हैं,

स्वाद मीठा और आनन्दप्रद होता है। गूदा बहुत बढ़िया होता है। इसके गुणों के ही कारण इसे कहीं–कही मधु विन्दु कहकर पुकारते हैं। इस जाति के वृक्ष बहुत अधिक संख्या में फल देते हैं।

वाशिंगटन

इस जाति के वृक्ष हनीड्यू की अपेक्षा उँचाई मे छोटे होते हैं। इन्हे बौने वृक्ष भी कहा जा सकता है क्योंकि उँचाई अन्य जातियों की अपेक्षा बहुत कम होती है। इस जाति की खास पहचान यह होती है कि इसके तनों की गाँठों पर अंगूठी आकार की पीली धारियाँ बनी होती है। फूलों का रंग गहरा पीला होता है। फलों का आकार बड़ा और अण्डाकार होता है। गूदा मीठा और जायकेदार होता है। फल में बीज की संख्या बहुत कम होती है। इस जाति में फल बहुत जोरदार आते है।

पपीता –बाडवानी रेड

पपीता –पूसा डेलिसियस

गुजराती

यह जाति वांशिगटन की ही भांति होती है किन्तु इसकी पत्तियों का डंठल हरा या कुछ पीलापन लिये हुये होता है, फूल धवल और फल वाशिगंटन की अपेक्षा बड़े और लम्बे होते हैं। इसके फल में बीज अधिक पाये जाते हैं। गूदा कुछ तीखापन लिये होता है। स्वाद कुछ गन्धमय होता है जिससें अन्य जातियों की अपेक्षा इसका प्रचलन कम है। गुजराती जाति के वृक्ष औसत किस्म के उँचे होते हैं और फल अधिक उत्पन्न करते है।

वानस्पतिक उत्पादन

पपीता साधारणातौर पर बीज द्वारा उगाया जाता है। यद्यपि वानस्पतिक उत्पादन की अन्य विधियाँ कलम और कटिंग भी इसके उत्पादन मे प्रयुक्त की गई पर आर्थिक दृष्टिकोण से ये सफल न रहीं। इस प्रकार तैयार पौधे फल बहुत कम देते हैं। पोप ने एक प्रयोग में यह ज्ञात किया कि वानस्पतिक ढ़ग से तैयार किये गये पौधें फलों का परिवर्तन रोक नहीं सकते। कुछ प्रयोग में उन्होने ऐसा पाया कि ये पौधे उसी प्रकार फल उत्पनन करतें है जैसे बीजों से उत्पनन पौधें। इसके अतिरिक्त कलम या कटिंग से तैयार पौधे बहुत धीरे–धीरे बढ़ते है और फल भी कुछ घटिया किस्म के पैदा करते हैं। कही–कही उत्पादन की इन विधियों में सफलता भी मिली है किन्तु इनके ढ़ग इतने सरल नहीं हैं कि व्यापारिक तौर पर ये उद्यानों में प्रयोग किये जा सकें।

बीज द्वारा पौधा तैयार करने के लिए सर्वप्रथम मादा वृक्ष से तैयार फल ले लेते हैं और उसे किसी सुरक्षित स्थान पर रख देते हैं ताकि वह वहाँ पूर्ण रुप से पक जाय। पकने के पश्चात् फल को काट कर बीज निकाल दिये जाते हैं और उन्हे छाये में सुखा लेते हैं जब बीज भलीं भाँति सूख जाते हैं तो उन्हे किसी स्वच्छ बोतल में भर कर हिफाजत में रख देते हैं और उस समय निकालते हैं जबकि बोआई के लिए उनकी आवश्यकता होती है। ऐसा देखा गया है कि इस प्रकार रखे बीज यदि कीड़े–मकोड़े के आक्रमण से बचे रहें तो कई वर्ष तक स्वस्थ बने रहते हैं परन्तु यह बात पपीते की सभी जातियों और सभी जलवायु में संभव नही। पौंधों की बोआई पौधशाला में की जाती है। कुछ लोग इस पक्ष में भी हैं कि बोआई स्थायी स्थान पर की जाय। उनके अनुसार एक स्थान पर 4–5 बीज डाल देते है और बाद में एक होनहार और स्वस्थ पौधा चुनकर शेष पौधे निकाल लेते है। किन्तु यह विधि अधिक प्रचलित नहीं है। यह उन्ही स्थानों के लिए उपयुक्त है जहाँ पपीते के दो चार वृक्ष उगाने हों । व्यापारिक ढ़ग पर तो पौधशाला की ही विधि प्रयोग करनी चाहिए। पौध ाशाला का स्थान चुनकर गोंड़ दिया जाता है या मिट्टी पलटने वाले हल से उसकी जुताई कर दी जाती है। जुताई करने के पश्चात् उसे कुछ दिनों के लिए यों ही छोड़ दिया जाता

है ताकि खेत के घास–पात सूख जायँ। घास–पात सूख जाने पर पौधशाला को 2 मीटर X 1 मीटर की क्यारियों में विभक्त कर दिया जाता है। पौधशाला जल–निकासयुक्त बनाने के लिए क्यारियाँ पृथ्वी के धरातल से लगभग 15 से0मी0 उँची कर दी जाती है। यदि पौधशाला में जल निकास का उचित प्रबंध होता है तो धरातल उँची करने की कोई आवश्यकता नही होती। पौधशाला के लिए वही भूमि चुनी जाती है जो बहुत उर्वर है। यदि भूमि में पौधों के आवश्यक तत्वों का आभाव है तो नदी के किनारे की अलूवियल मिट्‌टी सड़ी–गली पत्तियों की खाद के साथ मिला कर क्यारियाँ में दे दी जाती है। तालाब की मिट्‌टी भी क्यारियों में डाली जा सकती है किन्तु मिट्‌टी छोड़ते समय पौधशाला में धरातल का ध्यान रखना चाहिए। ऐसा न हो कि पौधशाला कहीं उँचा और कहीं नीचा हो। ऐसा होने से सिचांई में असुविधा होती है। जब पौधशाला तैयार हो जाती है तो पपीते के बीज 1 से0मी0 की गहराई मे कतारों में बो दिये जातें है। बीजों की पारस्परिक दूरी 3 से0मी0 और पंक्तियाँ 15 से0मी0 के अंतर पर बनी होती है। बोआई के लिए सुरक्षित बीज प्रयोग किये जाते है, किन्तु कभी–कभी ताजा बीज का भी प्रयोग किया जाता है।

बीज बोते समय उपयुक्त समय का अधिक ध्यान रखना चाहिए। बीज ऐसे ही समय पर बोना चाहिए कि जब पौधा रोपाई के योग्य हो तो रोपाई के योग्य ऋतु भी हों। पौधे की रोपाई प्रायः अक्टूबर–नवम्बर मे की जाती है। अतः बोआई का समय सितम्बर के कुछ समय पूर्व या प्रारम्भ मानसून में ही होना चाहिए। बोआई करने के पश्चात् यदि स्थिति संतोषजनक रही तो पौधा 2–2.5 माह में रोपाई के योग्य हो जाते हैं। जून में बोये गये पौधे अगस्त के दूसरे या तीसरे सप्ताह में इतना बढ़ जाते हैं कि उन्हे वांछित स्थान पर रौपा जा सके। ये पौधे मानसून के मध्य तक काफी बढ़ जाते हैं और जाड़े की ऋतु तक फल देने योग्य हो जाते हैं। कुछ लोगों ने बोआई का समय मानसून के पूर्व स्वीकार किया है। किन्तु मानसून के पहले की बोआई उन्ही स्थानों पर संभव है जहाँ सिंचाई की सुविधा हो। यदि सिंचाई का कोई समुचित प्रंबध नहीं हुआ तो बहुत कठिनाई उठानी पड़ती है। इसके अतिरिक्त यदि मानसून देर से प्रारम्भ हुई तो पौधों की रोपाई में देरी होने लगती है और पौधे आवश्यकता स`अधिक बढ़ जाते है। हेड ने तो बोआई का समय फरवरी स्वीकार किया है ताकि मानसून के प्रारंभ में ही रोपाई संभव हो सके किन्तु ऐसा कुछ कारणों से प्रयोग के योग्य नहीं है। मुम्बई में बोआई अक्टूबर–नवम्बर में की जानी चाहिए। किन्तु बोआई में भी देर करना पौधों की वृद्धि में बाधक होता है। इससे जाड़े में जब कि तापक्रम बहुत कम हो जाता है पौधे बढ़ नहीं पाते और इसलिए बसन्त ऋतु में भी ये बहुत छोटे रह जाते है।

लीची के बागों में पपीता फिलर के रुप में

पौधशाला की बोआई करने के पश्चात् एक हल्की सिंचाई कर दी जाती है। यदि मौसम ऐसा हुआ कि तेज धूप और कड़ी वर्षा के अवसर हों तो क्यारियाँ घास–फूस की साधारण परत से ढ़क दी जाती हैं क्योकि जब तक बीज–अंकुरण नहीं हो पाता तब तक बीजों की रक्षा करना आवश्यक होता है। जब पौधों की उँचाई 22 या 25 से0मी0 की हो जाती है तो वे रोपाई के योग्य हो जाते हैं।

पपीता, बीज के अतिरिक्त वानस्पतिक विधियों से भी उत्पादित किया जाता है, किन्तु इसे प्रधानता नहीं दी जाती। बिहार में सबौर फल अनुसंधान केन्द्र पर 1934–35 ई0 में पपीते पर क्लेफ्ट ग्रैफ्टिंग का प्रयोग किया गया और इसमें सफलता भी मिली। ऐसा देखा गया है कि इस प्रकार तैयार किये गए पौधे बीज वाले पौधों की अपेक्षा फल शीध्र देते हैं। फिलिपाइन द्वीप समूह में रुट कटिग द्वारा पपीते का पौधा तैयार किया गया, किन्तु इसमें सन्तोषजनक सफलता नहीं मिली।

पौधों का स्थानान्तरण

जब पौधे रोपने योग्य हो जाते है तो उन्हे पौधशाला से निकाल कर तैयार किये गए उद्यान में रोप दिया जाता है। उद्यान को तैयार करने के लिए गर्मी में जुताई की जाती है। यह जुताई मिट्टी पलटने वाले हल से अच्छी पड़ती है। मिट्टी पलटने वाले हल की एक

जुताई के पश्चात् देशी हल या हैरो की कई जुताइयाँ की जाती हैं ताकि उद्यान की मिट्टी काफी भुरभुरी हो जाय। खेत की भूमि समतल करने के लिए रोलर या पाटा चलाते हैं और तत्पश्चात् रोपाई के लिए निश्चित आकार के गड्ढ़े तैयार किये जाते हैं। गड्ढ़ो का आकार 60 से0मी0 X 60 से0मी0 X 60 से0मी0 का रखना चाहिए किन्तु गडढो का आकार सभी भूमियों मे समान नहीं होता। गड्ढ़ो का आकार रोपे जाने वाले पौधों की उँचाई और खेत की भूमि पर निर्भर करता है। यदि पौधों की उँचाई अधिक है तो बड़े गड्ढ़े खोदने चाहिए। इसी प्रकार गहरी चिकनी भूमि में दोमट की अपेक्षा बड़े आकार के गड्ढ़े बनाये जाते हैं।

गड़ढे बनाते समय ऊपर की मिट्टी एक ओर नीचे की मिट्टी दूसरी ओर रखनी चाहिए जिससे गड्ढ़े भरते समय नीचे की मिट्टी उपर की ओर और उपर की मिट्टी नीचे करने में सुविधा हो। जब गड्ढ़ा तैयार हो जाय तो उसे कुछ समय के लिए खुला छोड़ देना चाहिए। भरते समय उपर की मिट्ठी में खूब सड़ी गोबर की खाद 10–15 कि0ग्रा0 प्रति गड्ढे के हिसाब से मिला लेनी चाहिए। गड्ढे 15 से0मी0 उपर तक भरे जाते हैं और उनके केन्द्र में लकड़ी की खूँटी गाड़ देते हैं ताकि रोपाई के समय पहचानने में सरलता हो। गड्ढ़े पौधों के रुपान्तरण के लगभग दो माह पूर्व ही बना लिये जाते हैं। गड्ढों के आपस की दूरी विभिन्न भागों पर भिन्न–भिन्न होती है। फ्लोरिडा में पपीते के वृक्ष 2.5 मीटर की दूरी पर लगायें जाते हैं। वृक्षों की आपस की यह दूरी पपीते की जाति पर निर्भर करती है। लंका में यह दूरी 3–4 मीटर रखी जाती है। चीमा, भट्ट और नायक के अनुसार पूना में पपीता के वृक्षों की पारस्परिक दूरी निश्चित करने के लिए एक प्रयोग किया गया। इस प्रयोग में पौधों से पौधों की दूरी 60 से0मी0 से 3 मीटर तक रखी गई और ज्ञात किया गया कि पपीते के वृक्ष 2.5 मीटर की दूरी पर अच्छी फसल देते हैं। वहाँ इस बात का भी अनुभव किया गया कि पौधों की दूरी जितनी ही अधिक रखी जायेगी, उनका तना उतना ही मोटा होगा। पौध ों को आपस की दूरी कम रखने से जड़ो तथा तनों की समुचित वृद्धि नहीं हो पाती और न उन्हे सूर्य का प्रकाश ही आवश्यक मात्रा में मिल पाता है। इन बातों के अतिरिक्त उत्पादक को सिंचाई, गुड़ाई आदि क्रियाओं में भी असुविधा होती है। पौधे जितने ही पास होंगे तने पतले और लम्बे होंगे। अतः उनकी दूरी इस प्रकार से रखनी चाहिए कि पौधों का विकास भलीं भाँति हो और अच्छी फसल भी मिले। वृक्षों की पारस्परिक दूरी हमारे यहाँ 2.5 मीटर रखनी चाहिए उत्तरी भारत में 2 मीटर की दूरी पर रोपे गये पपीते के वृक्ष सफल सिद्ध हुए है। गुजरात और कठियावाड़ क्षेत्र में भी पपीते इतनी ही दूरी पर रोपे जाते है। कुछ स्थानों में यह दूरी घटाकर 2 मीटर कर दी जाती है। जब वृक्षो की दूरी 2 मीटर रखी जाती है तो एक एकड़ में लगभग 700 से 800 गड्ढ़े बनते हैं और एक गड्ढ़े में 2 या 3

पौधें लगाये जाते हैं तो इस प्रकार एक एकड़ में 1,400 पपीते के पौधे लगे। यदि उद्यान में पौधों की पारस्परिक दूरी 3 मीटर रखी जाती है तो गड्ढ़े कम बनेंगे और पौधों की संख्या भी कम ही लगेंगी। इस दशा में गड्ढ़े 400–500 बनेंगे और 800–1,500 पौधों की आवश्यकता होगी।

बीयड़ में उगायें गये पौधे जब लगभग 20–25 से0मी0 की उँचाई के हो जाते हैं तो उन्हे वहाँ से निकाल कर खोदे गये गड्ढ़ो में रोप दिया जाता है। कभी–कभी 10 से0मी0 की उँचाई तक के पौधे भी रोपे जाते हैं, पर इनमें सफलता की अधिक आशा नहीं रहती। पौधशाला से निकालते समय पौधों की जड़ो के आहत न होने का ध्यान रखना चाहिए। अच्छा तो यह हो कि पौधें कुछ मिट्टी सहित पौधशाला से निकाले जायँ और वैसे ही गड्ढ़ो में डाल दिये जायँ। इससे यह लाभ होता है कि पौधों की जड़ें टूटने नहीं पाती और पौधों के मुरझानें का भी भय नही रहता। यदि पौधा अधिक पत्तीदार या शाखादार हो तो उसकी नीचे वाली पत्तियाँ या शाखाएँ तोड़ कर पृथक कर दी जाती है। किन्तु यहाँ यह बात नहीं भूलनी चाहिए कि इस तोड़ाई से पौध क्षतिग्रस्त न हों। इस क्रिया के पश्चात् पौधें गड्ढ़ो में लगा दिये जाते है। पौधों का स्थानान्तरण बदली के दिन होना चाहिए जिससे उनको जड़ पकड़ने में शत–प्रतिशत सफलता मिले। पौधे जब गड्ढ़ो में आ जायँ तो उनकी जड़े मिट्टी से ढ़क देनी चाहिए। पौधों की जड़ो के साथ तने पर भी मिट्टी चढ़ा देना भंयकर भूल होगी क्योकिं तने मिट्टी से सड़ना प्रारम्भ कर देतें हैं और शीध्र ही अपना जीवन समाप्त कर देते हैं। पपीते के वृक्ष चूँकि डायोसियम टाइप के होते हैं। एक स्थान पर 3 पौधे लगाने चाहिए और जैसा कि यह प्रकृति का नियम है कि पुरुष वृक्ष अपेक्षाकृत शीध्र फूल उत्पनन करते हैं, अतः उनके लिंग की पहचान ज्यों ही हो, उन्हे निकाल देना चाहिए। समुचित सेंचन के लिए 100 स्त्री वृक्षों के लिए 10 पुरुष वृक्ष यथेष्ट माने जाते हैं।

यदि बीज अपने स्थायी स्थान पर बोये गये हों तो उनके स्थानान्तरण का कोई प्रश्न ही नहीं। हाँ,स्वस्थ और होनहार पौधे चुनकर शेष अवश्य निकाल दिये जाते हैं। इस स्थिति में भी पुरुष और स्त्री वृक्षों का अनुपात दृष्टिकोण से यह विधि नहीं प्रयोग करनी चाहिए। फल अनुसंधान केन्द्र गनेशखिन्द, में एक प्रयोग इसी जाँच के किया गया है कि उपर्युक्त दोनों विधियों में कौन विधि उत्तम लाभकर है। प्रयोग में यह परिणाम मिला कि पौधशाला में पौधें तैयार करने की विधि दूसरी की अपेक्षा अच्छी है।

खाद

पपीते के वृक्ष उर्वर भूमि में अच्छी फसल देते हैं। इन्हे भोजन तत्वों की अधिक आवश्यकता होती है क्योंकि वृक्ष में फल लगभग वर्ष भर आते हैं। इसके लिए पपीते के उद्यान में खाद कई बार दी जाती है। पौधों के स्थानान्तरण के पूर्व हरी खाद का प्रयोग

उपयोगी सिद्व होता है। गड्ढ़ो में मिट्टी के साथ खाद का मिश्रण आवश्यक है। मिट्टी में 20–25 किलो सड़ी गोबर की खाद और 2 किलो हड्डी का चूरा अच्छा काम देता है। पौधों की रोप लगाते समय 10 किलो गोबर की खाद छोड़नी चाहिए। तत्पश्चात् गड्ढों की शीघ्र सिंचाई अच्छी होती है किन्तु इस सिंचाई में पौधों को अधिक पानी देना ठीक नही। दक्षिण में पौधो की रोप लगाते समय 20 किलो गोबर की खाद प्रति गड्ढे दी जाती है। खाद की दूसरी खुराक पौधा लगाने के लगभग 4–5 माह पश्चात् जब कि पौधों मे फल आना प्रारम्भ हो जाते है प्रति पौधा 40–50 किलो के हिसाब से दी जाती है। जब पौधों की आयु लगभग 1 वर्ष की हो जाती है तो खाद की यही खुराक एक बार फिर दी जाती है। यह खुराक मानसून के प्रारम्भ में देने से अच्छा प्रभाव दिखलाती है। वृक्षों की उत्पादन शक्ति बढ़ाने के लिए फर्टिलाईजर की भी उपयुक्त खुराक का प्रयोग किया जाता है। एक मिश्रण जिसमें सुपर फास्फेट, अमोनियम सल्फेट और पौटेशिक सल्फेट 3:1:1.5 (तौल में) के अनुपात में हों पौधों की वृद्धि और उनके फलों के गुणों पर अच्छा प्रभाव डालता है, यदि मिश्रण प्रति वृक्ष एक किलो के हिसाब से दिया जाय। चीमा भट्ट और नायक के अनुसार पोप का कथन है कि गोबर की खाद पपीते के उद्यान पर अधिक असर डालती है और इसकी शक्ति उस समय और बढ़ जाती है जब कि इसके साथ निम्नलिखित फर्टिलाइजर एक निश्चित अनुपात में प्रयोग किया जाता है–सुपर फास्फेट 400 कि0ग्रा0, पौटेसिक सल्फेट 150 कि0ग्रा0 सोडा नाइट्रेट 25 कि0ग्रा0 अमोनियम सल्फेट 95 कि0ग्रा0 और काली ज्वालामुखीय बालू 200 कि0ग्रा0। गोबर की खाद और फर्टिलाइजर के अतिरिक्त पपीतों के वृक्षों पर मेंगनीज की खाद, राख या कम्पोस्ट का भी कम प्रभाव नहीं पड़ता।

सिचाई

पपीता यद्यपि केला आदि की भाँति अधिक पानी चाहने वाला फल वृक्ष नही है तथापि इसे आवश्यकतानुसार एक अवधि के अन्तर पर बराबर सीचंतें रहना अधिक और बढ़िया फल देने की दिशा मे उपादेय है। दक्षिण भारत में इसके वृक्ष ग्रीष्म में 6 दिन और सर्द ऋतु में 8–10 दिन के अन्तर पर सीचें जाते है और वर्षा ऋतु में शुष्क दिनों में आवश्यकतानुसार इनकी सिंचाई करते रहना चाहिए । उत्त्री भारत में पपीते के उद्यान कुछ हफ्तों के अन्तर पर सींचते जाना चाहिए। उन स्थानों पर, जहाँ वर्षा अधिक होती है और वर्षा का वितरण भी समुचित रुप से होता है सिचांई की कोई आवश्यकता नहीं होती। पौधों की एक बार की सिंचाई में कितना पानी दिया जाय यह उस स्थान की जलवायु और वर्षा के वितरण पर निर्भर करता है सिचांई में कितना पानी दिया जाय यह उस स्थान की जलवायु ऐसी है जहाँ पानी अधिक बरसता है और भूमि की बनावट पर निर्भर करता है। यदि जलवायु ऐसी है जहाँ पानी अधिक बरसता है और भूमि काफी नम है तो वैसे स्थान पर पानी की कम मात्रा

ही यथेष्ट होती है। किन्तु यदि स्थिति विलोम मिली अर्थात जलवायु शुष्क है तो निस्सन्देह पानी की अधिक मात्रा आवश्यक होगी । सिंचाई में प्रायः रिंग या अगुंठी विधि या बेसिन विधि का प्रयोग किया जाता है। प्रयोंगों से विदित हुआ है कि रिंग विधि से सींचे गये पौधें बेसिन विधि से सीचें पौधों की अपेक्षा 1 माह पूर्व ही फूल उत्पन्न करते हैं और इनके फल भी आकार में बड़ें होते है। कभी–कभी नमी की रक्षा के लिए तनों के चारों ओर घास–फूस की एक मोटी तह बिछा देते हैं। पपीते के वृक्ष शहरों के निकट सीमित क्षेत्र में बड़ी सफलतापूर्वक उगाये जा सकतें हैं, जहाँ गन्दी नालियों से पानी और बहुमूल्य खाद सरलतापूर्वक प्राप्त हो जाती है।

निकाई–गुड़ाई

सिंचाई अथवा खाद देने के पश्चात् उद्यान की भूमि की जुताई–गुड़ाई करनी आवश्यक होती है। पपीतें के उद्यान में भी यह क्रिया होती है किन्तु जुताई–गुड़ाई अधिक गहराई तक नहीं की जाती क्योंकि पपीते की जड़े उथली होती हैं और गहरी जुताई से टूट जाती हैं। जुताई–गुडाई की क्रिया वृक्षों की पारस्परिक दूरी कम होने पर सुविधापूर्वक नहीं की जा सकती किन्तु यदि वृक्षों के बीच इस कार्य के लिए काफी स्थान मिलता है तब तो प्रत्येक कार्य सरलतापूर्वक किये जा सकते है। वृक्षों के बीच दूरी जब 3 मीटर होती है, तो उस समय जबकि पौधे छोटे होते हैं, बैलों का भी प्रयोग किया जा सकता है। प्रति वर्ष दो जुताई यथेष्ट होगी किन्तु जुताइयाँ इस प्रकार करनी चाहिए कि यदि एक लम्बाई में हो तो दूसरी चौड़ाई में क्योंकि इससे उद्यान की भूमि बिना जुते नहीं छुठती। उद्यान में हैरों की जुताई भी उपादेय होती है। किसी हैरो से उद्यान की भूमि वर्ष में दो बार जोत देने से भूमि के घास–फूस निकल जाते हैं और भूमि भी खुली तथा भुरभुरी हो जाती है। वृक्ष की जड़ो के निकट धास–फूस कदापि नहीं रहने देना चाहिए क्योंकि पपीता उथली जड़ों वाला पौधा है और यह अपनी खुराक भूमि के उपरी धरातल से ही लेता ह, अतःये घास–फूस उनके आहार में भाग लेने लगते हैं। जुताई करने के पश्चात् तनों के निकट की भूमि जो बिना–जुती छुट जाती है कुदाली या खुर्पी की सहायता से गोंड़ देना चाहिए। ऐसा ज्ञात किया गया है कि कुछ दिनों के अन्तर पर भूमि की हल्की गोड़ाई पपीते की फसल की मात्रा और गुण दोनों मे वृद्धि करती है। इस जुताई–गोड़ाई से एक लाभ यह भी होता है कि उद्यान की सिंचाई की नालियँा और क्यारियाँ मानसून प्रारम्भ होने के पूर्व ही जोत दी जाती है और भूमि समतल कर दी जाती है। भूमि के समतल हो जाने से बरसात में पानी कही अधिक और कहीं कम नहीं होने पाता। यदि अधिक वर्षा वाला स्थान है तो उद्यान में कुछ फीट के अन्तर पर नालियाँ बना दी जाती हैं ताकि अत्याधिक पानी सुविधापूर्वक बाहर निकल जाय। अधिकतर मानसून के दिनों में ऐसा देखा जाता है कि नमी के कारण जब

मिट्टी पीली हो जाती है और उसी समय तेज हवाएँ बहने लगती हैं तो पपीते के वृक्ष भूमि पर गिर पड़ते हैं और व्यर्थ हो जाते हैं। ऐसा अधिकतर हल्की भूमि में पाया जाता है। इस क्षति से उद्यान की रक्षा करने के लिए तने के निकट मिट्टी का एक चबूतरा बना दिया जाता है।

पपीता अन्तरावर्ती फसल के रूप में

पपीता एक अल्पजीवी वृक्ष है जो अपना जीवनचक्र बहुत थोड़े समय से ही पूर्ण कर लेता है। अतः इसे सम्बन्धित फसल के रुप में दीर्घजीवी वृक्षों जैसे, आम, नीबू, अमरुद आदि के उद्यान में बोते हैं जो देर में फल देना प्रांरभ करते हैं। और जिनकी पारस्परिक दूरी भी इतनी अधिक होती है कि उस दूरी में पपीते की एक से अधिक पंक्तियाँ बन सके।

पपीता में अन्तर्रावर्ती फसलें

पपीता मुख्य फसल के रुप में उगाया जाता है तो पौधों के स्थानान्तरण के समय से लगभग 6 माह तक सम्बन्धित फसलें उगाना आर्थिक दृष्टिकोण से लाभप्रद है। इन फसलों में पातगोभी, गाँठगोभी, टमाटर, मिर्चा, प्याज आदि सम्मिलित की जाती है। स्थानान्तरण के पश्चात् 6 माह में पौधा अधिक बड़ा हो जाता है। पौधों के बड़े हो जाने पर सम्बन्धित फसलें नही उगायी जा सकती। इस अवस्था में सेम उगाना अधिक सफल सिद्ध हुआ है। सेम के 4–5 बीज एक वर्ष या अधिक आयु वाले वृक्ष के तने के सहारे उपर चढ़ता जायेगा। किन्तु इसे फूल–फल आने के स्थान के नीचे तक ही सीमित रखना चाहिए। उस स्थान पर रोक लगा देनी चाहिए ताकि शाखाएँ उपर जाकर फूल–फल पर हानिकर प्रभाव न डाल सकें। सेम के पौधे पपीते के तने पर बुरा प्रभाव नहीं डाल पाते और दूसरी और उत्पादक फलियों से अच्छा लाभ प्राप्त कर लेता है। सेम की सूखी शाखाएँ और पत्तियाँ खाद के काम आती हैं।

पपीते की छँटाई

पपीते के वृक्ष में आम अथवा अमरुद की भाँति छँटाई नही की जाती। किन्तु ऐसा देखा गया है कि लगभग 5 माह की आयु वाले पौधें के सिरे की छँटाई कर देने से जो बगल की शाखाएँ उत्पनन होती है, उनमें अधिक और अच्छे फल आते है। चीमा, भट्ट और नायक के अनुसार ''एक यह भी धारणा है कि यदि पुरुष वृक्षों का सिर काट दिया जाय और उनसे बगल की शाखाएँ उत्पन्न करने लगते हैं। ''किन्तु यह धारणा उन्ही के शब्दों में ठीक नहीं है क्योंकि यह सिद्ध हो चुका है कि इस प्रकार लिंग नही बदला जा सकता। लिंग परिवर्तन सम्भव अवश्य है पर कब, यह कहा नही जा सकता।

फल आना

उष्ण कटिबन्ध में पपीता के वृक्ष वर्ष भर फल देते है। किन्तु उत्तरी भारत में जनवरी से फल पकने प्रांरभ हो जाते हैं और मार्च–अप्रैल तक पकते रह जाते हैं। फलों के पकने में 6 माह लगते हैं। इसी प्रकार स्थानांतरण के समय से एक वर्ष की अवधि में पपीते की एक फसल ली जा सकती है। पहली फसल के पश्चात् लगातार बिना किसी अन्तर वृक्ष में फल आते रहते हैं और फलते रहते हैं। फल आने का यह क्रम लगभग 9 से 12 महीने तक चलता है। इस समय वृक्ष बहुत जोरदार फसल देता है और फल छोटे तथा घटिया किस्म के उत्पन्न होते हैं अतः इन्हे उत्पन्न करना आर्थिक दृष्टिकोण से महत्वपूर्ण नहीं। लगभग 2.5 वर्ष की आयु तक में वृक्ष अच्छा फल देते हैं किन्तु इसके बाद के फलों का मूल्य अच्छा नहीं मिलता।

पपीते के फल स्त्री वृक्ष में ही लगते हैं, पुरुष वृक्ष केवल सेचन क्रिया के लिए उत्पनन किये जाते हैं। स्त्री वृक्ष में फल वृक्ष के सिरे पर पत्तियों के कोने से छोटे पेडंकिल पर निकलते हैं। एक पेंडंकिल पर 3–4 फूल निकलते हैं जिनमें किसी एक को ही फल बनना चाहिए। किन्तु कभी–कभी ऐसा देखा जाता है कि पेडंकिल के एक से अधिक फूल फल बन जाते हैं जिससे उन्हे बढ़ने का स्थान नहीं मिलता और ऐसा होने से उनमें से किसी का भी आकार संतोषजनक नहीं होता और उत्पादक उनका अच्छा मूल्य नहीं पाता। इस कठिनाई से बचने के लिए फलों की छँटाई कर देनी आवश्यक समझी जाती है। छँटाई एक तेज चाकू की सहायता से उस समय कर देनी चाहिए जब कि फल बहुत छोटे हों। इस क्रिया मे फल निकाल देने चाहिए जो दूसरे फलों से दब गये हों। या जो रह कर औरों की वृद्धि में व्यवधान प्रस्तुत करते हों। फलों की अधिक छँटाई भी हानिकारक होती है क्योंकि उत्पादक अच्छी उपज नहीं प्राप्त कर पाता है।

फलों की तोड़ाई

फल जब पूर्णरुपेण परिपक्व हो जाते हैं तो पकना प्रारंभ करते हैं। पकने पर इनका रंग पीला होने लगता है किन्तु कुछ ऐसे भी जातियाँ है जो पकने पर भी हरी ही रह जाती है। अधिकांशतः प्रथम किस्म की ही जातियाँ पाई जाती है। इन जातियों के फल जब पूर्ण परिपक्व हो जाते है तो एक पीला धब्बा फल के बाह्मय अंग पर दिखलाई देने लगता है। यही धब्बा इनकी परिपक्वता का चिन्ह माना जाता है। जब फल इस स्थिति को पहुँच जाते है तो उन्हे तोड़ लिया जाता है और भंडार–घरो में पकने के लिए रख दिया जाता है।जब फल दूर भेजने होते हैं तब तो उन्हे तोड़ाई के शीध्र पश्चात् बक्से में बन्द करके बाहर भेज देते हैं, किन्तु स्थानीय बाजारों के लिए इन्हे भंडार–घरो में ही पकाया जाता है। पपीते के

फल पेड़ पर भी पकाये जा सकते हैं और यद्यपि वृक्ष पर पके फलों की मिठास भण्डार घर में पके फलों की अपेक्षा अधिक होती है तथापि व्यापारिक ढ़ग पर इन्हे वृक्ष पर पकाने का चलन नहीं है क्योंकि पके फलों पर जब उनके छिल्के और गूदे मूलायम हो जाते हैं अनेक प्रकार के कीड़े और चिड़ियाँ आक्रमण करती हैं और फल को हानि पहँचाती हैं।

पपीते की उपज पर भूमि, जलवायु,खाद आदि का अधिक प्रभाव पड़ता है। फल अनुसंधान केन्द्र, हस्सारधट्ट। बंगलौर में पपीते की कई जातियों–बंगलौर, वाशिंगटन, हनीडयू आदि पर प्रयोग किये गये और एक एकड़ के प्लाट मे 9840 फल, जिनकी तौल 15070 कि0ग्रा0 थी, प्राप्त किये गये। औसत निकालने पर ज्ञात हुआ कि प्रति वृक्ष 22 फल मिले। हवाई फल अनुंसधान क्रेन्द में पपीते के वृक्ष से 28–38 फल प्रति वृक्ष मिले जिनकी कुल तौल 968 कि0ग्रा0 थी। मुम्बई में औसत उपज 27 फल प्रति वर्ष प्राप्त की गई है जिसमें प्रति फल की 2–2 फल है। उल्फ और लींच के अनुसार फ्लोरिडा में पपीते के वृक्ष 12 से 18 माह की आयु में 36–75 कि0ग्रा0 तक की तौल के फल दे देते है। कभी–कभी यह तौल 150 कि0ग्रा0 तक पहुँच जाती है। फलो के मूल्य बाजार की दशा पर निर्भर करता है। यह सभी स्थानों पर एक–सा नही रहता। संकर के अनुसार मद्रास में जहाँ फलों की तोड़ाई स्थानांतरण के 9–10 माह पश्चात् से प्रांरभ होकर लगभग 2 वर्ष तक होती है।

फलों की ग्रेडिंग

पपीते के फल आकार में सभी स्थानों पर समान नही होते। इसका रुप कही लम्बा और कहीं अण्डाकार और कही किसी अन्य रुप से देखा जाता है। कुछ फल बड़े, कुछ छोटे और कुछ औसत आकार के मिलते हैं। ऐसी स्थिति में इनकी ग्रेडिंग करने से बाजारों में मूल्य अच्छे लगते हैं। बड़े आकार के फल देखने में सुन्दर लगते हैं और बाजारों में इनकी माँग भी अधिक होती है। छोटे फल अच्छा मूल्य नहीं देतें। बाजार में उनका मूल्य सस्ता होता है। बाहर भेजने के लिए औसत आकार के फल को प्रधानता दी जाती है।

बक्साबन्दी

जैसा कि हमने पिछले अध्यायों में अन्य फलों की बक्साबन्दी का अध्ययन किया है,पपीते के फलों की भी बक्साबन्दी उसी प्रकार से करते हैं। फल जब दूर की बाजारों में या विदेश भेजे जाते हैं तो लकड़ी के बक्से प्रयोग किये जाते हैं। इन बक्सों मे फलों को केवल एक तरह से रखने का प्रबंध रहता है ताकि उनके सड़ने का भय कम रहे। फल वे ही चुने जाते हैं जो औसत आकार के होते हैं। एक बक्से में 6 से अधिक फल नहीं रखे जाते क्योंकि इससे बक्सों के उतारने–चढ़ाने में सुविधा रहती है। बक्सों में हिलने–डूलने

से बचाने के लिए प्रत्येक फल कागज में लपेट दिये जाते हैं और उनके बीच का स्थान कोमल घास या पुवाल से भर दिया जाता है। निकट के बाजारों मे फल लकड़ी के बक्सों में नहीं भेजे जाते अपितु उनके लिए बाँस की टोकरियाँ प्रयोग की जाती है।

फलों का भंडारण

फल यदि पकाने के दृष्टिकोण से भण्डारघरों मे लाया जाता है तो भण्डारघर का तापक्रम अधिक करना होता है क्योकिं उँचें तापक्रम पर फल शीध्र पकते हैं। फल पकने की जब बहुत शीध्रता होती है तो इथलीन गैस का प्रयोग किया जाता है। एक भाग इथलीन गैस 5,000 फलों के लिए यथेष्ट है। रात भर में अपना प्रभाव दिखा देती है किन्तु चूँकि गैस का प्रवेश भीतर खोखले भाग तक हो जाता है। अतः 2 या 3 दिनों तक उन्हे खुली वायु में रखनी चहिए ताकि उसका प्रभाव जाता रहे। नीचे तापक्रम पर फल अधिक समय तक टिका रहता है। फलों की तोड़ाई के पश्चात् यदि बाजार की स्थिति ठीक नहीं रहती है तो उन्हे नीचे तापक्रम पर कुछ सप्ताह के लिए रखा जा सकता है। यह तापक्रम 40^0 फा0 से 50^0 फा0 है जिस पर फल 3–4 सप्ताह तक ज्यों का त्यों टिका रहता है। जब फलों को बाहर के बाजारों में भेजना होता है तो विशेषकर उस समय ऐसे शीतागारों की आवश्यकता है। वार्डला, लीर्नड और बेकर्ट के अनुसार फल जो रंग में पीले है और कठोर है, उन्हें 450 का फा0 तापक्रम पर सफलतापूर्वक बाहर भेजा जा सकता है। फल इस तापक्रम पर लगभग 20 दिनों तक सुरक्षित रखे जा सकते है। चीमा भट्ट और नायक के शब्दों में इसी सिद्धान्तों पर फल संचित किये जायँ और उन्हे पूना से यूनाइटेड किंगडम (ब्रिटेन) भेजा गया। फल जब दूर भेजने हों तो शीतघरों का प्रयोग आवश्यक होता है।

पपीते के फलों का खाद्यमान

पपीते का दूध, जिसे पैपेन के नाम से पुकारते हैं, एक बहुमूल्य वस्तु है जो कच्चे पपीते के दूध को सुखा कर तैयार किया जाता है। पैपेन के कारण पपीते का महत्व बहुत बढ़ जाता है क्योंकि इसमें भोजन पचाने का अद्भुत गुण होता है। पपीते मे कैल्सियम,बेसिक ऐश और विटामिन सी (एस्कोर्बिक अम्ल) की मात्रा पाई जाती हैं। इसमें विटामिन ए, बी और सी तीनों की उपस्थिति प्राप्त की जाती है डनियल और मन्सेल के अनुसार करिका पपीते में विटामिन ए की 3,000 अन्तर्राष्ट्रीय इकाई, विटामिन बी की 8 अन्तर्राष्ट्रीय इकाई, विटामिन सी की 70 शेरमन इकाई और विटामिन जी की 33 शेरमन इकाई मौजूद होती है। लोंगों का ऐसा विचार है कि विटामिन सी फल के पकने पर बढ़ता जाता है। औसत रुप में पपीते का 100 ग्राम खाद्य अंश में विटामिन ए 2,500 अन्तर्राष्ट्रीय इकाई, विटामिन बी–1.8 अन्तर्राष्ट्रीय इकाई, 70 मिलीग्राम विटामिन सी और विटामिन बी–2 पर्याप्त मात्रा में विद्यमान रहता है।

पक्के फल में चीनी की मात्रा लगभग 10 प्रतिशत होती है। चीनी के अतिरिक्त इसमें प्रोटिन और चर्बी की भी मात्रा उपस्थित रहती है।

भारत में पपीते के फलों का विश्लेषण किया गया और निम्नलिखीत पदार्थ प्राप्त किये गये:

पानी	89.6	प्रतिशत
प्रोटीन	0.5	प्रतिशत
चरबी	0.1	प्रतिशत
खनीज (मिनरल मैटर)	0.4	प्रतिशत
रेशे	–	
कार्बोहाइडेट	9.5	प्रतिशत
कैल्शियम	0.01	प्रतिशत
फासफोरस	0.01	प्रतिशत
लोहा (मिलिग्राम में)	0.4	प्रतिशत
कैरोटिन	2020	अ0ई0
विटामिन सी	46	मि0ग्रा0
कैलोरी	32	

पपीते का फल एक प्रकार का बहुमुल्य टानिक है। यह पेट की गड़बड़िया को दूर करता है। इसे कच्ची–पक्की दोनों स्थिति में प्रयोग करते हैं। कच्ची स्थिति में इसकी तरकारी बनती है। पकने पर इसके जैम, मुरब्बा सन्तरे के साथ मिलाकर बनाये जाते है, जो देखने में सुन्दर और खाने में स्वादिष्ट होते हैं। इसे और भी अन्य ढ़ंगो से काम में लाते है।

पैपेन

पैपेन कच्चे पपीते के फलों के दूध को सुखाकर तैयार किया जाता है। कच्चे फलों की वाह्य पर्त जब काट दी जाती है तो उससे एक प्रकार का दुध सदृश रस बह निकलता है। इस रस मे पैपेन नामक इन्जाइम उपस्थित होता है जिसमें प्रोटीन को पचाने की शक्ति रहती है। बाजारों में बिकने वाला पैपेन भूरे रंग का एक चूर्ण है। जो रुप रंग तथा स्वाद में जन्तु पेप्सीन से बहुत कुछ मिलता रहता है। पैपेन का प्रयोग अनेक ढ़गों से किया जाता है।

लंका में पैपेन बनाने का कार्य बहुत दिनों से हो रहा है और आज भी उसका दुनियाँ के बाजार में एकाधिपत्य है। यहाँ से पैपेन बहुत अधिक परिमाण में योरप और अमेरिका भेजा जाता है। पूर्वी अफ्रिका में भी इसका व्यवसाय उन्नति पर है। हमारे देश में पैपेन बनाने का उद्योग बहुत सीमित है। यदि पैपेन निकालने का कोई उत्तम ढ़ग निकाल लिया जाए तो संभव है कि यह व्यवसाय भारत में अधिक सफल हो और विदेंशों में यह लंका को भी पीछे कर दें। चीमा और दानी का कथन है कि गुजरात जाति का पपीता उतना ही उत्पादन देता है जितना कि लंका में प्राप्त किया जाता है। यह जाति प्रति पौधा 4 औंस सूखा पैपेन उत्पन्न करती है। सिंगापुर जाति इस जाति के उत्पादन से दूना पैपेन देती है।

पैपेन निकालने की विधि बहुत सरल है। यह क्रिया गरम मौंसम में ही और पूर्ण परिपक्व स्थिति में की जाती है। अधातु के यन्त्र (हड्डी या चाकू) से फल की लम्बाई में 4 या 5 स्थान पर चीर देते हैं। रस प्रातःकाल के समय द्रुतगति से निकलता है । जब रस निकलने लगता है तो इसे छिछले बर्तन या गिलास में एकत्रित कर लेतें हैं। कभी–कभी रस का बहाव धीमा होता है तो यह फल के धरातल पर जम जाता है जिसे बाद में खुरच कर निकाल लिया जाता है। खुरचने के शीघ्र पश्चात् इसे धुप में सुखा लेते हैं। रस छाये में भी सुखाया जा सकता है। ऐसा देखा गया है कि छाये में सुखाया गया पैपेन धवल रंग का होता है और अधिक आर्कषक होता है। सुखाते समय इसे 100^0 फा0 के लगभग का ताप यथेष्ट होता है। इससे अधिक तापक्रम ठीक नहीं होता। 100^0 फा0 तापक्रम पर इसे 24 घटें तक छोड़ देते हैं। सूखने के पश्चात् इसे चूर्ण रुप में बना लिया जाता है। इसे सुखाने के लिए छिछली कड़ाइयाँ भी प्रयोग की जाती हैं।

पैपेन का वाणिज्य में बहुत महत्वपूर्ण स्थान है। इसे अधिक परिमाण में उत्पादन करने और उत्तम विधि से निर्मित करने पर प्रयोग हो रहे हैं। हस्सारधट्टा फल अनुंसधान केन्द्र में 45 किलो तौल के लम्बे फलों ने 171 ग्राम पैपन उत्पन्न किये। लंका में एक एकड़ पपीते के उद्यान से पैपैन 78.75 किलो के लगभग प्रथम वर्ष में पैदा किया जाता है और बाद में यह उपज लगभग 45 कि0ग्रा0 अनुमान की जाती है। प्रति पौधा पैपेन की उपज 225 ग्राम से 450 ग्राम है। कुछ ऐसी भी जातियाँ है जिनसे अधिक पैपन प्राप्त होती है। ऐसा भी ज्ञात हुआ है कि लम्बे फल वाली जातियाँ गोले फल वाले जातियों की अपेक्षा अधिक फल देती है। पैपेन निकालने पर फल व्यर्थ नहीं जाता अपितु को दूर में एक प्रयोग से यह परिणाम के काम में भी लाया जा सकता है बडौदा कृषि प्रयोग केन्द्र पर हनीड्यू जाति के पपीते के कच्चे फलों का रस निकाला गया और उसका पैपेन बनाया गया। इन परिणामों से यह विदित हुआ कि यह प्रयोग बहुत सफल रहा।

कीड़े और रोग

यद्यपि पपीते के वृक्ष पर अन्य फल वृक्षों की भाँति भंयकर कीड़ों और रोगों का आक्रमण नहीं होता तथापि कुछ अंश में तो इनसे क्षति होती ही है।

लाल मकड़ी

पपीते के पौधों का यह एक बड़ा शत्रु है।इनका आक्रमण प्रायः पत्तियों या पके फलों पर होता है। जिन पत्तियों पर ये आक्रमण कर देते है उनका रंग पीला हो जाता है और फलों की सतह खुरदरी तथा रंग भूरा हो जाता है। इससे फसल की रक्षा के लिए गन्धक का छिड़काव करते हैं। गन्धक के अतिरिक्त लाइम सल्फर का फुवारा भी प्रयोग किया जाता है।

धड़–सड़न

यह रोग पपीते की फसल पर कभी–कभी बुरा प्रभाव डालता है। यह रोग जैसा नाम से ही विदित है, तनों पर प्रभाव डालता है।तने का निचला भाग जो भूमि के धरातल के निकट रहता है और कोलार कहा जाता है। सर्वप्रथम सड़ना प्रांरभ करता है। कभी–कभी 1.5 मीटर की उँचाई तक भी तना प्रभावित हो जाता है। रोग के लक्षण जल से सूजे तने के भाग पर दृष्टिगत होते हैं फिर तने की छाल फट जाती है और तन्तु शीघ्रता से टूटने लगते हैं और थोड़े समय के पश्चात् पौधा गिर जाता है। धड़–सड़न रोग प्रायः मानसून के दिनों में जब कि उद्यान में पानी भरा रहता है अधिक लगता है क्योंकि ऐसी स्थिति मे फफूँदी तेजी से बढ़ते हैं। किन्तु शुष्क ऋतु में इनका प्रभाव कम होता है। यह रोग पीथियम अफैनिडरमेटम नामक फँफूदी से उत्पन्न होता है। यह फॅूफदी भूमि से उत्पन्न होती है जो जल–निकास के उत्तम प्रबंध से दूर की जा सकती है। कोदूर में रोगी धड़ के रोगी भाग को खुरच कर कोलतार, बोर्डा मिक्सचर और हल्का कारबोलिक अम्ल का उपयोग किया गया किन्तु सन्तोषजनक परिणाम नहीं निकला। उद्यान में वृक्षों की जड़ो के निकट का जल निकाल देना इसके लिए अति लाभप्रद सिद्ध हुआ है।

ऐन्थ्रैक्नोज

यह रोग पत्तियों और फलों पर आक्रमण करता है। गैमी और पटवर्धन के अनुसार यह रोग बम्बई प्रदेश मे पपीते के फलों पर कभी–कभी पाया जाता है। एक हल्के पीलें रंग का दाग फल पर उत्पन्न होता है और फल का लगभग आधा भाग ढ़क लेता है। बाद में काले एसर्वुलाई निकलते है। इस रोग की रोक–थाम के लिए बरगण्डी मिश्रण अच्छा सिद्ध हुआ

है। यह मिश्रण 10 पौंड कापर सल्फेट और 12 पौंड कास्टिक सोडा के 100 गैलन पानी में मिलाने से तैयार होता है।

इन रोगों के अतिरिक्त पत्तियों का मुड़ना भी एक ऐसा रोग है जो पौधे की पत्तियों पर लगता है। किन्तु इस रोग के विषय में अभी कोई ज्ञान नहीं है। डैम्पिंग आफ एक अन्य रोग है जो बीयड़ के पौधो पर आक्रमण करता है। इस रोग से बचने के लिए उद्यान की भूमि शोधित की जाती है तथा जल निकास का उचित प्रबन्ध किया जाता है। पौधशाला को हमेशा धूपदार जगह पर बनाना चाहिए तथा पौधशाला में बाविस्टीन नामक दवा की एक ग्राम मात्रा प्रति लीटर पानी में घोल कर 10–12 दिनो के अन्तराल पर दो छिड़काव अवश्य करनी चाहिए।

पपीते के मूल्य संवर्धित पदार्थ

पपीता एक शीघ्र तैयार होने वाला पौष्टिक फल है जिससे आजकल अनेक प्रकार के मूल्य संवर्धित पदार्थ बनाये जाते हैं। पपीते क कच्चे फलों से सब्जी, अचार, चटनी, बरफी तथा टूटी–फ्रूटी बनाई जाती है परन्तु पके फलों को ताजा खाने के अतिरिक्त इनसे जैम, नेक्टर, सीरप, चटनी टॉफी तथा शराब बनाई जाती है। पपेन पपीते के दूध से उत्पादित किया जाता है जिससे पेट की सभी बिमारियों की दवा बनाई जाती हैं तथा इसका उपयोग प्रसाधन सामग्रियों के निर्माण एवम् चर्म उद्योग में होता है जिसमें लाखों लोगों को रोजगार प्राप्त है।

—•—

29

फालसा

आर्थिक दृष्टिकोण से फालसा का भारतीय बागवानी में अप्रचुर महत्व है लेकिन खाने में यह अत्यन्त स्वादिष्ट लगता है। इसके पके फलों से शरबत बनाया जाता है। कटाई–छटाई के समय प्राप्त शाखों से मजबूत टोकरी भी बनायी जाती हैं। फालसे को अकेले अथवा आम, लीची, ऑवले, अमरुद इत्यादि के बागों में पूरक फल के रुप में लगाया जाता है।

फालसा के लिए जलवायु

फालसा एक उपोष्ण फल है जिसकी बागवानी गर्म तथा शुष्क मैदानी इलाकों में सफलतापूर्वक की जा सकती है। इसकी खेती विभिन्न प्रकार की भूमि में की जा सकती है। ऊसर भूमि जिसका पी0एच0मान 7.5 से 8.5 तक हो, में भी फालसे की खेती की जा सकती है।

पौध प्रसारण तथा रोपाई की विधि

फालसा को बीज द्वारा तैयार किया जाता है। पके फलों से बीज निकालकर मई में बुआई कर दी जाती हैं इन्ही पौधों का रोपण बाग में तीन–चार माह बाद किया जा सकता है। फालसे के पौधें 2.5 से 3.00 मीटर की दूरी पर लगाये जाते है। रोपण कार्य दिसम्बर–जनवरी में करना उचित होता है।

पौधों की कटाई–छटाई

फालसा के पौधें की कटाई –छटाई आवश्यक है। काट–छॉट का उचित समय जनवरी होता है। इस समय पौधे से सभी पत्तियाँ गिर जाती हैं। भूमि तल से लगभग 75 सें0मी0 से एक मीटर उँचाई पर से एक सें0मी0 मोटी शाखाएँ काट देनी चाहिए। सूखी तथा पतली शाखों को पूरा निकाल दिया जाता है। प्रत्येक वर्ष कटाई–छटाई करते रहने से नयी वृद्धि आती रहती है जिन पर फलन होती है।

खाद तथा उर्वरक का व्यवहार

पत्तियों के गिराव के बाद कटाई–छटाई करके प्रत्येक पौधे के चारों तरफ की भूमि की खुदाई की जानी चाहियें। खुदाई के समय घास की जड़े निकाल कर 15–20 दिनों तक खुला छोड़ देना चाहिये। प्रत्येक गड्ढ़े में 1–2 टोकरी सड़ी गोबर की खाद,250 ग्राम सुपर फास्फेट + 100 ग्राम यूरिया+100 ग्राम म्यूरेट आफ पोटाश मिलाकर गड्ढ़े भरकर हल्की सिंचाई करने से अच्छी वृद्धि एवं फलन की संभावना होती है।

फलन

पौध रोपण के दूसरे वर्ष से फल लगने प्रारम्भ हो जाते हैं। मार्च–अप्रैल में नई वृद्धि आती है। इसी वृद्धि के साथ फूल भी निकलते हैं। इस समय फालसे के बाग की उचित देखभाल, निकाई–गुड़ाई तथा 15 दिन के अन्तराल पर सिंचाई करते रहना चाहिये। मई में फल पकने लगते हैं। इनके फल छोटे होने तथा एक साथ न पकने के कारण इनकी तोड़ाई एक समस्या होती है। यदि उचित देखभाल किया जाय तो एक पौधें से 5–7 किग्रा0 तक फल प्राप्त हो जाते हैं। फूल आने के समय एक बार तथा दूसरा 10–15 दिन बाद 60 पी0पी0एम0 जिब्रेलिक एसिड (60मि0ग्राम/लीटर) एवं 5 पी0पी0एम0 2,4,5 टी (5 मि0ग्राम/लीटर के मिश्रण का छिड़काव करने से अधिक उपज और अच्छे गुण वाले फल प्राप्त होते हैं।

फालसे में किसी विशेष कीट एवं व्याधियों का प्रकोप नही होता है।

—•—

30

बेर

बेर का वृक्ष भारत तथा चीन का प्राचीनतम् वृक्ष है। इसे डोगरी भाषा में **बदरी** कहते हैं। भगवान विष्णु इसी पेड़ की छाया में बैठकर तपस्या गंगा के तट पर जिस स्थान पर किये थे उस स्थान का नाम उन्हीं के नाम पर बदरीनाथ धाम पड़ गया। यही कारण है कि यह फल अत्यन्त पवित्र माना जाता है। यह मध्यम उँचाई बोर, बोगरी, बोराई, कूल रेगू आदि। अंग्रेजी मे इसे **चायनीज डेट** कहते है तथा इसका वानस्पतिक नाम **जिजीफस् मॉरीशियाना** है, जो कि रेम्नेसी कुल में आता है।

भूमि तथा जलवायु

बेर की जड़े काफी गहराई तक जाती हैं और पानी की कम उपलब्धता में भी यह पेड़ उस स्थान पर भी फूलता–फलता है जहाँ अन्य फल वृक्ष साधारणतःनहीं उगते। लेकिन सफल उत्पादन के लिए गहरी बलुई दोमट उदासीन अथवा कम क्षारिय मिट्टी इसके लिए उपयुक्त होती है। यह समुद्र तल से 1000 मीटर की उँचाई पर आसानी से उगाया जा सकता है। इस की बागवानी उष्ण तथा उपोष्ण जलवायु में होती है।

बेर की देश में निम्नलिखित प्रजातियाँ पाई जाती है–

झड़ बेरी

इसका पौधा छोटा झाड़ीनुमा होता है तथा प्रायः खेतों और बंजर भूमि पर प्राकृतिक रुप से उगता है। इसके फल का आकार गोल, छोटा और स्वाद खट्टा होता है। इसमें गूद्दे की मात्रा बहुत कम होती है। इसके पौधे में बहुत काँटे होते है।

घट बेरी

इसका पौधा मध्यम उँचाई का सीधा बढ़ने वाला होता है। इसकी पत्तियों और फलों का आकार अपेक्षाकृत बड़ा होता है। इसके फल का स्वाद भी खटास लिये हुए मीठा होता है। यह अक्सर खेतों की मेंड़ो पर, नहर, नालें,तालाबो और सड़क के किनारे पाया जाता है। उपर्युक्त दोनों प्रजातियाँ गर्म/शुष्क क्षेत्रों (गुजरात, राजस्थान, हरियाणा, पंजाब, उत्तर प्रदेश, मध्य प्रदेश और महाराष्ट्र) में विशेषकर पाई जाती है।

जिजीफस् मॉरीशियाना

इसका भी आकार मध्यम होता है और शाखाएँ उँचाई की अपेक्षा चौड़ाई में फैलती है। इसकी पत्तियाँ कुछ बड़ी तथा नुकीली होती है। इसके फल का आकार बड़ा गोल अथवा अण्डाकार अथवा लम्बा नुकीली होता है। और स्वाद में मीठा होता है। इसके फल में गूदे की मात्रा 81–98 प्रतिशत पाई जाती है। इसका पौधा 2–3 साल में फल देना शुरु कर देता है और फलोत्पादन के लिए बाग–बगीचों में उगाया जाता है।

बेर की किस्म–गोला

देश में निम्नलिखित किस्में पाई जाती है–

भारत में बेर की बहुत सी किस्में उपलब्ध है। चूँकि, अधिकतर किस्मों के नाम स्थानीय लोंगो के द्वारा दिए गए है, इसलिए उनमें कुछ न कुछ समानता झलकती है फिर भी औद्योगिक किस्में निम्नलिखित हैः–

जल्दी पकने वाली किस्में

गोला, संधूरा नारनॉल, सेब, चोंचल, बादामी, मानुकी, गुली, नाजुक, नोकी, रोहतकी, गोला नरमा, दिल्ली गोला, बनारसी गोला, चयनित सफेद आदि।

बेर की 'प्रजाति' सेब

मध्य समय में पकने वाली किस्में

कैथली, सनौर–5, मुरिया महरार, बनारसी कड़ाका, मेहरुन, दराखी, खार्की, बनारसी गोला, चयनित सफेद आदि।

देर से पकने वाली किस्में

उमरान, इलाइची, पठानी, जेड जी–2 व 3, काठा, बागवाड़ी अलीगंज, अजमेरी, चमेली, रंदेरी।

देश मे बेर के वृक्ष के भागों का प्रयोग सामान्यतः निम्न रुप में किया जाता हैः

बेर की जड़े अक्सर ईधन के रुप में जलाने के काम आती है। जड़ो से बैन्जाइल आइसो क्यूनोलिन नामक एल्कलॉयड पृथक किया जाता है, जो औषधि निर्माण में इस्तेमाल किया जाता है। इसके तना तथा शाखाओं की लकड़ी जलाने के काम आती है। सख्त लकड़ी, घरेलू और कृषि उपयोग के यंत्र/औजार बनाने के काम में आती है।

बेर को भेड़, बकरियाँ तथा उँट बड़े चाव से खाते है। झाड़ी को काट कर सूखी पत्तियाँ चारे के रुप मे पशुओं को खिलाई जाती है। पत्तियों का चूर्ण बनाकर शुद्ध या अन्य खाद्य पदार्थो में मिलाकर भी जानवरों को खिलाया जाता है।

इसकी पत्तियों में पाये जाने वाली तत्व और उनका प्रतिशत निम्नलिखित है:

बेर का फल स्वाद में खटट्ा–मीठा/मीठा होता है। चूँकि इसे मनुष्य सुगमता से प्राप्त कर खा सकता है, इसलिए इसे **गरीबो का फल** भी कहा गया है। इसमें विटामिन–ए,बी काम्पलैक्स और सी की प्रचुरता के साथ तत्व पाये जाते है। इसका ताजा फल सीधे फल के रुप में खाया जाता है। फल को सुखाकर छुहारे के रुप में भी खाया जाता है। सूखे फलों को उबाल कर मसाले के साथ चाट के रुप में राजस्थान में इस्तेमाल किया जाता है। सूखे फलों के पाउडर (चूर्ण) को बनाकर,बुन्देलखंड की स्थानीय भाषा में मिर्चन कहते है। इसी पानी में घोल कर शीतल पेय के रुप में गर्म लू से बचने के लिए प्रयोग करते है। फलों के मुरब्बा, जैम तथा स्क्वेश आदि उच्च कोटि के उत्पाद बनायें जाते है।

बेर की किस्म बनारसी के पके फल

फलो के खाद्यमान

बेर के 100 ग्राम खाने योग्य भाग में जल 79 –82,स्टार्च 0.72–1.15 कुल शर्करा 3.1–14.5, टी0 एस0 एस0 (डिग्री ब्रिक्स) 12–21 अम्लता 0.13–1.42 प्रोटिन 0.96 –1.75 चूना 0.02–0.04 और फास्फोरस 0.01 –0.02 प्रतिशत मिलता है।

ऊसर भूमि के लिए बेर वरदान है

बेर की कृषि संबंधी उपयोगिता

बेर के बगीचे की झड़ी पत्तियाँ भूमि को कटाव, गर्मी तथा सर्दी से बचाती है। साथ–साथ सड़ने पर भूमि में जीवांश बढ़ाकर उसे अधिक उपजाउ बनाती है। बेर का वृक्ष छाया और हरियाली प्रदान करके पर्यावरण के सुधार में सहायक होता है। बेर की सूखी टहनियों को बाड़ के रुप में प्रयोग करते हैं जो खेतों तथा घरों की रक्षा में सहायक होती है। बेर के बागों में खाली स्थान पर अन्य फसलों को उगाने से शुद्ध लाभ प्रति हेक्टर अधिक प्राप्त होता है।

बेर पर आधारित कुटीर उद्योग

बेर की लकड़ी के तख्तो से छोटे–छोटे डिब्बे बनाने का काम कुटीर उद्योग कई प्रदेशों में स्थापित हैं जिनमें लाखों लोग नियोजित है। बेर लाख उत्पादन का भी बढ़िया स्रोत है जो लाख उद्योग को कच्चा माल उपलब्ध कराता है, जिससे ग्रामोफोन के तवे बनाने का उद्योग चलता है। लाख को गहनों (आभूषणों) में भरा जाता है। लाख की चूडियाँ आजकल के युग में अधिक लोकप्रिय है। लाख से वार्निश बनाई जाती हैं इसके अतिरिक्त लाख से चश्मों के फ्रेम, नाखून पालिश आदि बनाई जाती है। लाख का उपयोग छपाई वाला कागज बनाने में भी किया जाता है। इस तरह बेर से प्राप्त लाख पर अनेक उद्योग धंधे आधारित है।

बेर औंषधी के रुप में

बेर की जड़ो का काढ़ा ज्वर से मुक्ति दिलाता है। इसकी जड़ो का पाउडर फोड़े और घावों पर लगाया जाता है। कठिनता से मूत्र आने की दशा में पत्तियों के लेप करने से तुरंत आराम मिलता है। बेर का फल खून की सफाई करने और पाचन शक्ति बढ़ाने में सहायक होता है। बेर के तनों के छाल को औंटकर पिलाने से डायरिया बंद हो जाती है। थारु लोगों की यह अचूक दवा है।

बीमारी तथा कीड़ों की रोकथाम

बेर में वैसे तो कई बीमारियाँ तथा कीड़े लगते हैं लेकिन दोनो मुख्य निम्नलिखित हैं।

चूर्णी फफूंद

बेर की नई वृद्धि करती हुई पत्तियों पर सफेद पाउडर की तरह ढ़ेर सा प्रतीत होता है, जिससे पत्तियाँ सिकुड़ जाती हैं और उनकी आकृति भी बिगड़ जाती है। फलों पर यह बीमारी अक्टूबर–नवम्बर में उनके पूर्णतया स्थापित होने के बाद दिखाई देती है। नवजात फलों पर छोटे सफेद धब्बे नजर आते है, जो बाद में बड़े होकर पूरे फल भूरे रंग का या गाढ़े भूरे रंग का हो जाता है। इस बीमारी से बचने के लिए दिसम्बर में एक बार गंधक की धूल पौधों पर डालनी होती है,जो काफी हद तक इस बीमारी को रोकती है।

फल–मक्खी

यह बहुत ही खतरनाक मक्खी है, जो बेर के फलों में छिद्र करके लार्वो निकालते हैं और वे उसमें अंडे देती है जिससे आक्रमण करती है। कभी–कभी ये लार्वा 80 प्रतिशत फलों को नुकसान पहुचांती है। इसका संक्रमण फल स्थापित होने के साथ ही सितम्बर में प्रांरभ हो जाता है और उनकी वृद्धि रुक जाती है तथा काफी संख्या में फल पौधों से टूटकर नीचे गिर जाते है और बचे फल बाजार में बहुत ही कम मूल्य पर बिक पाते हैं। इस मक्खी के प्रकोप से बचने के लिए फल आने के समय मे 0.17 प्रतिशत रोगर 30 ई0सी0 (डाइमिथोयेट) का छिड़काव करना चाहिए।

बेर अपनी विविध उपयोगिकता और गर्म/शुष्क क्षेत्र की अनुकूलता के आधार पर गरीबों का अहम् तथा सुखे क्षेत्रों के कृषकों का ऐच्छिक फल–वृक्ष माना गया है। इस फल–वृक्ष को कृषि वानिकी में उचित स्थान देकर अधिक आमदनी प्राप्त किया जा सकता था।

—•—

31

बेल

बेल भारत के प्राचीन फलों मे से एक है। बेल के लिए कहा गया है–रोगान् बिलति भिनन्ति इति बिल्च,अर्थात् जो रोगो का नाश करे वह बेल कहलाता है। बेल फल के पंचाग (जड़, छाल, पत्ते, शाख, फल) औषधि रुप में मानव जीवन के लिए उपयोगी पायें जाते है। बेल के पत्तों के औषधिय गुणों का वर्णन यजुर्वेद, जैन साहित्य, उपवन विनोद, चरक संहिता और वृहत संहिता में मिलता है। प्राचीन काल से बेल को 'श्री फल' के नाम से जाना जाता है। बेल अपनी विशेषताओं, जैसे प्रति इकाई उच्च उत्पादकता, विभिन्न रुपों में (खाद्य, परिरक्षित पदार्थो एवं आयुर्वेदिक औषधियों) एवं अधिक समय तक भण्डारण के कारण 21 वीं सदी के प्रमुख फल के रुप में स्थापित हो सकता है।

बेल के फलों के सेवन से हृदय को ताकत और दिमाग को ताजगी मिलती है। इसके अलावा इसके सेवन से अजीर्ण, पीलिया, बवासीर, पेचिश, अल्सर एवं डायरिया आदि रोगों से भी बचा जा सकता है।

प्रस्तुत आलेख में बेल की वैज्ञानिक खेती एवं उसके विभिन्न उपयोगों का संक्षिप्त वर्णन किया गया है।

भूमि का चुनाव

बेल एक बहुत ही सहनशील वुक्ष है। इसे किसी प्रकार की भूमि में उगाया जा सकता है, परन्तु उपयुक्त जल निकास युक्त बलुई दोमट भूमि, इसकी खेती के लिए अधिक उपयुक्त है। समस्याग्रस्त क्षेत्रों जैसे–ऊसर, बंजर, दोमट भूमि, इसकी खेती के लिए अधिक उपयुक्त है। समस्याग्रस्त क्षेत्रों जैसे–ऊसर, बंजर, कंकड़ीली, खादड़ पौधशाला भूमि में भी इसकी खेती सफलतापूर्वक की जा सकती है। वैसे तो बेल की खेती के लिए 6–8 पी.एच.मान वाली भूमि अधिक उपयुक्त होती है परन्तु ऊसर भूमि मे जिसमें विनमयशील सोडियम 20–30 प्रतिशत, पी.एच.मान 8.5 प तथा विद्युत चालकता 6 म्होजा प्रति से.मी. तक हो, बेल की व्यवसायिक खेती की जा सकती हैं

जलवायु

बेल एक उपोष्ण जलवायु का पौधा है फिर भी इसे उष्ण जलवायु में भी सफलता पूर्वक उगाया जा सकता है। इसकी बागवानी 12,00 मी ऊचाई तक और 7–46 डिग्री सेल्सियस तापमान तक सफलतापूर्वक की जा सकती है। इसके पेड़ की टहनियों पर काटे पाये जाते है। मई–जून की गर्मी के समय इसकी पत्तियाँ झड़ जाती है, जिससे पौधें में शुष्क एवं अर्धशुष्क जलवायु को सहन करने की क्षमता बढ़ जाती है।

सी.आई.एस.एच.–बी–1

सी.आई.एस.एच.–बी–2

नरेन्द्र बेल 5

नरेन्द्र बेल 7

गड्ढे की तैयारी एवं पौधे की रोपाई

बेल के पेड़ो की रोपायी 6–8 मीटर की दुरी पर मृदा उर्वरता के अनुसार करनी चाहिए। रोपण हेतु जुलाई–अगस्त माह अच्छा पाया गया है। पौधें लगाने के एक माह पूर्व 6–8 मीटर के अन्तर पर 75 से 100 घन से0मी0 के गड्ढ़े तैयार कर लेते है। यदि जमीन में कंकड की तह हो तो उसे निकाल देना चाहिए। इन तैयार गड्ढो में जुलाई–अगस्त माह पौध रोपन करना चाहिए। पौधे लगाने के बाद हल्की सिंचाई उपयुक्त होता है। शुष्क एवं अर्घ शुष्क क्षेत्रों में जहाँ सिंचाई की समुचित व्यवस्था न हों, वहाँ पर स्वस्थानें बाग स्थापित विधि को प्रोत्साहित करना चाहिए।

किस्में

नरेन्द्र देव कृषि एवं प्रौद्योगिकी कृषि विश्वविद्यालय एंव गोविन्द बल्लभ पंत कृषि विश्वविद्यालय द्वारा चयनित किस्मों के कारण पूर्व में विकसित किस्मों, जैसे–सिवान, देवरिया, बराह, कागजी इटावा, चकिया, मिर्जापुरी, कागजी गोण्डा आदि के रोपन की सिफारिश अब नहीं की जा रही है। अब प्रमुख किस्मों का संक्षिप्त विवरण निम्न है:

इस किस्म के पौधे कम उँचाई वाले (3–5 मी0) एवं अधिक फैलाव लिये होते है। फल चिपटे सिरे वाले, मध्यम आकार के (21 × 25 सें0मी0), मीठे स्वाद (35 से 38 डिग्री ब्रिक्स) तथा कम बीज वाले होते है। गूदा काफी बड़े होते हैं तथा फलों का औसत वजन 3–4, 5 किलोग्राम तक पाया जाता है।

नरेन्द्र बेल 9

इस किस्म के पौधे मध्यम उँचाई (4 –6 मी0) वाले एवं अधिक फैलाव लिये होते है। फल आकार में बड़े (26 X 33 सें0मी0), गोल, अडांकार अधिक मिठास वाले (35–40 डिग्री ब्रिक्स) होते है। फलों का औसत वजन 1–1.5 किलोग्राम तक होता है तथा फलों का छिलका पतला होता है। गुद्दे में रेशे एवं बीज की मात्रा कम पायी जाती है। पेड़ो से औसत उपज 70–80 किलोग्राम प्रति वृक्ष तक प्राप्त की जा सकती है।

पन्त सिवानी

इस किस्म के पेड़ उपर की तरफ बढ़ने वाले एंव घने होते है। फल अंडाकार, लबें, भार 1.2–2.0 किलोग्राम हल्का छिल्का मध्यम पतला,गुदा अच्छा (70–75 प्रतिशत), कम रेशा, अच्छी मिठास वाला (34–35 डिग्री ब्रिक्स) एवं स्वादिष्ट होता है। फलों की भण्डारण क्षमता अच्छी होती है तथा पेड़ो की औसत उपज 50–60 किलोग्राम प्रति वृक्ष तक पायी जाती है।

नरेन्द्र बेल–5 के ग्रेडेड फल–अर्थात उच्च कीमत।

पंत अर्पणा

यह एक बौनी एवं कम घनी किस्म है, जिनकी शाखायें नीचे की तरफ लटकती रहती है। पत्तियाँ बड़ी, गहरे रंग की एवं नाशपाती की तरह होती है। पेड़ पर काँटे भी कम पाये जाते है तथा फलन जल्दी एवं उपज अच्छी होजी है। फल गोलाकार, 0.6 से 0.8 कि.गा.

भार के एवं पतले छिलके वाले होतें है। पकने पंर फलों का रंग हल्का पीला होता है। इसमें बीज लसलसा पदार्थ, खटास या रेशा कम पाया जाता है। लसलसा पदार्थ व बीज अलग थैलियों में बन्द होता है, जिसे आसानी से अलग किया जा सकता है। फलों का गुदा मध्यम मीठा (30.8 डिग्री ब्रिक्स), स्वादिष्ट एवं सुवासयुक्त होता है।

पंत उर्वसी

इस किस्म के पेड़ घने वृद्धियुक्त एवं लम्बे होते है। यह एक मध्यम समय में पकने वाली किस्म है। फलों का आकार अण्डाकार लम्बा तथा प्रति फल भार 1.6 कि.ग्रा तक होता है। छिलका मध्यम पतला,गूदा मीठाा (32 डिग्री ब्रिक्स), स्वादिष्ट एवं सुवासयुक्त होता है। फलो में गूदे की मात्रा 68.5 प्रतिशत एवं रेशे की मात्रा कम पायी जाती है। पेड़ो की औसत उपज 27–30 कि.गा. तक होती है।

पतं सुजाता

इस किस्म के पेड़ मघ्यम आकार के वद्धियुक्त घने एवं फैलने वाले होतें है। यह एक मध्यम समय में पकने वाली किस्म है। फल गोल तथा दोनों सिरे चिपटे होतें है। फलों का औसत भार 1.14 कि.ग्रा., छिलका पतला एंव हल्के पीले रंग वाला, गूदे की मिठास 27 डिग्री ब्रिक्स तथा रेशा कम होता है। फलों में गूदे की मात्रा 77.8 प्रतिशत तक पायी जाती है। पेड़ो की औसत उपज 45–50 कि.ग्रा. प्रति वृक्ष पायी जाती है।

हाल ही में केन्द्रीय उपोष्ण उद्यान संस्थान, लखनऊ ने बेल के विभिन्न जननद्रव्यों के प्रारम्भिक परीक्षण के फलस्वरुप सी.आई.एस.एच.बी 1 एवं सी. आई. एस.एच बी 2 किस्मों का चयन किया है।

सी.आई.एस.एच बी–1

इस किस्म के पौधें मघ्यम उॅचाई वाले एवं कम फैलाव लिए होते है। फल आकार में अण्डाकार गोल, उँचाई 15–17 सें. मी. एवं व्यास 39–41 से. मी. तथा अधिक मिठास युक्त होते है। फलों का औसत वजन 0.8–1.2 कि. ग्राम तक पाया जाता है। फलों का छिलका पतला (0.10–0.12 से.मी.) एवं 125 ग्राम प्रति फल तक होता है। फलों में रेशे एवं बीज की मात्रा कम पायी जाती है। एवं औसत उपज 50–60 कि.ग्रा. प्रति वृक्ष तक प्राप्त की जा सकती है।

ऊसर में पनपना बेल

आमदनी के साथ ऊसर भूमि सुधार—आँवले से

सी.आई.एस.एच.बी–2

इस किस्म के पौधे कम उँचाई वाले तथा अधिक फैलाव लिए हुए होतें है। फल आकार में बड़े उँचाई 14.8–18 सें.मी., लम्बे गोल होतें है। फलों का वजन 1.8–2.7 कि.गा. तक पाया जाता है।फल अधिक मिठासयुक्त एवं पतले छिलके वाले होतें है। फलों में रेशे और बीज की मात्रा काफी कम होती है। इस किस्म के पौधें की उपज 40–50 कि.ग्रा.प्रति वृक्ष तक पायी जाती है।

प्रवर्धन

बेल के पौधे मुख्य रुप से बीज द्वारा तैयार किये जातें है। बीजो की बुआई फलों से निकालने से तुरत बाद 15–20 से.मी. की उँचाई वाले 1 x 10 मी. की बनी बेड में 1–2 से. मी. की गहराई पर कर देनी चाहिए। बोआई का उत्तम समय मई–जून का महीना होता है। व्यावसायिक स्तर पर बेल की खेती पौधें को चस्मा विधि से तैयार करना चाहि। चस्मा की विभिन्न विधियों में पैबन्दी चस्मा विध जून–जूलाई माह में चढ़ाने से 80–90 प्रतिशत तक सफलता प्राप्त की जा सकती है और साकुंर डाली की वुद्धि भी अच्छी होती है। कलिका को एक दो वर्ष पुराने बेल के बीजू पौधे पर ध्रुवता को ध्यान में रखते हुए चढ़ाना चाहिए। जब कलिका ठीक प्रकार से फुटाव ले ले तो मूलवृन्त को कलिका के उपर से काट देना चाहिए।

शिख्रर रोपण विधि

पुराने बीजू पौधें को कलमी पौधो में बदलने के लिए चोटी कलम बाँधना चाहियें। इसके लिए पेड़ की मोटी शाखाओं को जमीन से उचित उँचित (2.5–3.0मी.) पर मार्च में शिखर से काट कर उस हिस्से को गीली मिट्टी और टाट से ढ़क देंतें है। जब इन कटे हुए भागों से नई शाखाएँ निकल कर कलम बाँधने योग्य हो जाएँ तो उन पर जून–जुलाई में कलिकायन कर दिया जाता है। जब कलिकाएँ अच्छी तरह से फुटाव ले लेती है तो पुरानी शाखाओं को उपर से काट दिया जाता है।

खाद एवं उर्वरक का प्रयोग

पौधों की अच्छी बढ़वार, अधिक फलन एवं पेड़ो को स्वस्थ रखने के लिए प्रत्येक पौधो में 10 कि.ग्रा. सड़ी गोबर की खाद 50 ग्राम नेत्रजन 25 ग्राम फास्फोरस 50 ग्राम पोटाश की मात्रा प्रति वर्ष प्रति वृक्ष डालनी चाहिए। खाद एवं उर्वरक की यह मात्रा 10 वर्ष तक गुनित अनुपात में बढ़ाते रहना चाहिए। इस प्रकार 10 वर्ष या इससे अधिक आयु वाले

वृक्ष को 500 ग्राम नेत्रजन, 250 ग्राम फॉस्फोरस और 500 ग्राम पोटाश के अतिरिक्त 30–40 कि.ग्रा. सड़ी गोबर की खाद डालना उत्तम होता है। ऊसर भूमि में लगाये गये पौधों में प्रायः जस्ते की कमी के लक्षण दिखाई पडते है। अतः ऐसे फलन वाले पेड़ों में 250 ग्राम जिंक सल्फेट प्रति पौधे के हिसाब से उर्वरकों के साथ डालना चाहिए या 0.5 प्रतिशत जिंक सल्फेट का पर्णीय छिड़काव जूलाई, अक्टूबर व दिसम्बर माह में करना चाहिए। खाद एवं उर्वरकों की पूरी मात्रा जून–जुलाई के माह में डालनी चाहिए।

ऊसर भूमि में उत्पादित फल के साथ बागवान

सिचांई

नये पौधों को स्थापित करने के लिए दो वर्ष सिंचाई की अत्यधिक आवश्यकता पड़ती है। स्थापित पौधें बिना सिचाई के भी अच्छी तरह से रह सकते है। गर्मियों में बेल का पौधा अपनी पत्तियाँ गिराकर सुसुप्ता अवस्था में चला जाता है और इस तरह यह सुखे को

सहन कर लेता है। सिंचाई की सुविधा होने पर मई–जून के महीनों में नई पत्तियाँ आने के बाद दो सिंचाई 20–30 दिनों के अन्तराल पर कर देनी चाहिए।

पौधें की सधाई, छटाई एवं अंतःफसलें

पौधों की सधाई सुधरी प्ररोह विधि से करना उत्तम पाया जाता है। सधाई का कार्य शुरु के 4–5 वर्षो में करना चाहिए। मुख्य तने को 75 सें.मी. तक अकेला रखना चाहिए। इसके बाद 4–6 मुख्य शाखायें चारो दिशाओं में बढने देनी चाहिए। बेल के पेड़ो में विशेष सधाई की आवश्यकता नहीं पड़ती है परन्तु सूखी, कीड़ो एवं बिमारियों से ग्रसित टहनियों को समय–समय पर निकालते रहना चाहिए। शुरु के वर्षो में नये पौधें के बीच खाली जगह का प्रयोग अंतः फसल लगाकर करना चाहिए। इसके लिए दलहनी फसलें जैसे मटर, ग्वार, लोबिया, मूँग, उड़द एव सब्जियों की फसलें जैसे बैगन, टमाटर, पालक, धनिया, मिर्च लहसुन, इत्यादि को उगाया जा सकता है। अन्तः फसल लेते समय इस बात का घ्यान रखना चाहिए कि ऐसी फसल नहीं लेनी चाहिए जिन्हें पानी की अधिक आवश्यकता हो और वह मुख्य फसल को प्रभावित करें। इसके अलावा ऊसर भूमि में लगाये गये बागों में सनई, ढैंचा की फसलें लगाकर उन्हें वर्षा ऋतु में पलट देने से भूमि की दशा में सुधार किया जा सकता है।

फलों की तुड़ाई एवं उपज

फल अपैल मई में तोड़ने योग्य हो जातें है। जब फलों का रंग गहरे हरे रंग से बदलकर पीला हरा होने लगे तो फलों की तुड़ाई 2 से.मी. डंढ़ल के साथ करनी चाहिए। तोड़ते समय इस बाल का ध्यान रखना चाहिए कि फल जमीन पर न गिरने पाये। इससे फलों की त्वचा चिटक जाती है, जिससे भंडारण के समय चिटके हुए भाग से सड़न आंरभ हो जाती है।

कलमी पौधों में 3–4 वर्षो में फलन प्रांरभ हो जाती है, जबकि बीजू पेड़ 7–8 वर्षो में फल देने लगतें है। प्रति पेड़ फलों की संख्या वृक्ष के आकार के साथ बढ़ती रहती है। 10–15 वर्ष के पूर्ण विकसित वृक्ष से 200–300 फल प्राप्त किए जा सकते है।

उपयोग

बेल के उपयोग को निम्न प्रकार से बढ़ावा देना चाहिए।

- कच्चे बेल को मुरब्बा एवं कैंडी बनाकर प्रयोग करना चाहिए।
- कच्चे बेल को भुनकर खाने से पेचिश, भूख को बढ़ावा एवं अन्य पेट के विकारों से छुटकारा पाया जा सकता है।

- पके बेल के गुदें को सूखाकर पाउडर के रुप में दूध के साथ लेने से पुरानी जीर्ण संग्रहनी एवं अन्य पेट के विकारों में लाभ पाया जा सकता है।
- पके फलों के गुद्दे से पल्प, स्कवैश, टॉफी, जैम एवं पाउडर बनाकर प्रयोग किया जा सकता है।
- मौसम में नियमित बेल के गुद्दे का सीधा सेवन या शर्बत बनाकर सेवन अत्यन्त लाभकारी है। पूरे मौसम सेवन करने के पेट के रोगों से छुटकारा पाया जा सकता है।

—•—

32

मखाना

भौगोलिक विस्तार के कारण भारत के विभिन्न क्षेत्रों की जलवायु एवं मिटिट्यों में बहुत विभिन्नता पायी जाती है। फलस्वरुप इन क्षेत्रो/राज्यों की कृषि फसलों में भी भिन्नता है। प्रायः प्रत्येक राज्य में कोई न कोई विशेष कोटि की ऐसी फसल उगायी जाती है जिससे उस राज्य की पहचान ही उक्त फसल से होने लगती है। उदाहरणस्वरुप जब कोई कश्मीर या हिमाचल प्रदेश का नाम लेता है तो अनायास ''सेव'' मानसपटल पर उभर जाता है इसी तरह मध्य प्रदेश और पूर्वात्तर राज्यों की पहचान सन्तरे से आन्ध्र प्रदेश तथा महाराष्ट्र की अँगूर से तथा केरल की पहचान काजू, काली मिर्च तथा अन्य मसालों से जुड़ी हुई है। बिहार के उत्तरी भाग, उत्तर बिहार की पहचान में लीची की महत्वपूर्ण भूमिका है। उत्तर बिहार, विशेषकर मिथलांचल का मखाना विशेष कोटि का महत्वपूर्ण पानी फल है परन्तु, कतिपय कारणों से अभी तक अपनी पहचान के लिए अपेक्षित स्थान नहीं बना सका है जिसकी बागवानी की विशाल सम्भावानाएँ है।

उत्तर बिहार को तीन आंचलिक बोलियों, यथा मैथिली, बज्जिका और भोजपुरी में, मैथिली का केन्द्र स्थान दरभंगा और मधुबनी, बज्जिका का मुजफ्फरपुर एवं वैशाली तथा भोजपुरी का पश्चिमवर्ती भाग है। कतिपय भौगोलिक और जलवायु के कारणों से, बज्जिका क्षेत्र में लीची तथा मैथिली क्षेत्र में मखाना ने अपना विशेष स्थान बना लिया है। यह वही क्षेत्र है जहाँ की सांस्कृतिक प्रभुता इतिहास के आरम्भिक काल से ही सर्वमान्य रही है।

बज्जिका क्षेत्र में लीची यहाँ के आर्थिक जीवन का महत्वपूर्ण उपादान तथा ग्रामीण अर्थव्यवस्था के विकास का श्रोत है। एक तरह से लीची यहाँ की सभ्यता से जुड़ी है। इसके विपरीत मखाना मिथिलांचल के लोगों के एक निर्धन वर्ग को छोड़कर आर्थिक विकास का महत्वपूर्ण उपादान न होते हुए भी, यहाँ की सास्कृतिक धरोहर है तथा संस्कृति से जुड़ी है।

मिथिलांचल की सांस्कृतिक धरोहर–मखाना

मिथिलांचल की पहचान में मखाना का महत्वपूर्ण योगदान है। यहाँ का कोई भी सामाजिक आदान–प्रदान, धार्मिक अनुष्ठान तथा व्रत–त्योहार ऐसा नहीं है, जो मखाना के बिना सम्पन्न होता हों। मिथिला संस्कृति आत्मतुष्टि की प्रेरक है। भौतिक सुख के लिए अनावश्यक भागदौड़ यहाँ की सोंच में नहीं है। आध्यात्मिक उपलब्धियों के प्रति चिन्तन यहाँ भौतिकता पर सर्वदा हावी रहा है। कमल की भाँति मखाना का निर्मल धवल परिवेश, पवित्रता, सादगी और शाँति का द्योतक है। और इसके अनुरुप ही इसकी उत्पादन प्रकिया भी है। इसके उत्पादन क्रियाओ में भी आपाधापी का नहीं शालीनता और स्थिरता की अपेक्षा की जाती है। एक–एक दाने को भुनकर उससे लावा निकालने की क्रिया जल्दबाजी में हो ही नहीं सकती है। जापानी चाय पान की भाँति इसके उपयोग में भी शान्ति और धैर्य चाहिए।

लाभकारी मखाने की जलीय खेती

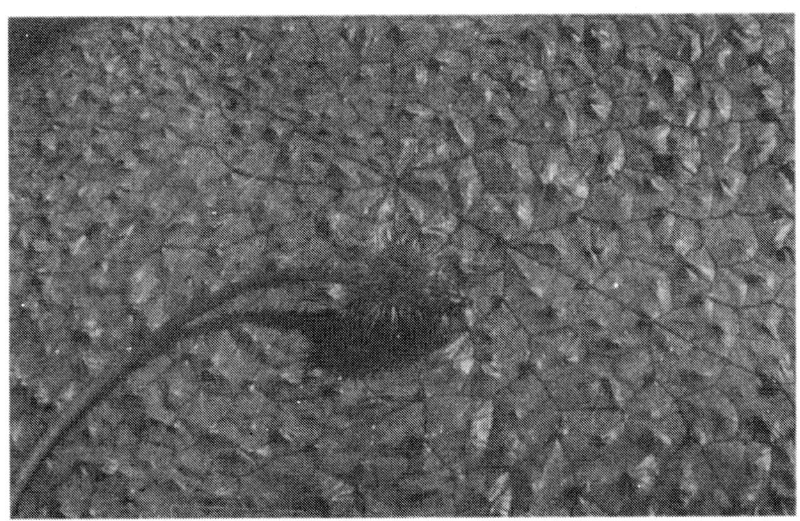

मखाना उत्पादन क्षेत्र

बिहार के अतिरिक्त मखाना देश के पूर्वोत्तर राज्यों यथा पश्चिम बंगाल, असम तथा नेपाल की तराई और उत्तर प्रदेश के पूर्वी भाग में होता है किन्तु उत्पादन का लगभग 90 प्रतिशत भाग बिहार में पैदा किया जाता है। बिहार के कुल उत्पादन का 74 प्रतिशत से अधिक उत्तर बिहार के दरभंगा, मधुबनी, पूर्णियाँ, कटिहार तथा सहरसा जिले में सीमित है। इस क्षेत्र में जलाशयों की प्रचुरता तथा जल और मिट्टी की उपयुक्तता ही इसका मुख्य कारण है। यद्यपि मखाना खेती की दृष्टि से वहाँ के तालाबों की मिट्टी तथा जल के बीच जाँच नहीं की गई है किन्तु इसमें कुछ विशेष गुण अवश्य है जिनसे यहाँ मखानें की उत्पादकता एवं गुणवत्ता अन्य जगहों से अधिक अच्छी है।

वानस्पतिक विवरण

कमल कुल का यह पौधा बड़ी पत्तियों वाला किन्तु काँटों से भरा होता है। इस कारण जिस तालाब में मखाना होता है, उसमें प्रायः सफल मत्सय पालन संभव नहीं है। मखाना का वानस्पतिक नाम युरेल फिरोक्स है। मखाना की फसल सिंतबर में तैयार होती है। बीज बोने का समय नवम्बर–दिसम्बर है। बीज अंकुरण के पश्चात् प्रत्येक पौधें से 15–20 शाखाएँ निकलती है जिनमें 12–15 शाखाओं पर फूल तथा फल लगते हैं। फूल पानी की सतह पर लगते हैं किन्तु फलन के पश्चात् भार के कारण पानी के नीचे चले जाते है। ज्यों–ज्यों फल परिपक्व होते हैं, डंठल तथा पत्ते सड़ने लगते हैं। वानस्पतिक दृष्टि से फल पुटका है। एक पौधे में 10–14 पुटके तथा प्रत्येक पुटके में 100–200 बीज, जिन्हें स्थानीय भाषा में 'गरी' कहते हैं, पाया जाता है।

पौष्टिकता एवं उपयोग

मखाना एक पौष्टिक तथा सुपाच्य सूखा फल है। इसके लावे में 9.7 प्रतिशत प्रोटिन, 76.9 प्रतिशत कार्बोहाइड्रेट, 0.1 प्रतिशत वसा, 1.3 प्रतिशत लवण, तथा 11.29 प्रतिशत नमी पायी जाती है। इसमें लोहे की मात्रा 1.40 प्रतिशत है। चूंकि रक्त के हीमोग्लोबिन का मुख्य अंश लोहा है, इसलिए मखाना का नियमित सेवन रक्त की कमी को दूर करता है।

मखाने का अधिकाधिक उपयोग दो तरह से होता है। सबसे अधिक उपयोग इसे तेल या घी में तलकर, चाय आदि पेय पदार्थो के साथ, बिस्कुट/नमकीन आदि के स्थान पर किया जाता है। इसकी दूसरा महत्वपूर्ण उपयोग खीर के रुप में होता है। मखाने की खीर अपने स्वाद और गुणवत्ता के लिए प्रसिद्ध है। इसके अतिरिक्त इससे सब्जी तथा इसके आटे का हलवा, पूरी तथा मिठाई भी बनाई जाती है, जिसका उपयोग प्रायः फलहार के रुप में होता है। अपनी पौष्टिकता, गुणवत्ता, स्वाद एवं सुपचता और अल्पाहार में उपयुक्तता के कारण विदेशों में इसे लोकप्रिय बनाकर विदेशी मुद्रा अर्जित की जा सकती है।

मखाना के लिए जलवायु

मखाना की सफल खेती पर जलवायु के अवयवों का गहर एवं व्यापक प्रभाव पड़ता है। यही वजह है कि मखाना उत्पादन के क्षेत्र कुछ विशेष स्थानों में ही सीमित है। जलवायु के जिन अवयवों का प्रभाव मखाना की खेती पर पड़ता है, उनमें तापक्रम,न्यूनतम एवं अधिकतम, वायुमण्डलीय आर्द्रता वार्षिक वर्षा, सुर्य के प्रकाश की अवधि आदि प्रमुख हैं। मखाना एक शीतोष्ण कटिबन्धीय पौधा है जो शीतऋतु में अधिक ठंढ़क तथा गर्मियों में एक सीमा से अधिक तापक्रम नहीं सहन कर सकता है। शीतऋतु में पाला पड़ने की स्थिति में बोये गयें बीजों का अंकुरण अच्छी तरह से नहीं होता है। इसके अतिरिक्त तालाब की खाली जगहों को भरने के लिए जब पौधों की रोपाई की जाती है तो नये रोपे गये पौधें भी अधिक ठण्ढ़े जल की परिस्थितियों को बर्दास्त नहीं कर पाते है। इसी तरह न्यूनतम तापक्रम के अतिरिक्त गर्मियों में अधिक तापक्रम हो जाने पर कम गहरे जलाशयों में पानी के सूख जाने का भय बना रहता है। ऐसी स्थिति में तालाब के सूख जाने पर मखाना की खेती लगभग असम्भव हो जाती है। न्यूनतम तापक्रम की तरह ही वायुमण्डलीय आर्द्रता का भी सीधा प्रभाव पौधों पर पड़ता है। गर्मियों तथा जाड़े में बहुत कम वायुमण्डलीय आर्द्रता का भी सीधा प्रभाव पौधों पर पड़ता है। गर्मियों तथा जाड़े में बहुत कम वायुमंडलीय आर्द्रता हो जाने पर पौधों की बढ़वार, फूलने–फलने तथा बीज जिसे स्थानीय भाषा में 'गरी' कहते हैं, पर प्रतिकूल प्रभाव पड़ता है। गरी का आकार छोटा होता है तथा उपज में कमी आ जाती हैं। मखाना उत्पादन में संतुलित वर्षा, मखाना उत्पादन की सफलता की कुंजी है। वार्षिक

वर्षा 250–300 सेंमी0 से कम होने वाले स्थानों में मखाना की खेती संभव नहीं है। चूँकि मखाना एक जलीय पौधा है, इसलिए वर्ष भर मखाना की खेती के तालाबों में पानी रहना चाहिए। गर्मियों में जलशयों में पानी की न्यूनतम गहराई 60–75 सेंटीमीटर तथा अक्टूबर–नवम्बर में 1.5–2 मीटर अवश्य रहनी चाहिए। इस कारण मखाना की सफल खेती के लिए वार्षिक औसत वर्षा 250–300 सें.मी.से कम नहीं होनी चाहिए। साथ ही साथ कुल वर्षा का वर्ष भर मे संतुलित विभाजन भी आवश्यक है। लगातार कई महीनों तक वर्षा का आभाव तथा साथ ही साथ समय में आवश्यकता से अधिक वर्षा का होना मखाना की खेती पर प्रतिकूल प्रभाव डालता है। इन दो स्थितियों में तालाब या तो सूख जाते हैं या अधिक वर्षा के कारण मखाना के पौधें डूब जातें हैं, जिस कारण पौधों का समुचित फूलना–फलना नहीं हो पाता है। तापक्रम पर वर्षा की तरह ही वायुमण्डल की नमी (आर्द्रता) का प्रभाव पौधों पर पड़ता है। जाड़े और गर्मियों में वातावरण की आर्द्रता में अधिक कमी होने से पौधों का विकास तथा फूलने–फलने में बाधाएँ पड़ती हैं। सूर्य प्रकाश की उपलब्धता, जो जलवायु का हीं एक अंग है,पौधों में फोटोसिंथेसिस को प्रभावित करता है। शीतोष्णकटिबंधीय पौधा होने के कारण मखाना के पौधों को फूलने तथा फलने के लिए औसत अवधि के सूर्य प्रकाश की आवश्यकता पड़ती है। ऐसा समझा जाता है 11–13 घंटे प्रतिदिन सूर्य प्रकाश से अधिक अंतर होने पर मखाना के विकास और फलने–फूलने पर प्रतिकूल प्रभाव पड़ेगा। मखाना की खेती जिन स्थानों में विशेष कर अधिक होती है उनके जलवायु की परिस्थितियाँ उपर्युक्त तथ्यों को सत्याापित करती हैं। भारत के कुल उत्पादन का लगभग 90 प्रतिशत मखाना उत्पादन बिहार में होता है। बिहार के कुल उत्पादन का 75 प्रतिशत से अधिक अंश दरभंगा,मधुबनी,कटिहार,सहरसा तथा पूर्णिया में सीमित है। इसके अतिरिक्त कुछ मखाना चम्पारण और समस्तीपुर जिले में भी पैदा किया जाता है। मखाना की सफल खेती के लिए प्रायः वर्ष के प्रत्येक माह में कुछ न कुछ वर्षा होनी चाहिए जिससे वातावरण में आर्द्रता निश्चित सीमा से नीचे नहीं आने पायें।

मिट्टी तथा जल

मखाना की खेती की सफलता पोखरे तथा तालाब की मिट्टी एंव जलवायु की गुणवत्ता पर बहुत कुछ निर्भर करती है। ऐसा पाया गया है कि जिन तालाबों में मखाना की उपज अधिक होती है, उसकी मिट्टी भारी मटियार चिकनी होती है। ऐसी मिट्टियों में जीवांश की मात्रा अधिक होती है तथा ऐसी मिट्टियों में जलधारण की क्षमता अधिक रहती है। यही कारण है कि बलुआही कंकड़ीली तथा पथरीली मिट्टी वाले तालाबों मे मखाना का सफल उत्पादन नहीं होता है। सफल उत्पादन के लिए मिट्टी वाले तालाबों में मखाना का सफल उत्पादन होता है। सफल उत्पादन के लिए मिट्टी का पी.एच.मान 5.0–5.6 तक

उपयुक्त होता है। ऐसी मिट्टियों की भौतिक तथा रासायनिक संरचना भी अधिक सुधरी होती है जो पौधों की बढ़वार के लिए उपयुक्त होती है। इन मिट्टियों में नेत्रजन, स्फुर तथा पोटाश के साथ–साथ अन्य सुक्ष्म तत्वों, जैसे जस्ता, बोरन तथा मोलिब्डेनम की भी अधिकता होती है। मखाना के पौधे चूँकि तालाबों मे ही सड़–गल जातें है, इसलिए इन तालाबों की मिट्टी मे ह्यूमस की मात्रा अधिक रहती है। अधिक क्षारीय मिट्टी में पौधे की बढ़वार कम होती है तथा पौधे मर जातें है, इसलिए नये तालाबों में जिनकी मिट्टी अधिक क्षारीय हो, प्रारम्भिक कुछ वर्षो तक मखाना की खेती नही करनी चाहिए।

जहाँ तक जल का प्रश्न है, मखाना की खेती उन तालाबों में ही सफल हो सकती है। जहाँ वर्ष भर कुछ पानी लगा रहता हो। बहते हुए पानी में इस फसल की खेती संभव नहीं है। सफल उत्पादन के लिए तालाब का पानी क्षारीय नहीं होना चाहिए।

बीज बोने का समय

मखाना के बीज की बुआई का समय नवम्बर से दिसम्बर है। मखाना का बीज, कच्चा मखाना जो काले रंग का गोलाकार होता है तथा इसे 'गरी' कहते हैं, बोने के उपयोग में लाया जाता है। यद्यपि मखाना की बोआई नवम्बर–दिसम्बर में ही करनी चाहिए किन्तु इसे जनवरी तक भी बोया जा सकता है। जनवरी में बोये गये मखाने का उत्पादन पहले वर्ष कम होता है।

पानी के सतह का नियंत्रण

सभी तालाबों एवं जलाशयों में मखाने की खेती नहीं की जा सकती है। वर्षा के दिनों में इनमें अधिक पानी जम जाता है जिससे तालाबों के एक किनारें को काटकर अनावश्यक जल को बाहर निकालना आवश्यक हैं गर्मी के दिनों में तालाब के पानी की सतह काफी कम हो जाती है जिससे किनारे के पौधे सूखने लगते हैं। ऐसी हालत में टयूबवेल से तालाबों में पानी आवश्यकतानुसार भरना आवश्यक हो जाता है, जैसा पहले देखा जा चुका है। मखाना उत्पादन के लिए तालाब में पानी की गहराई सितम्बर–अक्टूबर में कम से कम 1.5–2 मीटर एवं गर्मियों मे 60–75 सें.मी. अवश्य रहनी चाहिए।

तालाब की तैयारी

तालाब की तैयारी में मुख्य कार्य सफाई है। तालाब में खरपतवार, विशेषकर जलकुम्भी नहीं रहना चाहिए। खरपतवार के कारण मखाना के पौधों की समुचित बढ़वार और फैलाव

नहीं हो पाता है। इसके अतिरिक्त नये तालाबों और गर्मी में तालाब सूख जाये तो मिट्टी की सतह से शीशे तथा अन्य तरह के नुकीले और धारदार टुकड़ो को निकाल देना चाहिए, नहीं तो तालाब की सतह से गरी निकालते समय पैर कट जाने का डर रहता है।

मखाना के प्रभेद तथा बीज

यद्यपि मखाने की कोई अनुशंसित किस्म नही निकाली गई हैं तथापि विभिन्न क्षेत्रो में उगाये जाने वाले मखाना की गुणवत्ता में विविधता पाई जाती है। पतले छिलके वाले, गोल और बड़े आकार के बीज की उत्पादकता अधिक देखी गई हैं। उन बीजों को जिनसे लावा सफेद रंग का, चिकना तथा बड़े आकार का निकलता है, अधिक पसन्द किया जाता है। बिहार में मखाना के दो प्रकार प्रचलित है। प्रथम 'असमी' जिसके बीच के छिलके कड़े तथा लावॉ कुछ पीलापन लिए हुए सफेद होते हैं, कम पसन्द किये जाते हैं, क्योकि बाजार में इसका भाव कम होता है। दूसरा स्थानीय तथा देशी मखाना है। इसके बीज पतले छिलके वाले होते हैं तथा इन बीजों से लावा बड़े तथा सफेद रंग के प्राप्त होते हैं। यह अधिक प्रचलित है। दरंभगा, मधुबनी तथा नेपाल की तराई का मखाना सर्वोत्तम कोटि का माना जाता है क्योकि इसमें उत्तम कोटि के मखाने के उपयुक्त गुण पाये जाते हैं। इसमें किर्री या ठुरी की मात्रा कम होती है।

बीज की बोआई

नये तालाब में बोने के लिए 100–125 किलोग्राम/हेक्टर की दर से बीज की आवश्यकता होती है। मखाना का एक पौधा लगभग एक मीटर जगह छेकता है। पौधों की दूरी और बीज दर निर्धारित करने में पौधों के फैलाव का बहुत प्रभाव पड़ता है। पुराने तालाबों में तीन–चार सालों के बाद बीज बोने की आवश्यकता होती है। ऐसे तालाबों में सामान्यतः 30–40 किलोग्राम बीज/हेक्टर लगता है। क्योंकि प्रतिवर्ष मिट्टी की सतह से गरी निकालने की क्रिया में कुछ बीज छुट जातें हैं। सफल मखाना उत्पादन के लिए उचित तापक्रम, वर्षा तथा आर्द्रता आवश्यक है। जिन स्थानों पर सबसे अधिक मखाना उत्पादन होता है, प्रायः सभी महीनों मे कुछ वर्षा अवश्य ही होती है तथा बरसात एवं गर्मी के मौसम में 300 सेंटीमीटर से कम वर्षा नहीं होनी चाहिए। अत्याधिक कम तापक्रम एवं वायुमंडलीय आर्द्रता मखाना उत्पादन में बाधक होता है।

मखाना की उपज

अच्छी तरह से व्यवस्थित तालाब से प्रति हेक्टेयर 20 क्विंटल कच्चा मखाना या गरी का औसत उत्पादन होता है। संसाधन के उपरान्त इससे लगभग 9 क्विंटल लावा निकलता है। इस तरह गरी से लावा का उत्पादन लगभग 40 प्रतिशत होता है।

लावा बनाने को विधि

मखाना एक सूखा फल है जो तालाब से गोटा के रुप में प्राप्त होता है। गोटा से लावा बनाने हेतु विशेष प्रक्रिया की जरुरत होती है,जो पूरी तरह वैज्ञानिक विधि पर आधारित है। आसाम,उत्तर प्रदेश और पश्चिम बंगाल के कुछ जगहों पश यह छोटे पैमाने पर पैदा होता है, इनकी प्रोसेसिंग बिहार के मधुबनी, दरभंगाा और सहरसा जिले में किया जाता है। सर्वप्रथम तालाब से मखाना गोटों को निकालने के पश्चात् गोटों को अच्छी तरह हिलाया जाता है या पावो से दबाया जाता है जिससे कि उसके उपर का छिलका हट जाये। फिर उस गोटे को, पानी से दोबारा धो लिया जाता है। आवश्यकतानुसार उसे दो–तीन बार धोकर साफ कर लिया जाता है। फिर गोटे को एक बर्तन में रखकर उस पर प्रतिदिन पानी की छींटा देते रहते हैं। इस तरह करीब एक सप्ताह तक इस कार्य की पुनरावृति की जाती है। गोटों को हवा में कुछ दिन फैलाकर प्रातः 9–11 बजे दिन में सुखाते हैं पुनः गोटों को हवा में सुखाना अच्छी तरह यदि तैयार नहीं होता है तो उसकी गुणवत्ता पर प्रतिकूल प्रभाव पड़ता है। गोटे को कभी भी कड़ी धूप में नही सुखाना चाहिए। इसके लिए सबसे अच्छा होता है कि दो दिनों में रोज सुबह एक–एक घंटा सुखाकर प्रोसेसिंग करें। सुखाने के बाद गोटे को विभिन्न आकार के छिद्र के चलनी से चालकर मखाने गोट को 5 से 7 श्रेणी में, आकार के अनुसार बाँट देते हैं। चलनी का आकार करीब 40 से 50 सें.मी. लम्बा तथा 30 से.मी. चौड़ा तथा 10 सें.मी. ऊँचा होता है जिनमें विभिन्न आकार के अलग–अलग छिद्र बने रहते हैं जो 0.5 से.मी. से 1.25 सें.मी. गोल होते है। इस तरह के गोटों को वर्गीकरण करने के पश्चात् विभिन्न श्रेणी के गोटों को अलग–अलग मिट्टी के पात्रों में गरम करते है। गर्म करने के बाद 2–3 दिनों तक रख देते है। इन प्रकियाओं के करने का मुख्य उद्देश्य यह रहता है कि मखाने गोटे का उपरी छिलका मुलायम होकर मखाने को छोड़ दे।जब उपरी छिलका मुलायम हो जाये तो इसे मिट्टी के बरतन में ही भूना जाता है, बिना बालू के । जब मखाना गोटा पटपटाने अर्थात चिटकने की आवाज करने लगे तो गोटा को लकड़ी के तख्तों पर रखकर लकड़ी के बने हथोडे या बाँस की चौड़ी फट्टी से पीटते है। ऐसा करने से उस गोटे का ऊपर वाला छिलका फट जाता है तथा उसके अंदर से सफेद फुला हुआ मखाना बाहर आ जाता है।

यह प्रकिया काफी समय लेती है तथा इसमें काफी श्रमिकों की आवश्यकता पड़ती है क्योकि मखाने के एक–एक दाने को एक बार की चोट दिया जाता है, ताकि गर्म अवस्था में ही गोटे फूटते हुए मखाने के रुप में फूलकर तैयार हो जायें। प्रायः ऐसा भी होता है कि कुछ तैयार मखाने पर बीज के छिलके या अन्दर का लाल छिलका लगा रहता है जिसे टोकड़ी या गांजे में लेकर कुछ देर रगड़ा जाता है जिससे की लाल छिलके अलग हो जाये

तथा मखाने पर चमक आ जाये। फिर उन्हें फटककर साफ कर लेतें हैं। इन सारी प्रक्रियाओं को करने में काफी दक्षता या अनुभव की आवश्यकता पड़ती है। अब तैयार मखाने को दो श्रेणियों में बाँट देते हैं। फूले हुए मखाने को अलग कर देते हैं जिसे लावा कहते हैं। अनफूले या कम फूले मखाने को 'ठूरी' कहते हैं। इस प्रकार कच्चा पूर्ण गोटा से 40 प्रतिशत तैयार मखाना प्राप्त होता है। एक सौ किलो गोटा से मखाना तैयार करने में 20 मजदूरों की आवश्यकता पड़ती है।

मखाना की खेती का आर्थिक विश्लेषण

मखाना की खेती मल्लाह (मछुआरें) जाति के लोगों का मुख्य पेशा है। इसकी खेती बिहार में मुख्य रुप से दरभंगा, मधुबनी, समस्तीपुर, पूर्णिया, कटिहार आदि जिलों में बड़े पैमाने पर की जाती है। देश के कुल उत्पादन का 90 प्रतिशत से अधिक खेती बिहार में की जाती है। बिहार के अलावा आसाम, पश्चिम बंगाल, मध्य प्रदेश एवं उत्तर प्रदेश (पूर्वी भाग) में भी इसकी खेती की जाती है। विदेशों में अमेरिका, कनाडा, इटली, फ्रांस तथा अरब देशों में इसकी अच्छी माँग है। इस तरह मखाना से विदेशी मुद्रा भी अर्जित होती है। यह अनुमान लगाया गया है कि करीब 1900 किंवटल मखाना जिसका अनुमानित मूल्य 9.5 करोड़ रुपये है, 1991 में भारत के दूसरे प्रान्तों एवं विदेशों में विक्रय किया गया था। मखाना की खेती कल्याणकारी ग्रामीण उद्योग है जो मल्लाहों एवं अन्य ग्रामीण तथा शहरी लोगों को रोजगार प्रदान करता है। अन्य कृषि उत्पादन की तुलना में मखाना सर्वाधिक उपयोगी है। उत्पादित मखाना का लगभग 90 प्रतिशत विपणन योग्य होता है। कुछ मखाना उत्पादकों को मखाना सह मछली की खेती से उत्साहजनक परिणाम मिले हैं।

मखाना की खेती में जो कार्य सम्पादित किये जाते हैं, उनमें प्रांरभिक तालाब की सफाई, बीज की बुआई, तालाब के खाली जगहों पर पौधों का प्रतिरोपण, निकौनी, कीट–व्याधि नियंत्रण, सिंचाई, तालाब से गुरियों को निकालना एवं गुरिया से लावा तैयार करना आदि प्रमुख कार्य हैं।

मखाना की खेती बहुत ही श्रम साध्य है। यह पाया गया है कि प्रति हेक्टर मखाना की खेती करने में औसतन 369 मानव श्रम की जरुरत पड़ती है। प्रति हेक्टेयर कुल मानव श्रम का करीब 43 प्रतिशत यानि लगभग 159 मानवश्रम केवल लावा तैयार करने में एवं करीब 40 प्रतिशत यानि 149 मानवश्रम तालाब से गुरिया निकालने में लग जाते हैं। इस प्रकार यह पाया गया है कि कुल मानव श्रम का करीब 93 प्रतिशत केवल गुरिया निकालने एवं लावा तैयार करने में लग जाता है। मखाना की खेती के अन्य कार्यो जैसे तालाब की

सफाई के करीब 3 मानवश्रम, बिचड़ा प्रतिरोपन यानि खाली जगहों को भरने के करीब 23 मानवश्रम, निकौनी में करीब 29 मानवश्रम, कीट व्याधि नियंत्रण में करीब 3 मानव श्रम एवं सिंचाई में करीब 5 मानवश्रम, की आवश्यकता पड़ती है। गुरिया निकालने एवं लावा तैयार करने में प्रति मानवश्रम की मजदूरी 25 रुपये एवं अन्य कार्यो के लिए मजदूरी 20 रुपये दिया जाता है।

प्रति हेक्टर मखाना की खेती में जो खर्च होता है, उसे सुविधा के लिए दो भागों में बाँटा जाता है पहला क्रियाशील चल पूंजी एवं दूसरा अचल पूंजी। मखाना की खेती में क्रियाशीन पूंजी पर ब्याज इत्यादि। अचल पूंजी में जिन मदों को सम्मिलित किया जाता है, वे हैं तालाब का सालाना किराया, औजारों का मूल्य ह्रास, अचल पूंजी पर ब्याज आदि।

यह पाया गया है कि मखाना की खेती में कुल लागत खर्च करीब 20050/– रुपये प्रति हेक्टर आता है जिसमें करीब 63 प्रतिशत यानि करीब 7310/– रुपये प्रति हेक्टर अंचल पूंजी के रुप में खर्च होता है। अतः यह कहा जा सकता है कि मखाना की खेती में मुख्य रुप से क्रियाशील पूंजी पर ही ज्यादा खर्च आता है। जबकि अचल पूंजी पर साधारणतया कम खर्च आता है। यह इसलिए कि जिन औजारों द्वारा यह खेती की जाती है, वे ज्यादातर घरेलू होते हैं जिनको बनाने मे बहुत ही कम खर्च पड़ता है। जो कुछ खर्च अचल पूँजी पर लगता है वह भी मुख्य रुप से केवल तालाब का किराया, जो करीब 5150/– रुपयें हेक्टर है, के चलते है।

कुल खर्च में जिन मदों पर खर्च होता है, उसका करीब 44 प्रतिशत यानि लगभग 8910 रुपये प्रति हेक्टर केवल मानव श्रम पर ही खर्च हो जाता है। अन्य मदों पर जो खर्च आता है वह है, तालाब का किराया जो कुल खर्च का करीब 24 प्रतिशत यानि 5150 रुपये प्रति हेक्टर है। दरंभगा एवं मधुवनी जिलों में जो तालाब है वह सरकारी नियंत्रण में है जिनकी बंदोबस्ती सरकारी राजस्व विभाग द्वारा मखाना बंदोबस्ती डाक बोल के द्वारा किया जाता है। तालाबों की संख्या उत्पादको की मांग की तुलना में कम होने के कारण डाक का बोल बढ़ जाता है।

तालाब का किराया के बाद पूंजी पर लगा ब्याज भी कुल खर्च में महत्वपूर्ण स्थान रखता है। यह पाया गया है कि कुल लागत पूंजी (क्रियाशील पूंजी और अचल पूंजी) ब्याज कुल खर्च का करीब 19 प्रतिशत यानि 3995 रुपये प्रति हेक्टर लग जाता है जो काफी कहा जा सकता है। इस मद पर काफी खर्च इसलिए आता है कि ब्याज 3–4 प्रतिशत प्रतिमाह की दर से मखाना व्यापरियों द्वारा मखाना उत्पादकों से लिया जाता है। मखाना की खेती के

लिए सरकारी बैंक द्वारा वित्त मुहैया कराने का प्रावधान न होने के कारण मखाना उत्पादक मखाना व्यापारियों या अन्य श्रोंतो से कर्ज लेने को मजबूर हो जाते है, जहाँ बहुत अधिक ब्याज दर देना पड़ता है,जिसकी कीमत गुरिया निकालते समय के भाव से किया जाता है जो कि बहुत कम होता है। इस तरह मखाना उत्पादकों का शोषण महाजनों द्वारा दो तरफा किया जाता है।

मखाना की खेती में अन्य जिन मदों पर जैसे बीज, बिचड़ा,कीटनाशक दवा, खाद एवं उर्वरक, जलावन, सिंचाई, औजारों का मूल्य ह्रास आदि खर्च किया जाता है। वे खर्च कुल लागत खर्च की तुलना में बहुत कम पड़ता है।

अतः यह कहा जा सकता है कि मखाना की खेती में मुख्य खर्च मानव श्रम, तालाब का किराया एवं पूंजी पर ब्याज आदि पर ही पड़ता है।

प्रति हेक्टर औसतन 20 किंवटल गुरियों का उत्पादन होता है जिससे लगभग 40 प्रतिशत यानि 9 क्विंटल लावा का उत्पादन होता है और 34 रुपये प्रति किलो की दर से बेचा जाये तो प्रति हेक्टर कुल आय 28000/– रुपये होगी जिससे प्रति हेक्टर कुल खर्च लगभग 20080/– रुपये निकालने पर प्रति हेक्टर शुद्ध लाभ करीब 7920/– रुपये की प्राप्ति होगी।

मखाना उत्पादक अपने उत्पादन को मध्यस्थ व्यापारियों को बेचने के बदले स्वयं या सहकारी विपणन समिति का संगठन कर उसके द्वारा उपभोक्ता बाजार में बेचेगे तो शुद्ध आय में बहुत हद तक वृद्धि कर सकेंगें। इसमें मुख्य समस्या,बैकों में मखाना की खेती के लिए ऋण योजना का प्रावधान न होना, जिसके चलते मखाना उत्पादक, व्यापरियों से ऋण लेने के लिए बाध्य हो जाते हैं, और इस प्रकार ये व्यापरियों के शोषण का शिकार बन जाते है।

अतः सरकार को चाहिए कि बैंको को निर्देश दें कि मखाना की खेती के लिए ऋण योजना तैयार कर मखाना उत्पादकों को ऋण मुहैया करायें। ऋण योजना में तालाबो को किराया कि लिए समय पर ऋण उपलब्ध कराने पर विशेष जोर देना चाहिए।

मखाने का विविध उपयोग

अपने स्वाद और गुणवत्ता के कारण मखाने का उपयोग विविध प्रकार के स्वादिष्ट और पौष्टिक व्यंजनों के रुप में किया जाता है। इस व्यंजनो को संक्षिप्त चर्चा नीचे की जा रही है:

1. मखाने का नमकीन

मखाना का उपयोगा सूखे रुप में धी में तलकर नास्ते में नमकीन के रुप में करते हैं। इसके लिए सर्वप्रथम गरम कराह में दो चम्मच घी डालते हैं। घी गरम हो जाने पर मखाने 100 ग्राम डालकर भूने। जब मखाने थोड़ा लाल होने लगे तो कड़ाही से निकालकर महीन बुके हुए गोलमिर्च और नमक का भुरकाव कर नास्ते में उपयोग करें। यह काफी स्वादिष्ट, मुलायम और सुपाच्य होता है।

2. मखाने का खुरमा

मखाने के लावा को घी में तल लें, फिर ठंढ़ा कर लें ताकि वे कुड़कुड़ा हो जाये। फिर मखाने की मात्रा के अनुसार चीनी की दो तार की चासनी बनाकर उस पर डाल दें तथा खुरमा की तरह चीनी सूखने दे। इस तरह मखाना मिठाई के रुप में या पूजा पाठ में प्रसाद के रुप मे व्यवहार कर सकते हैं।

3. मखाने की खीर

सर्वप्रथम मखाने को घी में भून लें ताकि मखाना लाल हों जाये। ठण्ढ़ा होकर कड़ा हो जाने पर भूने मखानें को छोटे–छोटे टुकड़ों में तोड़ दें। 100 ग्राम मखाना के लिए ढ़ाई लीटर दूध को गरम करें। दूध जब उबलने लगे तब उसमे मखाना को डाल दें। पकने तक उन्हें चलाते रहे ताकि बरतन के तल में लगे या जले नहीं। अन्त मे 250 से 300 ग्राम तक चीनी डालकर मिला दे। सुगन्ध तथा स्वाद को बढ़ाने के लिए छोटी इलायची का प्रयोग कर सकते हैं। खाने में यह काफी स्वादिष्ट और पौष्टिक होता है।

4. मखाने का रैता

इसके लिए भी मखाने को सर्वप्रथम तेल में तल लेतें हैं। ताकि ठंढा होने पर कुड़कुड़ा हो जाये। उसे फिर छोटे–छोटे टुकड़े में तोड़कर थोड़ी देर दही में फूलने दे। फिर गाढ़े दही को अच्छी तरह तोड़कर उसमें मिला दे तथा चाट मसालें या काला नमक, भूना जीरा, लाल मिर्च का भूना चूर्ण तथा गोलमिर्च चूर्ण के मिश्रण को अपने स्वाद के अनुसार झुरकाव कर व्यवहार करें। इस तरह से बनाये गये मखाने का रैता काफी स्वादिष्ट होता है।

5. मखाने की बर्फी

सर्वप्रथम मखाने को घी में तल या भून लें ताकि वे हल्के लाल हो जायें तथा ठण्ढ़ा होने पर कड़े हो जाये। उक्त मखाने को चूर्ण कर महीन कर ले। फिर प्रति 100 ग्राम मखाने के लिए सवा किलो दूध गाढ़ा करें। जब दूध गाढ़ा हो जाये तो उसमें चूर्ण किये मखाने को डालकर चलाते रहें। जब दोनो मिलकर सूखनें की स्थिति में आ जाये तब 200 से 300 ग्राम पीसी हुई चीनी डालकर अच्छी तरह मिला दें। तथा एक चम्मच घी डालकर चलाते रहें। जब देख लें कि वह जमने की स्थिति में आ गया है तो उसे घी लगे चौरस बरतन में डालकर फैला दें तथा ठढ़ा होने दें तथा उनके उपर मेवा आदि के टुकड़ें (जैसे किसमिस, पिस्ता,काजू, बादाम) डालकर हल्का दबा दें। फिर घी लगे तेज धारदार चाकू से काटकर बर्फी का रुप दें तथा मिठाई के रुप में परोसे।

6. मखाने की सब्जी

मखाने को तेल में भून लें तथा अलग निकाल लें। फिर पीसे हुए मसाले को भून लें। प्रति 100 ग्राम मखाने के लिए 500 ग्राम प्याज 10 ग्राम लहसुन तथा जीरा, गोल मिर्च, धनिया, लाल मिर्च, बड़ी इलायची, छोटी इलायची, दाल चीनी, लंवग इत्यादि के आवश्यक अनुपात में बने चूर्ण को तेल में भून लें। लाल होने पर करी बना लें। जब करी उबलने लगे तो उसमें भूने मखाने डाल दें। पकने पर उतार कर स्वादिष्ट सब्जी के रुप में परोसे। इसे पनीर के साथ बनाकर मखाना करी भी बना सकते हैं। मखाने के लावे के अतिरिक्त जो मखाना ठूरी बच जाती है उसे पीसकर आंटा बना लेते हैं तथा उसका हलुआ या आटे के साथ मिलाकर रोटी बनाकर उपयोग करते हैं।

—•—

33

महुआ

महुआ एक अत्यन्त उपयोगी वृक्ष है जो भारत के कई राज्यों में कम उपजाउ तथा कंकडीली–पथरीली भूमि में तेजी से बढ़ता है। इस वृक्ष की लकड़ी, पत्तियाँ फूल तथा फल के विविध तथा व्यवसायिक उपयोग हैं। ग्रामीण –परिवेश मे आवश्यकता इस बहुपयोगी वृक्ष के बाग लगाने की है जिस पर काष्ट–उद्योंग, साबुन उद्योग, मोमबत्ती उद्योग, देशी शराब का उद्योग तथा मधु–उद्योग लगाकर ग्रामीणों की आर्थिक दशा सुधरेंगी। साथ ही साथ गाँव से शहरो की तरफ भागने वाले अशिक्षित लोगों को उनके गाँवों में ही रोजगार प्राप्त होगा। अतः आप भी अपने प्रक्षेत्र पर महुआ के बाग अवश्य लगावें।

महुआ का वानस्पतिक नाम मधुका–लोंगीफोलीया है जो यूफोरबिएसी पौध परिवार का सदस्य है। यह भारत के अधिकतर हिस्सों में, विशेषकर महाराष्ट्र, गुजरात, मध्यप्रदेश, आन्ध्र प्रदेश, बिहार, उत्तर प्रदेश, कर्नाटक, झारखण्ड, उड़ीसा एवं तमिलनाडु में पाया जाता है। यह उत्तरी भारत के मैदानी हिस्सों तथा दक्षिणी भारत के कुछ भागों में अधिकाधिक लगाया जाता है। यह पेड़ चट्टानी रेतीली, दोमट, चिकनी, तथा चूनेदार मिट्टी में आसानी से उगता है तथा इसकी वृद्धि अच्छी होती है।

जलवायु तथा भूमि

महुआ प्रकाश चाहक वृक्ष है तथा सूखा एवं कोहरा रोधी है। इसकी जड़े मिट्टी में काफी गहराई तक जाती है। परन्तु उथली भूमि में भी इसे सफलतापूर्वक उगाया जा सकता है।

महुआ के लकड़ी की उपयोगिता

महुआ साामान्य आकार से लेकर विशाल आकार वाला एक पर्णपाती वृक्ष है जिसका मुख्य तना अपेक्षाकृत छोटा होता है। समुचित प्रंबध एवं अनुकूल परिस्थिति में महुआ के पेड़ की उँचाई 12–18 मी0 तक होती है तथा तने की गोलाई छाती की उँचाई पर 2 मीटर से भी अधिक होती है। इसकी लकड़ी भारी एवं चिरस्थाई होती है। इससे बीम, खिड़की, दरवाजे के फ्रेम और चौखट भी बनाये जाते हैं। पुल के खम्भें, ठेलगाड़ी, बैलगाड़ी आदि के पहिए, नाव, खेल सामग्री, कृषि यन्त्र तथा अनेक प्रकार के मजबूत वस्तुयें बनाई जाती हैं। जलवान के लिए भी इसकी लकड़ी अच्छी होती है।

ऊसर भूमि के लिए सर्वोतम फल–महुआ। पत्तियाँ पुष्प वृन्त तथा रसदार दल पुंज।

महुआ का तेल

महुआ के बीज से तेल निकाला जाता है। इसके तेल को यदि करंज तथा नीम के तेल के साथ मिलकर शरीर पर लगाया जाय तो चर्मरोग जड़ से समाप्त हो जाता है। किसी भी लकड़ी में बने फर्नीचर को महुआ के तेल से उपचारित कर दिया जाय तो लकड़ी में घुन कभी भी नहीं लगता है। महुआ के वृक्ष को ''मक्खन वृक्ष'' भी कहा जाता है। क्योंकि इसके बीजों में 34 प्रतिशत तेल होता है। महुआ का तेल खाद्य तेल के रुप में प्राचीन कल से ही व्यवहार में लाया जाता है। उत्तर भारत की महिलाएँ इस तेल का उपयोग घी के रुप में करती हैं। महुआ के तेल से दीया भी जलाया जाता है। उपरोक्त इस्तेमाल के अतिरिक्त महुआ का तेल मोमबत्ती एवं साबुन उद्योग में बड़े पैमाने पर इस्तेमाल होता है।

महुआ की खल्ली

महुआ के बीज से तेल निकालने के बाद बचा हुआ हिस्सा ''महुआ की खल्ली'' कहलाता है जिसमें करीब 2.51 प्रतिशत नेत्रजन, 0.80 प्रतिशत स्फुर तथा 1.85 प्रतिशत पोटाशियम पाया जाता है। इसकी खल्ली का नाइट्रोजन इतना श्ग्रिघ उपलब्ध नहीं होता जितना की अन्य खल्लियों की। अंतः इसकी खल्ली का प्रयोग पौधा रोपण या बीज बोने के लगभग दो महीने पहले करना चाहिए। महुआ की खल्ली का प्रयोग फलोद्यानों में अच्छा होता है। इसकी पत्तियों का उपयोंग चारे तथा हरी खाद के रुप में भी होता है। सूखी पत्तियाँ जलावन के रुप में अच्छी आँच देती हैं। भूजा भूनने वाले इसका उपयोग बहुतायत से करते हैं।

महुआ के दलपुंज एक पौष्टिक आहार

महुआ के दलपुंजो को सुखाने के बाद चूरा बनाया जाता है जिसमें गेहूँ का आटा मिलाकर रोटियाँ बनायी जाती हैं जो पौष्टिक तथा बलवर्द्धक होती हैं। फूल हृदय रोग,खाँसी,पित्त की बीमारी तथ कान दर्द के लिए अचूक दवा है परन्तु फल क्षय रोग को दूर भगाता है। सूखे दलपूंजो से आदिवासी लोग उच्च कोटि का देशी शराब बनाते हैं। रसीले दलपुंजओं को चुनकर उसके रस को निकालकर उसको गेहूँ के आटे में मिलाकर पतला हलवा तथा चीला बनाया जाता है जो प्राकृतिक रुप से काफी मीठा होता है। महुआ के सुखाये दलंपुजों तथा बीजों की बिक्री से अच्छी आमदानी प्राप्त होती है।

महुआ का मधु

महुए के बगीचे में मार्च से लेकर मई–जून तक मधुमक्खियों के बक्सों को रखने से अच्छी मात्रा में महुआ की शहद प्राप्त होती है। बसन्त ऋतु में महुए के बागों से भीनी –भीनी सुगन्ध फैलती है जिससे आस–पास का वातावरण मनमोहक हो जाता है।

महुआ के फूल तथा फल

महुअ के फूल उजले रंग के होते हैं तथा कली की बाहरी ढ़पनी अर्थात पुटचक्र हल्के लाल रंग के होते हैं। मार्च–अप्रैल के महीनों में महुआ के वृक्ष पत्रविहिन हो जाते हैं इसी समय इन पर फूल आते हैं। खिले फूल सफेद रंग के होते हैं। इसमें एक दलपुंज जो कुंभ के आकार का होता है, काफी मोटा तथा रसीला होता है। दलपुंज के उपरी सिरे पर छोटी–छोटी 7–8 रचनाऐं बनती हैं जिनके आधार पर पराग पुँज होते हैं इसमें एक अंडाशय होता है जो बढ़कर फल का निर्माण करता है।

महुआ का बीज तथा अंकुरण

महुआ के एक फल में एक बीज बनता है जिसका बीजावरण कठोर तथा कत्थई भुरा रंग का होता है। इसको फोड़ने पर हल्के सफेद दो बीजपत्र मिलते हैं जो एक जगह आपस में जुड़े होते हैं वहाँ पर भ्रूण अवस्थित होता है। बोआई हेतू कड़े बीजावरण सहित बीज का प्रयोग करते हैं। फल जून–जुलाई माह में पक्कर जल्द ही गिरने लगते हैं। फलों को दबाकर बीज निकाले जातें हैं तथा धोकर साफ कर लिए जाते हैं। बीज संग्रहन के बाद शीध्र ही इसे क्यारियों में रोपने चाहिए क्योंकि बीज की उत्तरजीविता कम होने लगती है। सामान्यतः महुआ के बीजों का अंकुरण 45–60 प्रतिशत तक होता है।

महुआ की पौधशाला

ताजे बीजों को क्यारियों में 30 से0मी0 की दूरी पर बनी कतारों में 10 सें0 मी0 की दूरी पर बोना चाहिए। क्यारी की चौड़ाई एक मीटर तथा लम्बाई आवश्यकतानुसार या भूमि की उपलब्धता के अनुसार होनी चाहिए। बीजों की बोआई 2–3 सें0मी0 की गहराई में मिट्टी में करनी चाहिए। बोने के बाद दो क्यारियों के बीच बनी नालियों के माध्यम से क्यारियों की सिंचाई करनी चाहिए। दस दिन बाद से ही बीज अंकुरित होने लगते हैं। एक महीने आयु वाले पौधों को पॉलिथीन की थैलियों या बाँस की बनी हुयी टोकरियों या मिट्टी के बने हुयी टोकरियों या मिट्टी के बने हुए 10 से0मी0 आकार वाले गमलों में लगाया जाता है इनमें बालू, मिट्टी तथा गोबर की खाद 1:1:2 के अनुपात में मिलाकर, भर लेना चाहिए। स्टम्प बनाने के उद्देश्य से एक माह के पौधों को अन्य क्यारियों में 20 सें0म0 की दूरी पर लगावें। एक साल का पुराना पौध स्टम्प हेतु उपयुक्त होता है।

महुआ के बाग लगाने की विधि

एक महीना पुराने पौध या एक साल पुराने पौध से तैयार स्टम्प खेत में पहले से तैयार गड्ढो में रोपना चाहिए। गड्ढे का आकार 45 से0मी0 x 45 सें0मी0 x 45 से0मी0 होने

चाहिए जो एक दूसरें से 10मी0 की दूरी पर अवस्थित हों। 5–6 कि0ग्रा0 गोबर की खाद अवश्य मिलायें। महुआ के पौधों की बढ़वार काफी धीमी होती है। इसलिए प्रथम दो सालों तक रोपे गये पौधों के चारो तरफ से खरपतवारों को अवश्य हटाते रहें ताकि मिट्‌टी की वायुवीय दशा अच्छी बनी रहे एवं खरपतवार एवं पौध के बीच प्रतिस्पर्धा नहीं होने पायें।

महुआ की उपज

महुआ के पेड़ 9–10 साल के हो जाते है, तब दलपुंज तथा बीज का उत्पादन शुरु हो जाता है। 15 साल के वयस्क पेड़ से लगभग 40–50 किलोग्रम बीज प्राप्त होता है। यह मात्रा पेड़ की उम्र बढ़ने के साथ बढ़ती जाती है। पेड़ की कटाई के बाद गुल्मवान (कापिस) भी प्राप्त किया जा सकता है। महुआ की लकड़ी उच्च्च कोटि की होती है।

—•—

34

मीठी नांरगी (मोसम्बी)

मीठी नांरगी का ही लोकप्रिय नाम मोसम्बी या माल्टा भी है। यह टाईट स्किन्ड नींबू वर्ग का एक स्वादिष्ट फल है। पूरे विश्व में इसका उपयोग मुख्य रुप से ताजा रस के लिए किया जाता है। इसके 100 ग्राम खाने योग्य भाग में जल 88.40 प्रतिशत, प्रोटिन 0.8 प्रतिशत, रेशा 0.5, प्रतिशत, वसा 0.5 प्रतिशत अन्य कार्बोहाइड्रेट 9.3 प्रतिशत, कैल्शियम 40 मि0ग्रा0, लोहा 0.7, मि0ग्रा0 तथा फास्फोर 30 मि0ग्रा0 पाया जाता है यह बीमार लोंगों के लिए पथ्य का काम करता हैं मीठी नांरगी का वानस्पतिक नाम सीट्रस साइनेन्सीस हैं परन्तु उत्तर भारत के लोग इसे लोकप्रिय नाम मोसम्बी या माल्टा कह कर पुकारते हैं। यह रुटेसी पौध परिवार का ही एक सदस्य फल है।

उत्पति तथा इतिहास

सभी विद्धानों का मत है कि मीटी नांरगी की उत्पति दक्षिण चीन के कोचीन–चीन में हुआ था। परंतु एक भारतीय विद्धान का कहना है कि सोहनियानग्रीयांग नाम मीठी नांरगी की स्पेसीज असम के विभिन्न हिस्सों में पायी जाती है जो इसकी उत्पति स्थान भारत होना सिद्ध कर देता है। जब 1498 ई0 में वास्को–डि–गामा भारत से लौटा तो अपने साथ मीठी नांरगी के फल पुर्तगाल ले गया था। यदि यह फल भारत में चीन से आया तो लाने का श्रेय भारतीय व्यपारियों को जाता है। मीठी नांरगी का माल्टा और मौसम्बी नाम होना मोजाम्बीक या पश्चिम से भारत में आने का संकेत देते हैं।

विश्व तथा भारत में वितरण

विश्व में मीठी नांरगी की बागवानी चीन,जापान, भारत, श्रीलंका, पाकिस्तान, अमेरिका तथा यूरोप के कई देशों में होती है। भारत में मीठी नांरगी उगाने वाले राज्यों में आन्ध्र प्रदेश, महाराष्ट्र, हरियाणा, पंजाब, राजस्थान, उत्तर प्रदेश तथा उत्तर–पूर्व के राज्य मुख्य हैं। भारत में इस फल की बागवानी 1,26,400.00 हे0 में होती है जिसमें 12,10,400 मी.टन उपज प्राप्त होती है तथा उत्पादकता 9.6 मी0टन / हे0 है।

उपयुक्त जलवायु

मीठी नांरगी को सूखा तथा उपोष्ण जलवायु अधिक पंसद है। पौधों की वृद्धि 16–20 डिग्रीसें0 तापक्रम पर बेहतर होती है। समुद्र तट से 350 मीटर की उँचाई तक तथा 100–120 सें0मी0 वर्षा वाले क्षेत्रों में मीठी नांरगी की बागवानी अच्छी होती है। अधिक पाला इसे नुकसान पहुँचता है।

मोसम्बी का फलों से लदा व क्ष

मीठी नांरगी की किस्में

हेमालिन तथा मोसम्बी अगात किस्में हैं। ब्लडरेड,जाफा, पाइन एपिल मध्यम समय में पकने वाली किस्में हैं तथा सतगुदी, वेलेंसिया रेड,रुबी, वाशिंगटन नावेल शामौती तथा टोरे इसकी पिछात किस्में हैं।

पौध–प्रसारण की विधियाँ

मीठी नांरगी का पौध–प्रसारण टी–बडिंग द्वारा किया जाता है।बर्डिग करने के लिए जत्ती–खत्ती, करना खट्टा या रंगपूर लाइम नामक मूलवृन्त का प्रयोग करना चाहिए। बडिंग का कार्य जनवरी से मार्च तक पूरा किया जाता है। कही–कहीं लोग बर्डिग सितम्बर–अक्टूबर में भी करतें हैं।

भूमि का चुनाव

मीठी नांरगी के व्यावसायिक बाग लगाने के लिए ऐसे स्थान का चुनाव करें जो सड़क के पास हो जहाँ से फल दूर–दूर के बाजारों को भेजना आसान हो मीठी नांरगी के लिए भूमि ऐसी होनी चाहिए जिसमें जल–जमाव नहीं होता हो और मिट्टी बलुआर दोमट या मटियार दोमट होनी चाहिए जिसमें जैवांश पदार्थ की बहुलता हों। मिट्टी का पी–एच0मान 5.5 से 7.5 तक होना चाहिए।

मीठी नांरगी के पौध –रोपण की विधि

मीठी नांरगी के पौधो के रोपाई या तो 15 फरवरी के बाद या वर्षा ऋतु के शुरु हो जाने पर करनी चाहिए। इस समय मौसम ठंढ़ा रहता है। मीठी नारंगी के बडिंग द्वारा तैयार एक से दो वर्ष पुराने पौधों को नये बाग लगाने हेतु चुनना चाहिए। पौधें स्वस्थ तथा रोग रहित होना चाहिए। पौधों की रोपाई वर्गाकार विधि द्वारा 6 मी0 x 6 मी0 की दूरी करनी चाहिए। रोपाई संध्या के समय की जाती है। पौधों को गड्ढो में सीधा लगा कर जड़ो के चारों तरफ की मिट्टी अच्छी प्रकार दबा कर हल्की सिंचाई अवश्य कर देनी चाहिए।

पौध की काट–छांट आवश्यक

मीठी नांरगी के पौधों के तनों को एक मीटर की उॅचाई से काट दिया जाता है। इस उॅचाई तक तने के उपर किसी प्रकार की डाल नहीं रखते हैं। एक मीटर के उपर 5–6 निकलने वाली डालों को बढ़ने दिया जाता है इससे वृक्ष पूर्णतया सुडौल विकसित होता है। समय–समय पर सूखी तथा बिमार टहनियों को काटते रहना चाहिए।

खाद तथा उर्वरक का इस्तेमाल

मीठी नांरगी में खाद तथा उर्वरक की मात्रा का व्यवहार मृदा की उर्वरा–शक्ति पर निर्भर करता है। उत्तर–भारत में मौसम्बी के लिए निम्नलिखित खाद तथा मुख्य उर्वरक तत्वों की मात्रा अनुशंसित हैः–

वर्ष	गोबर की खाद की मात्रा (कि0 ग्राम)	नेत्रजन (ग्राम)	स्फूर (ग्राम)	पोटाश (ग्राम)
प्रथम	5	75	40	75
द्वितीय	10	150	80	150
तृतीय	15	225	120	225
चतुर्थ	20	300	160	300
पंचम	25	375	200	375
छठा	30	450	240	450
सातवाँ	40	525	280	525
आठवाँ	45	600	320	600
नौवाँ	45	675	360	675
दशवाँ	50	750	400	750

दशवें वर्ष में दी जानेवाली मात्रा ही ग्यारहवें वर्ष से अन्त तक देना चाहिए। सूक्ष्म तत्वों के कमी के लक्षण नजर आने पर इनके मिश्रण के घोल का छिड़काव करना चाहिए। जैसा कि संतरा के लिए अनुशंसित किया गया है। गोबर की खाद तथा स्फूर एवं पोटाश वाली उर्वरक दिसम्बर–जनवरी में तथा नेत्रजन को दो बराबर भाग में प्रथम भाग को फरवरी के प्रथम सप्ताह में तथा दूसरे भाग को अप्रैल के प्रथम सप्ताह में देना चाहिए। प्रथम वर्ष में पौधों के तने के चारों तरफ बनी बेसिन में खाद तथा उर्वरक देकर मिट्टी में मिला दिया जाताा है इसके बाद बेसिन की साईज बढ़ाते हुए दशवें वर्ष में खाद तथा उर्वरक को पूरे खेत मे छिटक देना चााहिए।

बागों की सिंचाई तथा निकाइ–गुड़ाई

मीठी नांरगी को पानी की अधिक आवश्यकता पड़ती है। पानी के अभाव में पौधों की वृद्धि रुकने लगती है। फलों की संख्या तथा साईज प्रभावित होती है। ऐसा जल जिसमें अधिक लवण की मात्रा हो, सिंचाई के लिए नहीं प्रयोग करना चाहिए। पौधों के वृद्धि के

प्रथम चरण में बेसिन विधि द्वारा सिंचाई करें। बेसिन की साईज वृक्ष की साईज पर निर्भर करती है। इनकी साईज 50 सें0मी0 अर्द्ध व्यास की होनी चाहिए। बेसिन को एक नाली से जोड़ दिया जाता है जो प्रत्येक दो पंक्तियों के बीच होती है। जब पेड़ 10 वर्ष से उपर के होते हैं तब फलड विधि द्वारा बागों की सिंचाई की जाती है। गर्मी के ऋतु में सिंचाई एक सप्ताह के अन्तराल पर तथा जाड़े मे 3–4 सप्ताह के अन्तराल पर करनी चाहिए। बागों को उथली निकाई–गुड़ाई करके खर–पतवार रहित रखना चाहिए।

मोसम्बी के पके रसीले फल

अन्तरावर्ती फसलोंत्पादन

मीठी नांरगी के बागों में शुरु के 8–10 वर्षो तक दो कत्तारों और दो वृक्षों के बीच में खाली जगह में रबी में मटर, राजमा, मसूर, बाकला या चना की फसलें उगाई जा सकती हैं परन्तु वर्षा ऋतु में उड़द या मूँग बोई जा सकती है। गर्मी के ऋतु में कद्दू वर्ग की सब्जियाँ जैसे–कद्दू, नेनुआ, करेला, तरबूज, खरबूज, की फसलें उगाई जा सकती हैं। जिससे हर मौसम में कुछ न कुछ अतिरिक्त मिलती रहती है।

फूल–फल लगने का समय तथा उपज

मीठी नांरगी पर फरवरी में फूल लगते हैं। मीठी नांरगी के वृक्ष पर बड़ी संख्या में फूल लगते हैं। परन्तु 8–10 प्रतिशत फूल ही फल के रुप में विकसित होकर पकने तक पहुँच पाते हैं शेष फल तथा फूल विभिन्न अवस्थाओं में झड़ जाते हैं। फलों के पकने से पहले झड़ने से रोकने के लिए जिंक सल्फेट तथा 2,4–डी0 नामक पादप वृद्धि नियामक के 10 पी0पी0एम0 के घोल का छिड़काव करने के लिए 6 ग्राम 2,4 –डी0, 500 ग्राम जिंक सल्फेट, 500 लीटर पानी में घोल कर घोल बनान चाहिए।

मीठी नांरगी के फलों की उपज,उगाई गई किस्म, आबोह्वा तथा देख–रेख पर निर्भर करती हैं वैसे एक पूर्ण विकसित वृक्ष पर 500–800 फल लगते हैं जिसका वजन 80–160 किलो तक हो सकता है। मीठी नांरगी को 5–7 डिग्री से0 तापक्रम पर तथा 85–90 प्रतिशत आपेक्षिक आर्द्रता पर 4–6 सप्ताह तक बिना किसी प्रकार के खराबी के भंडारित कर सकते हैं।

वर्तमान समय में फलों के सेवन संबंधी जागरुकता तेजी से बढ़ रहीं है। ऐसे समय में आवश्यकता मीठी नांरगी का उत्पादन व्यावसायिक बाग लगाकर बढ़ाने की है। इसके लिए मोसम्बी, माल्टा, सतगुडी आदि बेहतर किस्मों के बाग लगाकर अच्छी आय प्राप्त की जा सकती है जिससे किसानों तथा बागवानो की माली हालत बेहतर और सुखद होगी।

—•—

35

रसभरी

रसभरी अल्प अवधि में तैयार होने वाला एक वर्षीय फल है। इसे हिन्दी भाषी लोग **टेपारी या मकोय** कहते हैं जब कि विश्व में अलग–अलग नाम से इसे पुकारा जाता है। अग्रेंजी में इसे **केप गुजबेरी** कहते हैं। कहीं कही इसे ग्राउन्ड चेरी, कही गोल्डेन बेरी तथा कही इसका बेरी–बेरी नाम प्राप्त है। परंतु वनस्पतिशास्त्री इसे **फाइसेलिस पेरुवियाना लिन** नाम से पुकारते हैं जो टमाटर, आलू तथा बैंगन पौध परिवार–सोलेनेसी का सदस्य पौधा है। रसभरी की कई स्पेसीज विश्व में पाई जाती हैं। जैसेः फाइसेलिस फिलाडेल्पिका, फाईसेल्सि सवग्लेब्राटा, फाइसेलिस प्रुइनोस तथा फाइसेलिस वर्जिनियाना इत्यादि। लैटिन अमेरिकन इसे उचुवा या केपुली या एगुइमेन्टो या टोमेटी कहते हैं। जबकि कोलम्बिया में लोग इसे गुचावों कहते हैं। वेनेजुअला के निवासी रसभरी को टोपोटो या चुचुवा कहते हैं। वेनेजुअला के निवासी रसभरी को टोपाटो या चुचुवा कहते हैं तथा फिलिपिन्स के लोग इसे लोबोलोबोहान कहते हैं जबकि हवाई द्वीप के निवासी इसे पोहा के नाम से पुकारते हैं। रसभरी का फल गोलाकार बेरी होता है जिसका आकार शीशे की गोली के बराबर होता है। इसके फल स्थायी कैलिक्स की थैली में बंद रहते हैं इसलिए इसे केप गुजबरी कहते हैं। फलों का रंग पकने पर सुनहरा पीला हो जाता है तथा फलों में अनेक बीज पाये जाते हैं। विश्व में रसभरी का जैम सबसे बढ़िया तथा उच्चकोटि का माना जाता है उत्तर भारत में पके फलों को ताजा ही खाया जाता है।

विश्व तथा भारत में वितरण

रसभरी की उत्पति पेरु तथा चिली की धरती पर हुयी थी जहाँ न इसकी बागवानी होती है न तो वहाँ के लोग इसके फलों को खाते हैं और न बाजार में बेचते हैं परंतु इसकी व्यावसायिक खेती विश्व के उष्ण, उपोष्ण तथा शीत कटिबंधीय तीनों क्षेत्रों में होती है। इस फल की खेती सर्वप्रथम 1807 ई0 से पूर्व केप ऑफ गुडहोप में होती थी इसलिए इसे केप गुजबेरी का नाम प्राप्त है। दक्षिण अफ्रीका में इसकी खेती बड़े पैमाने पर होती है जिससे जैम बनाया जाता है तथा इसका निर्यात अन्य देंशों को होता है। आस्ट्रेलिया में इसकी खेती बड़े पैमाने पर न्यू साउथ वेल्स में होती है। इसके अतिरिक्त रसभरी की व्यावसायिक बागवानी तस्मानिया, बिक्टोरिया, क्वींसलैड, दक्षिण आस्ट्रेलिया और पश्चिम आस्ट्रेलिया में होती है। न्यूजीलैड़ में रसभरी की बागवानी प्रत्येक गृहवाटिका में होती है तथा वहाँ की स्त्रियाँ इसे अधिक पंसद करती हैं। चीन, मलाया तथा भारत में रसभरी छोटे पैमाने पर उगाई जाती है। भारत में इसे अन्य सब्जियों के साथ मिश्रित फसल के रुप में भी उगाया जाता है। यह फल सन् 1825 ई0 में फिलिपिन्स से हवाई द्वीप में गया था। वहाँ के लोग इसे काफी पंसद किये थे।

इंग्लैड में रसभरी की खेती सन् 1774 ई0 में होने का दस्तावेज मिला है। इजराइल में रसभरी की खेती सन् 1933 ई0 में बड़े पैमाने पर हुयी तथा इसका जैम बनाया गया था परंतु वहाँ की जनता न तो ताजे फलों को पसंद किया नही तो जैम को अतः वहाँ इसकी खेती रुक गई। जमाऐका में सन् 1913 ई0 में रसभरी के पौधे सड़को के किनारे उगे हुए पाये गये थे। फ्लोरिडा, बाहमास तथा पश्चिम द्वीप समूह में ब्रिटेन की एक नर्सरी से रसभरी का बीज मँगा कर बागवानी शुरु हुयी थी परंतु किसान इसकी खेती के तरफ आकर्षित नहीं हो सके। भारत में रसभरी की बागवानी बिहार, उत्तर प्रदेश, मध्य प्रदेश, हरियाणा, पंजाब तथा महाराष्ट्र में होती है।

रसभरी के लिए जलवायु

रसभरी शीत कटिबंधीय क्षेत्र में वार्षिक पौधा होता है परंतु उष्ण कटिबंधीय इलाके में यह बहुवार्षिक रुप ले लेता है। इस फल को वेनेजुएला में 800–3000 मीटर की उॅचाई पर उगाया जाता है। हवाईद्धीप में यह 300–2400 मीटर की उॅचाई पर जंगली अवस्था में पाया जाता है। उत्तर भारत में रसभरी को 1200 मीटर की उॅचाई तक ही उगाया जा सकता है। लेकिन दक्षिण भारत में इस 1800 मीटर की उॅचाई तक उगाया जा सकता है। ब्रिटेन में तापक्रम 3 सें0 से कम होने पर भी पौधे पाला से मरते नहीं हैं लेकिन दक्षिण अफ्रीका में तापमान 0.75 डिग्री सें0 होने पर इसके पौधे मर गये। उत्तर भारत में इसकी खेती उपोष्ण

जलवायु में होती है। पौधों के बढ़वार के समय ठण्डक तथा फलों के पकने के समय गर्म मौसम आवश्यक है। इस फल के लिए 100 से 120 सें0मी0 वार्षिक वर्षा होनी चाहिए।

भूमि का चुनाव तथा तैयारी

रसभरी की बागवानी बलुआर दोमट या माटियार दोमट भूमि में अच्छी होती है परंतु भूमि में जल जमाव नही होना चाहिए। रसभरी की अच्छी फसल कम उपजाउ बलुआर दोमट भूमि में हो सकती है। जहाँ पर जल जमाव की समस्या है वहाँ रसभरी की बागवानी मेढ़ो पर करनी चाहिए। मिट्टी में पानी की कमी होने से पौधे की वृद्धि रुक जाती है।

रसभरी का पौध प्रसारण

रसभरी का पौध प्रसारण साधारणतया बीज द्वारा ही किया जाता है। एक औस (28 ग्राम) में 5000–8000 बीज होते हैं। रसभरी के बीजों का अंकुरण कम होता है। लेकिन एक औंस बीज एक एकड़ भूमि के लिए तथा 70 ग्राम बीज एक हेक्टेयर भूमि के लिए पर्याप्त होता है। नर्सरी में बीज सितम्बर के मध्य में बोना चाहिए। बीज बोने के पहले थीरम नामक दवा की 2.5 ग्राम मात्रा प्रति किलो बीज की दर से मिलाकर बीजोपचार कर लेना चाहिए। नर्सरी क्यारी धूपदार जगह पर बनानी चाहिए तथा नर्सरी के क्यारी में वर्मी कम्पोस्ट 20 किलोग्राम प्रति वर्ग मीटर भूमि में इस्तेमाल करना चाहिए। इसे मिट्टी में मिलाकर मिट्टी को खूब भूरभूरी बना देनी चाहिए। तैयार नर्सरी में बीजों मे राख मिलाकर 10 सें0मी0 की दूरी पर बनी पंक्तियों मे डालकर उपर से चलनी से चाली हुई बारीक मिट्टी का भूरकाव कर देना चाहिए। जिससे बीज हल्का मिट्टी से दब जायें। समय–समय पर पौधशाला की झरना से हल्की सिंचाई करनी चाहिए।

जब पौधे जमकर 3–4 पत्तियों के हो जायें तो बाभिस्टीन नामक दवा की 0.1 प्रतिशत के घोल का दो छिड़काव 10 दिनों के अन्तराल पर करने से आर्द्र विग्लन रोग नहीं लगता है। दक्षिण भारत में रसभरी का प्रसारण एक साल पुराने पौधें के तने की कलम द्वारा भी किया जाता है। कलम बनाने के बाद उसे सिराडेक्स नामक जड़ विकसित करने वाले हार्मोन से उपचारित कर लेना चाहिए। कलम द्वारा केवल 40–45 प्रतिशत ही पौधें ही उग पाते हैं परंतु उनपर फूल जल्दी आता है तथा उनकी बाढ़ बिचड़े वाले पौधों की अपेक्षा धीमी होती है।

बिचड़ो की रोपाई

जब बिचड़े 30–35 दिनों के हो जाएँ तो उन्हे तैयार खेत में रोपना चाहिए। पंक्ति से पंक्ति की दूरी 60 सें0 मी0 तथा पौधा से पौध की दूरी 45 सें0मी0 रखना चाहिए।उत्तर भारत में रसभरी के पौधों की रोपाई 15 अक्टूबर से 15 नवम्बर तक करनी चाहिए। यह समय रसभरी के रोपाई के लिए उत्तम माना जाता है। बिचड़ो की रोपाई संध्या के समय करें तथा रोपन के बाद हल्की सिंचाई अवश्य कर दें।

खाद तथा उर्वरक का इस्तेमाल

रसभरी की अच्छी उपज के लिए खेत की अंतिम जुताई के समय 15–20 टन गोबर की सड़ी खाद तथा 40 किलोग्राम स्फूर तथा 40 किलोग्राम पोटाश प्रति हेक्टेयर की दर से मिट्टी में अच्छी प्रकार मिल देनी चाहिए। 120 किलोग्राम नेत्रजन को दो बराबर किस्तों में पौध रोपनी के 20 तथा 40 दिनों बाद टॉप ड्रेसिग के रुप में मिट्टी में डालकर मिला देनी चाहिए। इस फल को बोरॉन की भी आवश्यकता पड़ती है। अतः सोडियम टेट्रा बोरेट नामक दवा की 0.3 प्रतिशत घोल का छिड़काव नर्सरी में एक से दो बार, एक सप्ताह के अन्तराल पर लाभप्रद पाया गया है।

सिंचाई तथा निकाई–गुड़ाई

रसभरी टमाटर पौध परिवर का एक शाकीय फल है जो 3–4 महिने में तैयार हो जाता है। रोपाई के तुरंत बाद हल्की सिंचाई करने से स्थायी खेत में बिचड़ो की मृत्युदर कम हो जाती है। रसभरी में सिचांई वर्षा की दशा पर निर्भर करती है। इसकी फसल को 10 दिनों के अन्तराल पर जाड़े में तथा 12–15 दिनों के अन्तराल पर गर्मी में सिंचाई करनी चाहिए। प्रत्येक सिंचाई के बाद खर–पतवार निकाल कर खुरपी द्वारा निकाई–गुड़ाई अवश्य कर दें तथा पौधों की जड़ो पर मिट्ठी चढ़ा दे।

फलों की तोड़ाई तथा उपज

उत्तर भारत में रसभरी के फल मार्च में पकने लगते हैं। फलों की तोड़ाई साधारणतया उस समय करनी चाहिए जब पौधों पर ओंस की बूँदे नहीं हो। इस कार्य के लिए फलों की तोड़ाई दिन में 10 बजे के बाद करना उचित रहता हैं। कुछ किसान अच्छी प्रकार पके हुए फलों को तोड़ने के लिए साधरणतया पौधों को हाथ से हिला देते हैं तथा अच्छी प्रकार से पके फल टूटकर गिर जाते हैं जिसे वे एकत्रित कर लेते हैं। फलों की तुड़ाई एक सप्ताह के अन्तराल पर करनी चाहिए। एक पौधों में साधारणतया 75–150 फल लगते हैं। एक

हेक्टेयर में साधरणतया 45–50 क्विंटल फल प्राप्त होता है। रसभरी के फलों के उपरी टोपीनुमा आवरण को हटाने के लिए यांत्रिकी हस्कर के प्रयोग से 4–5 किलों फल का ऊपर का आवरण एक घंटे में हटा दिया जाता है। यह मशीन हवाई विश्वविद्यालय में विकसित किया गया है।

फलों का भंडारण

रसभरी के फलो को कमरे के तापक्रम पर सूखे वातावरण में 50–55 दिनों तक ताजा रखा जा सकता है। यदि ताजा फलों को विदेश निर्यात करना हो तो फलों के उपर लगा हुआ आवरण को नहीं हटाना चाहिए। यह आवरण फलों को आंतरिक चोट से बचाता है।

रसभरी के कीड़े तथा बीमारियाँ

रसभरी के पौधों पर पौधशाला में कटवर्म का आक्रमण होता है तथा मुख्य रुप से रेड स्पाइडर विटिल पोटैटो ट्यूबर मॉथ तथा पके फलों को खरगोश तथा चिड़ियाँ क्षति पहुँचाती हैं। भारत में रसभरी पर माईट का प्रकोप अधिक पाया गया है तथा कहीं कहीं पर व्हाईट फ्लाई भी देखने को मिली है। इन सब कीड़ो के रोकथाम के लिए इमिडाक्लोपरिड (1.00 मि.ली.प्रतिलीटर पानी) या इण्डोसल्फान (1.5 मि.ली.प्रति लीटर पानी) का छिड़काव करनी चाहिए। रसभरी के पौधों पर मिल्डीउ सफेद चूर्णिल रोग अधिक लगता है। जहाँ जल जमाव होता है वैसी भूमि में रसभरी उगाने से जड़ विग्लन रोग तथा बैक्टेरियल रॉट की बीमारी भी लगती है। भारत में टोबैको मोजैक का भी प्रकोप देखा गया है।

रसभरी का पोषणमान

रसभरी के कच्चे फल विषैल होते हैं। पौधों की हरी पत्तियाँ यदि कोई जानवर अधिक खा लेता है तो बीमार पड़ जाता है तथा कुछ की मौत भी हो सकती है। रसभरी के 100 ग्राम खाने योग्य गूद्दे में जल 78.9 ग्राम,प्रोटिन 1.80 ग्राम,वसा 0.20 ग्राम, रेशा 4.9 ग्राम,राख 1.01 ग्राम, कैल्शियम 10.0,मिलीग्राम,पोटैशियम 55.3 मिली ग्राम,लोहा 2.00 मिलीग्राम,बीटा कैरोटिन 1.613 मिलीग्राम, थियामिन 0.12 मिलीग्राम,राईबोफ्लेविन 0.032 मिलीग्राम,नियासिन 1.73 मिलीग्राम, स्कार्बिक एसिड 43.0 मिलीग्राम तथा उर्जा 53 किलो केलौरी प्राप्त होती है।

रसभरी औषधी के रुप में

रसभरी का आनुवांशिक नाम फाइसेलिस ग्रीक भाषा का शब्द है जिसका अर्थ मुत्राशय होता है। अतः इस नाम को देने के पीछे यह तथ्य छिपा है कि रसभरी के फलों के सेवन

से मूत्र संबंधी सभी विकार दूर हो जाते है। रसभरी का सेवन हवाई द्वीप समूह के आदिवासी लोंगों में अत्यंत लोकप्रिय है वहाँ के आदिवासयों का मानना है कि रसभरी खाने से शरीर में किसी प्रकार की कैंसरस् गॉठ नहीं बनती है। रसभरी के सेवन से मलेरिया,दमा,पीलिया,सुखंडी का रोग नहीं होता है तथा आँतो और दातों का दर्द समाप्त हो जाता है। पेरु देश की स्थानीय महिलायें अपने बालों को सजाने के लिए रसभरी कें फलों पर इत्र छिड़ककर बालों में लगती हैं जिससे उनको सिर दर्द की शिकायत कभी नही होती है।

रसभरी अल्प अवधि में तैयार होने वाला फल है जिसे बच्चे, जवान, बूढ़े सभी चाव से खातें हैं। तथा इस फल से उच्च कोटि का जैम भी बनता है। यदि आप अपनी गृह–वाटिका में इसे लगायें तो परिवार के लोगों को ताजे विटामिन–सी से भरपूर फलों की आपूर्ति होगी जिससे कुपोषण की समस्या का हल हो सकेगा।

—•—

36

लसोड़ा

लसोड़ा एक प्रकृति प्रदत जंगली फल है जिसकी बागवानी व्यावसायिक स्तर पर कहीं नहीं हो रही है। यह जंगली फल भारत की देशज है तथा इसके वृक्ष गुजरात,राजस्थान,उतर प्रदेश,मध्य प्रदेश,बिहार,बंगाल तथा असम में अपने आप उगे हुए पाये जाते हैं। लसोड़ा के पेड़ सड़को के किनारे लगे हुए अधिक अच्छे लगते हैं। लसोड़ा और आम का मिश्रित अचार का व्यावसाय आज कल भारत में काफी फल फूल रहा है।

लसोड़ा बोरेजिनेसी पौध परिवार का सदस्य है जिसे वनस्पतिशास्त्री लोग कार्डिया मिक्सा कहते हैं। कार्डिया वंश के अन्तर्गत कई प्रजातियां पाई जाती हैं जिसमें कार्डिया धराफ उपयोगी है। लसोड़ा का पौधा मध्यम ऊँचाई का होता है। पत्तियां बड़ी, साधारण तथा 3–5 शिरोओं वाली एकान्तर क्रम में लगी रहती हैं। फूल सफेद रंग के गुच्छे में लगते हैं। फल 0.5–1.0 से.मी. व्यास के गहरे हरें रंग के तथा पकने पर भूरे काले रंग के गुच्छे में लगतें है। यह ड्रुप किस्म का फल है। पके फलों में सफेद गुदा गुठली के उपर लगा रहता है। फलों का स्वाद मीठा तथा लसलसा होता है। ये फल कफ निस्सारक तथा कृमिनाशक होते हैं। पके फलों को ताजा खाया जाता है। लसोंड़ा के पके फलों की मदिरा आजकल अधिक प्रचलित हो रही है।

जलवायु तथा भूमि

लसोड़ा उष्ण जलवायु का फल है जो उपोष्ण तथा समशीतोष्ण जलवायु में भी अच्छी प्रकार फूलता –फलता है। इसके वृक्ष समुद्रतट से 1600 मीटर की ऊँचाई तक पाये जाते है। यह फल शुष्क तथा रुक्ष क्षेत्रो के लिए वरदान है। पाला इसके वृक्ष को नुकसान पहुँचाता है। लसोड़ा का वृक्ष विभिन्न प्रकार की मिट्टियों में उगाया जा सकता है। लवणीय मिट्टी मे भी इसके पौधों की वृद्धि अच्छी होती है।

पौध प्रसारण की विधि

लसोड़ा बीज द्वारा उगाया जाता है। अप्रैल–मई में पके फलों को नर्सरी में बोकर पौध तैयार कर लिये जाते हैं जिन्हे बरसात में स्थायी भूमि में लगा दिया जाता है। लगाने के पहले गड्ढ़ो में सड़ी गोबर की खाद एक भाग तथा उर्वर मिट्टी एक भाग मिलाकर भर देतें हैं और उसी में पौध 6 मीटर x 6 मीटर की दूरी पर रोपा जाता है। लसोड़ा के बडेड पौधे भी आप कार्डिया धराफ के मूल वृन्त पर जुलाई–सितम्बर में तैयार कर सकते हैं।

खाद तथा उर्वरक का व्यवहार

इस फल वृक्ष पर अभी भी अनुसन्धान कार्य नहीं हुआ है। परन्तु प्रति वृक्ष 25 किलोग्राम गोबर की खाद तथा 500 ग्राम नेत्रजन वाली खाद देना लाभप्रद होता है। वर्षा के अभाव में पौधो की हल्की सिंचाई करनी चाहिए जिससे पौधे भूमि में अच्छी तरह स्थापित हो जायें।

फलों की उपज

लसोडा के बीजू पेड़ 8–10 वर्षो में तथा बडिंग द्वारा तैयार पेड़ 4–5 वर्षो में फलने लगतें हैं। इसके फूलने का समय मार्च–अप्रैल तथा पकने का समय जुलाई है। अचार डालने के लिए फलों को कच्ची अवस्था में तोड़ते हैं जबकि ताजा खाने हेतू पकने पर फलों को तोड़ना चाहिए। फलों को सदैव गुच्छों सहित तोड़े।

लसोड़ा के एक दस वर्ष की उम्र के वृक्ष से लगभग 75 से 80 किलोग्राम पके फल प्राप्त होते है। उपज की यह मात्रा पेड़ की आयु के साथ बढ़ती जाती है तथा वृक्षों की देखरेख पर भी निर्भर करती है।

लसोड़ा की उन्नत किस्में

लसोड़ा की उन्नत, अधिक उपज तथा उच्च गुणवत्ता वाली किस्में विकसित करने की नितांत आवश्यकता है क्योकि यह फल उच्च गुणवत्ता वाले अचार तथा मदिरा का कच्चा माल है। जिसमें लाखों लोगों को रोजगार प्राप्त है। भारत सरकार को राष्ट्रीय लसोड़ा अनुसंधान केन्द्र की स्थापना करके इस दिशा में कार्य प्रारम्भ कराना चाहिए।

—•—

37

लोकाट

लोकाट एक पौष्टिक तथा स्वादिष्ट फल है परंतु भारत में अभी भी लोकप्रिय नहीं हो सका है। लोकाट की बागवानी कुछ सीमित क्षेत्रों में होती है। उत्तर–प्रदेश में लोकाट की बागवानी सहारनपुर,देहरादून, मुजफ्फरपुर,मेरठ,बरेली जिले में होती है। लोकाट का फल मार्च के मध्य से अप्रैल के अन्त तक मिलता है जिस समय अन्य फल उपलब्ध नहीं रहते हैं। यही कारण है कि इसकी बागवानी अच्छी आमदनी का जरिया सिद्ध हो रही है।

भूमि तथा जलवायु

लोकाट की सफल बागवानी के लिए जीवांशयुक्त बलुई दोमट भूमि अच्छी होती है। लोकाट उपोष्ण जलवायु का फल है। अधिक गर्मी तथा पाले का पौधों की वृद्धि एवं फल उत्पादन पर बुरा प्रभाव पड़ता है।

लोकाट की किस्में

लोकाट की प्रमुख व्यावसायिक किस्में निम्नलिखित है–

1. अगेती किस्में–गोल्डेन येलो, इम्प्रूव्ड गोल्डन येलों, मैचलेस।
2. मध्य किस्में–येल यलों, इम्प्रूव्ड येल यलों।

3. पिछले किस्में—थेम्स प्राइड, केलिफोर्निया एडवांस, टनाका।
4. गोल्डेन किस्मे—फल मार्च के मध्य से अन्त तक पकते हैं। फल मध्यम आकार के, औसत वजन 25.5 ग्राम,पकने पर सुनहरें पीले रंग के होते हैं। गूदा पीला, रसीला तथा खानें में मीठा होता है।

इम्प्रूव्ड गोल्डन येलो

यह गोल्डेन येलों के संकरण से चयन की गयी किस्म है। फल मार्च के तीसरे—चौथे सप्ताह में पकते हैं। फल मध्यम आकार के औसत वजन 27.5 ग्राम,पकने पर सुनहरे पीले, गूदा पीला, बहुत रसीला, सुवासयुक्त तथा अधिक मीठा होता है।

येलो येलो

फल अप्रैल के प्रथम सप्ताह में तैयार होते हैं। फल मध्यम आकार के, औसत वजन 24.5 ग्राम पकने पर हल्के पीले, गूदा मक्खन की भाँति सफेद, रसीला तथा मीठा होता है।

इम्प्रूव्ड येलो

इसे येलो येलो से चयन किया गया है। अप्रैल के प्रथम पखवारे में फल पकते हैं। फल अपेक्षाकृत बड़े आकार के, पकने पर हल्के पीले होते है। गूदा मक्खन की तरह सफेद, रसीला, सुवासयुक्त, मीठा होता है।

केलीफोर्निया एडवांस

यह देर से तैयार होने वाली (अप्रैल तीसरे—चौथे सप्ताह) किस्म है। फल मध्यम आकार के औसत वजन 24.8 ग्राम, पकने पर जाफरानी रंग के हो जाते है। गूदा हल्का पीला,रसीला तथा खाने में मीठा होता है।

टनाका

यह देर से तैयार होने (अप्रैल के तीसरे—चौथे सप्ताह) वाली किस्म है। फल अपेक्षाकृत बड़े आकार के औसत वजन 29.5 ग्राम, पकने पर हल्के नारंगी रंग के होते हैं। गूदा गहरा पीला, अधिक रसीला तथा खाने में खटास लिए स्वादिष्ट होता है।

लोकाट की प्रमुख किस्मों में स्वयं बंध्यता पाई जाती है। अतः एक किस्म का रोपण अकेले नहीं किया जाना चाहिए। अच्छी उपज हेतु येलो यलो के साथ गोल्डेन यलो तथा कैलीफोर्निया एंडवास के साथ टनाका का रोपण करने का अनुमोदन किया जाता है।

लोकाट का पौध प्रसारण

लोकाट का व्यावसायिक प्रसारण भेंट कलम बंधन तथा पैबन्दी चश्मा द्वारा किया जाता है। बीज, कलम तथा गूटी द्वारा भी कभी–कभी इसका प्रवर्धन किया जाता है।

पौध रोपण

पौध रोपण का उचित समय जुलाई–नवम्बर तक है। बरसात के बाद रोपण करने से अच्छे स्थापन की संभावना होती है। लोकाट के पौधे 8 X 8 मीटर की दूरी पर लगायें जाते है।

खाद तथा उर्वरक

उर्वरक की पहली मात्रा फरवरी–मार्च तथा दूसरी सितम्बर–अक्टूबर में देनी चाहिए।

सिंचाई तथा निकाई–गुड़ाई

पौधों को गर्मी में प्रति सप्ताह 6 दिनों तथा जाड़ो मे 15 दिनों के अन्तर से सिंचाई करते रहना चाहिये। पौधों पर फल लगने के समय से लेकर पकते समय तक सिंचाई करते रहना चाहियें। आवश्यकतानुसार निकाई–गुड़ाई करते रहने से खर–पतवार नियंत्रित रहता है तथा पौधों की अच्छी वृद्धि होती है।

फसल एवं उपज

लोकाट में प्रायः लगाने के तीसरे या चौथे वर्ष से फल आना आरंभ हो जाता है। 14–15 वर्ष बाद पूर्ण फलन होने लगती है। औसत उपज 20–25 किलोग्राम प्रति वृक्ष होती है।

कीट एवं व्याध्यिाँ

इसके प्रमुख कीट एवं व्याधियाँ निम्नलिखित है–

तना छेदक सूड़ी

यह कीट तने की छाल को खाता है तथा तने में ही छेद बनाकर रहता है। रोकथाम हेतु रुई को पेट्रोल या क्लोरोफार्म में भिंगोकर छेदो में डालकर चिकनी मिट्टी से बंद कर देना चाहियें।

कालर राट

इस व्याधि में भूमितल के पास छिलका भूरा हो जाता है। धीरे–धीरे भूरापन बढ़ता है तथा तन फट जाता है। कुछ ही दिनों में पौधा सूख जाता है। रोकथाम हेतु रोग ग्रासित भाग को चाकू से छील कर फाइटोलान 225 ग्राम तथा 112 ग्राम चूने को 2.25 लीटर पानी में घोंल कर लेप लगाना चाहिए।

डाई बैंक

इस व्याधि के प्रकोप से टहनियाँ उपर से सूखने लगती हैं तथा धीरें–धीरें पूरा पौधा सूख जाता है। रोकथाम हेतु ग्रसित टहनिंयों को काटकर शेष भाग पर चौबटिया पेस्ट का लेप लगाना चाहिये।

—•—

38

लीची

जब कही,कोई भी बात मिठास भरे स्वादिष्ट फलों की चलती है, तो हमारा मन लीची की तरफ अनायास ही खींच जाता है। यह सर्व मान्य है कि लीची एक अत्यन्त स्वादिष्ट तथा सुन्दर फल है। इसे **''चीनी फल''** कहते हैं। इसके मुख्य कारण दो हैं, प्रथम यह कि लीची चीन में जन्मी, अतः इसे **'चीनी फल**''कहा गया है। दूसरा कारण यह है कि लीची के फलों के गुदे में चीनी की बहुलता होती है। उपरोक्त दोनों कारणों में पहला कारण ही सर्वमान्य एवं अधिक सारगर्भित है। चीन वासी भी दुलार से अपने राष्ट्रीय फल लीची को चीनी फल कहते हैं। अतः लीची दुनिया के लोगों के लिए चीन की सौगात है।

लीची की जन्मभूमि

लीची की जन्म भूमि चीन है। वनस्पतिशास्त्री ब्लुम के अनुसार लीची का जन्म भूमि कोचिन–चायना और फिलीपाईन द्वीप है परन्तु ओयस का विचार है कि लीची चीन के क्वानटुंग तथा फुकियेन प्रदेशों में जन्मी थी तथा चीन में इसकी बागवानी चौथी सदी में प्रचलित हो चुकी थी। प्रसिद्ध वनस्पतिशास्त्री डीकैन्डोल का मत है कि तीसरी सदी के अन्त में लीची को चीन के लोग जान गये थे। हान् शासन काल (86 से140 ई0पूर्व) के साहित्यों में लीची का विवरण प्रथम बार अंकित मिला है। लीची पर सर्वप्रथम सन् 1059 में टी–साय हसियांन ने एक पूर्ण–पुस्तक छापी थी। मैक गौवान ने लिखा है कि 200 ई0 पूर्व काओ टिसू

नामक बादशाह को लीची के फल प्रथम बार भेंट के रुप में दिये गये थें। गृह वाटिका में लीची लगाने से परिवार के लिए लीची के मौसम में ताजे फलों की उपलब्धता बनी रहती है।

लीची का वितरण

इसकी उत्पत्ति चीन के दक्षिणी भाग में हुई वहाँ उसकी खेती 1000 वर्षो से होती आ रही है। भारत के बंगाल प्रान्त में लीची वर्मा के रास्ते सत्तरहवीं शताब्दी के अन्त में पहुँची फिर वही से धीरे–धीरे बिहार में दरंभगा, समस्तीपुर, वैशाली, चम्पारण एवं मुजफफरपुर, उत्तरप्रदेश में सहारनपुर, देहरादून एवं मुजफ्फरनगर तथा पश्चिम बंगाल में हुगली जिलों मे फैली। विश्व में लीची उत्पादन में भारत का चीन के बाद दूसरा स्थान है। भारत में लीची की वागवानी 53600 हेक्टेयर भूमि में की जाती है। जिससे 4.56 लाख टन फल की प्राप्ति होती है। बिहार राज्य में अकेले 25300 हेक्टेयर क्षेत्रफल में लीची की बागवानी होती है, जिससे 3.03 लाख टन फल प्राप्त होता है। भारत में लीची उत्पादक राज्यों में बिहार का प्रथम स्थान है,त्रिपुरा दूसरे तथा पंजाब तीसरे स्थान पर है। इसके अतिरिक्त झारखण्ड, पश्चिम बंगाल,उड़ीसा,पंजाब, नागालैण्ड,अरुणाचल प्रदेश, असम तथा हिमाचल प्रदेश में भी इसकी बागवानी की जाती है। भारत के विभिन्न राज्यों में इसका क्षेत्रफल, उत्पादन तथा उत्पादकता इस प्रकार है।

राज्य	क्षेत्रफल (0000 हेक्टेयर)	उत्पादन (0000 टन)	उत्पादकता (टन/हेक्टर)
असम	4.1	18.4	4.5
बिहार	25.3	303.3	12.0
झारखण्ड	0.5	5.0	10.0
उड़ीसा	3.5	8.2	2.3
पंजाब	1.2	11.5	9.6
त्रिपुरा	1.6	8.9	5.6
उत्तरांचल	8.9	8.8	1.0
पश्चिम बंगाल	4.2	42.0	10.0
अन्य राज्य	4.3	5.9	1.3
कुल	53.6	412.0	7.7

भारत एवं चीन के अतिरिक्त म्यानमार, थाइलैण्ड, दक्षिण अफ्रीका, हवाई, मॉरीसस, संयुक्त राज्य अमेरिका तथा पश्चिम द्वीप समुह प्रमुख लीची उत्पादक राष्ट्र हैं।

लीची के फलों के पोषक तत्व

लीची के पके फलों में प्रचूर मात्रा में पोषक तत्व पाये जाते हैं। पके फलों में शर्करा 11.8 प्रतिशत, प्रोटिन 0.7 प्रतिशत, खानिज पदार्थ 0.7 प्रतिशत, वसा 0.3 प्रतिशत एवं अनेक विटामिन प्रचूर मात्रा में पाये जाते हैं।

लीची का कुल खानदान

लीची सोप–बेरी (सैपिन्डेसी) पौध परिवार का एक सदस्य है। इसे वानस्पतिक भाषा में लीची चायनेन्सीस नाम से पुकारा जाता है। यह दो बीज पत्री वृक्ष है, जिसकी उँचाई 6–9 मीटर तक होती है इसकी शाखायें फैली हुयी तथा पत्तियाँ हरे रंग की चमकीली होती है।

लीची के कलमी वृक्षों पर 4–5 वर्ष बाद फूल लगने प्रारम्भ हो जाते हैं। फलपकने पर सूर्ख लाल रंग के हो जाते हैं तथा मौसम में अधिक परिवर्तन का फलों के गुणवत्ता पर अधिक प्रभाव पड़ता है। पके फलों में 30 प्रतिशत छिलका+बीज तथा 70 प्रतिशत गुदा होता है तथा 11.8 प्रतिशत चीनी एवं 0.7 प्रतिशत प्रोटीन होता है।

ग ह वाटिका में लीची अर्थात ताजे फलों की भरपूर उपलब्धता

भूमि एवं जलवायु

लीची की सफल बागवानी के लिए अच्छी जल धारण क्षमता एवं सामान्य पी.एच वाली गहरी बलुई दोमट मिट्टी उर्पयुक्त होती है। लीची की खेती हल्की अम्लीय एवं लेटेराईट मिट्टी में सफलता पूर्वक की जा सकती है। अच्छी जल निकास युक्त एवं कार्बनिक पदार्थ से भरपूर मिट्टी में इसके पौधो की बढ़ावार एवं उपज अच्छी पाई गयी है। लीची की जड़ो में लीची माइकोराईजा नामक फफूँद पाये जाते हैं। ये फफूँद अपना भोजन पेड़ से प्राप्त करते हैं। तथा बदले में पेड़ो के लिए खाद्य पदार्थ तैयार करते हैं, साथ ही ये कुछ अप्राप्त पोषक तत्वों को भी प्राप्त रुप में परिवर्तित कर देतें हैं, जिससे पेड़ो की वृद्धि अच्छी होती है एवं फल अधिक लगते हैं। अतः पौधा लगाते समय पुरानी लीची के पौधों की जड़ो के पास की थोड़ी मिट्टी का व्यवहार करना चाहिए।

लीची समशीतोष्ण जलवायु का फल है। इसके पौधों की वृद्धि नम वातावरण, अच्छी वर्षा एवं पाला रहित क्षेंत्रों में अच्छी होती है। लीची में फूल आने के समय आसमान साफ रहने, तापमान मे वृद्धि एवं शुष्क जलवायु होने से फूल ज्यादा आते हैं, जिससे ज्यादा फल लगते हैं। लीची के फलों में विकास के समय कम गर्मी एवं पकते सयम सामान्य आर्द्रता रहने से फलो में गूद्दे का विकास एवं गुणवत्ता मे वृद्धि होती है तथा फल कम फटते हैं। फल पकते समय हल्की वर्षा होने से फलों का रंग एवं गुणवत्ता में वृद्धि होती है।

पौध लगाने की विधि

लीची पौध रोपण हेतु पहले से चयन किये स्थान को रेंखाकित कर पौध लगाने का स्थान निश्चित कर लेना चाहिए। लीची का पौधा 10 x 10 मीटर की दूरी पर लगाना चाहिए। पहले से चिन्हित स्थान पर मई के प्रथम या द्वितीय सप्ताह में 10 मीटर की दूरी पर 90 x 90 x 90 सें मी0 आकार के गड्ढ़े खोदकर मिट्टी की सड़ी खाद, 2–3 किलोग्राम सिंगल सुपर फास्फेट, 1.0 किलोग्राम म्यूरेट आफ पोटाश, 100 ग्राम एल्ड्रीन घूल 5 प्रतिशत तथा चूने की कमी वाले जमीन में 2–3 किलोग्राम चूना को गड्ढ़े की मिट्टी के साथ अच्छी प्रकार मिला कर भरें ताकि खेती की सतह में आ जाय। पौधे का रोपण वर्षा होने पर मिट्टी अच्छी प्रकार बैठकर जब मिट्टी खेत की सतह में आ जाये। तब पौधों का रोपण वर्षा प्रारंभ होने के बाद करना चाहिए। पौधों को गड्ढे के ठीक मध्य में पिण्डी के साथ लगाना चाहिए। पौध लगाने के बाद हल्की सिंचाई करे दें। यदि वर्षा न ही रही हो तो पौध के लग जाने तक पानी देते रहें। बाग मे लीची की विभिन्न किस्में लगावें जिससे फल शुरु से अन्त तक मिलते रहें।

लीची की उन्नत किस्में

फलों के पकने के समय के आधार पर लीची की किस्मों को तीन वर्गो में बॉटा गया है जो निम्नलिखित हैः–

1. मई के प्रथम पक्ष में पकने वाली–देशी, अर्ली बेदाना।
2. मई के दूसरे पक्ष मे पकने वाली–शाही, रोजसेंटेड एवं पूर्वी।
3. मई के अन्त से जून के प्रथम सप्ताह में पकने वाली किस्में:–चायना,कसबा,मंदराजी एवं लेट बेदाना।

लीची की किस्म–सबौर मधु

लीची के लिए खाद तथा उर्वरक का व्यवहार

लीची के लिए प्रति वृक्ष निम्नलिखित खाद की मात्रा का व्यवहार करने से उपज भरपूर मिलती है जो नीचे की तालिका में दी जा रही है।

क्रमांक	खाद का नाम	प्रथमवर्ष	प्रतिवर्ष बढाने वाली मात्रा (1–6 वर्ष तक)	प्रौढ़ वृक्ष के लिए खाद की मात्रा
1	कम्पोस्ट या सड़ी खाद	20 किलो	10 किलो	60 किलो
2	अंडी की खल्ली	1 किलो	1/2 किलो	5 किलो
3	नीम की खल्ली	1/2 किलो	1/2 किलो	3 किलो
4	सिंगल सुपर फास्फेट	1/2 किलो	1/2 किलो	5 किलो
5	म्यूरियेट ऑफ पोटाश	100 ग्राम	50 ग्राम	500 किलो
6	चूना (जहॉ चूने की कमी हो)	2 किलो	1/2 किलो	5 किलो
7	कैल्सियम नाइट्रेट	–	1/2 किलो	2 किलो

लीची के बागों में लीची की ही सुखी पत्तियों द्वारा मल्चिग (झपनी) करने से फलों की उपज में 40–45 प्रतिशत की वृद्धि होती है।

लीची के पेड़ो पर जस्ता का छिड़काव

ऐसी मिट्टी में जहाँ जस्ते की कमी होती है और पत्तियों का रंग कॉसे जैसा होने लगता है, वृक्षों पर 4 किलो जिंक सल्फेट तथा 2 किलो बुझे चूने का 500 लीटर पानी में घोल बनाकर छिड़काव करें।

पौधों की देखभाल

लीची के पौधे कोमल होते हैं, अतः इसे जाड़े में पाला तथा गर्मी में तेज धूप से बचायें, इसके लिए यदि पाला गिरने की संभावना हो तो बाग की सिंचाई करे दें तथा गर्मी में धूप से बचाव के लिए पूरब दिशा को छोड़कर तीन रतफ से सरकंडे, टाट या ताड़ के पत्ते लगा दें। प्रारंभ में नये पौधें को जानवरों से बचाव के लिए चारों तरफ धेरा लगा दें या गड्ढा खोद दें तथा बाग के उत्तरी एवं पश्चिमी किनारे पर हवा अवरोधक वृक्ष जैसे शीशम,बीजू आम की दो या तीन कतार लगावें। वर्षा पानी का समुचित निकास रखें तथा जाड़े में 15–20 तथा गर्मी में 10 दिनों के अन्तराल पर आवश्यकतानुसार सिंचाई करें। प्रतिवर्ष वर्षा शुरु तथा अन्त में एंव जनवरी में नये बाग की जुताई करें। नये बाग में अतंवर्ती फसल जैसे सब्जी एवं दलहनी फसलों की खेती करें।

लीची की बागों में अन्तरावर्ती खेती

लीची की नई बागों में 10 वर्ष तक दलहनी फसलें जैसें लोबिया, मूँग, मटर, मसुर, चना, अरहर, सब्जियाँ जैसे परवल, खीरा, लाल मिर्च, बैगन टमाटर तथा पुरानी बागों में हल्दी, अदरक, लम्बी पीपर, अरवी, ओल की फसल अतिरिक्त आय के लिए उगायें। प्रक्षेत्र परीक्षण से पता चला है कि लीची के बागों मे हल्दी की अन्तरावर्ती खेती से अधिक अतिरिक्त आय तथा पेड़ो पर कीड़ों का प्रभाव कम हो जाता है।

लीची की किस्मः बेदाना। इसमें गूदे की प्रतिशत मात्रा अधिक तथा बीज अपेक्षाक त बहुत छोटा होता है।

सिंचाई

पौध लगाने के बाद शुरु के वर्षो में अक्टूबर से जून माह तक नियमित सिंचाई करें। जुलाई से सितम्बर माह मे वर्षा से पौधों के जल की आवश्यकता की पूर्ति हो जाती है। इसलिए इस समय में अतिरिक्त पानी देने की आवश्यकता नहीं पड़ती। जमीन में नमी की कमी होने पर अक्टूबर–नवम्बर माह में 15 मार्च–जुलाई में एक सप्ताह की अन्तराल पर सिंचाई करे। पौधों की सिंचाई थाला विधि से करें। लीची के फल वाले पौधों मे फूल लगने के 3–4 माह पूर्व पानी देना बन्द करें। ऐसा देखा गया है कि पानी की कमी से फल का विकास रुक जाता है तथा फल फटने लगते हैं अतः फलों के विकास के लिए उचित जल प्रबंध अति आवश्यक है।

खरपतवार नियंत्रण

खरपतवार के पौधे लीची के पौधों के साथ पानी, जगह, सूर्य के प्रकाश तथा पोषक तत्वों के लिए प्रतिस्पर्धा करते हैं फलस्वरुप लीची के उपज में कमी आ जाती है। खरपतवार के नियंत्रण के लिए वर्षा के बाद अक्टूबर तथा फरवरी–मार्च के महीनों में बाग की जुताई करें। साकनाशी रसायनों का प्रयोग करें। दवा काफी उपयुक्त पायी गयी है। 2.0 किलोग्राम ग्लाइफोसेट के सक्रिय तत्व को 60 लीटर पानी में घोलकर प्रति हेक्टर की दर से छिड़काव करें। छिड़काव करते समय स्प्रेयर का नोजल खरपतवार पर ही रखें लीची के पौधों के पत्तियों तथा तना पर इसका छिड़काव न करे।

पौधों की काट छाँट

प्रारंभ के 3–4 वर्षो में पौधों की अवांछित शाखाओं को निकाल दें, जिससे मुख्य तनों का उचित विकास हो सकें। इसके बाद पौधे के चारों दिशाओं में 3–4 शाखाओं को विकसित होने दें। लीची के फलन वाले पौधों में प्रतिवर्ष अच्छी उपज के लिए फल तोड़ाई के समय 15–20 सें0मी0 डाली तोड़ने से उनमें अगले वर्ष अच्छे कल्ले निकलते हैं। फल तोड़ाई के पश्चात सूखी, रोगग्रस्त तथा आड़ी, तिरछी शाखाओं को काट दें।

पुष्पन एवं फलन

कायिक प्रवर्धन (गुटी) से तैयार पौधों में फूल आने के चार महीने पूर्व से सिंचाई बन्द कर दें। ऐसा पाया गया है कि सिंचाई बन्द कर देने से मंजर बहुत अच्छा आता है। मंजर आने के 30 दिन पूर्व पौधों पर जिंक सल्फेट (5 ग्राम प्रति लीटर) पानी के घोल का पहला एंव 15 दिन बाद दूसरा छिड़काव करने से मंजर और भी अच्छा आता है। फूल आते समय पौधों पर कीटानाशक दवा का छिड़काव न करें तथा फूलों के अच्छी प्रकार परागण के लिए बगीचे में पर्याप्त संख्या में मधुमक्खी के बक्से को रखना चाहिए। पौधों में फल लगने के एक सप्ताह बाद प्लैनोफिक्स (2 मि0ली0 प्रति 4.8 लीटर पानी में) या बोरिक अम्ल (4 ग्राम प्रति लीटर पानी में) के घोल को 15 दिनो के अन्तराल पर तीन छिड़काव करने से फलों का झड़ना कम हो जाता है तथा फलों के फटने की समस्या भी कम हो जाती है।

लीची के फलों का फटना

लीची के कुछ अगात किस्मों, जैसे शाही, रोजसेंटेड, पूर्वी आदि में फल पकने के समय फट जाते हैं जिससे इनका बाजार भाव कम हो जाता है। लीची की सफल खेती में फल फटने की समस्या अत्यन्त घातक है।

लीची शाही के आकर्षक फल

लीची किस्म रोजसेन्टेड--गुलाब की खुशबू वाली

लीची के वृक्षों की बेहतर रख–रखाव से अधिक फलन

इसके लिए निम्न उपचार करें

1. फल लगने के बाद पेड़ो के नजदीक नमी बनायें रखे।
2. जब फल लौंग के आकार के हो जाये तब नेप्थलीन एसीटीक एसीड नामक वृद्धि नियामक के 20 पी0पी0एम0 घोल का छिड़काव 15 दिनों के अन्तराल पर करें। इससे फल कम गिरेंगे एंव नही फटेंगें।

लीची—ग ह वाटिका की शोभा

लीची की उपज एवं आय—व्यय का लेखा—जोखा

लीची के पेड़ो पर 5—6 वर्ष बाद फूल लगाना आरम्भ हो जाता है। फल तैयार हो जाने पर इसे गुच्छो में तोड़े और अच्छी तरह पैकिंग कर बाजार में भेजें। प्रत्येक वृक्ष से 4000 से 6000 तक फल प्राप्त होते हैं। लीची में अनियमित फलन की समस्या नहीं है। अतः इसकी खेती से हर साल आय मिलती रहती है। लीची के बागों से प्रतिवर्ष औसतन 30,000 से 35,000 रुपये प्रति हेक्टर की आमदनी होती है। आप भी लीची के बाग अवश्य लगायें। लीची के ताजे फलों को 25 प्रतिशत छेद वाले पॉलीथीन के थैलों में पाँच दिनों तक ताजा रखा जा सकता है।

लीची पर अधारित उद्योग धंधे

बिहार मे उद्योग धंधो का घोर अभाव है यहाँ के लोग दूसरे सूबों में जाकर मजदूरी करते हैं, ऐसी स्थिति में यहाँ कृषि आधारित उद्योग—धंधों की सख्त जरुरत है। इन उद्योगों में लीची आधारित उद्योग धंधें सबसे बेहतर साबित हो सकते हैः—

लीची मधु उत्पादन

यह एक महत्वपूर्ण व्यवसाय है। लीची के वृक्षों पर मंजर लगते ही बगानों में मधुमक्खी के बक्से रख दिये जातें हैं। मधुमक्खियाँ लीची के पुष्प रस को अधिक पंसद करती है। इस कारण अधिक मात्रा में लीची मधु तैयार होती है।महज तीन माह में एक बक्सा से 40—45

किलोग्राम लीची मधु प्राप्त होती है। लीची मधु बेहद स्वादिष्ट तथा पौष्टिक होती है जो सबसे अधिक महँगी होती है।

लीची का अचार

लीची के फलों के पकने से पूर्व तथा लाली आने तक लीची के फलों से अचार बनाया जाता है जिसकी बाजार में बहुत अच्छी कीमत मिलती है।

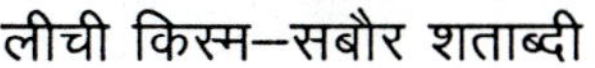

लीची किस्म–सबौर शताब्दी

लीची पूरबी

लीची के फलों की तुड़ाई तथा ग्रेड़िग

फलों की तुड़ाई तथा ग्रेडिंग में महिलाओं को अधिक रोजगार प्राप्त है। अनपढ़ औरतों के लिए यह एक अच्छा रोजगार है जो केवल एक महीने के लिए ही प्राप्त होता है।

लीची के फलों की ग्रेडिंग में ग्रामीण महिलाओं को एक महिने का रोजगार हर साल प्राप्त होता है।

लीची के बागों में लीची की ही सुखी पत्तियों द्वारा मल्चिंग करने से 40–45 प्रतिशत फलों की उपज मे व द्धि दर्ज होती है।

पैकिंग बक्सा का उद्योग

बिहार में लीची के फलों को दूर दराज के बजारों में भेजने के लिए पैकिग के लिए लकड़ी के बक्से बनाने का रोजगार गाँवों मे खूब विकसित है जिसमें बढ़ई परिवार के लोगों को दो तीन महीने के लिए अच्छा रोजगार प्राप्त हो जाता है।

फलों के संरक्षित पदार्थ

पूर्णरुपेण पके हुए फलों का मशीन द्वारा गुठली निकाल कर गूदे को प्रिजर्व करके डिब्बा में बन्द कर विदेशों में भेजा जा सकता है। इससे विदेशी मुद्रा की प्राप्ति हो सकती है। इतना ही नही लीची के पके फलों की जेली, जैम तथा शर्बत का उद्योग लगा कर अच्छी आमदनी प्राप्त की जा सकती है। लीची का शर्बत भारत तथा विश्व के अन्य देशों में अधिक लोकप्रिय है। आवश्यकता इसके उच्च गुणवत्ता युक्त उत्पाद का निर्माण करने तथा देश–विदेश में बेचने की है।

—•—

39

शरीफा

शरीफा का एक लोकप्रिय नाम सीताफल भी है। संस्कृत भाषी इसे गण्डगात्र भी कहते है। गण्डगात्र का अर्थ है जिसके शरीर पर गांठों जैसे उभार हो। अग्रेंजी में शरीफा को कस्टर्ड एप्पल,शूगर एप्पल तथा स्वीट सौप परंतु लैटिन भाषा में एनोना स्कवेमोसा लिन कहते है। स्ववेमोसा का अर्थ उबड़ –खाबड़ सतह वाला है। एन्नोना वर्ग में करीब सत्तर जातियों के वृक्ष और झाडियाँ हैं जो उष्ण अमेरिका तथा अफ्रीका के मूल निवासी है। यह फल एनोनीसी पौध कुल का सदस्य है। इस पौध परिवार में पाँच मुख्य फल आते हैं जिनके फलों का व्यवासियक महत्व हैं जो निम्नलिखित हैः–

एन्नोना जीनस में कुल 70 स्पेसीज हैं जिसमें पाँच मुख्य हैं जिनके फलों का व्यवसायिक महत्व हैः–

1. एन्नोना स्क्वीमोसा – सीताफल
2. एन्नोना रेटीकुलाटा – रामफल
3. एन्नोना चेरीमोया – लक्ष्मणफल
4. एन्नोना मूरीकाटा – हनुमानफल
5. एन्नोना ग्लेब्रा – भरतफल

वानस्पतिक विवरण

शरीफा का वृक्ष छितरा हुआ, कमोबेश सदा हरा रहनेवाला, साढ़े चार से छः मीटर तक उँचा होता है। इसके पत्ते पाँच से पन्द्रह सें0मी0 लंबे होते हैं। उंगलियों से मसलने पर इनमें से सुगंध आती है। उत्तर भारत में सर्दियों में पत्ते झड़ जाते हैं। छोटे डण्टलों पर लटकते हुए, हरे से रंग के फूल अकेले या जोड़ो में, अप्रैल से जुताई तक खिलते हैं। फूलों में मोटे, गूद्देदार, दृढ़ 2.5 सें0मी0 लंबे तील दल होते हैं। फूल का डण्ठल पत्ते के सामने लगता है। 7.5 से 10 से0मी0 व्यास के फल पीताभ हरे और छोटे उभारों से ढ़कें होते हैं। हरे सें रंग के नरम छिलके सरसरी दृष्टि से एक–दूसरे को आच्छादित करते हुए शल्क दीखते हैं। ज्यों ही फल पकता है, गिरकर टुकड़े–टुकड़े हो जाता है। कस्टर्ड जैसे नाजुक गंध और मीठे स्वाद वाले रसीले गूदे का रंग क्रीम की तरह पीला या सफेद होता है। गूदे में भूरे–से काले रंग के,चिकने, आयताकार बहुत से बीज पाये जाते है।

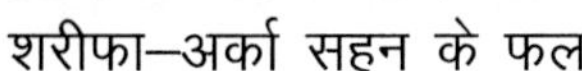

शरीफा–अर्का सहन के फल

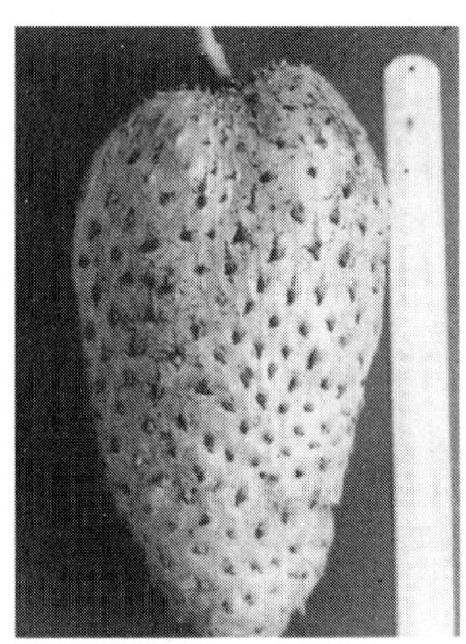

अनोना म्यूरी काटा का फल

उत्पति तथा इतिहास

शरीफा का मूल जन्म स्थान उष्ण अमेंरिका है परंतु इसकी बागवानी बहुत से गरम देशों में हो रही है। कहा जाता है कि पुर्तगालियों के साथ यह भारत में आया था। इस मान्यता के विपरीत, पुरातत्व और इतिहास इस बात का सबूत प्रस्तुत करता है कि शरीफा भारत का स्थानीय फल है। यह फल सदियों पहले भारत के कई राज्यों में जंगली पाये जाते हैं। अजन्ता की गुफाओं के भिति चित्रों में, मथुरा और भरहुत के स्तूपों की दिवारों पर शरीफा

के चित्र साफ नजर आते हैं। सम्राट अकबर के जीवन चरित्र "आइने–अकबरी" में भी शरीफा का वर्णन है। अमेरिका की खोज के एक शताब्दी बाद यह पुस्तक लिखी गई थी। इन सबूतो के आधार पर माना जा सकता है कि अमेरिका की खोज से बहुत पहले शरीफा अमेरिका के गरम भागों के दोनों तटों से निकलकर दूर–दूर देशों में पहुँच गया था और पुर्तगालियों के भारत में कदम रखने से पहले हीं यहाँ लोकप्रिय हो चुका था।

भूमि का चुनाव

शरीफा सामान्यता सभी प्रकार की भूमियों में लगाया जा सकता है। परन्तु सूखे गरम जलवायु में हल्की जमीन में भी अच्छा बढ़ता है। इसकी जड़े उथली होती हैं। इसलिए इसे गहरी भूमि की जरुरत नहीं पड़ती है। यह पथरीली भूमि पर तथा पहाड़ो के ढ़लानों पर भी सरलतापूर्वक उग आता है। भूमि से जल निकास का उत्तम प्रंबध होना चाहिए। यह वृक्ष हल्का पाला तो बर्दास्त कर लेता है लेकिन अधिक सर्दी को नही झेल सकता है।

पौध प्रसारण की विधियाँ

शरीफा का प्रसारण बीजों और कलमों से किया जाता है। शरीफा के बीजों में सात साल तक उगने की क्षमता बनी रहती है फिर भी ताजा बीज बोना श्रेयस्कर होता है। बोने से पहले बीजों को चार दिन तक पानी में भिंगोना चाहिए। इस क्रिया से बीजों के उपर का कठोर आवरण नरम हो जाता है और अंकुरण शीध्र हो जाता है।

पौध लगाने की दूरी

पेड़ो के बीच चार मीटर का फासला रखना पर्याप्त होता है। भारत में शरीफा के पौधों को न तो खाद डाला जाता है और न ही इनकी सिंचाई और छटाई की जाती है। ये क्रियाएँ की जाये तो फलों की उत्कृष्टता बढ़ जाती है और फसल अधिक मिलती है।

फलन

दो से चार साल की उम्र के पौधों में फल लगते हैं। 12–15 साल बाद फसल कम होने लगती है पक्षियों और जानवरों से फलों को बचाने के लिए वृक्ष को जाल से ढ़क देना अच्छा होता है। यह संभव न हो तो, गदराये फलों को तोडकर पुआल में पका लेते हैं। अगस्त–नवम्बर तक फलों का मौसम रहता है। सर्दी के मौसम में फल कठोर हो जाते हैं, पकते नहीं। पेड पर फल ठीक तरह पकते नजर आयें तो पुआल में पका देना चाहिए।

उपज

एक पेड़ पर औसत 100–150 फल लग जाते हैं, जिनका वजन 25–30 किलोग्राम होता है। विभिन्न किस्मों के फलों का भार 150–350 ग्राम तक होता है।

अनोना रेटीकुलाटा का फल डालियों पर

शरीफा के औषधीय गुण

शरीफा के फल, मधुर, शीतवीर्य, तृप्तिजनक, बलदायक होते हैं। इनका सेवन हृदय के लिए लाभदायक होता है। शरीफा खाने से रक्तपित तथा वायु नष्ट हो जाती है। इसके रुचिकर स्वादिष्ट गूदे से स्क्वैश तथा सुगंधित शराब बनायी जाती है। गूदा का संघटन यह है। आर्द्रता 73.2 प्रतिशत, ग्लूकोज 14.5 प्रतिशत, सैकेरोस 1.7 प्रतिशत, प्रोटिन 0.8 प्रतिशत होता है। इसमें विटामिन–सी की प्रचुर मात्रा पायी जाता है। इसकी छाल से एनौनेइन पृथक किया गया है। पत्तों, छाल और जड़ों में हाइड्रोसायनिक अम्ल पाया जाता है जो अल्प मात्रा में लकड़ी और बीजों में भी पाया जाता है। इसकी लकड़ी मृदु और सफेद होती है। प्रति घन मीटर लकड़ी का भार 73.7 किलोग्राम होता है। यह अधिक उपयोगी नहीं होता है। कच्चे फल, बीज, पत्ते और जड़े औषधीय गुणों से परिपूर्ण होती हैं। जड़े तीव्र विरेचक होती हैं। बीज, कच्चे फल और पत्तियाँ मछलियॉ के लिए विषैला, कीटनाशक होता है। इनके चूर्ण से कीटनाशक दवाई बनायी जाती है। पत्तों और बीजों को पीसकर सिर पर लेप करने से बालों में पड़ी हुई जूएँ मर जाती हैं। लेप लगाकर सिर को कपड़े से बॉध लेना चाहिए। दो–तीन घंटे बाद सिर को नीचा करके धों लेना चाहिए। इतनी सावधानी बरतनी चाहिए कि आँखो में लेप का पानी नहीं पड़े परन्तु आँखों में लेप का पानी पड़ जाने पर

आँखो में गुलाब जल डालना चाहिए। इससे अंधें होने का खतरा रहता है। फोड़ों को पकाने के लिए पत्तों की पुल्टिस बॉधी जाती है। पत्तों को तम्बाकू के पत्तों और जरा से अनबुझे चुने के साथ पीसकर पशुओं के दूषित व्रणों पर लगाते हैं। इससे कीडे मर जाते हैं और गला–सड़ा मांस साफ हो जाता है। बीजों को पीसकर गर्भाशय मुख पर लेप करने से गर्भपात हो जाता है। दस्तों को रोकने के लिए इसे 1–2 ग्राम की मात्रा में दिन में तीन बार खिलाते हैं। बच्चों के गुदा भ्रंश में पत्तों के काढे से गुदा को धोते हैं। हिस्टीरिया और मूर्च्छा के दौरों में पत्तों को कुचलकर स्त्रियों के नथुनों में लगाते है ही उन्हें होश आ जाता है। इस फल के तरह तरह के औषधीय उपयोग को मध्य प्रदेश, छत्तीसगढ़ तथा झारखण्ड प्रदेश के आदिवासी लोग अपने रोज–रोज के जीवन में काफी इस्तेमाल करते हैं। आवश्यकता इसे सुधरे रूप में लाने की है।

—•—

40

शहतूत

भारत में शहतूत की बागवानी प्राचीन काल से होती आ रही है क्योंकि इस से हमें स्वादिष्ट तथा पौष्टिक फलों के साथ–साथ रेशमी कपड़ा भी प्राप्त होता है। हमारे देश मे रेशम के कीडे पालने का तथा रेशमी वस्त्र निर्माण का कुटीर उद्योग अत्यन्त पुराना हैं जिसमें आज भी लाखों लोगो को रोजगार प्राप्त है। भारत के पुराने ग्रन्थों में भी शहतूत का वर्णन तरह–तरह के रोगों को दूरा करने का भरा पड़ा है। शहतूत के वृक्ष अधिकतर रेशम के कीड़े पालने हेतु लगाये जाते हैं परन्तु आज कल आंगन बाड़ी में लोग इसके एक दो वृक्ष लगाने लगे हैं। इसके खट्टे–मीठे फलों का स्वाद बच्चों तथा बूढ़ों सभी के मन को मुग्ध कर देता है। इसमें विटामिन–सी प्रचुर मात्रा में पाया जाता है।

उत्पत्ति तथा वानस्पतिक विवरण

शहतूत मोरेसी पौध परिवार का फल है। काले रंग की शहतूत की उत्पत्ति भारत एवम् ईरान तथा सफेद शहतूत की चीन तथा जापान में माना गया है। भारत में शहतूत की तीन स्पेसीज अधिक लोकप्रिय है जो निम्नलिखित हैः–

- **मोरस अल्बा** : इस किस्म पेड़ 15 मीटर तक उचे होते हैं तथा फल हल्का हरा होता है। फलों की लम्बाई 4–5 से.मी. होती है तथा पकने पर फलों का रंग हल्का

लाल–भूरा हो जाता है। फल अधिक मीठे होते हैं। इन्हें ताजी अवस्था में ही खाया जाता है। परन्तु कुछ लोग शर्बत भी बनाते हैं। इस किस्म को रेशम का कीड़ा पालने हेतू उगाया जाता है।

- **मोरस नाइग्राः** यह काले रंग के फलों वाली किस्म है, इसके फल 1–2 से.मी. लम्बे तथा पकने पर काले रंग के हो जाते हैं। इनका स्वाद खट्टा–मीठा होता है जिसे सभी पसन्द करते हैं। इसे फलों के लिए लगाया जाता है। इसके वृक्ष 8–9 मीटर तक लम्बे होते हैं।
- **मोरस रूब्रा** : यह लाल रंग के फलों वाली किस्म है। इसके वृक्ष 15–18 मीटर तक लम्बे होते हैं। इस किस्म के शहतूत की लकड़ी से फर्नीचर बनाये जातें हैं।

भारत में शहतूत की विभिन्न प्रकार की बागवानी लगभग 28000 हेक्टर भूमि में होती है जो लगातार बढ़ रही हैं क्योंकि इस पर रेशम उद्योग आधारित है।

शहतूत के लिए भूमि एवम् जलवायु

वैसे शहतूत सभी प्रकार की भूमि में उगाई जा सकती है परन्तु पौधों की वृद्धि चिकनी दोमट भूमि में बढ़िया होती है। शहतूत पर्णपाती फल है। इसे शीतोष्ण जलवायु अधिक पसन्द है परन्तु इसकी कुछ जातिंया उष्ण जलवायु में भी उगती हैं। शहतूत के नये बाग लगाने के लिए खेत से खर–पतवार निकाल कर 2–3 जुताई मिट्टी पलटने वाले हल से करनी चाहिए। अन्तिम जुताई के समय मिट्टी में 20–25 टन गोबर की सड़ी खाद तथा इतनी ही मात्रा तालाब की चिकनी मिट्टी डालकर अच्छी प्रकार मिला देनी चाहिए।

शहतूत का पौध प्रसारण

- **बीज द्वाराः** सर्वप्रथम बीजों को नर्सरी में बोकर बिचड़ें तैयार किये जाते हैं जब बिचड़े 8–10 से.मी. के हो जाते हैं तो उन्हें पालीथीन की थैलियों में लगा दिया जाता है। इन पौधों पर आप टी चश्मा विधि द्वारा उच्च किस्म कि बड निकाल कर लगा दिया जाता है। यह कार्य वसन्त ऋतु में किया जाता है।
- **कलम द्वाराः** जाड़े में परिपक्व शाखाओं से 25–30 से.मी. की लम्बी कलमों को 10 से0मी0 दूरी पर लगाया जाता है। इन कलमों का 2/3 भाग मिट्टी में तथा 1/3 भाग मिट्टी के उपर कुछ तिरछी अवस्था में लगाया जाता है। कलम लगाने के तुरन्त बाद सिंचाई अवश्य करें। जुलाई में इन कलमों से तैयार पौधों को स्थायी खेत में रोप देना चाहिए।

लम्बे फलों वाली शहतूत (मोरस अल्बा)

काले फलों वाली शहतूत (मोरस नाइग्रा)

रोपाई की विधि

शहतूत के फलों के लिए कलम द्वारा तैयार पौधों की रोपाई 6 मीटर की दूरी पर किया जाता है। पौधों की रोपाई के लियें चिन्हित स्थान पर 30 से.मी. के आकार के गड्ढ़े बना

कर उसमें एक भाग उपर की मिट्टी तथा एक भाग गोबर की खाद मिला कर भर दें। जब वर्षा के कारण गड्ढो की मिट्टी बैठ जाये तो उसमें पौध लगानी चाहिए।

पोधों की कटाई–छटांई

शहतूत में फलन नई शाखाओं पर होती है अतः एक मीटर की उँचाई पर मुख्य तने को काट दिया जाता है जिससे वहां से कई नई शाखायें उत्पन्न होती हैं और उन्ही पर फल लगते हैं।

फलों की तोड़ाई तथा उपज

शहतूत के फूल एक लिंगी होते हैं जो वसन्त ऋतु में लगते हैं अधिकांश जातियों में एक ही पेड़ पर दोनों प्रकार के फूल लगतें हैं। शहतूत के फल उत्तर भारत में मार्च–अप्रैल में पकनें लगतें हैं। एक 10 वर्ष की आयु के पेड़ से 20–25 किलोग्राम फल प्राप्त होते हैं। पके फलों को अधिक देर तक नहीं रखा जा सकता है। अतः तुरन्त बाजार भेजना चाहिए। फलों की तोड़ाई सावधानी पूर्वक पेड़ के नीचे स्वस्थ कपड़ा बिछा कर करना चाहिए ताकि फल जमीन पर गिर कर गन्दे नहीं होने पायें।

मूल्य सम्वर्धित पदार्थ

पके फलों से स्वादिष्ट जैम बनाया जाता है जिसमें चीनी 8–9 प्रतिशत तथा अम्लता एक प्रतिशत रखा जाता है। यूरोप तथा ईरान में शहतूत की शराब अधिक लोकप्रिय है तथा शराब बनाने में ही अधिक फल उपयोग किये जाते हैं।

शहतूत औषधि के रूप में

शहतूत के फल कफ निःसारक होते हैं। फलों में दाह–प्रशामक गुण भी पाया जाता है। शहतूत के फलों का नियमित सेवन से रक्तपित्त, प्रमेह, कृमिरोग एवम् मुखगत व्रण दूर होता है। पित्त प्रकोप में इसके फलों का शर्बत लाभकारी होता है। इस शर्बत के सेवन से उदरदाह तथा छातीदाह समाप्त हो जाता है। पके फलों का मिश्री के साथ शर्बत बनाकर पीने से लू का असर समाप्त हो जाता है। शहतूत की पत्तियों के रस का सेवन करने से उदरकृमि मर कर बाहर आ जाते हैं। हरी पत्तियों को जल में उबाल कर उस जल से कुल्ला करने पर मुखगत व्रण समाप्त हो जाता हैं।

—•—

41

संतरा

संतरा नीबू वर्ग के फलों में सबसे अधिक लोकप्रिय है। क्षेत्रफल तथा उत्पादन की दृष्टि से रुटेसी पौध परिवार के फलों में संतरा का भारत में प्रथम स्थान है। इसका वानस्पतिक नाम सिट्रस् रेटीकुलटा है। संतरे को अग्रेजी में मैन्डरिन्स तथा हिन्दी में संतरा या समतोला या संगतरा तथा असमिया में कमला टेंगा कहते हैं। कुछ जगहों पर संतरा के छोटे फलों वाली किस्मों को लोग **नांरगी** कहते है परंतु नांरगी, संतरा का ही प्रयायवाची शब्द है संतरा के फलों का छिलका गुद्देदार फाकों से अलग ढ़ीला रहता है इसलिए इसे **लूजस्किन्ड ओरेन्ज** भी कहते है।

उत्पति तथा इतिहास

संतरा चीन तथा कोचीन–चीन का मूल निवासी फल है। कुछ विद्वानों का कहना है कि नीबू वर्ग के कई फलों की उत्पति स्थली भारत है जहाँ अभी भी इनकी जातियाँ जंगली अवस्था में पायी जाती हैं। संतरा की उत्पति चीन में यूनान नामक स्थान पर हुयी थी जहाँ से यह फल शान नामक जाति के लोगों द्वारा भारत के उत्तरी–पूर्वी राज्यों में सम्राट बाबर के शासन काल में लाया गया था। भारत के इन राज्यों में संतरा की बागवानी सन् 1815 ई0 में काफी विकसित हो चुकी थी। आज भी भारत के उत्तरी–पूर्वी राज्यों में संतरा के उच्चकोटि के फलों का उत्पादन हो रहा है। भारत से ही संतरा पश्चिम के अन्य देशों में व्यापरियों द्वारा पहुँचा होगा, ऐसा विद्वानों का मत है।

विश्व तथा भारत में संतरा का वितरण

विश्व में संतरा का कुल उत्पादन 62.19 मिलियन मिट्रिक टन होता है जिसमें ब्राजील 16.98 मिलियन मिट्रिक टन, संयुक्त राज्य अमेरिका 11.08 मिलियन मिट्रिक टन,मैक्सिको 4.03 मिलियन मिट्रिक टन और चीन 3.61 मिलियन मिट्रिक टन संतरा उपजाता है परंतु भारत में अभी भी 1.66 मिलियन मिट्रिक टन उत्पादन होता है। इन देशो के अतिरिक्त संतरा उगाने वाले देशों मे स्पेन, ईरान, इटली, मिश्र तथा पाकिस्तान मुख्य हैं।

नागपुरी संतरा की ग्रेडिंग करती हुयी महिलायें

भारत में संतरे की बागवानी मुख्य रुप से महाराष्ट्र, मध्य प्रदेश, बंगाल, तामिलनाड़ु, राजस्थान, उत्तरांचल, सिक्किम, असम, मेघालय, त्रिपुरा तथा मनीपुर में होती है।

संतरा के लिए उपयुक्त जलवायु

संतरा उपोष्ण जलवायु का फल है। इसे समुद्र तल से 350 से 1500 मीटर की उँचाई वाले स्थानों पर आसानी से लगाया जा सकता है। संतरे की अच्छी फलन के लिए 10–350 से0 तक तापक्रम उपयुक्त होता है। ऐसे क्षेत्रों में जहाँ 100–120 सें0मी0 वार्षिक वर्षा होती हो, वहाँ संतरा की फसल अच्छी होती है।

भूमि का चुनाव

संतरे की व्यावसायिक बाग लगाने के लिए सदैव बलुआर दोमट मिट्टी का चुनाव करें। मिट्टी का पी–एच.मान 6 से अधिक होना चाहिए। परंतु पी–एच.मान 4 से 5 होता है, उसमें भी सफलतापूर्वक बागवानी होती है। भूमि में जल–जमाव पौधों को भारी नुकसान पहुँचाता है।

पौध प्रसारण की विधियाँ

संतरे का व्यावसायिक प्रसारण पैच बर्डिग द्वारा किया जाता है। रुट स्टाक के रुप में करना खट्टा या रंगपुर लाइम का प्रयोग करना चाहिए। यह कार्य फरवरी–मार्च या सितम्बर–अक्टूबर में संपन्न करना चाहिए।

पौध लगाने की विधियाँ

संतरे के पौधों को 6 मी0 x 6 मी0 की दूरी पर वर्गाकार विधि से लगाना चाहिए। परंतु वर्गाकार विधि द्वारा ही किन्नों के पौधों की सद्यन बागवानी करने पर इसे 1.8 मी0 x 1.8 मी0 की दूरी पर लगाया जाता है जिससे फलों की उपज में भारी वृद्धि दर्ज हो जाती है। पौधों को संध्या के समय लगाना चाहिए तथा लगाने के बाद हल्की सिंचाई अवश्य कर देनी चाहिए।

खाद तथा उर्वरक का प्रयोग

संतरे के वृक्षों से भरपुर उपज के लिए प्रति वृक्ष 75 ग्राम नेत्रजन, 40 ग्राम स्फूर तथा 75 ग्राम पोटाश देनी चाहिए। इस मात्रा को प्रति वर्ष जोडते जाते है और दसवें वर्ष में जो मात्रा आती है उसे 11वीं वर्ष से दिया जाता है। प्रतिवर्ष प्रतिवृक्ष 25 किलो गोबर की सड़ी खाद अवश्य देनी चाहिए। खाद तथा उर्वरक को पौधों के तनों से 50 सें0मी0 की दूरी पर 15 से0मी0 गहरी तथा 15 से0मी0 चौड़ी बनी हुयी नाली में मिट्टी में मिला कर देनी चाहिए। तथा बाद में मिट्टी से उसे ढ़क देना चाहिए और हल्की सिंचाई अवश्य करनी चाहिए।

फलों से लदा हुआ किन्नों का वृक्ष

सूक्ष्म तत्वों का इस्तेमाल

संतरा के पौधों मे सूक्ष्म तत्वों की कमी के कारण विभिन्न प्रकार की दैहिक व्याध्यिों के फलस्वरुप सूखा रोग का प्रकोप व्यापक होता जा रहा है। अतः जिन तत्वों की कमी दिखाई

पड़ती है उनके मिश्रण का साल मे दों बार छिड़काव सितम्बर और फरवरी में करना चाहिए। इस घोल में कापर सल्फैट 0.2 प्रतिशत, जिंक सल्फेट 0.4 प्रतिशत,मैंगजीन सल्फेट 0.2 प्रतिशत, बोरेक्स 0.5 प्रतिशत तथा बुझा हुआ चुना 0.4 प्रतिशत होनी चाहिए।

सिंचाई तथा निकाई–गुड़ाई

संतरे के बागों की जाड़े में 12 दिनों पर तथा गर्मी में 6–7 दिनों पर सिंचाई करनी चाहिए। संतरे के बागों में कही–कही कोई निकाई–गुड़ाई नहीं करके साड कल्चर विधि अपनाई जाती है। परंतु अधिकांश जगहों पर बाग को खर–पतवार रहित रखा जाता है और निकाई–गुड़ाई आवश्यक माना जाता है। इससे मिट्‌टी में वायु संचार होता है और पौधों और जड़ो का समुचित विकास होता है।

पौधों की कटाई–छटाई

संतरे के पौधों के मुख्य तनों को एक मीटर की उॅचाई तक अकेले रखा जाता है। एक मीटर की उॅचाई पर 5–6 शाखाओं को बढने हेतु प्रोत्साहित करते हैं। यह कार्य सावधानी पूर्वक करना चाहिए। पौधों की टहनियों को काटने के बाद कटे स्थान पर चौबटिया पेस्ट अवश्य लगा देना चाहिए।

पुष्पन तथा फलन

संतरे के वृक्षों पर दक्षिण भारत तथा मध्य भारत में तीन बार पुष्पण होता है। प्रथम फरवरी में अम्बे बहार के रुप में दूसरी बार जून में मृग बहार के रुप में तथा तीसरी बार अक्टूबर में हस्त बहार के रुप में फूल–फल लगते हैं तथाा साल भर कुछ न कुछ फल की प्राप्ति होती रहती है जो व्यावसायिक दृष्टि से लाभप्रद नहीं है। अतः फरवरी माह में आने वाली अम्बे बहार की भरपूर फसल लेने के लिए दिसम्बर के शुरु में वृक्षों के तनों से 50 सें0मी0 की दूरी पर गोलाई में मिट्‌टी हटा देते हैं और जड़ों को नंगा कर देते हैं जिससे कुछ पत्तियाँ पीली पड़कर झडने लगती हैं। तब उपर की आधी उपजाऊ मिट्‌टी तथा आधी मात्रा कम्पोस्ट मिलाकर देते हैं और सिंचाई कर देते हैं। इससे फरवरी में फूल–फल भरपूर लगते हैं और उपज अच्छी मिलती है।

फलों की तोड़ाई, उपज तथा भंडारण

संतरे के पकने का समय जलवायु के अनुसार अलग–अलग जगहों पर अलग–अलग होता है। कर्नाटक के कुर्ग क्षेत्र में संतरा के पकने का समय दिसम्बर से अप्रैल तक का है।

परंतु उत्तर पश्चिम भारत के मैदानों में यह फल दिसम्बर से फरवरी तक पकता है। उत्तर–पूर्वी भारत के अन्य प्रदेशों में इसके फल जाड़े में पक कर तैयार होते हैं और मार्च–अप्रैल तक मिलते रहते हैं। संतरे के पूर्ण पके फलों को ही तोड़ना चाहिए। क्योंकि तोड़ने के बाद ये पकते नही है। यदि संतरे के वृक्षों की अच्छी से देखभाल की जाये तो एक दस वर्ष से उपर के वृक्ष से 800–1000 फल मिल जाते हैं। संतरे के फलों को 5–7 डिग्री सें0 तापमान पर तथा 85–90 प्रतिशत आपेक्षिक आर्द्रता पर 40–50 दिनों तक सफलता पूर्वक भंडारित किया जा सकता है।

संतरा के फलों का खाद्यमान

संतरा के 100 ग्राम खाने योग्य भागों में जल 89.70 प्रतिशत, प्रोटिन 0.60 प्रतिशत, वसा 0.2 प्रतिशत, रेशा 0.3 प्रतिशत, कार्बोहाईड्रेट 8.90 प्रतिशत कैलोरी 40, विटामिन ए 1800 अ0ई0, विटामिन सी 30 मि0ग्राम, खनिज लवण 0.30 प्रतिशत, कैल्शियम 20 मिलीग्राम, फास्फोरस 20 मि0ग्राम तथा लोह 0.5 मि0ग्राम मिलता है।

संतरा का औषधीय उपयोग

संतरा मानव को, प्रकृति का एक अनुपम उपहार है। यह एक अत्यंत स्वादिष्ट फल है। इसके खट्टे–मीठे स्वाद की तुलना किसी भी फल से नहीं की जा सकती है। संतरा खाने से शरीर में क्षार का निर्माण होता है जिससे शरीर में बीमारियों से लड़ने की रक्षात्मक गुण की वृद्धि होती है। अन्य फलों की तुलना में बच्चों, बीमार तथा बूढ़ो के लिए यह फल अधिक स्वास्थय वर्द्धक होता है।

संतरा रक्षात्मक भोज्य तत्वों जैसे विटामिन–ए,बी,सी तथा कैल्शियम का अच्छा श्रोत है। संतरें मे सूक्ष्म तत्व जैसें–कैल्शियम,सोडियम, पौटैशियम, मैग्निशियम, कॉपर तथा सल्फर सूक्ष्म मात्रा में पाये जाते हैं। संतरा खाने से मुँह में लार का निर्माण अधिक होता है जिससे भोजन का पाचन शीध्र तथा सुचारुप से होता है। यह यकृत को बल प्रदान करता है तथा आँत मे पनपते कीड़ो को मार देता है। संतरा खाने के तुरंत बाद शरीर को शक्ति मिलती है क्योंकि इसमें विद्यामान फल–शर्करा सीधे रक्त द्वारा शोषित कर ली जाती है।

संतरे का नियमित उपयोग सर्दी–जुकाम से हमें बचाता है। संतरा विभिन्न रोंगों की अचूक घरेलू औषधि है जो निम्नलिखित हैः

- ऐसे बच्चे जिन्हे अपनी माँ का दूध मवसर नहीं हो पाता है उनके लिए संतरा का ताजा रस ही सर्वोतम आहार है।

- संतरा का ताजा रस टैक्सीमिया के रोगी की प्यास तथा भूख बढ़ाता है जिससे पेशाब प्रचूर मात्रा मे होती है। तथा ज्वर जड़ से समाप्त हो जाता है तथा शरीर में रोग रोधिता के गुण का विकास होता है।
- रात्रि में सोने से पहले एक संतरा खाये तथा सुबह नास्ता के समय एक संतरा का इस्तेमाल कब्जियत को जड़ से समाप्त कर देता है।
- संतरे के एक कप रस में एक चुटकी नमक तथा एक चम्मच शहद मिला कर सुबह–शाम पीने से टी0बी0, अस्थमा तथा दमा समाप्त होने लगता है।
- विटामिन–सी तथा कैल्शियम का उत्तम स्रोत होने के कारण संतरा खाने वाले के दाँत स्वस्थ तथा मजबूत होते हैं। दाँतों से रक्तश्राव की शिकायत दूर हो जाती है तथा टूटी हड्डियाँ शीध्र ही जुड़ने लगती हैं।
- आयुर्वेद के डाक्टरों का कहना है कि संतरा खाने वाले लोगों को पेट में जलन तथा बदहजमी की शिकायत नहीं होती है। दिल के रोगियों को जलन तथा बदहजमी की शिकायत नहीं होती है। दिल के रोगियों को संतरे के एक कप रस में एक चम्मच शहद मिला कर रोज लेना चाहिए। इससे दिल मजबूत होता है।
- संतरे का नियमित सेवन कील, मुहाँसों से बचाता है। इसके छिलके का उबटन चेहरे को चमकीला बनाता है तथा कील–मुहाँसों को दूर करता है।

—•—

42

सपोटा

सपोटा उष्ण अमेरिका का फल है जहाँ इसकी बागवानी विस्तृत रुप से होती है। इसका स्थान भारतीय फलों में गौण है। इसे चीकू भी कहते हैं। भारत में गुजरात, महाराष्ट्र, आन्ध्रप्रदेश, कर्नाटक तथा ताभिलनाडु राज्यों में इसकी बागवानी विस्तृत रुप से होती है। बिहार,उत्तर प्रदेश तथा पंजाब में भी कुछ लोग कहीं–कहीं इसे उगाते हैं। कुछ देशों में इसके पेड़ों के छिलके से दूध निकाला जाता है। यह चिविंगम बनाने के काम आता है। फलों का रंग आलू की भाँति हल्का भूरा तथा छिलका बहुत पतला होता है। गूदा कुछ–कुछ पीलापन लिये हुए कोमल तथा खानें में मीठा होता है।अपरिपक्व अवस्था में फलों में एक प्रकार का दूध होता है जिससे ये पूर्ण रुप से पकने के पहले नहीं खाये जा सकतें।

भूमि का चुनाव तथा जलवायु

सपोटा कई तरह की मिट्टियों में पैदा होता है। पर गहरे तथा बलूई दोमट मिट्टी इसके लिए सबसे अच्छी पाई गई है। मिट्टी की गहराई कम से कम एक मीटर होनी चाहिए और उसमें जल निकास का आवश्यकता होती है। इसके लिए लगभग 125 सें0मी0 से 250 सें0मी0 तक वर्षा वाली जलवायु सर्वोत्तम होती है। इसको 11.1 डिग्री सें0 से 33.3 डिग्री सें0 के मध्य के तापमान पर सफलतापूर्वक उगाया जाता है। सपोटा के पेड़ समुद्रतल से 1600 मीटर उँचाई तक अच्छी तरह से फलते–फूलते हैं। असामयिक वर्षा या बादल छा

जाने से इसके फलन पर कोई हानिकारक प्रभाव नहीं पड़ता है किन्तु ग्रीष्मऋतु में 43.3 डिग्री सें0 तापमान से अधिक होने पर फूल गिरने लगतें हैं और फल झुलस जातें हैं। सपोटा के पेड़ विशेषकर आरम्भिक अवस्था में पाले से शीघ्र प्रभावित होते हैं। इसी भय के कारण उत्तर भारत के उन इलाकों में जहाँ पाला अधिक पड़ता है, इसे नहीं उगाया जा सकता है। कलमी पौधों की सफलता साधारणतः मूलवंत और सांकुर डाली के जोड़ की सफलता पर निर्भर करती है। सपोटा की कलम तैयार करने के लिए मूलवृंत के रुप में प्रयुक्त किये जाने वाले चीकू, खिरनी और महुआ के पौधों की जड़ो की प्रकृति अलग–अलग होती है। इसलिए भूमि से जल और पोषक तत्वों को ग्रहन करने की उनकी क्षमता तथा इन तीनों तरह के मूलवंतों पर लगायी गई कलमों की वृद्धि में भी अन्तर होता है। महुआ पर तैयार पौध कुछ वर्षोपरान्त सूखने लगते हैं तथा फलों की उपज कम मिलती है। अतः खिरनी सबसे अच्छा मूलवृंत है। उत्पादन की दृष्टि से खिरनी पर तैयार पौधे ही अधिक अच्छे होते हैं परन्तु उथली भूमि में गुटी से तैयार पौधे अधिक फलदायी होते हैं।

वैज्ञानिको के अनुभवों एवं परीक्षण के आधार पर यह सिद्ध हो गया है कि समुद्रतटीय आर्द्र जलवायु वाले क्षेत्रों में तथा दक्षिणी भारत के सूखे भागों में गूटी वाले पौधे लगाने चाहिए। खिरनी तथा चीकू के पौधो पर तैयार कलमी पौधे भी लगाने चाहिए। खिरनी पर तैयार कलमी पौधे गहरी दोमट मिट्टी में अधिक सफलतापूर्वक उगते हैं। इन्हे बलुई, कम गहरी, पथरीली और कंकड़ीली चूने वाली मिट्टियाँ में नही उगाना चाहिए। महुआ के पौध ों पर तैयार की गई सपोटा की कलम व्यापारिक दृष्टि से भारत के किसी भी क्षेत्र में लगाने के लिए उपयुक्त नहीं होती है।

सपोटा की उन्नत किस्में

व्यापारिक क्षेत्र में सपोटा के फल चाहे किसी किस्म के हों, सपोटा या चीकू के नाम से ही बिकतें हैं। सपोटा की किस्मों को साधारणतः फलों के आकार के आधार पर केवल दो भागों में बाँटा गया है–गोल फल वाली किस्में तथा लम्बें फल वाली किस्में। किन्तु काली पत्ती और छतरी जैसी कुछ किस्मों में धौला, दिवानी, कलकत्ता स्पेशल, पीलीपत्ती, भूरी पत्ती, क्रिकेट बॉल, बंगलोरी, पावा, बारहमासी इत्यादि मुख्य हैं।

पौध प्रसारण

व्यापारिक दृष्टि से सपोटा के पौधे तैयार करने की दो विधियाँ हैः गुटी बाँधना तथा भेंट कलम। पश्चिमी भारत में गुटी विधि अधिक प्रचलित है परन्तु देश के अन्य भागों में साधारणतया भेंट कलम द्वारा चीकू के पौधे तैयार किये जाते हैं।

गुटी बाँधने की विधि

गुटी बाँधने के लिए एक अच्छी दो वर्ष पुरानी शाखा चुननी चाहिए जो 45 से 60 सें0मी0 लम्बी तथा 1.9 से 2 सें0मी0 मोटी हो। उपयुक्त शाखा का चुनाव करने के बाद तेज चाकू से उस शाखा के मूल भाग के पास उसमें चारो ओर एक 3 सें0मी0 चौड़ी गोलाकार छाल उतार लिया जाता है। आजकल गुटी को शीघ्र तथा कम खर्च पर तैयार करने के लिए मिट्टी के स्थान पर 'स्फेगनम मास' नामक घास का प्रयोग किया जाता है। इस घास की विशेषता यह है कि एक बार गीला करने से इसमें अधिक समय तक नमी बनी रहती है। गोलाकार छल्ले पर स्फेगनम घास को गोलाकार पीटोमीन से बाँध दिया जाता है। पीटोमीन का लाभ यह है कि एक तो इसके अन्दर नमी बहुत समय तक बनी रहती है जिससे गुटी सुखने का भय नहीं रहता। दूसरे पारदर्शक होने के कारण टहनी में से निकलती हुई जड़े आसानी से दिखायी पड़ती हैं। गुटी से जब काफी संख्या में जड़े फूट जाती हैं और उनका रंग सफेद से कुछ भुरा पड़ने लगता है तो समझना चाहिए कि गुटी काटने लायक तैयार है। अब शाखा को पोलिथीन लिपटे हुए भाग के निचले सिरे की घास काटकर मातृवृक्ष से अलग करने के बाद गुटी को गमलों में या नर्सरी में लगा देना चाहिए। गुटी में अधिक जड़े निकलने के लिए नेफ्थलीन एसिटिक अम्ल 1000 पी0पी0एम0 और इण्डोल व्यूटारिक अम्ल 1000 पी0पी0एम0 के बराबर मात्रा को लैनोलीन लेप के रुप में गुटियों पर लगाने के लिए उपयुक्त पाया गया है। भेंट कलम द्वारा कलमी पौधे तैयार करने के लिए सपोटा के अच्छी किस्म के पेड़ की एक टहनी को किसी मूल पौधे के तने के साथ इस प्रकार जोड़ दिया जाता है कि टहनी और तना मिलकर एक हो जातें हैं। इसके बाद टहनी को मातृवृक्ष से काटकर अलग कर लिया जाता है और मूल पौधे के जोड़ के उपर का भाग काट दिया

जाता है। इस तरह से तैयार कलमी पौधे को 5–6 दिनों तक नर्सरी में रखा जाता है। इसके बाद इसे बाग में लगाया जाता है।

सपोटा के बाग लगाने की विधि

सपोटा के वृक्ष लगाने से पहले खेत की अच्छी तरह जुताई करके समतल कर लेना चाहिए। बगीचे की दक्षिण–पश्चिम दिशा में कुछ उँचे बढ़ने वाले वायुरोधी वृक्षः जैसे शीशम, जामुन और शहतूत लगा देना चाहिए। सपोटा लगाने का सबसे उपयुक्त समय वर्षाऋतु का आंरभ काल है। रोपाई के लिए ग्रीष्मऋतु में ही गड्ढ़े खोदकर तैयार कर लिये जाते हैं। गड्ढ़ो का आकार 10×10×10 सें0 मी0 रखना चाहिए। ये गड्ढ़े कम वर्षा वाली जगहों पर 7.5 मीटर तथा अधिक वर्षा वाले स्थानो पर 10 मी0 पर लगाना चाहिए। वृक्ष लगाने से पहले गड्ढ़े में 40 किलोग्राम गोबर की सड़ी खाद प्रति गड्ढ़ा देकर गड्ढ़ा भर दिया जाता है। पौधे गड्ढे के ठीक बीच में लगाना चाहिए। पौध लगाने के बाद चारो ओर से मिट्टी को अच्छी तरह दबा दें। पौध लगाने के बाद उसके चारो ओर एक थाला बना देते हैं। थाला बनाकर पानी दिया जाता है।

खाद तथा उर्वरक का प्रयोग

सपोटा के पौधों को प्रतिवर्ष खाद देना अति आवश्यक है। खाद देने का उचित समय जून–जुलाई है। एक वर्ष के सपाटा के पौधे को 25 किलोग्राम गोबर की खाद तथा 450 ग्राम अंडी की खल्ली प्रति गड्ढ़ा की दर से देना चाहिए। दूसरे वर्ष से 5 किलोग्राम गोबर की खाद और 450 ग्राम की दर से अंडी की खल्ली बढ़ाते जाना चाहिए। जब पौधे 10 वर्ष के हो जायें तो उनमें प्रतिवर्ष 70 किलोग्राम गोबर की खाद, 4.5 किलोग्राम अंडी की खाद तथा 2.2 किलोग्राम हड्डी का चूर्ण डालना चाहिए। खाद को वृक्षों के तनों के चारो ओर एक मीटर की दूरी पर 15 सें0मी0 की गहराई में समान रुप से फैलाकर भलींभाँति मिट्टी में मिला देनी चाहिए। खाद देने के तुरंत बाद सिंचाई कर देनी चाहिए। जब पेड़ में फल अधिकता से आने लगे तो खाद की कुल मात्रा को दो बराबर भागों में बाँटकर वर्ष में दो बार दें। एक जून–जुलाई तथा दूसरा दिसम्बर–जनवरी में देना लाभदायक होता है।

बागों की सिंचाई

ग्रीष्म ऋतु में 7 दिनों के अंतर पर तथा जाड़े में 15 दिनों के अंतर पर बागों की सिंचाई करनी चाहिए। सिंचाई करने के लिए रिंग विधि सबसे उपयुक्त पायी गई है। इसमें जड़ों का सीधा संसर्ग पानी से नहीं होता है। पानी की मात्रा भी कम लगती है।

पौधों की कटाई–छंटाई

सपोटा में काटछाँट की ज्यादा आवश्यक नहीं होती है। पेड़ों का छत्र भूमि से लगभग एक मीटर ऊंचा रखना चाहिए। ब्रोमोसिल 3 कि0ग्रा0 क्रियाशील अवयव 850 लीटर पानी में घोलकर प्रति हेक्टर क्षेत्र में प्रयोग करने से अधिकतर खरपतवार नष्ट हो जातें हैं। इसका छिड़काव खरपतवार निकालने से पूर्व ही कर दिया जाता है।

फलों की तोड़ाई तथा उपज

सपोटा में फूल लगने से फल पक्कर तैयार होने तक लगभग चार महीने लग जाते हैं। फल लगने के दो मुख्य मौसम हैं– पहला फरवरी से जून तक और दूसरा सितम्बर से अक्टूबर तक। रोपाई के दो वर्ष बाद ही पौधों पर फल आने लगते हैं। इस समय प्रत्येक पेड़ से लगभग 250 फल मिलते हैं। सातवें वर्ष फलों की संख्या लगभग 800 पहुँच जाती है और उसके बाद 30 वर्षो तक फलों की संख्या बढ़ती जाती है। एक प्रौढ़ वृक्ष से 2500 से 3000 तक फल प्राप्त हो सकते हैं।

सपोटा के फलों के झरने से बचाव

कभी–कभी सपोटा के छोटे–छोटे फलों के गिरने से काफी हानि होती है। नेफ्थलीन एसिटिक एसिड नामक हारमोन के 20 पी0पी0एम0 घोल के छिड़काव से अपरिपक्व फलों का झड़ना रुक जाता है। पुष्पण के समय फूलों पर जिवरेलिक अम्ल के 50 से 100 पी0पी0एम0 का घोल छिड़काव करने से फलन में वृद्धि होती है और फल गिरते भी कम हैं।

फलों का भंडारण

सपोटा के फलों को तोड़ने के पश्चात् यदि कमरे में साधारण टोकरी में भरकर रख दिया जाता है तो वे 4–5 दिनों में पक जाते हैं। पेड़ से तोड़ने के बाद इसके फल लगभग 7–8 दिनों तक साधारण तापमान पर अच्छी अवस्था में रखे जा सकते हैं। सपोटा के कड़े फलों को 11 से 13 डिग्री सें0 तापमान पर रखने से वे धीरे–धीरे पकते हैं और इस तरह उन्हे लगभग 5 सप्ताह तक सुरक्षित रखा जा सकता है। शीतभंडार में इनको 0 से 1.66 डिग्री सें0 तापमान पर लगभग 6 सप्ताह तक सुरक्षित रखा जा सकता है। फलों को तोड़ने के पश्चात् शीघ्र पकाने के लिए हारमोन तत्वों का छिड़काव करना लाभकारी सिद्व हुआ है। इनके फलों को इथ्रेल के 250 पी0पी0एम0 वाले घोल में एक मिनट तक डूबोकर भंडार में रखने से तीन दिनों में फल पकने लगते हैं।

सपोटा के रोग तथा कीट

साधारणतः सपोटा के पेड़ो पर रोग और कीटों का आक्रमण कम होता है। परन्तु कभी–कभी कुछ उपेक्षित बागों मे पर्णदाग, तनाछेदक तथा मिलीबग का प्रभाव देखा जाता हैं

पर्णदाग रोग

इस रोग के प्रकोप से पत्तियाँ पीली पड़कर झरने लगती हैं। इसके नियंत्रण के लिए डाइथेन जेड–78 के 0.2 प्रतिशत घोल का छिड़काव 10–12 दिनों के अंतर पर करना चाहिए।

तनाछेदक कीट

इसके भृंग तने में छेदकर लकड़ी खाते रहते हैं। छेद से बुरादा बाहर निकलता है जिसे देखकर इस कीड़े की उपस्थिति का पता लगता है। इसको रोकने के लिए जहाँ–जहाँ छेद दिखाई पड़ते हैं, उन पर गीली मिट्टी का लेप लगा देतें हैं। इसके बाद तीसरे दिन जो छेद खुले हुए दिखाई देते हैं, उनमें पेट्रोल में रुई भिगोकर डालकर गिली मिट्टी का लेप लगा देना चाहिए।

मिलीबग कीट

इस कीट के शरीर पर सर्प जैसे सफेद रोये होते हैं। ये पत्तियों का रस चूसते हैं जिससे पेड़ रोगी मालूम पड़ते हैं। इसको रोकने के लिए बाग की जुताई करनी चाहिए जिससे इसके कीड़े धूप लगने पर मर जाँय। पेड़ के थालों में 100 ग्राम बी0एच0सी0 10 प्रतिशत धूल का भूरकाव कर मिट्टी में अच्छी तरह मिला देना चाहिए। सबसे आसान तरीका है कि पेड़ के तना पर जमीन से कुछ उपर पालीथीन की एक 50 सें0मी0 चौड़ी पट्टी बाँध देने से कीड़े पेड़ पर नहीं चढ़ सकते हैं।

—•—

43

सिघांडा

सिंघाड़ा जलीय फसलों में अपना विशेष महत्व रखता है। इसके कच्चें फल नर्म, मुलायम, स्वादिष्ट एवं मीठे होते हैं इसके फल कच्चे रुप में खाये जाते हैं। तथा परिपक्व फलों को उबालकर या भूनकर खाया जाता है। परिपक्व फलों को सुखाकर, सुखे फलों को पीसकर आटा तैयार किया जाता है। यह अधिक सुपाच्य और पौष्टिक होता है। सिंघाड़ा से प्राप्त होने वाले पोषक तत्वों की जानकारी तालिका–1 उद्धृत की गई है।

तालिका 1: सिघाड़ा के कच्चे परिपक्व फल एवं सिघांडा आटा में पायें जाने वाले पोषक तत्व

पोषक तत्व	सिंघाड़ा फल (कच्चा)	सिंघाड़ा आटा
जल	70.0 प्रतिशत	10.6 प्रतिशत
प्रोटिन	4.7	9.0 प्रतिशत
वसा	0.3 प्रतिशत	0.6 प्रतिशत
रेशा	0.6 प्रतिशत	1.9 प्रतिशत
स्टार्च / कार्बोहाइड्रेट	23.3 प्रतिशत	76.4 प्रतिशत
खानिज तत्व	1.1 प्रतिशत	2.6 प्रतिशत
कैल्सियम	20.0 मि0ग्रा0 / 100 ग्रा0	69 मि0ग्रा0 / 100 ग्रा0
फास्फोरस	14.00 मि0ग्रा0 / 100 ग्रा0	343 मि0ग्रा0 / 100 ग्रा0

लोहा	0.9 मि0ग्रा0 / 100 ग्रा0	2.9 प्रतिशत / 100 ग्रा0
ताँबा	1.27 मि0ग्रा0 / 100 ग्रा0	
पोटाशियम	6400 मि0ग्रा0 / 100 ग्रा0	
मैंगनीज	5.7 मि0ग्रा0 / 100 ग्रा0	
मैगनेश्यिम	39.0 मि0ग्रा0 / 100 ग्रा0	
सोडियम	49.0 मि0ग्रा0 / 100 ग्रा0	
विटामिन'सी	9.0 मि0ग्रा0 / 100 ग्रा0	
रिबोफलकाविन	0.07 मि0ग्रा0 / 100 ग्रा0	

तालाब में सिघाड़े की बेहतर फसल

इसके फल का स्वाद चेस्टनट के स्वाद से मिलता है। इसे अंग्रेजी में वाटर चेस्टनट कहा जाता है। हिन्दी में इसे कई स्थानों पर 'पानी फल' के नाम से जाना जाता है। वनस्पति शास्त्र में इसे ट्रापा वाईस्पाईनोसा के नाम से जानते हैं इसके फलों में दो नुकीले काँटे होते हैं। वैसी प्रजाति जिसमें चार नुकीले काँटे मौजूद होते हैं, भी पाई जाती हैं इस प्रजाति का वानस्पतिक नाम ट्रामा क्वाड्रोस्पाईनोसा है। सिघांडा ट्रापेसी कुल का पौधा है। भारत के अलावा इसे श्रीलंका, बगलांदेश, अफ्रीका, दक्षिण पूर्व एशिया के देशों तथा अमेंरिका में उगाया जाता है। भारत में इसे बिहार, उत्तर प्रदेश, पश्चिम बंगाल, महाराष्ट्र, राजस्थान, तामिलनाडू, उड़ीसा, मध्य प्रदेश तथा जम्मू कश्मीर में उगाया जाता है। बिहार में इसकी खेती बड़े पैमानों पर कई जिलों में होती है।

जलवायु

मखाना की भाँति ही सिंघाड़ा के लिए गर्म तथा नम जलवायु उपयुक्त है। वैसे सिंघाड़ा की कुछ प्रजातियाँ कश्मीर के ठंढ़े क्षेत्रों मे भी पैदा की जाती हैं, किन्तु सिंघाड़ा उत्पादन का मुख्य क्षेत्र उत्तर भारत के वे क्षेत्र हैं जहाँ वर्ष के प्रत्येक माह में प्रायः कुछ न कुछ वर्षा होती है तथा वहाँ की जलवायु गर्म तथा नम है। सिंघाड़ा के पौधों की अच्छी बढ़वार गर्म मौसम में होती है। जाड़े में पौधों की लतायें मुरझानें लगती हैं। यही कारण है कि उत्तर भारत में सिघांड़ा की खेती उत्तर प्रदेश, बिहार, पश्चिम बंगाल, उडीसा तथा असम आदि राज्यों में अधिक होती है। सिंघाड़ा की वे प्रजातियों जो देश के शीतोष्ण कटिबंध में होती हैं, पाला सहन नहीं कर पाती हैं।

मिट्टी

सफल सिघांडा उत्पादन के लिए तालाब की मिट्टी जीवांशम युक्त उपजाउ और भारी होनी चाहिए। हल्की बलुई मिट्टी में सिंघाड़ा की अपेक्षित बढ़वार नहीं हो पाती है। यही कारण है कि नए खोजे गए तालाबों में प्रारम्भिक कुछ वर्षो तक सिंघाड़ा की अच्छी पैदावार नहीं हो पाती है। बाद में तालाब में खर–पतवार सड़ने–गलने के कारण जब मिट्टी में जीवांश की मात्रा और इसकी उर्वराशक्ति बढ़ जाती है तो सिंघाड़ा से अच्छी उपज प्राप्त होने लगती है। मखाने की भाँति सिघाड़ा की रोपाई के लिए भी तालाब से खर–पतवार और तालाब की सतह से कंकड़–पत्थर और शीशे तथा नुकीले पदार्थो के टुकड़े निकाल कर तालाब की सफाई कर लेनी चाहिए।

उन्नत जातियाँ

सिंघाड़ा की किस्मों का प्रमाणिकरण या तुलनात्मक अध्ययन अब तक अनुसंधान केन्द्रों द्वारा नहीं किया गया है। भिन्न स्थानों में जो किस्मों लगायी जाती है। उनके नामों में विभिन्नता है। बिहार में जो किस्में उगाई जाती है। उनमें कानपुरी, पटनिया, देशीबड़ा, देशी छोटा, कोटाला इत्यादि प्रमुख हैं। उत्तर प्रदेश के आगरा में (बुढ़िया के ताल का सिंघाड़ा) काफी प्रचलित है। कानपुर में देशी या कानपुरी किस्म प्रचलित है। कोटा राजस्थान में ''नागाजा'' और ''कोटा सुधार'' के फल ''नागाजा'' से बीस दिन पहले तैयार हो जाते हैं तथा इसकी उपज क्षमता नागाजा से अधिक है। जहाँ नागाजा से 45–50 क्विंटल प्रति हेक्टर उपज मिलती है। वहॉ ''कोटासुधार'' से 60–65 किंवटल प्रति हेक्टर की उपज प्राप्त होती है। कोटासुधार सितम्बर के प्रथम सप्ताह में ही कच्चा खाने लायक तैयार हो जाता है तथा इसके फल अन्य किस्मों की तुलना में काफी स्वादिष्ट होते हैं।

सिंघाड़ा उत्पादकों के साथ डा0 मौर्य, कुलपति तथा अन्य वैज्ञानिक

सिंघाड़ा के फलों की तोड़ाई अत्यन्त कठिन कार्य

सिघाड़ा के तालाबों का निरीक्षण करते कुलपति डा0 मौर्य तथा अन्य वैज्ञानिक

डा0 के0आर0 मौर्य, कुलपति तथा वैज्ञानिक सिघाड़ा विपणन करने वाली महिलाओं को ग्रेड़िग सिखाते।

कश्मीर में उगाई जानेवाली किस्मों में " बासमती" "कंगर"एवं दोगरु प्रमुख हैं। इनकी उपज क्षमता 40–50 क्विंटल प्रति हेक्टर के बीच है। उड़ीसा एवं बंगाल में उगाई जानेवाली किस्मों में जिस्तु,बंगाल देशी, बड़ो सिंघाडा, वर्द्धमान लोकल इत्यादि प्रमुख हैं।

तालाब का चयन

सिंघाड़ा एक जलीय फसल है। अतः धरती पर पैदा होने वाली फसलों से इसकी कोई प्रतिस्पर्धा नहीं होती और जलीय स्थानों मे इसकी खेती से अधिक सार्थक उपयोग होता है। यह भी देखा गया है कि वैसे तालाबों में जहाँ मछली पाली जाती है, सिंघाड़ा की खेती नही की जा सकती है और तालाबों की उत्पादकता बढ़ायी जा सकती है।

वैसे तालाब जहाँ वर्षा का पानी सालो भर जमा रहता है तथा जिसकी गहराई 100 से 190 सें.मी. के बीच हो, सिंघाड़ा की खेती के लिए उपयुक्त है। कम गहरे आहट या तालाब (60–100 से.मी.) भी सिंघाड़ा की खेती के लिए उपयुक्त सिद्ध हो सकतें हैं बशर्ते उसमें पानी सालो भर जमा रहता हो। पानी की कमी होने पर फसल सूखने का भय रहता है।

तालाबों की निचली सतह की मिट्टी चिकनी होती है तथा कई प्रकार के जीवांश के सड़ने–गलनें के कारण उसकी उर्वराशक्ति भी अच्छी होती है। फिर भी फसल लगाने के पूर्व यदि तालाब में कम्पोस्ट और अमोनियम सल्फेट का प्रयोग किया जाये तो इससे फसल की वृद्धि अधिक तीव्र गति से होती है तथा उपज भी अधिक मिलती है। 10 टन कम्पोस्ट तथा 140 से 200 किलोग्राम अमोनियम सल्फेट एक हेक्टर क्षेत्र के लिए फसल की रोपाई के पूर्व व्यवहार करें।

पौधशाला तैयार करने एवं रोपने की विधिः

दिसम्बर या जनवरी के महीने मे पूर्णतया परिपक्व फल (बीज) जो आकार में अपेक्षाकृत बड़े हो, एकत्र किये जाते हैं और मिट्टी के घड़ों में पानी के साथ सुरक्षित रखा जाता है। फलों के उपर का छिलका अधिक दिनों तक भंडारण के कारण सड़ जाता है और फलरुपी बीज अकुंरने लगता है। जब अंकुर प्रस्फुटित होने लगे तब सारे बीज या फलों को छिछले तालाब यानि 30–60 सें. मी. गहराई तक पानी रखने वाले तालाब के तलछटी में किसी छड़ी या पैर की मदद से दबा लिया जाता है। यह ध्यान रखना चाहिए कि बीज यथांसभव समान दूरी पर तालाब की तलहट्टी में छिटे जाये। यह क्रिया फरवरी मार्च के महीने मे की जाती है जब जाड़े की ऋतु समाप्त होने लगती है और मौसम गर्म होने लगता है। जब बीचड़े चार से पाँच पत्तियों वाले हो जायें तो उन्हे उखाड़कर दूसरे नर्सरी तालाब जो पहले की तरह छिछला हो में 1.4 मीटर के दूरी पर तथा 5 से.मी.गहराई मे लगाते हैं। इस प्रकार एक हेक्टर में तैयार किये गये पौधों से 5–6 हेक्टर को रोपाई आसानी से हो जाती है।

जून–जुलाई में मुख्य तालाब में जहाँ इसकी खेती करनी हो पौधों की दुबारा रोपाई करते हैं। यदि तालाब के निचली सतह की मिट्‌टी अधिक उर्वरा है तो रोपाई 3 मी. की दूरी पर, यदि इसकी उर्वरा शक्ति न्यून हो तो रोपाई 2 मी. की दूरी पर करनी चाहिए। कभी–कभी 4–5 पौधों का एक गुच्छा या समूह एक साथ रोपाई के लिए व्यवहार होता है।

वैसे तालाबों में जहाँ पहले सिंघाड़ा की खेती हो रही हो, सिघांड़ा के बीज स्वतः ही जनवरी–फरवरी में तालाब की सतह पर गिरते हैं तथा कुछ समय पश्चात वो अंकुरित होकर पौधे में परिवर्तित हो जाते है। अतः वैसे तालाबों से रोपाई के लिए पौधा लिए जा सकते हैं पर यहाँ ध्यान रखना चाहिए कि पौधा किसी बड़े आकार के स्वस्थ्य बीज से निकला है या किसी छोटे बीज से निकला है। कई बार ऐसे पौधों के प्रयोग से उपज में गिरावट आती है। अतः नर्सरी लगाकर रोपाई करना अच्छा रहता है।

कई लोग एक नर्सरी में बीज बोने के बाद उसे दूसरी नर्सरी में नहीं लगातें वरन् सीधे मुख्य तालाब में ही रोपाई कर देते हैं। ऐसा करना हो तो पहली नर्सरी में ही बीजों को घना न लगाकर अधिक दूरी पर लगते हैं। मुख्य तालाब में रोपाई के पूर्व हर हालत मे तालाब की निचली सतह पर उगने वाले कई प्रकार के घास एवं अन्य पौधों को हटा दिया जाता है और तालाब की निचली सतह साफ कर दी जाती है। जब तालाब के पौधे पूर्णतया व्यवस्थित हो जाएँ तब 40 किलो नाइट्रोजन, 40 किलो फॉस्फोरस और 60 किलो पोटाश प्रति हेक्टर के हिसाब से रासायनिक खाद के रुप में व्यवहार करना चाहिए।

फलों की तुडाई

फलों की तुड़ाई सितम्बर माह से आरम्भ हो जाती है और जनवरी –फरवरी तक चलती है अधिक सर्दी के कारण फलन न्यून हो जाती है। पौधों पर अगस्त के महीने में ही फूल लगने एवं फल लगने की प्रक्रिया साथ–साथ चलती है और पौधों पर फूल लगता रहता है और फल भी परिपक्व होते रहते हैं। अतः तोड़ाई इसी क्रम से जारी रहती है। प्रांरभ में पन्द्रह दिनों के अन्तराल पर तोड़ाई की जाती है। तोड़ई के लिए जानकार व्यक्ति को लगाया जाना चाहिए जो फलों की परिपक्वता की परख कर सके तथा लत्तियों की तोड़ाई के समय कम से कम नुकसान पहुँचाए।

उपज

एक हेक्टर क्षेत्र से 20 से 50 क्विंटल की उपज मिलती है। कुछ तालाबों से 130 क्विंटल तक की उपज प्राप्त की गयी है। अतः सिघाड़े की अच्छी खेती से भरपुर मुनाफा प्राप्त होता है।

सिंधाड़ा के विविध उपयोग

1. कच्चे फल की तरह सिंघाड़ा फल को छीलकर कच्चे खाने के रुप में सबसे अधिक उपयोग होता है। इस रुप में मुलायम सिंघाड़ा का ही उपयोग करते हैं जो खाने में हल्का मिठास लिए हुए काफी स्वादिष्ट होता है।

2. उबालकर खानें में : पके हुए सिंघाड़े को छिलका सहित पानी में उबाल लेते हैं फिर ठंढ़ा होने पर उसे छीलकर सादा या नमक के साथ खते हैं।

3. सिंघाड़े का हुलुआः कच्चा फल के रुप में प्रयोग के अतिरिक्त सिंघाड़े का एबसे ज्यादा उपयोग, इसका हलुआ बना कर करते हैं जिसका प्रयोग प्रायः पर्व करते समय फलाहार के रुप में करते हैं। सर्वप्रथम सिंघाड़े फल का सुखौता तैयार किया जाता है जिसे पीसकर ऑटा बना लेते हैं। ऑटे के 250 ग्राम मात्रा को 100 से 150 ग्राम घी के साथ भूनते हैं तथा उस समय तक भूनते हैं जब तक ऑटा लाल न हो जाय। फिर उसमें 200 ग्राम चीनी डालकर अच्छी तरह मिला दें तथा उसमें उबला हुआ आधा लीटर दूध डालकर आँच पर रख कर चलाते रहें। चलाते समय यह ध्यान रहे कि गुलठी न पड़े। जब सभी मिलकर सुखने लगे तो इलायची का उपयोग अपने स्वादानुसार कर सकते हैं। यह हलुआ काफी स्वादिष्ट तथा पौष्टिक होता है तथा खाली पेट के लिए तृप्तिदायक होता है।

4. सिंघाड़े का खीर : पूर्ण तैयार सिंघाड़े को छीलकर अच्छी तरह धों लें सिंघाड़े को छोटे–छोटे टुकड़ो में काट लें या कद्दूकस द्वारा कस लें। कसे हुए सिंघाड़े को घी में भून लें। सिंघाड़े को हल्के आँच पर उस समय तक भूने जब तक कि सिंघाड़ा के टुकड़ो का पानी सूख न जाये। फिर प्रति 500 ग्राम सिंघाड़े के लिए 2.5 लीटर दूध को उबाले, उबलते हुए दुध में भूने सिंघाडे टूकड़ो को डालकर गलने तक पकावें। अन्य मेंवों के टूकड़े भी थोड़ी मात्रा में डालकर 200 ग्राम चीनी डालकर अच्छी तरह कुचल कर मिला दें तथा आँच से उतार दें। इस प्रकार बनाई गई खीर काफी स्वादिष्ट होती है तथा पर्व आदि मे फलहार के रुप में प्रयोग कर सकते हैं।

इनके अतिरिक्त सिंघाड़े का व्यवहार सब्जी के रुप मे तथा अतिसार या पेट दर्द होने पर दवा के रुप में भी होता है।

—•—

44

स्ट्राबेरी

स्ट्राबेरी शीतोष्णा जलवायु का एक आकर्षक, स्वादिष्ट, पौष्टिक तथा सुंदर खुश्बू वाला मुलायम फल है। परंतु कम प्रकाशदीप्ता और दिवस उदासीन किस्मों के विकसित होने से इसकी खेती समशीतोष्ण जलवायुवीय क्षेत्रों में भी हो रही है। जिस कारण से पिछले कुछ दशकों में इसके क्षेत्रफल और उत्पादन दोनों में तेजी से वृद्धि हुई है। फलों को खराब होने से बचाने वाली प्रक्रिया में स्ट्रा (पुवाल) को बिछावन (मल्चिंग) के लिए प्रयोग के कारण ही इसका नाम स्ट्राबेरी पड़ा है। स्ट्राबेरी का उपयोग मुख्यतः ताजा खाने के अतिरिक्त विभिन्न प्रकार के संस्करित उत्पाद जैसे–विशेषकर आइसक्रीम, जैम, केनिंग, स्कवॉश तथा विभिन्न पेय पदार्थ आदि बनाने में किया जाता है। स्ट्राबेरी पोषकता की दृष्टि से खानिज और विटामिनों का एक उत्तम श्रोत है।

विश्व में स्ट्राबेरी का वितरण

ऐसा माना जाता है कि स्ट्राबेरी की खेती रोम में ईसा पूर्व से की जाती थी। हालांकि प्रचलित स्ट्राबेरी का विकास अमेरिकन मूल की दों किस्मों (एफ.चिलोनसिस और एफ. विरजिनियना) के संयोग से फ्रांस में 17वीं शताब्दी के आंरभ में हुआ। स्ट्राबेरी का औद्योगिक रुप 18वीं शताब्दी के आरम्भ में अमेरिका से हुआ और लगभग 25 वर्षो के अदंर ही स्ट्राबेरी

का (किस्में–लारज स्कारलेट,अर्ली हडसन आदि) व्यावसायिक उत्पादन होने लगा। आज भी लगभग 50 फीसदी स्ट्राबेरी का उत्पादन अकेले यूरोप में होता है।

स्ट्राबेरी का पोषणमान

स्ट्राबेरी के प्रति 100 ग्राम खाने योग्य भाग में 89.9 प्रतिशत जल, 0.7 ग्राम प्रोटीन, 0.5 ग्राम वसा, 8.4 ग्राम कार्बोहाइड्रेट, 60 आई.यू. थायमीन (बी 1), 0.07 मि.ग्रा राइबोफलोविन (बी 2), 0.6 मि.ग्रा. नियासिन (बी 6), 59 मि.ग्रा. विटामिन–सी (एस्कार्बिक अम्ल) तथा 21 मि.ग्रा. कैल्शियम, 21 मि.ग्रा. फास्फोरस, 1.0 मि.ग्रा आयरन, 1.0 मि.ग्रा सोडियम तथा 164 मि.ग्रा पोटेशियम पाया जाता है।

स्ट्राबेरी का भारत में आगमगन

भारत में इसकी खेती 1960 के दशक में हिमाचल प्रदेश व उत्तरांचल के कुमाऊं के पर्वतीय क्षेत्रों से आंरभ हुई। परंतु उपयुक्त किस्मो, उन्नत तकनीकी तथा शीत भंडारण और पैंकिग आदि के अभाव में इससे मिलने वाला प्रतिफल काफी कम था। पंरतु अच्छी किस्मों तथा तकनीको, ज्ञान की सुलभता की वजह से इसके क्षेत्रफल और उत्पादन में आशातीत वृद्धि हुई है।

भारत में इसकी खेती के लिए उपयुक्त जलवायु हिमाचल प्रदेश, उत्तराखण्ड,महाराष्ट्र (महाबालेश्वर, सांगली), कर्नाटक (बंगलोर, मैसूर), शिलांग और असम के पहाड़ी क्षेत्रों में पायी जाती है। जबकि मैदानी क्षेत्रों में इसकी बागवानी उत्तर प्रदेश के मेरठ, मुजफ्फरनगर, उत्तराखंड–देहरादून तथा पंजाब के गुरदासपुर व होशियारपुर क्षेंत्रों में की जा सकती है। हालांकि इन क्षेत्रों की जलवायु स्ट्राबेरी की गुणवत्ता हेतु अधिक उत्तम नहीं होती है।

स्ट्राबेरी की फसल में नमी के लिये पलवार

स्ट्राबेरी के फल

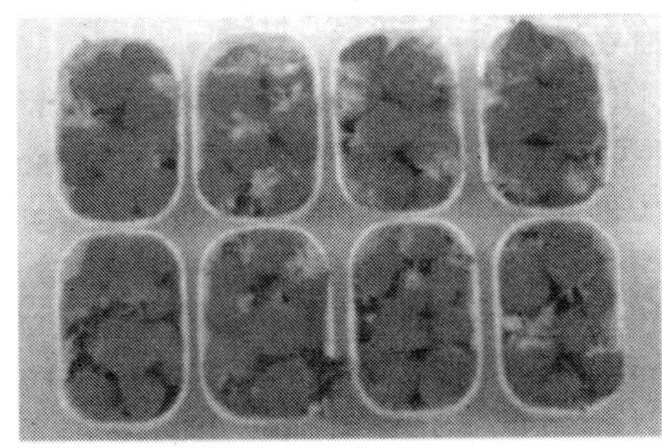

बाजार भेजने की तैयारी

चांदलर किस्म के स्ट्राबेरी के पके रसीले फल

स्ट्राबेरी की उन्नत किस्में

वर्तमान में स्ट्राबेरी की बहुत सी किस्में उपलब्ध हैं, जो स्वाद एवं पैदावार दोनों के लिए अच्छी है। इसकी अधिकाशं किस्में विदेशों से आयात की गई है। जैसे–टयोगा, रेडकोट, ज्योलीकोट लोकल, हावर्ड–17, स्वीट–2, स्वीट चारले, अर्ली ब्राइट, ऐडी, हीरा, दिलपसंद, फर्न, ईटाना, चादंलर तथा डागलस इत्यादि। इनका फल स्वादिष्ट, मीठा, अच्छा तथा बड़े आकार का होता है। परंतु जम्मू क्षेत्र में राष्ट्रीय बागवानी बोर्ड, कृषि मंत्रालय, भारत सरकार की सहायता से संचालित/स्वीकृत लगभग प्रोजेक्टों में किसानों द्वारा चांदलर किस्म उत्पादन तथा गुणवत्ता के आधार पर विशेष रुप से अच्छी पाई गई है।

यह किस्म आकर्षक रंग, अच्छी महक तथा अपेक्षाकृत बड़े फलाकार वाली किस्म है जो ताजा खाने तथा प्रसंस्करण दोनों के लिए अच्छी है। यह विभिन्न प्रकार के विषाणु रोंगों के सहनशील तथा वर्षा से होने वाली हानि के प्रति काफी हद तक रोधी है। इसके एक फल का भार 15–18 ग्राम होता है, इसके फलों की टी.एस.एस. 12 प्रतिशत, अम्लता 0.85 प्रतिशत, विटामिन–सी 55.5 ग्राम प्रति 100 ग्राम तथा शर्करा 6.1 प्रतिशत होती है।

भूमि का चुनाव

स्ट्राबेरी की खेती विभिन्न प्रकार की भूमियों–बुलई से लेकर चिकनी दोमट में की जाती है, परंतु जीवांश पदार्थ तथा जल निकास सुविधायुक्त 5.7–6.8 पी.एच.मान वाली दोमट मृदा सर्वोतम पाई गई है। अधिक लवणीय या खराब जलनिकास वाली भूमि में इसकी खेती नहीं करनी चाहिए।

उपयुक्त –जलवायु

स्ट्राबेरी के सफल उत्पादन के लिए शीतोष्ण जलवायु सर्वोत्तम है, परंतु कम/उदासीन प्रकाशदीप्ता किस्मों के विकसित होने से इसकी खेती समशीतोष्ण जलवायुवीय क्षेंत्रो में भी सफलतापूर्वक की जा सकती है। इसकी खेती के लिए दिन का तापमान 22–25 सें0 तथा रात का तापमान 7–13 सें0 होना चाहिए।पौधों की वृद्धि के लिए जाड़ो के निम्न तापमान की तथा फूलने के लिए बंसत वाली सामान्य गर्मी की आवश्यकता होती है। ग्रीष्म काल में अत्यधिक गर्मी और लू वाले क्षेत्रों में इसकी खेती न करें।

पौध प्रर्वधन की विधि

स्ट्राबेरी का पौधा एक छोटी बूटी के समान होता है, जिसके तन से कई पत्तियां निकलती हैं जिन्हे भूस्तारी (रनर) कहतें हैं। प्रवर्धन भूस्तारी (रनर) के द्वारा किया जाता है। मैदानी क्षेत्रों में तैयार होने वाले रनर को गर्मी व उमस भरे वातावरण मे बचना मुश्किल होता है इसलिए किसान भाईयों को शीतोष्ण क्षेंत्रों से पौधे खरीदने चाहिए या ग्रीनहाउस बनाकर भी प्रर्वधन कर सकतें हैं। आमतौर पर एक पौधे से 7–10 भूस्तारी निकलती हैं, परंतु उचित प्रंबधन व देखरेख में यह संख्या 15–18 तक हो सकती है। 50 पी.पी.एम. जिब्रेलिक अम्ल का छिड़काव करने से कल्ले अच्छे फूटते हैं। स्वस्थ व रोगरहित पौध तैयार करने के लिए आजकल ऊतक संवर्धन (टिश्यू कल्चर) तकनीक का भी उपयोग किया जा रहा है। इस विधि से मातृ पौधे के गुणों वाले पौधें अधिक संख्या में तैयार किये जा सकते हैं।

पौधों की रोपनी

पहाड़ी क्षेत्रों में पौधें अगस्त–अक्टूबर में तथा मैदानी भागों में सितम्बर–नवम्बर में लगाये जातें हैं। पौध रोपण के पूर्व खेत भली–भाँति तैयार कर लेना चाहिए तथा उसमें पर्याप्त मात्रा में जिवांश पदार्थ भी मिला देना चाहिए। पौध रोपण के लिए 2 फीट की दूरी पर 4–6 मीटर लंबी व 1–1.2 मीटर चौड़ी तथा 20–25 से.मी. तथा पौधे से पौधे की दूरी 15–20 सें.मी. होनी चाहिए। प्रति एकड़ 64000 पौधें रखने पर अच्छी उपज प्राप्त होती है।

मृदाजनित रोगों से बचाव के लिए पौधों की जड़ों को रोपाई से पहले किसी फफूंदनाशक दवा से उपचारित कर लें तथा पौधों को लगाने से पूर्व उसमें से पुरानी पत्तियां निकाल दें, केवल एक से दो नए उगने वाले पत्ते ही रखें। पौधे शाम के समय ही लगाने चाहिए उसके बाद सिंचाई अवश्य कर दें।

खाद तथा उर्वरक का व्यवहार

सामान्यत : स्ट्राबेरी को अधिक खाद देने की आवश्यकता नहीं होती,परंतु खाद व उर्वरक की मात्रा का निर्धारण मृदा जांच के पश्चात अथवा क्षेत्रीय विशेषज्ञों की संस्तुति को ध्यान में रखकर करना चाहिए। सामान्य दशाओं में 20–30 टन भलीभांति सड़ी गोबर की खाद, 80 कि.ग्रा. नाइट्रोजन, 40 कि.ग्रा फास्फोरस तथा 40 कि.ग्रा पोटाश प्रति हेक्टर की दर से प्रयोग करें।

गोबर की खाद की पूरी मात्रा–खेत की तैयारी के समय तथा 40 कि.ग्रा. नाइट्रोजन,फास्फोरस तथा पोटाश की पूरी मात्रा क्यारियां बनाते समय तथा नाइट्रोजन की शेष मात्रा दो बार में पौध की रोपाई के क्रमशः 30 तथा 60 दिन के बाद देनी चाहिए।

इसके अतिरिक्त दो स्प्रे सूक्ष्म पौषक तत्वों (बोरान,जिंक,मैंगनीज तथा कॉपर) तथा जल में घुलनशील पोटाश को कलीबनने/फूल आने के समय से पूर्व देने से फलों के आकार, उत्पादन तथा मिठास और विटामिन–सी की मात्रा में वृद्धि होती है।

सिंचाई का समय तथा विधियाँ

स्ट्राबेरी की जड़ें उथली होने के कारण प्रायः ऊपरी मृदा सतह (15–25 सें.मीं. की गहराई) में ही पाई जाती हैं अतः इसे हल्की परंतु नियमित अंतराल पर सिंचाई की आवश्यकता होती है। सिंचाई से पौधें की बढ़वार व विकास के साथ–साथ बेरी के आकार और उपज में वृद्धि होती हैं साथ ही अधिक ठंड या पाला से भी बचाव होता है।

जड़ो के समुचित विकास के लिए जल निकास की भी पर्याप्त सुविधा होनी चाहिए अन्यथा जलभराव के कारण जड़े सड़ जाती हैं। पौधों के उचित विकास और उत्पादन के लिए गर्मियों में 4–6 तथा सर्दियों में 10–15 दिनों के अंतराल पर हल्की सिचांई करें। ड्रिप या टपकाव सिंचाई विधि से जल का नियंत्रित मात्रा में प्रयोग होने से फर्टीगेशन भी अनुकूल होता है, साथ ही संतुलित मात्रा में जल प्रयोग से कवकजनित बीमारियों का प्रकोप भी कम होता है।

पादप हार्मोन का प्रयोग

स्ट्राबेरी के पौधों पर फूल आने से पूर्व जिब्रेलिक एसिड (75 मि.ग्रा. प्रति लीटर पानी) के दो बार छिड़काव करने से उपज में 25–30 प्रतिशत की वृद्धि होती है।

फसल की निकाई–गुड़ाई तथा मल्चिंग

खेतों में आवश्यकतानुसार निकाई–गुड़ाई करते रहना चाहिए। साथ ही इसमें एक विशेष प्रक्रिया मल्चिग की आवश्यकता होती है। स्ट्राबेरी की क्यारियों को सूखा घास/पुवाल या काले रंग की की पॉलीथीन की चादर से ढकना मल्चिग कहलाता है।भारतीय कृषि अनुसंधान संस्थान के क्षेत्रीय अनुंसधान केन्द्र शिमला में किए गए शोध से ज्ञात हुआ है कि दिसम्बर से फरवरी में (कम तापमान के समय) स्ट्राबेरी की क्यारियों को काले रंग की पॉलीथीन की चादर से ढकने से फल एक माह पूर्व तैयार हो जाते हैं, साथ हीं उपज में भी 20 प्रतिशत तक की वृद्धि होती है। मल्चिंग से भूमि का तापमान नियंत्रण के अतिरिक्त फलों को पाले के कुप्रभाव और सड़न से बचाने में भी सहायता मिलती है। साथ ही खरपतवार भी नियंत्रित रहते हैं।

पौधों में फूल आने से पूर्व भूस्तारी (रनर) भी निकल आते हैं, इन्हें तुंरत तोड़ देना चाहिए, अन्यथा पौधें की वानस्पतिक वृद्धि अधिक होती है, जिसका फलन/उपज पर कुप्रभाव पड़ता है।

स्टाबेरी के कीट तथा उनकी रोकथाम

स्ट्राबेरी के सफल उत्पादन के लिए आवश्यक है कि रोगों एवं कीटों का उचित प्रंबधन किया जाये। इसमें मुख्यतः लाल मकड़ी,सफेद ग्रब,कटुआ कीट तथा सूत्रकृमि का प्रकोप होता है। लाल मकड़ी पौधों की पत्तियों की निचली सतह पर रस चूसती है,जिससे पत्तियों की ऊपरी सतह पर पीली चित्तियां सी उभर आती हैं तथा पौधों की बढ़वार भी रुक जाती है। इसकी रोकथाम के लिए फल आने से पहले डाइकोफोल 1–2.0 मि.ली.या सल्फर 2–3 ग्राम प्रति लीटर पानी की दर से प्रयोग करें। अथवा परजीवी फाइटोशीलस परसीमीलिस का 0.5–2.0 प्रति पौधे की दर से प्रयोग करना लाभप्रद है। सफेद ग्रब, कटुआ कीट नए पौधों की जड़ो एवं तनों को काटते है। इसकी रोकथाम के लिए ग्रीष्मकालीन गहरी जुताई या क्लोरोपाइरीफास 2–3 लीटर प्रति हेक्टर की दर से प्रयोग करें। जबकि सूत्रकृमि की रोकथाम के लिए ग्रीष्मकालीन गहरी जुताई कर खेत को खुला छोड़े या नीम की खली 4–6 क्विंटल प्रति हेक्टर की दर से खेत की तैयारी के समय प्रयोंग करें।

स्ट्राबेरी के रोग तथा निदान

स्टाबेरी में मुख्यतः फफूंदीजनित रोंगों (फल सड़न,भूरी फफूंदी, चूर्ण आसिता रोग) का प्रकोप होता है। इसमें फल सड़न,भूरी फफूंदी की रोकथाम के लिए फूल आने तक फफूंदीनाशक दवा कॉपर ऑक्सीक्लोराइड 1–2 ग्राम प्रति लीटर पानी या बोर्डोमिक्चर या लाइम सल्फर का 1.5 प्रतिशत की दर से छिड़काव करें। चूर्ण आसिता रोग में पत्तियों पर सफेद चूर्ण सा दिखाई देता है। सूखें मौसम में पत्तिंया ऊपर की तरफ मुड़ जाती हैं। ये कलियों को भी प्रभावित करती है। पत्ती धब्बा रोग में छोटे–छोटे सफेद धब्बे (लाल भूरे किनारों वाले) हो जाते हैं। इसकी रोकथाम के लिए फल आने से पहले हैक्साकोनाजोल 0.5–1 ग्राम या डीनोकैप 0.2–0.5 मि.ली. को प्रति लीटर पानी में घोल कर छिड़काव करें।

लाल कोर

इसमें खराब जल निकास के कारण पौधे मुरझाकर उखटा जैसे लक्षण दिखाई देते है तथा पत्तियां नीलापन लिए हरें रंग में बदल जाती हैं। इसकी रोकथाम के लिए रोगरोधी प्रजातियां लगाएं । जड़ क्षेत्र में बाविस्टीन या मेटालैक्सिल 1–1.5 प्रतिशत से ड्रेचिंग करना लाभदायक है।

फलों की तुड़ाई तथा पैकिंग

मैदानी क्षेत्रों में फल फरवरी के अंतिम सप्ताह से मार्च तक पकने शुरु हो जातें हैं। पकने के समय फलों का रंग हरे से लाल में बदलने लगता है। सामान्यतः स्ट्राबेरी के फलों को आधा या तीन चाथाई भाग रंग बदलने पर तोड़ लेना चाहिए या बाजार की दूरी के अनुसार हरी–सफेद अवस्था में या हल्का रंग बदलने की अवस्था पर तोड़ा जा सकता है।

फलों की तुड़ाई शाम को देर से या सुबह के समय सावधानीपूर्वक करनी चाहिए। तुड़ाई के समय यह ध्यान रखना चाहिए कि फलों को कोई क्षति/चोट न लगे। तुड़ाई के लिए फलों को कम गहरी टोकरियों में एक ही परत में रखना चाहिए। फलों को तुड़ाई के पश्चात दो घटें शीत भंडारण में रखने से उनकी भंडारण क्षमता/अवधि बढ़ जाती है।

स्ट्राबेरी के फल काफी मुलायम/नरम होते हैं। अतःइसकी पैकिंग के लिए 200–300 छिद्र के विशेष कार्ड बोर्ड या सख्त प्लास्टिक के छोटे–छोटे छिद्रयुक्त डब्बे उपयोग में लायें जाते हैं। शीत भंडारण में इन्हें 6–10 दिन तक बिना खराब हुए रखा जा सकता है।

फलों की उपज

स्ट्राबेरी का उत्पादन विभिन्न कारकों जैसे पौधे का आकार, पुष्पक्रम की संख्या, प्रति पुष्पक्रम बेरियों (फल) की संख्या, प्रति पौधा कुल बेरियों (फल) की संख्या, फल का वनज, मौसम, अपनाई गई तकनीकी (कर्षण क्रियाएं, पोषक तत्व प्रंबधन, खरपतवार और पादप सुरक्षा नियंत्रण), रखरखाव इत्यादि पर निर्भर करता है। सामान्यतः स्ट्राबेरी के एक स्वस्थ पौधे से 1.4 –2.0 कि.ग्रा तक फल प्राप्त होते हैं। स्ट्राबेरी की प्रति हेक्टर उपज उपरोक्त कारकों के हिसाब से 10–12 टन तक प्राप्त होती है। यदि इसे 50 रूपये प्रति किलो की दर से बेचा जाये तो कुल 5–6 लाख रूपये प्रति हेक्टर की फसल से मिलेंगे जिसमें से लागत के 1.5 से 2 लाख रूपये निकाल देने पर 3.5 से 4 लाख रूपये की शुद्ध आय मिलेगी। यह रकम बाजार की दशा के अनुसार घट–बढ़ सकती है।

स्ट्राबेरी एक जल्द तैयार होने वाला पौष्टिक फल है। यह फल पोषण तत्वों से ओत–प्रोत है। इसमें लौह तत्व की बहुलता होती है। जिससे इस फल के नियमित सेवन से एनिमिया तथा क्लोरोसिस रोग ठीक हो जाते हैं तथा दाँत मजबूत बने रहते हैं।

—•—

45

भारत से फलों का निर्यात

फल उत्पादन का वर्तमान परिदृश्य

विश्व के कुल फल उत्पादन में भारत ब्राजील को पीछे छोड़कर दुनिया में पहले नंबर पर आ गया है। उलझनों के बावजूद वस्तुतःदेश में फल–उद्योग ने महत्वपूर्ण उन्नति की है और गत तीन दशकों मे (1961–91) इसके क्षेत्रफल में 172 प्रतिशत का विस्तार हुआ, जबकि उत्पादन में 330 प्रतिशत की वृद्धि हुई। 1992–93 की अवधि में देश में फलों के अन्तर्गत क्षेत्रफल का विस्तार 32.0 लाख हे0 तथा अनुमानित उत्पादन लगभग 33.0 लाख टन था। वर्तमान समय में भारत 48.50 लाख हे0 में फल उगाता है जिससे 51.89 लाख टन उत्पादन हो रहा है।

राष्ट्रीय बागवानी बोर्ड से उपलब्ध आंकड़े ये दर्शाते है कि हिमाचल प्रदेश, राजस्थान,अंडमान निकोबार द्वीप समूह तथा लक्षद्वीप को छोड़कर,वर्ष 1992–93 के मध्य सभी राज्यों में फलों के अधीन क्षेत्रफल बढा है। मात्रा के हिसाब से सबसे ज्यादा उत्पादन केले का हुआ (कुल उत्पादन करीब 32 प्रतिशत), तत्पश्चात् आम (28 प्रतिशत), नीबू जाति के फल (8 प्रतिशत), आम और सेब (दोनों मिलाकर 35 प्रतिशत)।

केले की उत्पादकता पिछले एक दशक में 144 प्रतिशत बढ़ी है तथा वर्ष 1991–92 के मुकाबलें 1992–93 में केले के उत्पादन में 34 प्रतिशत की वृद्धि हुई। 1992–93 में महाराष्ट्र

राज्य में केले के उत्पादन का औसत 52.2 टन प्रति हे0, पहुंच गया था, जबकि इसी दौरान अंगूर में करीब 7 प्रतिशत कमी आई। आम,नीबू वर्गीय फलों तथा अमरुद में इस वर्ष में पैदावार में बीच के दर्जे की बढ़ोतरी रही,जबकि सेव उत्पादन का वृद्धि 1.17 प्रतिशत मामूली रहा। गुजरात, महाराष्ट्र, आन्ध्रप्रदेश और उत्तर प्रदेश में आम का उत्पादन काफी बढ़ा है, जबकि नीबू वर्गीय फल एक लाभकारी फसल साबित हुई। इसमें वर्ष 1989–93 में मेंडरिन संतरे की कीमतों में 47 प्रतिशत वृद्धि हुई और संतरे में 32 प्रतिशत। महाराष्ट्र इसमें पहले नंबर पर है, जहॉ देश के कुल क्षेत्रफल के 19.6 प्रतिशत क्षेत्र पर नीबू वर्गीये फलों की खेती होती है तथा अनुमान है कि विदर्भ क्षेत्र के तीन जिलो–नागपुर, अमरावती और वर्धा में 140 लाख से ज्यादा पेड़ नीबू वर्गीय फलों के है।

विगत वर्षो में कुछ दूसरे फलों जैसे पपीता, चीकू, अनार, बेर, आवंला, इत्यादि के क्षेत्रफल और उत्पादन दोनो में वृद्धि हुई है। पपीता के क्षेत्रफल का विस्तार दक्षिण में काफी हुआ है, जबकि बेर और अनार पश्चिमी महाराष्ट्र में सफल वाणिज्यिक फसलें साबित हुई है। चीकू में विश्व में सर्वाधिक उत्पादन और उत्पादकता कर्नाटक ने अर्जित की है (17.2 टन प्रति हे0), महाराष्ट्र दूसरे नंबर पर है (16 टन प्रति हे0)। भारत में फलों की बागवानी 4.85 करोड़ हेक्टर में होती है जिससे 51.89 करोड़ टन फलों का उत्पादन होता है।

फल निर्यात का परिदृश्य

भारत से निर्यात किए जाने वाले मुख्य फल है–आम,अंगूर और काजू। जबकि अनार, केला, सेव और स्ट्राबेरी सीमित मात्रा मे निर्यात किए जाते हैं। वर्ष 1992–93 के मध्य ताजे फलों के निर्यात से 179.5 करोड़ रुपए की आमदनी हुई थी,जबकि सन् 1992–93 के मध्य आम केवल 145.8 करोड़ रुपए का तथा सन् 2000–2001 में 377.02 करोड़ रुपये का ही निर्यात हुआ था। फलों का यह निर्यात दिनों दिन बढ़ता ही जा रहा है।

प्रशोधित फल उत्पादों में आम का गूदा, आम का पेय पदार्थ,ऑवले का मुरब्बा तथा जामुन का स्क्वैश महत्वपूर्ण चीजें है जो देश से निर्यात किये जाते है और इसके मामले में भी कुछ कमी दर्ज की गई। सन् 1992–93 और 1993–94, के आंकडों,के अनुसार ताजे आम और आम के गूदे के आयात मे पूर्ण स्तर पर वृद्धि हुई है और केवल नए बाजार ही इसमें ज्यादा सुधार ला सकते हैं। सन् 2000–01 में भारत से कुल 1345.54 करोड़ रुपये के फलों से बने पदार्थ निर्यात किये गये जो प्रति वर्ष बढ़ रहा है।

जहॉ तक मात्रा के आयात का सवाल है गत तीन वर्षो (1991–92 से 1993–94) के उपलब्ध आंकडो के आधार पर प्रशोधित उत्पादों ने लगातार बढ़ोतरी दिखाई है जबकि ताजा

फल क्षेत्र में लगभग अवरुद्धता देखने में आई है। यदि हम फलों के 355 हजार टन और प्रशोधित फल और सब्जियों के 247 हजार टन के लक्ष्य को इस शताब्दी के अंत तक अर्थात सन् 2000 ई0 तक प्राप्त करना चाहते हैं, तो अगले वर्षों में निर्यात में चार गुना वृद्धि करनी होगी। ये कार्य यद्यपि कठिन कार्य है, मगर नामुकिन नहीं है, आइए, इसका विश्लेषण करें कि ताजे फल और फलों के उत्पादों के निर्यात की पैदावार बढ़ाने के लिए किस प्रकार हम अपने प्रयत्नों को एक दिशा में संचालित करें।

फलों के निर्यात बढ़ाने के कारगर उपाय

(क) फलों की उत्पादकता तथा गुणवत्ता में सुधार

निर्यात के क्षेत्र में अन्तर्राष्ट्रीय क्षेत्र में हमारे खराब प्रदर्शन का कारण कम उत्पादकता के फलस्वरुप अधिक महंगा होना और गुणवत्ता की आवश्यकताओं को पूरा नही कर पाना है। ताजे फलों के निर्यात में आम की विशेष स्थिति है तथा अल्फांसों इसकी मुख्य किस्म है। शीध्र सुलभ होना और अच्छी गुणवत्ता अल्फांसों की खूबी है, जबकि स्पंजी उतक का होना इस किस्म की खामी है। काफी अच्छी संख्या में आम की संकर किस्में (जिनमें अल्फासो का एक आशाजनक संकर शामिल है) हमारे शोध संस्थानो ने विकसित की है, जो मान्य गुणवत्ता और अच्छी पैदावार वाली तथा स्पंजी उतक से मुक्त है। नई संकर किस्में जैसे मल्लिका, आम्रपाली, रत्ना, अर्का पुनीत, अर्का अरुण, अर्का अनमोल, अर्का नील किरण और दूसरी किस्में महंगाई की समस्या के निदान में सक्षम होंगी। आम की रंगीन किस्मों को विकसित करने हेतु जारी प्रयास यदि उत्तरी अमेरिका के बाजार की आवश्यकताओं को पूरा करने में सफल रहे तो हम आम के निर्यात की चुनौती का सामना करने में समर्थ हो सकते हैं। खेत में किए गए प्रयोगो ने दर्शाया है कि कुछ उत्तर भारतीय आम की किस्में अब भी सफलतापूर्वक दक्षिण भारत में उगाई जा सकती है, जबकि कुछ पंरपरागत दक्षिण भारतीय किस्में उत्तर प्रदेश में ठीक प्रकार से उग रही हैं। इससे आम की उपलब्धता की अवधि बढ़ सकेगी और ताजे फलों के बाजार में हमें मौसम के अवरूद्धता को पार कर मुनाफा मिल सकेगा। न केवल आम बल्कि अधिकतर फलीय फ़सलों के क्षेत्र में विस्तार, सुधारी किस्में और उगाने के अनुमोदित गुर अपनाए गए तो उत्पादकता को सुधारने में सक्षम होगें। बागवानी संपदा अथवा निर्यात को बढ़ावा देने हेतु फल क्षेत्र विकसित करने के लिए नीचे दिए गए भविष्य के बढ़वार केन्द्र अच्छे और विकसित केन्द्र हो सकते हैं।

फसल	भविष्य के बढ़वार केन्द्र
आम	तटीय महाराष्ट्र (सिंध दुर्ग, रत्नगिरि) और पश्चिमी उत्तर प्रदेश (सहारनपुर, मेरठ और लखनउ), उत्तर मे बिहार के कुछ हिस्से (भागलपुर, पटना) और पूर्व में पश्चिम बंगाल (मालदा) तथा दक्षिण में आध्रंप्रदेश (रंगारेड्डी कृष्णा, विजयवाड़ा और हैदराबाद)
अंगूर	महाराष्ट्र (पूना, नासिक, शोलापुर, सांगली और अहमदनगर), उतरी कर्नाटक (बंगलौर) और आंधप्रदेश (हैदराबाद)।
केला	उत्तर पश्चिमी महाराष्ट्र (जलगांव),गुजरात,तामिलनाडु का कुछ हिस्सा त्रिची और दक्षिण केरल।
लीची	मुजफ्फरपुर (बिहार)
अनार	पश्चिमी महाराष्ट्र (नासिक और शोलापुर)
चीकूमहाराष्ट्र	(थाणे) और गुजरात (सूरत)

निर्यात हेतु फलों की विभिन्न किस्मों का सावधानीपूर्वक चयन आवश्यक है। मौसमी लाभ को अधिक दोहना चाहिए। ताजे फलों कें बाजार तथा प्रसाधन उद्योग हेतु गुणवत्ता की आवश्यकता को ध्यान में रखना चाहिए। विश्वभर में फलों के रस तथा सांद्र का बाजार मजबूती के साथ बढ़ रहा है तथा आधे तैयार उष्ण फल उत्पादों की औधोगिक इकाइयों के लिए सर्वोत्तम अवसर है। अब समय आ गया है जब कुछ कम उपयोग हुए फलों जैसे–आंवला, कटहल, बेर और शरीफा इत्यादि के उपयोग हेतु वांछित ध्यान दिया जायें।

(ख) फलों की तुड़ाई के बाद उनका प्रशोधन तथा रख रखाव

भण्डारण क्षमता के रुप में सीमीत ढांचागत सुविधाओं की स्थिति खराब हैं। फलों से जुड़ा भारतीय व्यापारी संध कीमती भण्डारण सुविधाओं पर खर्च करने में उदासीन है। कुछ मामलों को छोड़कर जैसे कि महाराष्ट्र में अगूंर में, बहुधा, तुड़ाई के बाद रख रखाव की सुविधाओं जैसे शुरु में ठंडा करने का शीत भण्डारण, प्रशीतित परिवहन की कमी निराशाजनक है। हाल के कुछ वर्षो में एपीडा ने 45 पूर्व शीतकरण इकाई खरीदने में मदद की है तथा सरकारी उत्पादक जैसे महाग्रेप, महामैगों और निजी निर्यातक जैसे आई0टी0सी0, कल्याणी एग्रो तथा अन्य ने फलों की सुनियोजित बाजारी कुछ हद तक शुरु की है। ठेका खेती, सरकारी उत्पादक एवं बीज मार्केट का विकास, सफल विपणन की स्थिति को सुधारने जैसे कुछ संभावित विकल्प हो सकते हैं, जिससे छोटे और मझले उत्पादको के हितों की

रक्षा हो सकती है। दुर्भाग्यवश अभी भी हमें बहुत से उष्णकटिबंध फलों, जिनमें आम और लीची शामिल है के रखरखाव की संतोषजनक व्यवस्था विकसित करनी है तथा रेफ्रीजिरेटिड परिवहन प्रद्योगिकी की अभी भी संतोषजनक व्यवस्था विकसित करनी है। रेफ्रीजिरेटिड परिवहन प्रौधोगिकी अभी भी वाणिज्यिक तौर पर केवल केले में प्रयुक्त होती है।

फल उत्पाद आदेश के तहत देशभर में 4150 इकाईयाँ प्रसाधन के क्षेत्र में पंजीकृत हैं। महत्वपूर्ण प्रसाधित चीजों जैसे आम का गूदा, कैन्डी फल, जमे हुए फल, तैयार फल रसों को पहले से ही देश में बनाया जा रहा है। आम के गूदे के अतिरिक्त आम की चटनी, आचार, जमें हुए डिब्बाबंद फल आदि निर्यात की लोकप्रिय चीजें हैं। निकट भविष्य में नई चीजें जैसे कि कार्बेनेटिड फलीय पेय, निर्जलीय और प्रशीतित फलों, फलों के रस और सान्द्र आदि उत्पादों की मांग बढ़ने वाली है।

वर्ष 1993–94 के दौरान करीब पैंतीस 100 प्रतिशत निर्यातोन्मुखी इकाई लगाने के प्रस्ताव स्वीकृत किए गए, जिनमें से कुछ अब तक चालू हो चुकी हैं। दूसरे देश जैसे की अमरीका, इंग्लैड, जर्मनी और नीदरलैंड के साथ किए गए सामूहिक प्रयासों से आम तथा केले के गूदें, उनके रस तथा सान्द्र एवं प्रशीतित फलों के लिए देश में अति आधुनिक प्लाटं निर्मित किए गए। देश में हल्के डिब्बे के व्यवसायिकरण से ताजा आम और अगूरों का निर्यात इंग्लैड, यूरोप, मध्यपूर्व, सिंगापूर तथा हांगकांग के लिए माल भाड़े की दर के हिसाब से अधिक प्रतिस्पर्धापूर्ण एवं सुगम हो गया है। उष्ण फलों के रस और गूदा नियंत्रित तरीके से सुखाए गए प्रसाधित फल क्षेत्र में पहले से ही प्रचलित निर्यात मदों के साथ–साथ अपरम्परागत फलों जैसे–चीकू, लीची, अमरुद, शरीफा, अनार केला जैसे ताजा फलों के क्षेत्र में अधिक घ्यान देना चाहिए। भविष्य की निर्यात आवश्यकताओं की पूर्ति हेतु ताजा फलों का शीत प्रसाधन, स्वच्छ रसों के लिए उच्च तकनीक का प्रयोग तथा भण्डारण के लिए सुधरे हुए वातावरण की ओर देखना होगा।

(ग) बाजार की जानकारी और निर्यात को बढ़ावा

एपीडा द्वारा संचालित और एन0सी0ए0ई0आर0 द्वारा विभिन्न जिन्सों,जिनमें देश के ताजा फलों जैसे आम, अंगूर, केला, सेब, चीकू, लीची और प्रसाधित फल उत्पाद जैसे आम का गूदा तथा सेब कै रस शामिल है, की निर्यात–प्रतिस्पर्धा की जाचं के लिए किए गए अध्ययन से यह पता चला है कि केला,अंगूर, लीची और चीकू में उच्च्व निर्यात क्षमता है, आम में बीच के स्तर की निर्यात क्षमता है तथा सेव में सबसे कम या कहिए कि सेव निर्यात–

प्रतिस्पर्धा के लिए उपयुक्त नहीं है। फलीय फसलो जैसे कि केला, अंगूर, और अनन्नास में 30 से 50 प्रतिशत भाग मजदूरी का है और इसलिए भारत लाभदायक स्थिति मे है। समय आ गया है कि अब हमें सावधानीपूर्वक जिन्सों और उत्पादको की तथा लंबी अवधि की बाजार क्षमता की पहचान करनी है। बाजार की जानकारी के लिए मजबूत सहायता और नए बाजारों की तलाश फल निर्यात को बढ़ाने के लिए अत्यावश्यक है।

—•—

46

फलोत्पादन मे मधुमक्खियाँ

मालिक ने पूरी दुनियाँ मे भिन्न–भिन्न प्रकार के जीव–जन्तुओं का सृजन किया है जिसमें मधुमक्खियाँ कुदरत की अद्‌भुत करिश्मा है। इनकी जिन्दगी अपने छत्ते से फूलों के बीच सिमटी रहती है। कीट समूह की होने के बावजूद इनकी दिनचर्या, इनका रहन–सहन तथा इनका भोजन अन्य कीड़ो एवं मनुष्य से भी बेहतर है। ये मधुमक्खियों फूलों का **''पराग''**, **''पुष्परस''** तथा मकरन्द खाती हैं और अमृततुल्य शहद का निर्माण करती हैं। जो मनुष्य नहीं कर सकता है। किसी दार्शनिक ने कहा है कि संसार में दो तरह के लोग पाए जाते हैं। प्रथम वे लोग जो इस दुनिया से चले जाते हैं तब खुशी आती हैं। परन्तु दूसरी श्रेणी में वे लोग आते हैं जो जहाँ भी जाते हैं वहीं खुशी आ जाती है। मधुमक्खियों को हम इसी श्रेणी में रखते हैं, इसलिए कि वे जिस फसल के फूलों पर जाती हैं, उसकी उपज बढ़ जाती है, यह एक ईश्वरीय देन है।

मधुमक्खी पालन के लिए बिहार सबसे उपयुर्क्त राज्य हैं क्योंकि यहाँ की जलवायु एवं वातावरण भी मधुमक्खियों के लिए काफी अनुकूल है। इसके अलावा मधुमक्खी पालन के लिए प्रमुख जिले पूरे बिहार में प्रसिद्ध हैं, जो निम्न प्रकार है, मुजफ्फरपुर, समस्तीपुर, वैशाली, पश्चिम चम्पारण एवं बेगुसराय है जहाँ विश्व प्रसिद्ध लीची मधु उत्पादन करने के लिए बगानों की भरमार है। मधुमक्खियाँ परागण क्रिया में सहायक सबसे महत्वपूर्ण कीड़े

हैं। इनके अलावा अन्य उपयोगी कीड़ों में सिरफिड, तितली तथा सोलीसीटर मक्खी प्रधान हैं। बसन्त ऋतु में फरवरी से अप्रैल के बीच लीची, अनार, अमरुद, जामुन, ऑवला, आदि के फूल उपलब्ध रहते हैं। इन फलदार वृक्षों के फूल मधुमक्खी के भोजन के उत्तम श्रोत है। फलदार वृक्षों में लीची के फूल मधुमक्खी के भोजन के उत्तम श्रोत हैं। फलदार वृक्षों में लीची के फूलों से मधुमक्ख्यिाँ शहद का उत्पादन काफी मात्रा में करती हैं। चूँकि इनके पुष्परस मे सर्करा की सान्द्रता अधिक होती है। लीची के फूलों के खिलने बाद मधुमक्ख्यिाँ लीची शहद के उत्पादन में जुट जाति हैं। शहद उत्पादन के दृष्टिकोण से बिहार में लीची शहद का स्थान सर्वोपरि है। बिहार के कुल शहद उत्पादन का लगभग 50–60 प्रतिशत शहद लीची से प्राप्त होता है। एक मधुमक्खी एक बार में 50 से 100 फूलों पर बैठती है। इनमें से 80 प्रतिशत रस लेती है और 20 प्रतिशत परागकण इकट्ठा करती है, जिसका परागण में विशेष महत्व है। प्रकृति में जो भी फूल पाये जाते हैं उन फूलों में 5 प्रतिशत स्वयं–परागण तथा 95 प्रतिशत पर–परागण होता है। इनमें परागण 10 प्रतिशत हवा के द्वारा और 85 प्रतिशत कीटों के द्वारा होता है। कीटों द्वारा परागण के कार्य में 90 प्रतिशत अकेले मधुमक्खी ही परागण का कार्य करती है। इस प्रकार मधुमक्खियॉ के परागण के प्रयोग किये गये और पाया गया है कि मौनों द्वारा पर–परागण से उपज में लगभग 60–70 प्रतिशत की वृद्धि होती है। इसके अलावा फलों का आकार, वजन, बीज अंकुरण क्षमता आदि में वृद्धि होती है।

मधुमक्ख्यिों के उड़ान पर तापमान का बहुत असर पड़ता है। मधुमक्खियों की लगभग 18.5^{0} सें0 पर इनकी 100 प्रतिशत क्रिया होती है, जबकि 10.50 सें0 पर यह सिर्फ 6 प्रतिशत रह जाती है। तेज हवा चलने से भी इनका कार्य बन्द हो जाता है। मधुमक्खियाँ लगभग 24 कि.मी. प्रति घंटा तेज हवा की रफ्तार होने पर पूर्ण रुप से काम करना बन्द कर देती हैं।

मधुमक्ख्यिों का परागण क्रिया में प्रयोग

1. परागण के लिए मधुमक्खियों के ऐसे बक्सों का उपयोग करना चाहिए, जिसमें 6–8 फ्रेम पर मक्खियाँ, अण्डे और शिशु हों।
2. बागों में मधुमक्खी के बक्सों को फूल खिलने से पूर्व या जब 5–10 प्रतिशत फूल खिल जाये तब रखना चाहिए।
3. बाग में बक्सों को 4 के झुंड में रखना चाहिए तथा एक झुंड का दूसरे झुंड से 10 मीटर का अंतर होना चाहिए।

4. बागों में बक्सों का द्वार पूर्व की दिशा में होना चाहिए।
5. मधुमक्खियों के बॉक्स जब परागण के लिए बागों में रहे, तब तक किसी भी कीटनाशक का प्रयोग नहीं करना चाहिए।
6. मधुमक्खियों के लिए तापक्रम मार्च तथा अप्रैल के महीने में अधिक होने के कारण उसकी सुरक्षा के लिए हमें बाक्स के उपर जूट के बोरे को पानी में भिंगों कर रखना चाहिए। इससे मधुमक्खियों को अधिक तापक्रम से राहत मिलती है।

मधुमक्खियों द्वारा पर परागित फल

- लीची
- सेव
- जामुन
- आँवला

मधुमक्खियों द्वारा परपरागित मसाले तथा तेलहन

- धनिया
- अजवाइन
- सौंफ
- केसर
- सरसो तथा राई
- करंज

—•—

47

बागवानी-फसलों के लिए कम्पोस्ट

1. वर्मीकम्पोस्ट

आधुनिक फलों की बागवानली में रासायनिक खादों तथा कीटनाशी रसायनों के अधिकाधिक प्रयोग ने कई जटिल समस्याओं को जन्म दिया है। जैविक खाद का उपयोग हमारे समक्ष एक ऐसा वैकल्पिक उपाय है जिसके द्वारा हम टिकाऊ फलों की बागवानी करके और पर्यावरण दोनो के साथ–साथ बागवानों को खुशहाल बना सकते हैं। जैविक खादों में वर्मीकम्पोस्ट के महत्व को फलो की बागवानी में नकारा नहीं जा सकता है।

वर्मीकम्पोस्ट क्या है ?

कृत्रिम विधी क्षरा केचुआ पालने को वर्मी कल्चर कहते हैं। इन्हीं केंचुओं द्वारा बेकार कार्बनिक पदार्थो से जैविक खाद बनाने की प्रक्रिया को वर्मी कम्पोस्टिंग कहते हैं। केंचुआ पालना तथा केंचुओं की मदद से जैविक खाद बनाना दो अलग–अलग परंतु मिली–जुली क्रियायें हैं। इस क्रिया को वर्मी टेक्नोलॉजी कहते हैं। आज–कल तो वर्मी कल्चर और वर्मीकम्पोस्टिंग का सही उपयोग बागवानी के लिए वरदान साबित हो रहा है।

वर्मीकपोस्ट में पोषक तत्वों की मात्रा

वर्मीकम्पोस्ट में पौधों के लिए उपयोगी सारे पोषक तत्व प्रचुर मात्रा में उपलब्ध रहते हैं जैसे– जैविक कार्बन 9.15 से 17.98 प्रतिशत, नेत्रजन 2 से 2.5 प्रतिशत, फॉस्फोरस 1.4

से 1.8 प्रतिशत, पोटाश 0.5 से 0.8 प्रतिशत, लोहा 2.0 से 9.3 पी0पी0एम0, जस्ता 5.7 से 11. 5 पी0 पी0एम0, सल्फर 128 से 548 पी0 पी0एम0 पाया जाता है। वर्मीकम्पोस्ट में साधरण कम्पोस्ट की खाद की अपेक्षा नाईट्रोजन पॉच गुणा, फॉस्फेट डेढ़ से दो गुणा, पोटाश दो से ढ़ाई गुणा, जिंक ढ़ाई से तीन गुणा पाया जाता हैं। इसमें कैल्सियम प्रचुर मात्रा में पाया जाता है। हमारे देश में केंचुओं की दो प्रजातियाँ एसिना फेरिडा तथा यूड्रिलस यूजिना वर्मीकम्पोस्ट बनाने के लिए उपयुक्त हैं और व्यवहार में लायी जा रही हैं।

वर्मीकम्पोस्ट बनाने की विधी

वर्मीकम्पोस्ट का उत्पादन पक्के पिट में या लकड़ी के बक्से में या प्लास्टिक कीट में किया जा सकता है। सबसे पहले एक टैंक का निर्माण करें जिसका आकार केंचुए की प्रजाति पर निर्भर करता है। एपिजाईक केंचुए के लिए 10 मीटर लंबा, 1 मीटर चौड़ा एवं 75 सें0मी0 गहरा टैंक होना चाहिए। जबकि एनिसिक कंचुओं के लिए 10 मीटर लंबा 1 मीटर चौड़ा एवं 1 मीटर गहरा टैंक होना चाहिए। टैंक में सबसे नीचे एक पॉलीथीन की सीट बिछायें। इसके उपर 15 से0मी0 अच्छी नमी वाली दोमट मिट्टी की तह बिछायें। इसके उपर 5 से 7 से0मी0 कचरा डालें। अब इसके उपर 5 से 7.5 से0मी0 हल्का सड़ा हुआ गोबर डालें। इस पर हल्के पानी का छिड़काव करें। अब 50–75 केंचुए डालें। इसके उपर कचरा और गोबर डाल कर पूरा टैंक भर दें। इसे जूट के बोरें से या सूखी घास या पत्ती या पुआल से ढ़क दें ताकि अंदर की नमी नहीं उड़े तथा केंचुओं को कार्य करने हेतु अंधकार एवं ठंढ़क वाली जगह मिल सके। इसे सप्ताह में एक बार पलटते रहें एवं प्रतिदिन पानी की छिड़काव करते रहें। 6 से 8 सप्ताह में खाद बन कर तैयार हो जाती है। अच्छी तैयार खाद चाय की पत्ती की तरह गोल दानेदार होती है। इसकी महक मिट्टी की तरह होती है। इसे निकाल कर छायेदार जगह पर ढ़ेर के रूप में रखें। खाद के थोड़ा सूखने के बाद 2 मि0मी0 साइज की छेदवाली चलनी से छान लें। तैयार खाद में 20–25 प्रतिशत तक नमी होनी चाहिए। एक ही पिट में दोनो तरह के केंचुओं को डालने पर खाद का निर्माण तेजी से होता है। एपीजाईक उपर के कचरे को खाता है और एनिसक नीचें वाले कचरें को। एक किलों केंचुआ 30–35 किलो कचरें को एक सप्ताह में कम्पोस्ट बना देता है। एक किलों कचरें से आध किलो वर्मीकम्पोस्ट तैयार होता है।

वर्मीकम्पोस्ट से लाभ

- वर्मीकम्पोस्ट अधिक किफायती होने के साथ–साथ भूमि की उर्वराशक्ति को भी बढ़ाता है।

- इसके प्रयोग से सब्जियों, फूलों और फलों वाली फसलों के बीजों का जमाव अपेक्षाकृत जल्दी होता है तथा पौधें की बढ़वार भी अच्छी परंतु तेज होती है।
- इस खाद के प्रयोग से मिट्टी की जलधारण की क्षमता बढ़ती है।
- भूमि की भौमिक दशा में सुधार होता है एवं भूमिगत जल तथा वायु के संचार में सुधार होता है जिससे पौधे स्वस्थ तथा मजबूत होते हैं।
- यह गोबर की खाद की तुलना में चार गुणा ज्यादा पौष्टिक होता है।
- पौंधों की बढ़वार अच्छी होने से पौध–रक्षक दवाईयाँ कम लगती है जिससे उत्पादन लागत में बचत होती है।
- इसके व्यवहार से कम से कम पानी में अच्छी खेती संभव है।
- इससे पैदा किये गये फल स्वादिष्ट होते हैं।
- मिट्टी की संरचनात्मक शक्ति काफी अच्छी हो जाती है।

वर्मीकम्पोस्ट का प्रयोग – गमलों में लगे पौधों में

एक से दों माह पुराने गमलों की दो इंच उपरी मिट्टी हटाकर गड्ढ़ों में वर्मी कम्पोस्ट भरकर हल्की सिंचाई कर दें। इससे गमलों में लगे सजावटी पौधे हरे भरे तथा आकर्षक हो जाते हैं।

फलों की कलम लगाने में वर्मीकम्पोस्ट की उपयोगिता

तीन भाग बालू में एक भाग वर्मी कम्पोस्ट मिलाकर पॉलीथीन की छोटी–छोटी थैलियों में भर कर उनमें छोटे–छोटे छिद्र बना दें। तत्पश्चात् कटिंग लगाकर हल्की सिंचाई कर दें। इसमें कटिंग का जमाव शीघ्र तथा प्रतिशत सर्वाधिक होती है।

नर्सरी क्यारियों में वर्मीकम्पोस्ट का व्यवहार

बीजों की प्रकृति के आधार पर जमीन की मिट्टी को 5 से 10 से0 मी0 गहरा खोद कर 5 से 8 किलों वर्मी कम्पोस्ट प्रति वर्ग मीटर क्षेत्र के अनुसार मिट्टी में मिला दें। अब इस तैयार नर्सरी में उपचारित बीजों की बोआइ करें। अंकुरण शीघ्र तथा बढ़िया होगा।

फल –वृक्षों में वर्मीकम्पोस्ट का व्यवहार

फलदार वृक्षों की उत्पादन क्षमता उर्वर मिट्टी की बराबर मात्रा को मिश्रित करें। फिर इस मिश्रण को पौधें के चारो तरफ गड्ढ़ा बनाकर उसमें डालना चाहिए। इसके बाद पानी

से इसें सिंचाई करके नम कर देना चाहिए। दीमक न लगें इसके लिए नीम की खल्ली का प्रयोग करें। परंतु सजावटी पौधें में 2 भाग वर्मीकम्पोस्ट तथा 3 भाग उद्यान की मिट्टी का मिश्रण बनाकर गमलों के पौधो में डाले। फलों से लदे वृक्षों में 5 किलों वर्मीकम्पोस्ट और इतनी ही मात्रा गोबर की खाद को मिश्रित करके फलदार वृक्षों के तनों के चारो तरफ की मिट्टी में मिलाकर आवश्यकतानुसार सिंचाई करें।

2. नादेप कम्पोस्ट

महाराष्ट्र के एक किसान श्री नारायण देवराव पाण्डरी पाण्डे (नादेप) द्वारा कम्पोस्ट खाद बनाने की नयी विधि विकसित की गई है जिसमें कम्पोस्ट खाद जमीन की सतह पर टैंक बनाकर उसमें प्रक्षेत्र अवशेष, खेत की मिट्टी तथा गोबर बराबर मात्रा में मिलाकर बनाया जाता है। जिसे नादेप कम्पोस्ट कहते हैं।

नादेप कम्पोस्ट बनाने हेतु आवश्यक सामग्री

सूखे हरे पत्ते, छिलकें, डंठल, जड़े बारीक टहनियाँ और व्यर्थ पदार्थ आदि–लगभग 1500 कि0 ग्राम, गाय का गोबर/गैस संयंत्र से निकला गोबर का घोल लगभग 100 कि0 ग्राम, तालाब या नाले की छनी हुई सूखी मिट्टी लगभग 180 कि0 ग्राम तथा पानी मौसम के अनुसार लगभग 20000 लीटर डालना चाहिए।

टैंक बनाने की विधि

200 से0मी0 लम्बा, 150 से0मी0 चौड़ा तथा 75 से0मी0 उँचा टैंक समतल भूमि जहाँ जल भराव नहीं हो, पर बनायें। टैंक की दीवार 22.5 से0मी0 चौड़ी हानी चाहिए जिसके प्रत्येक दो ईटों के बाद तीसरी ईंट जोड़ते समय 17.5 से0मी0 का छेद छोड़ देना चाहिए। 90 से0मी0 उँची दीवार में पहले, तीसरे, छठे और नवें रद्दे में छेद बनायें। दीवार के भीतरी हिस्से को गाय के गोबर एवं मिट्टी के मिश्रण से लीप देना आवश्यक है।

टैंक का भरना

पूरे टैंक को एक ही दिन में भरा जाना चाहिए। पहली परत में व्यर्थ कचरा 200 कि0 ग्राम का 15 से0मी0 मोटी परत डालनी चाहिए। दूसरी परत में 150 लीटर पानी में 4 कि0 ग्राम गोबर संयंत्र घोल (10 कि0 ग्रम) से पहली परत को अच्छी तरह भिगोयें। तीसरी परत में छनी हुई सुखी मिट्टी की 1.25 से0मी0 मोटी परत डालें। इसके बाद पानी के छीटें डालें ताकि परतें ठीक से बैठ जाय। इस प्रक्रिया को टैंक भरने तक दोहरायें।

10–12 परतों में टैंक भर जाता है। टैंक की भराई सतक से 35–50 से0मी0 उपर तक करनी चाहिए। अन्त में टैंक भरने के बाद गोबर और गीली मिट्टी के मिश्रण से लीप देना चाहिए। अधिक गुणवत्ता हेतु 1.25 से0मी0 मिट्टी परतों के उपर 1.5 कि0 ग्राम, जिप्सम 1.5 कि0 ग्रम, राक फास्फेट तथा 1 कि0 ग्राम यूरिया का मिश्रण का 100 ग्राम प्रति परत बिखेर दें। 60–70 दिन बाद राइजोबियम – पी0 एस0 बी0 एजोटोबैक्टर कल्चर के मिश्रण को छेदों के द्वारा प्रविष्ट कराते हैं। 15–20 दिनों बाद दरारें पड़ने लगती हैं और मिश्रण नीचे की ओर बैठने लगता है। ऐसी स्थिति मे उपर बतायें अनुसार फिर से टैंक को भर देना चाहिए। इस तरह 120–125 दिनों में खाद बन कर तैयार हो जाती है।

—•—

लेखक परिचय

डा. के.आर.मौर्य का जन्म पहली अप्रैल,सन् 1947 ई.में उत्तर –प्रदेश के बलिया जिले के शाहपुर गाँव में एक साधारण कृषक परिवार में हुआ। प्रारंभिक शिक्षा अपने ही गाँव तथा गृह जनपद में प्राप्त करने के उपरान्त डा. मौर्य सन् 1968 ई0 में कानपुर विश्वविद्यालय से एम. एस–सी.एजी. की उपाधि उद्यान विज्ञान में प्राप्त करने के उपरान्त डा. मौर्य सन् 1973 ई. में इलाहाबाद विश्वविद्यालय से पी.एच.डी. की डिग्री प्राप्त किये थे। डाक्टर आफ फिलासाफी के अध्ययन हेतु सी.एस. आई. आर.नई दिल्ली ने डा. मौर्य को सीनियर रिसर्च फेलोशिप प्रदान किया था।

डा. मौर्य ने अपना वैज्ञानिक जीवन सहायक अनुसंधान अधिकारी (उद्यान) के पद पर राजेन्द्र कृषि विश्वविद्यालय, पटना में 10 अगस्त, सन् 1973 को प्रारंभ किये थे। आप असम कृषि विश्वविद्यालय,जोरहट तथा गुवाहटी में आठ वर्षो तक उद्यानविद तथा सह–प्राध्यापक के पद पर कार्यरत थे। सन् 1980 में डा. मौर्य सह–प्राध्यापक (मसाला फसलें) एवं सन् 1985 में विश्वविद्यालय प्राध्यापक एवं अध्यक्ष, उद्यान विभाग का कार्यभार सम्भाला राजेन्द्र कृषि विश्वविद्यालय, पूसा ने डा. मौर्य की प्रशासनिक, शैक्षणिक तथा अनुसंधान की उत्कृष्ट उपलब्धियों को देखते हुए उन्हें बिहार कृषि महाविद्यालय, सबौर,(भागलपुर) के सह–अधिष्ठाता एवं प्राचार्य के पद पर पदस्थापित सन 1996 ई. में किया। डा. मौर्य की, मसाला फसलो पर बेहतर अनुसंधान की उपलब्ध्यिों को देखते हुए भारतीय कृषि अनुसंधान परिषद्, नई दिल्ली ने देश में इन्हें मसाला फसलों पर चल रहे अनुसंधान परियोजनाओं की पंच वर्षीय समीक्षा समिति का एवं राजस्थान में बीज वाले मसालें हेंतु अनुसंधान केन्द्र स्थापित करने के लिए बने स्थल चयन समिति का सदस्य मनोनित किया। आप वर्तमान में भारतीय मसालें अनुसंधान संस्थान, कालीकट, केरल के अनुसंधान सलाहकार समिति के सदस्य तथा भारत के एक दर्जन से अधिक कृषि विश्वविद्यालयों के उद्यान विभाग में एम.एस.–सी.(कृषि),पी–एच.डी.के परीक्षक तथा चयन समितियों के सदस्य हैं। डा.मौर्य के एक सौ से अधिक अनुसंधान पत्र तथा 150 से अधिक तकनीकी आलेख भारतीय एंव विदेशी पत्र–पत्रिकाओं में प्रकाशित हैं। उद्यान विज्ञान के क्षेत्र में डा. मौर्य ने पाँच पुस्तके प्रकाशित की हैं जिनमे से **लत्तर वाली सब्जियों की खेती** नामक पुस्तक पर इन्हें वर्ष 2003 में **डा.राजेन्द्र प्रसाद पुरस्कार** से सम्मानित किया गया। सन् 2002 से सन् 2009 तक डा0 भौर्य अधिष्ठाता कृषि के पद पर कार्यरत रहे।

कृषि शिक्षा, अनुसंधान तथा प्रसार के क्षेत्र में बिहार में सराहनीय कार्य करने के उपलक्ष मे सन् 1997 ई.में, डा. मौर्य सर्वोदय सम्मान तथा सन् 1981 में **मैनं आफ दी इयर,** सन् 2001 में **एकेडमिक प्रोमोशन अवार्ड** और 2004 में अन्तर्राष्ट्रीय शाँति पुरस्कार से नवाजे गये। डा. मौर्य पाँच मई 2005 से चार दिसम्बर 2005 तक राजेन्द्र कृषि विश्वविद्यालय के कुलपति रहें।